浙江饮食文化产业发展报告(2021)

编纂指导委员会

浙江饮食文化产业发展报告(2021)

编辑委员会

浙江饮食文化产业发展报告

（2021）

浙江商业职业技术学院
浙江省之江饮食文化研究院　编

ZHEJIANG UNIVERSITY PRESS
浙江大学出版社

图书在版编目(CIP)数据

浙江饮食文化产业发展报告. 2021 / 浙江商业职业技术学院,浙江省之江饮食文化研究院编. —杭州:浙江大学出版社,2022.3(2022.6重印)
ISBN 978-7-308-22387-4

Ⅰ.①浙… Ⅱ.①浙…②浙… Ⅲ.①饮食－文化产业－产业发展－研究报告－浙江－2021 Ⅳ.①TS971.202.55

中国版本图书馆 CIP 数据核字(2022)第 040174 号

浙江饮食文化产业发展报告(2021)

浙江商业职业技术学院　浙江省之江饮食文化研究院　编

责任编辑	蔡　帆　吴心怡	
责任校对	吴　庆	
封面设计	周　灵	
出版发行	浙江大学出版社	
	(杭州市天目山路 148 号　邮政编码 310007)	
	(网址:http://www.zjupress.com)	
排　　版	浙江时代出版服务有限公司	
印　　刷	广东虎彩云印刷有限公司绍兴分公司	
开　　本	710mm×1000mm　1/16	
印　　张	26.75	
插　　页	4	
字　　数	410 千	
版 印 次	2022 年 3 月第 1 版　2022 年 6 月第 2 次印刷	
书　　号	ISBN 978-7-308-22387-4	
定　　价	88.00 元	

前　言

浙江饮食文化历史悠久，资源丰富，内容多样。浙江饮食文化是以杭嘉湖平原饮食、甬台温海洋饮食及金衢丽山地饮食为主要风味类型，受苕溪、钱塘江、曹娥江、甬江、灵江、瓯江、飞云江、鳌江八大水系孕育而成的地方饮食文化。浙江饮食文化是中国传统饮食文化的重要组成部分，包括浙江地域食物原料、烹饪加工技艺、饮食消费、饮食习惯、食俗、饮食思想和哲学等诸多研究内容。

一方水土养一方人。浙江是鱼米之乡，饭稻羹鱼的饮食传统，传承千年。舌尖上的味觉遗香，让浙江的每座城市都积淀出自己独特的城市气质和味蕾记忆。浙江饮食文化的发展变迁折射出中国江南饮食生活方式的传承方式与演变特征。

为进一步加强浙江饮食文化产业发展趋势研究，找到餐饮业破局过河的桥和船，浙江商业职业技术学院与浙江省之江饮食文化研究院联合策划并出版浙江首部致力于"浙江饮食文化产业"研究的发展报告——《浙江饮食文化产业发展报告（2021）》。该书将对浙江饮食文化产业发展状况及热点问题进行年度监测和评估。以专业角度、专家视野和实证的研究方法，对浙江范围内饮食产业现状与发展态势展开分析和预测，具备前沿性、原创性、实证性、连续性、时效性等特点。目前，四川、广东、陕西等地有相对较多的开展川菜、粤菜以及陕菜产业方面的年度性研究报告成果。浙江作为全国餐饮业大省，目前尚无关注本省"饮食文化产业"的年度性连续出版物，或持续性研究品牌。该书的推出，具有填补空白之意义。

浙江省之江饮食文化研究院是由浙江省商务厅指导，在浙江省民政厅注册成立的民办非企业单位，致力于浙江饮食文化研究、推广和培训。浙江有关

"美食"的研究对象丰富多样。所以,我们将该书研究范围从"餐饮文化"拓展到"饮食文化"——不仅关注新时代浙江餐饮产业的发展研究,也对浙江传统饮食文化内容予以重视。该书不仅从数据角度总结并分析浙江餐饮业近年的发展与表现,还从浙菜的起源、发展,研判未来浙江饮食文化发展的新趋势。相关专家不仅关注杭州、衢州、金华、绍兴、宁波等地的浙江地域性美食文化,也对当代浙江餐饮面对新冠肺炎疫情的应对措施予以研究。在浙江实施"宋韵文化传世工程"之际,我们的智库专家专题研讨了南宋临安酒业、糕点等饮食文化内容,丰富了宋韵文化内涵。我们的研究既对浙江饮食文化遗产的传承保护提供了建设性意见,又对当下浙江餐饮面对疫情、面对数字化等新情况、新技术开展了富有启发的研究。

浙里食尚,食在浙江。杭嘉湖平原地区"好吃又便宜"的杭帮菜旋风曾经流行北上广;绍兴的越菜,嘉兴、湖州的湖鲜风味,齿颊留香。温台甬沿海地区的甬菜、瓯菜及岛屿海鲜菜,是"靠海吃海"传统的历史印证。餐桌上的蛤蜊与海蟹,让我们忘不了大海的恩赐。衢金丽内陆地区的"三头一掌"、金华火腿、缙云烧饼等,让我们浙江人的美好生活追求,总是那么充满了人间烟火气。

本次研究报告的编纂,得到了浙江省商务厅、浙江商业职业技术学院、浙江省之江饮食文化研究院、浙江工商大学人文与传播学院(休闲研究中心)、江南名小吃研发中心、杭帮菜研究院、宁波菜博物馆、杭州跨湖楼酒店集团有限公司、杭州市戚雄文中式烹调技能大师工作室等相关单位和研究机构的大力支持,在此表示感谢!

执行主编　周鸿承

2021 年 9 月

目　录

饮食文化篇

餐饮产业篇

烹饪教育篇

主旨报告篇

如何找到餐饮业破局过河的"桥"和"船"

章乃华 *

摘要:疫情常态化管理下国内餐饮发展现状熟悉又陌生。本文指出后疫情时代,中国餐饮业五大发展特点:万亿市场持续走高,2021年将升至峰点;外卖行业占比增加,迎来新的发展趋势;快餐小食发展空间大,单品店将持续走俏;连锁化程度加强,品牌效应凸显;餐饮数字化场景化,在地文化程度加强。本文认为现代餐饮经营破局过河的"桥"和"船"是餐饮数字化、餐饮品牌力、餐饮企业创新力以及产品力。未来餐企核心竞争力应围绕上述四大关键要素。

关键词:数字化;品牌力;创新力;产品力

2020新年伊始一场突如其来的疫情,冲乱也打断了世界和中国社会发展的脚步。2021年初疫情反弹,7月,江苏南京禄口机场保洁外包引发了疫情蔓延的蝴蝶效应,使得包括餐饮业在内的多个行业受到影响,有的省份甚至停摆。许多从业者陷入深深的焦虑之中,辗转难眠,忙于生产自救,累得精疲力竭。

这是一份意外的考卷,摆在我们所有人面前,任何国家、每个企业、每个城市、每个乡村、每个组织、每个人,无一例外,无一幸免。

在疫情防控常态化之下,我们必须要冷静思考清楚一个现实的问题:目的是满足人民群众对美好生活需求之一的舌尖上的美丽事业——中国的餐饮服

---

* 作者简介:章乃华,男,浙江省饮食文化研究院院长,主要从事餐饮酒店管理相关研究。

务业将有哪些变化？餐饮业要不要走品牌发展之路？餐厅、酒楼和上下游产业链的发展会怎么调整？消费者会有什么样的新需求？行业未来将走向何方？餐饮业在疫情常态化下，如何找到突围过河的"桥"和"船"？顺应时代的商业模式，找到餐饮业破局过河的"桥"和"船"已是迫在眉睫。

这是一场鏖战，更是一场赛跑。

可以确切地讲，新冠肺炎疫情给每个企业都带来巨大的危机，但只有那些正确认知危机并做出彻底改变的企业，才能转危为机，成为真正的强者。我们要用系统论、方法论、改革论的科学方法，要用创新思维的勇气，重点研究餐饮产业的商业模式、可持续的盈利能力、数字化转型和改革创新路径及具体实现落点，以及餐饮产业如何与资本运作、产业金融支撑协同等问题。

一、餐饮市场现状及发展趋势

首先，我们需要重新认知疫情常态化下既熟悉又陌生的餐饮业市场。

受新冠疫情的影响，2020年全国餐饮收入为3.95万亿元，同比下降了15.4%，同时，大量的餐饮门店由于疫情的影响关门倒闭。从2019年一季度开始到2021年一季度，全国餐饮的门店总数从905.6万家下降到760.1万家，减少了近20%。但在2021年上半年，餐饮行业收入达到21712亿元，与疫情前的2019年上半年基本持平，同比增长48.6%；有数据显示，1—6月份，中国限额以上单位餐饮收入4945亿元，同比增长56.3%，说明中国餐饮行业的收入情况得到了显著好转。餐饮消费市场在疫情常态化后持续升温，表现强劲。结合餐饮行业发展的韧性以及消费"分级＋升级"的背景，我们普遍有了这样的共识——餐饮行业正进入发展的黄金期。

未来我国餐饮业将在以人为本、服务民生的基本原则上，从自主创新、信息化经营管理、节能低碳、绿色发展、品牌战略等层面推动发展转型，优化发展结构，创新发展模式，提升服务质量，释放发展新动能。前瞻预计在中国宏观经济放缓的前提下，2021—2026年中国餐饮收入增速将保持在8.0%～9.0%，到2026年餐饮收入预计将达到81650亿元左右（图1）。

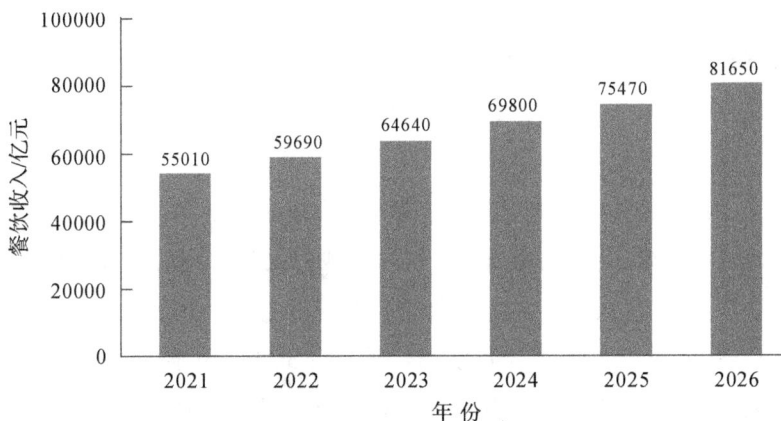

图1 2021—2026年中国餐饮收入规模预测情况

资料来源:前瞻产业研究院整理。

分享一组来自美团商学院对浙江餐饮复苏的全方位体检报告,从走势、品类表现、各地方菜系在浙江经营的表现以及中国浙菜在全国受欢迎的热点分析。

综合官方和民间平台的数据统计分析,2020年餐饮市场总体趋势将逐步回暖,事实上也可以这样理解,"民以食为天",吃好,吃出美味,吃得健康是人类社会共同的追求,世界三大菜系的中国菜,是满足中国人民和世界人民对美好生活向往的普世愿景。餐饮业不仅仅是一个行业,更是满足人民群众对美好生活向往的重要因素之一,我们从事的事业是一项伟大而有现实意义的事业。

其次,我们一起分析一下,疫情常态化下,消费者会有哪些变化。

消费者端经历了这次疫情之后,消费结构和倾向会发生改变。小企业的经营受困,普通大众可支配收入下降并在消费上更为谨慎;消费人群的迭代,倒逼餐饮企业更注重线上营销和数字化转型升级。

1.大众消费。疫情发生之后,大众消费日趋理性,会延缓决策部分非必要开支。而在必须进行的开支上,人们将把钱花在更稳妥、确定性更强、信赖感更强的产品上,通俗一点说,就是倾向那些品牌信任感、安全感更好的产品。

2.白领消费。即有能力的白领骨干精英,近3亿城市主流的中产阶级,消费会强力反弹,但此类人的消费会更呈现出如分众传媒江南春先生所说的"三爱三怕三缺":爱美爱玩爱健康,怕老怕死怕孤独,缺爱缺心情缺刺激。其消费心理是要有品质品牌心理满足感,即商品不仅要提供功能,更应该能抚慰心灵和情绪。

3.主流消费群体年轻化。过去十年中国经济高速发展,到今天,90 后已毫无悬念地成为未来 10 年的主流消费群体。他们是互联网时代的原住民,其中60％患有严重的"手机依赖症",每天上网时间超过 3 小时。他们的决策更加依赖互联网,消费习惯具有碎片化、群体共鸣等特征。数字化改造是未来餐饮行业发展的趋势之一,线上线下的加入融合意味着营销通路更为阔达,美团、口碑等本地生活服务崛起以及新流量渠道的加持为酒店餐饮带来了新的机会,也意味着消费者行为数据的线上化进一步加剧,让会员运营、数据决策成为餐饮业互联网化 3.0 发展阶段的主旋律。

4.快乐工作,健康生活,从健康饮食开始。大家一定听说过亚健康这个名词,亚健康是一种状态,就是人体 50％深层次的细胞严重缺乏营养,细胞饥饿,目前全国 70％以上的人处于亚健康状态。人的生老病死就是一个细胞不断变化的过程。健康的饮食习惯强调平衡膳食,养成良好的饮食习惯和规律;不时不食,烹饪时注意营养成分的保存;不暴饮暴食,讲究荤素搭配;不用变质食材,注重食材的鲜活和鲜度;等等。每日坚持不少于 45 分钟的有氧运动,拥有健康的心态。平时多喝绿茶,及时补水,吃大豆,啃胡萝卜,睡好觉,常运动,还不要忘记经常笑一笑。希望人人都能注意平衡饮食、坚持有氧运动、注意自己的心理状态,"快乐工作,健康生活"必将成为我们的常态化生活。

二、餐饮业发展五大特点

餐饮业作为国民支柱行业,以其市场大、增长快、影响广、吸纳就业能力强等特点而广受政府和各界重视,但去年黑天鹅事件频出,餐饮行业也经历了一波动荡和洗牌,那么目前餐饮业发展有什么特点呢?

第一,万亿市场持续走高,2021 年将升至峰点。2019 年全国餐饮收入46721 亿元,同比增长 9.4％。全国餐饮收入同比增速(9.4％)高于同期社会消费品零售总额增长(8%),餐饮消费成为国内消费市场的重要力量。

2020年,餐饮市场虽遭遇波折,但仍在稳定发展,并在消费升级的推动下不断提质增效,继续发挥拉动内需新引擎的重要作用。据中国烹饪协会预计,疫情所造成的影响消失后,2021年餐饮市场发展速度将保持前所未有的高速增长,2020年退出市场的餐饮门店更为2021年提供了巨大的市场。

第二,外卖行业占比增加,迎来新的发展趋势。《2020—2026年中国外卖行业市场发展策略及未来前景展望报告》的数据显示,2019年中国外卖行业市场交易额达6035亿元。

2020年是外卖行业飞速发展的一年,所有的餐饮品类及门店都在向外卖市场靠拢,外卖在餐饮市场所占比例愈来愈高并持续高速发展。"线上＋线下"双营收,餐饮市场将更加火爆。

第三,快餐小食发展空间大,单品店将持续走俏。与高端餐饮发展疲软相反,主打大众市场的快餐小食类一枝独秀,稳步发展,尤其是特色类爆款单品门店,生意更是十分火爆,像近年来新出的杠开花口水鸡、正新鸡排、夸姐炸串等,即便在疫情期间也仍然销量喜人,明显销量还会持续走高。

第四,连锁化程度加强,品牌效应凸显。在品牌化市场的影响下,很多顾客在选择产品的时候,更多的是冲着品牌去,同一个产品,品牌与非品牌,想必大家更倾向于前者。整体而言,餐饮行业的连锁化程度逐渐加强,行业中呈现出加盟店越多的店越多人加盟的趋势,马太效应较为明显。

从营业额增长率、门店数量增长情况、营业面积变动、员工数量变动、门店变动等指标来看,较大规模的餐饮企业整体规模持续扩大,中大型企业仍然处于持续扩张阶段,其平均营业收入增长率为12.6%,超过了全国餐饮营业收入增长率,餐饮业集中化程度不断提升,企业品牌影响力不断扩大。

第五,餐饮数字化场景化,在地文化程度加强。餐饮企业及时在线上产品应推出针对中老年群体消费特点的门类。"疫情、健康码、居家网购,令过去并不热衷于线上人生的中老年人,被迫加入互联网大军,而自诩成为新基础设施的互联网,对此却毫无准备。"(吴晓波频道《3个月激增6100万中老年网民,互联网也懵了》)

通过场景设计和技术应用,集中一个焦点打造目的地体验产品。

传统的声光电,可以让游客目眩神迷,而现代科技要让游客"沉浸其中"。如果把眼光扩展到更大范围:长沙超级文和友把餐馆搞成反映长沙七十年代生活状态的人文景区;广州正佳把商场搞成购物景区;杭州开元森泊度假乐园把酒店搞成游乐景区……这些跨界融合旅游要素的现象可以称为目的地化。

将美食街和美食广场目的地化的体验产品会成为产品主流,而目的地化和技术应用会成为开发体验产品的主要路径。

振兴乡旅,百县千碗等活动,带来餐饮产品对外销售的衍生机会。围绕地理标志产品以及目的地的直播带货活动,实际上拉开了"菜点产品+地理标志产品"的线上消费场景。席卷全国的直播带货活动,尤其是政府机构发动的直播带货活动,其产品大多就是地理标志产品,说起地理标志产品,就要描述餐厅的目的地特色(古铺良食、衢州三头)。

我们开展三年的百县千碗非遗美食活动,是振兴乡村旅游的最大助力(地理标志产品),其最直接的效果便是呈现出各种各样的地理标志产品,酒店和餐厅产品包括地理标志产品的线上运营模式是值得期待的,不过简单的"+"肯定不成。

"互联网+餐饮"则是专业精细运营时代,专业能力弱可能成为其发展的障碍。目的地旅游资源的快速聚集并不意味着旅游业务收入的提高,许多情况下甚至相反。数字化发展到现在,厨房有了,原料有了,调料有了,甚至金字招牌(比如餐饮名店、非遗美食示范店、百县千碗示范店、黑珍珠、米其林)都有了。如何烹饪出美食,如何将产品销售出去,是下一个问题。缺乏专业运营将使销售市场面临考验,尤其是在线上开店和数字化运营方面将遭遇障碍,所以应该重点寻找专业的运营人员。

每一次的灾难或变革,总会有一些餐饮人倒下,但也总有很多餐饮人浴火重生。"吃"是刚需产业,不会因疫情而消失,疫情催动的是整个餐饮行业许多认知层面的转变。如餐饮数字化、一体化转型的必然性;连锁特许加盟成为连锁餐饮企业扩张的新选择;高频、低客单价的餐饮品类成新蓝海;餐饮企业供应链建设正在向"轻资产""专业化"转变等。餐饮经营者现在急需做的,是走出迷茫、焦虑状态,重新估量手中的资源和能力,重新审视并认识曾熟悉的市场,判断所在的细分市场未来的发展新趋势,做好充分准备迎接新变化。

三、餐饮经营者如何破局？寻找过河的"桥"和"船"

趋势是不可逆的，只是取决于我们能否在趋势出现端倪的时候就把握住机会。今天，就是移动互联网的发展，是消费者结构的年轻化，是人们对灵魂产品和服务质量的追求，是餐饮企业痛定思痛之下对创新的探索和思考。数字化、品牌力、产品力和餐饮企业的创新力，是未来几年打造餐企核心竞争力的关键四要素。

（一）创建有内涵的品牌力

我们的品牌创新，应该从解决问题到生活意义的创新，从使用产品到享受生活，从趋同消费到个性消费，从物质追求到精神愉悦。品牌定位和属性决定与用户零售需求的触点和情感延伸度。老字号的"知味观""楼外楼"一定是多年的陪伴和信任；浙菜新品牌的"外婆家""新白鹿""新荣记"，以及单品爆款的"炉鱼"和外地来杭的"太二酸菜鱼"等，其中"外婆家""太二酸菜鱼"分别提倡"我家就在西湖边""二文化做自己"的品牌内涵。

许多人认为打造品牌没效果反而增加成本，这是因为没有找到消费者心理的开关，优秀的品牌战略既体现了产品的优势，又体现了与竞争品的差异点，更是抓住了消费者的需求痛点，因此才能引发关注并且与消费者产生共鸣。从同质化竞争中突围，其核心在于产品创新和品牌打造。产品创新后也会有大量模仿者，将蓝海变红海，所以通过品牌打造抢占消费者认知优势，建立护城河，至关重要。这就是消费者心智端的条件反射，好的品牌将其化为标准，化为常识，化为不假思索的选择。

所以说，只有品牌深入人心，才有持续免费的流量，品牌力才能提升流量的转化率，品牌势能才能带来产品的溢价能力。

（二）跑赢时代的产品力

爆款产品的多元基因需要稳定供应链的支持，而多元基因的构成就是"多场景、多客群、多频次、多形式、多维度"，也就是要符合堂食、外卖、外带、零售、成品、半成品、食品化、早餐、中餐、晚餐、下午茶、不同年龄层等的各维度而构建爆品供应链系统。我们可以在资本市场上看到，具有餐饮食品化和食品工业化概念的品牌在疫情期间都获得了资本的追捧。

以服务、产品为载体，可以让餐企的创新在市场呈现，使其被感知，被接受，被赞许。于是众多的餐企品牌就这样从对食材、仓储、现代烹调工艺、新颖餐具和装盘手法等方面着手，改良创新。

（三）构建新零售、新场景的创新力

新冠肺炎疫情加剧了整个酒店行业，尤其是酒店餐饮的线上化程度。疫情影响之下，各大酒店纷纷加大力度强化餐饮品类产品的设计和推广，以吸引本地市场客群。餐饮是天然零售化的行业，只是餐饮人以往的日子相对好过，没有花更多时间去思考如何创新。而以盒马为代表的新零售的出现，使我们发现餐饮在零售化，我们的竞争对手由隔壁的门店变成了阿里、京东等巨头，也逼着我们走向餐饮零售化。

疫情倒逼了餐饮企业的突围之道，即"餐饮＋外卖，餐饮＋零售"。餐饮零售化不是简单地在餐厅里卖卖贴上餐厅品牌商标的各类成品、半成品，不是开个微信小程序、在公众号建个商城，不是在淘宝、京东开个店，而是真真实实地建立自己的零售体系（品牌体系＋供应链体系＋信息化体系＋渠道体系）。

（四）打造数字化，顺势改变，转型升级

数字化是中国各行各业发展的必然趋势。新冠肺炎疫情加快了时代更迭的速度，当变化成为常态且全球都在承压经济下行压力的时候，其实所有的经济体都在寻求可持续发展之路。新一轮强劲的技术驱动力量，因数字技术的进步带来的变革主要体现在以下方面：第一，数字技术改变了生产力，我们发现那些应用数字技术的行业生产效率非常高，有的甚至呈倍速的增长。第二，数字技术改变了生产关系，表现在人与人之间的信任成本其实是降低的。比如说现在支付用电子支付，以前我们肯定还是很紧张的，现在用电子支付是因为它有一套技术高效地去做识别，这种识别就会使得我们彼此的信任成本降低。第三，数字技术成为新的经济增长的驱动力量。之前看很多行业，好像都

没有发展机会了,但是该行业一旦融入数字技术,我们就会发现它带来了一个跟我们原来想象完全不一样的东西,这种不一样的改变,导致整个行业有一个新的成长空间,事实上数字技术已成了驱动经济发展的一股新生力量。

(五)趋势引领,能力建设,产业升级

疫后重生的餐饮业,确实呈现出了不少发展新特点、消费新特征、市场新风向,在这样的新时代下,餐饮企业如何打造品牌,找到品牌持续增长的新商机?餐饮业的竞争倾向于综合能力的竞争,不再是单一的产品或菜单、服务或环境。其中涉及团队的战略能力、团队整体的运营水平,还必须懂数字化,懂自媒体,懂供应链,懂股权,懂绩效激励等。

分享一下今日头条餐饮运营指南对2021年餐饮业"十大趋势"的总结:

第一,餐饮供应链成投资洼地。第二,新零售助力餐饮模式升级。第三,四、五线餐饮市场可发展空间较大。第四,消费升级引爆餐饮个性发展。第五,混搭融合勾起食客尝鲜欲望。第六,小吃、快餐仍是餐饮品类投资首选。第七,团餐外卖或许是外卖的下一个机会点。第八,"一人食"催生餐饮新模式,单身经济崛起。第九,短视频新媒体带来餐饮品牌影响力拓展新机会。第十,数字化成为餐饮新动力,线上线下全渠道的食客大数据汇总、分析形成食客画像。

餐饮业要重视从经营产品到创造内容的转变。20世纪80年代以前的大部分人口,都经历过饥饿,填饱肚子是最原始的根植于儿童时代的习惯,而80后和正在接管主流消费市场的90后、00后,他们从小衣食无忧,在物质极为丰富的时代长大成人,餐饮和其他填满他们个人生活的消费品一样,都是丰富他们生活意义的"内容"单元,要足够有趣、好玩、有个性、有意义,产品或服务功能本身已经无法有效满足他们的诉求。比如老鸭集、太二酸菜鱼、茶颜悦色、文和友、凑凑火锅、姚姚酸菜鱼、奈雪の茶、伏牛堂、老乡鸡等,都是在产品基础上创造出大量可供年轻人消费的内容来满足新一代消费人群的需求。

以信心凝聚力量,以实干谱写华章。疫情带来的寒冬终将过去,我们的经历或许就是一次行业自我进化,进化不是服务于一个物种,而是服务于整个自然。餐饮业是永远的朝阳产业,相信在国内的安全经济环境下,必将赋能从事

餐饮业朋友,从食材源头安全的供应链开始,借数字化之力,牢牢把握"精准市场定位,氛围营造得当,服务人性适度,菜肴结构合理和价格构成匹配,以及一招鲜的核心技术掌握"的餐饮经营取胜之道五要素,找到我们的差别化竞争优势,那么,我们的餐饮业必会迎来春天的暖阳!

浙菜的起源、特征和未来

骆高远　　谢维光*

浙菜是中国"八大菜系"之一。谚语云："上有天堂,下有苏杭。"浙江省位于我国东海之滨,浙北水网密布,素有"鱼米之乡"之称;浙西南丘陵起伏,盛产山珍野味;浙东沿海渔场密布,水产极其丰富,有水产品 500 余种,总产值居全国之首。浙江物产丰富,佳肴自美,特色独具,有口皆碑。

一、浙菜的起源

(一)形成背景

浙江素有"七山一水二分田"之说。因浙江所在的地理位置和其特有的地貌特征(自西南向东北呈阶梯状倾斜,东北部是低平的冲积平原,东部以丘陵和沿海平原为主,中部以丘陵和盆地为主,西南则以山地和丘陵为主)而形成的独特气候,决定了浙江物产的品种、类型和特征等,从而为浙菜的形成提供了条件。

* 作者简介:骆高远,男,浙江商业职业技术学院旅游烹饪学院院长、博士、二级教授,浙江省高校教学名师,浙江师范大学硕士生导师,浙江师范大学非洲研究院兼职研究员,主要从事文化旅游、餐饮文化、乡村振兴、旅游规划等方面的科研与教学;谢维光,男,义乌工商职业技术学院教授,从事旅游管理类专业教学与研究。基金项目:职业教育教学资源库项目(国家级重点项目)"民族文化传承与创新子库——烹饪工艺与营养传承与创新"。

（二）形成过程

浙菜的形成有其历史的原因，当然也受资源特产的影响。浙江濒临东海，气候温和，水陆交通方便，其境内北半部地处我国"东南富庶"的长江三角洲平原，土地肥沃，河汊密布，盛产稻、麦、粟、豆、果蔬等，水产资源十分丰富，四季时鲜源源上市；西南部山地、丘陵起伏，盛产山珍野味，农舍鸡鸭成群，牛羊肥壮，为烹饪提供了原料。浙江丰富的烹饪资源和众多的名优特产，加上卓越的烹饪技术和悠久的烹饪文化，形成了自成体系、出类拔萃的浙江菜系。

（三）浙菜现状

浙菜是浙江具有比较优势的产业。当前浙江正处于高水平全面建成小康社会的关键时期，迫切需要加强重要载体建设。浙菜既是关系民生的基础产业，也是带动一、二、三产业发展的重要力量，更是向世界展示浙江的"金名片"。加快浙菜的发展，对拓市场、促消费、优化产业结构等都具有十分重要的作用。

"诗画浙江·百县千碗"工程自 2018 年 8 月启动以来，得到了浙江省委、省政府的高度重视。2019 年 6 月，浙江省文化和旅游厅与省商务厅、省市场监督管理局、省教育厅、省交通运输厅及省机关事务管理局联合印发了关于《做实做好"诗画浙江·百县千碗"工程三年行动计划（2019—2021 年）》的通知，进一步明确了各项责任及落实单位，有效地推动了"诗画浙江·百县千碗"工程的加速发展，从而也有力地推进了浙菜的发展。截至 2019 年 8 月，全省已完成 1088 道"百县千碗"名菜的认定。

"十三五"时期，浙江省餐饮业持续稳定发展。现有餐饮网点 30 多万个，从业人员 200 余万人，2019 年全省实现餐饮营业额近 3000 亿元，同比增长 9.4％，主要经济指标连续 22 年保持全国领先。近年来，餐饮企业积极拓展市场，浙菜的发展更是全国领先，并呈现海外餐饮企业快速增加、境外投资已经起步、省外网点渐成规模、工作举措不断创新等趋势。

二、浙菜的特征

(一)选料讲究

指讲究品种和季节时令,以充分体现原料质地的柔嫩与爽脆。所用海鲜、果蔬等,无不以时令为上;所用家禽、家畜等,均以特产为多。充分体现浙菜选料讲究鲜活、用料讲究部位,遵循"四时之序"的选料原则。此外,选料还刻求"细、特、鲜、嫩"等。

1.细,即精细,指选料注重精细,以确保菜品的高雅上乘;

2.特,即特产,指注重选用当地时令特产,以突出菜品的地方特色;

3.鲜,即鲜活,指注重选用时鲜蔬果和鲜活现杀的海味、河鲜、家禽、家畜等原料,以确保菜品的口味纯正;

4.嫩,即柔嫩,指注重选用新嫩的原料,以保证菜品的清鲜爽脆。

(二)烹饪独到

浙菜以烹调技法丰富多彩而闻名于餐饮界,其常用的烹调技法有 30 多种,其中以炒、炸、烩、熘、蒸、烧等 6 种最为擅长。"熟物之法,最重火候",因料施技,注重主、配料的配合,使口味富有变化。

1.炒,以滑炒见长,主要针对速成菜,要求速度快,成品质地滑嫩,薄油轻芡,清爽鲜美而不腻;

2.炸,以包裹炸、卷炸见长,火候恰到好处,菜品外松而里嫩,力求嫩滑醇鲜;

3.烩,以汤汁浓醇见长,其技法所制作的菜肴,汤醇味美、敦厚实在;

4.熘,多以鲜嫩腴美之品,突出原料的鲜美纯真,其菜品讲究火候,注重主、配料搭配;

5.蒸,讲究配料调味和烹制火候,突出其鲜嫩味美之特点;

6.烧,以火工见长,原料要求焖酥入味,浓香适口。

(三)注重本味

浙菜源于浙江的物产;浙菜能自成体系,归因于浙江物产体系全面、完整。浙菜注重清鲜脆嫩,保持原料本色和真味,多以四季鲜笋、火腿、冬菇、蘑菇和绿叶时菜等清香之物相辅佐。原材料的合理搭配所产生的美味非调味品所能及,如雪菜大汤黄鱼以雪里蕻咸菜、竹笋配伍,汤料鲜香味美,风味独特;清汤越鸡则以火腿、嫩笋、冬菇为原料蒸制而成,原汁原味,醇香甘美;火夹鱼片则是用著名的金华火腿夹入鱼片中烹制而成,菜品鲜咸合一,食之香嫩清鲜,其构思真乃巧夺天工。可见浙菜在原料的配伍上有其独到之处。在海鲜、河鲜等的烹制上,多以增鲜之味的辅料来进行烹制,以突出原材料的本味。

(四)制作精细

浙菜讲究色、香、味、形,其外形精巧细腻,清秀雅丽。如今,制作高档浙菜的刀法之娴熟,配菜之巧妙,烹饪之细腻,装盘之讲究,配色之合理,深得国内外美食家的赞赏,体现了浙菜烹饪技艺与美学的完美结合,创造了一款款"烹饪艺术"。如传统名菜"薄片火腿",片片厚薄均匀、长短一致、整齐划一,每片红白相间,似江南水乡的拱桥;南宋传统名菜"蟹酿橙",色泽艳丽,橙香蟹美,构思巧妙,独具一格;创新菜肴"锦绣鱼丝",9厘米长的鱼丝整齐划一,缀以几线红绿柿椒,色彩艳丽和谐,博得广大食客的赞许。有的菜肴以风景名胜命名,造型优美;有的菜肴有着深刻的文化内涵。

三、浙菜的体系

浙菜主要分杭州、宁波、绍兴、温州四个流派,各自带有浓重的地方特色,分别叫杭帮菜、宁波菜、绍兴菜和温州菜。

(一)杭帮菜

杭帮菜的口味以咸为主,略有甜头,可分为"湖上""城厢"两个流派。"清淡"是杭帮菜的一个象征性特点,其"抢味"的元素不多,这一特点使它容易吸收南北各地菜肴的精华,故杭帮菜更像是"万能菜",容易博得南北食客的喜爱。杭帮菜的烹调方法以蒸、烩、氽、烧为主,讲究轻油、轻浆、清淡鲜嫩,注重鲜咸合一。其特色菜品有西湖醋鱼、东坡肉、龙井虾仁、笋干老鸭煲、八宝豆腐等。

(二)宁波菜

宁波菜又叫甬帮菜,以咸、鲜、臭闻名。甬人擅长烹制海鲜,鲜咸合一,以蒸、烤、炖等烹调方法为主,讲究鲜、嫩、软、滑,色泽较浓,注重保持原汁原味。宁波菜虽然无法成为一个独立的菜系,但在浙菜中也是非常有特色的一个品种。如腐皮包黄鱼、苔菜小方烤、雪菜炒鲜笋等,便宜又好吃。著名菜肴有雪菜大汤黄鱼、苔菜拖黄鱼、木鱼大烤、冰糖甲鱼、锅烧鳗、溜黄青蟹、宁波烧鹅等。

(三)绍兴菜

绍兴菜是富有江南地区水乡文化的风味名菜,以淡水鱼虾河鲜及家禽、豆类、笋类为烹调主料,注重香酥绵糯、原汤原汁,轻油忌辣,汁味浓重,而且常用鲜料配以腌腊食品同蒸同炖,配上绍兴黄酒,醇香甘甜,回味无穷。其中最为有名的菜品当属绍三鲜(其食材汇聚了越州稽山、鉴水及田野之精华而得名)、霉干菜焖肉、油炸臭豆腐、绍兴醉鸡、绍兴卤鸭等。

(四)温州菜

温州因地处浙南沿海,地形复杂,三面环山一面环海,从而使当地的语言、风俗和饮食等都自成一体,别具一格。温州菜又名"瓯菜",由于温州物产丰富,其菜肴种类繁多,但大多是近海鲜鱼与江河小水产类,活杀活烧,烹调方法主要是鲜炒、清汤、凉拌、卤味等,口味清鲜、淡而不薄,讲究"二轻一重"(轻油、轻芡、重刀工)。其代表性名菜有三丝敲鱼、双味蛑蜅(梭子蟹)、橘络鱼脑、蒜子鱼皮、爆墨鱼花等。

四、浙菜的未来

（一）荣耀加身，誉满全球

早在 2007 年，以"杭帮菜"为代表的浙菜烹饪技艺因"选料严谨，制作精细，清鲜爽嫩，注重原味，品种繁多，因时制宜"等特点，入选浙江省第二批非物质文化遗产代表性项目名录。近年来，浙江经济的快速发展大大带动了浙菜的快速发展；同时，随着经济发展进入"新常态"，使老字号餐馆焕发青春，新的店家不断涌现，并朝着"文化、多元、个性"的方向发展，从而使店家的业态、规模和经营结构逐渐完善，进入一个新的、健康的发展时期。但所有这些，都离不开挖掘浙菜的历史文化内涵，传承浙菜的烹饪技艺，创新并促进该非遗技艺融入生产生活，并使之长盛不衰。

2017 年 12 月 4 日，在中国杭州召开的由权威国际组织"国际饭店与餐馆协会"主办的第 53 届年会上，杭州被授予"世界美食名城"称号。这是"国际饭店与餐馆协会"授予的全球首个"世界美食名城"。

近十多年来，浙菜加快了国际推广的步伐，先后走进美国、德国、英国、法国、爱尔兰等数十个国家，受到所在国上至总统下至平民的高度评价，其所到之处，总会掀起一阵浙菜旋风。随着浙菜走出国门，其餐饮企业也开始走向国际。然而，随着线上平台和餐饮新业态的出现，浙菜也面临着众多的挑战。正如"国际饭店与餐馆协会"主席加桑·艾迪（Ghassan Aidi）所指出的：全球的餐饮业要携手团结，通过制定共同目标和战略规划，提升行业整体竞争优势。而"一带一路"可为浙菜的发展提供新的机遇和平台。

（二）前程似锦，鹏程万里

"江南忆，最忆是杭州"，在很多人眼里，更难忘的是以杭帮菜为代表的浙江的美食。作为我国八大菜系中特色鲜明的浙菜，尤其是浙菜中的"杭帮菜"，以清淡、平和、原味的特色获得了众多食客的青睐。如今，浙菜上可至国宴餐桌，下可进平民家席，已经开发出上千个成熟的菜品。

以"杭帮菜"为主要代表的浙菜，未来将以全球第一、全球唯一的"世界美食名城"为契机，以"一带一路"为平台，以美好生活为引领，以融合创新为抓手，跟"独特韵味，别样精彩"的浙江省人民一道，充分发挥"名菜、名店、名师"优势，与经济社会和谐发展，共建浙江"美食天堂"。

五、结语

随着"十四五"发展规划的进一步推广和落实，中国餐饮业将会变得更加开放、更加融合、更具竞争力。目前，各级政府正在努力推动餐饮人才培养工程的发展，从而为餐饮产业化做大做强提供人才支撑，以便迎接未来中国第三产业的高质量发展需求，培养具有国际化水平和视野的综合竞争力。浙江省作为"三个地"的文明高地，在餐饮业上也必须以更加开放的创新精神、更加包容的学习态度、更加强烈的改革意识，开启浙菜发展的新阶段。相信在政府的带领和相关政策的推动下，在一大批有技能、有知识、有视野、有胸怀、有品格的名厨及一大批有信仰、有责任、有担当的企业家的努力下，浙菜未来必将拥有更有品牌、更有品质、更有文化、更有商誉、更健康、更正能量的发展。

新时代浙江饮食文化发展趋势与提升建议

周鸿承*

摘要:浙江饮食文化历史悠久,辐射范围大。浙江饮食文化以杭嘉湖平原饮食、甬台温海洋饮食及金衢丽山地饮食为主要饮食风味类型,从北向南受苕溪、钱塘江、曹娥江、甬江、灵江、瓯江、飞云江、鳌江八大水系自然孕育而成,包含食物原料、烹饪加工技艺、饮食消费、饮食习惯、习俗与饮食思想哲学等诸多内容。本文对浙江饮食文化研究动态和趋势予以分析,指出"诗画浙江·百县千碗"振兴浙菜文化工程应加强浙江饮食文化传承和技术发展的理论性研究,应积极开展"浙江饮食文化史""浙江饮食文化遗产研究""浙江饮食文化百科全书"等具有代表性意义的专项课题研究,为浙菜文化发展以及餐饮赋能提供可持续性的智力支持。

关键词:浙江饮食文化;发展趋势;提升建议

一方水土养一方人,浙江是鱼米之乡,饭稻羹鱼的饮食传统传承千年。舌尖上的味觉遗香,让浙江的每座城市都积淀出自己独特的城市气质和味蕾记忆。浙江饮食文化的发展变迁折射出中国江南饮食、生活方式的传承方式与演变特征。闻香下马,知味停车,知味观的小笼包,强调馅料多样,包容天下;悬壶济世,妙手回春,方回春堂的药膳,强调食医合一,顺时养生。

---

* 作者简介:周鸿承,男,浙江省饮食文化研究院副院长、副教授、博士,浙江工商大学东亚研究院特聘研究员,主要从事饮食文化相关研究。

浙里食尚，食在浙江。杭嘉湖平原地区"好吃又便宜"的杭帮菜旋风曾经风靡北上广；绍兴的越菜，嘉兴、湖州的湖鲜风味，齿颊留香；温台甬沿海地区的甬菜、瓯菜及岛屿海鲜菜，是"靠海吃海"传统的历史印证，餐桌上的蛤蜊与螃蟹，让我们忘不了大海的恩赐；金衢丽内陆地区的三头一掌、金华火腿、缙云烧饼等，让浙江人对美好生活的追求充满了人间烟火气。

一、浙江饮食文化研究现状

目前，仅有《浙江饮食服务商业志》（浙江人民出版社，1991）、《浙江美食文化》（杭州出版社，1998）、《浙江沿海饮食文化》（湖南科学技术出版社，2017）、《浦江饮食文化》（浙江人民出版社，2020）等专著从浙江视角探讨饮食文化。

浙江餐饮专家更多的是从浙菜烹饪工艺、菜谱及浙江餐饮旅游等角度探讨浙江菜肴制作和餐饮业相关问题。如《食在浙江》（浙江人民出版社，2003），《味道中国：江苏浙江美食》（上海辞书出版社，2005），《食美浙江：中国浙菜·乡土美食》（红旗出版社，2014），等等。《舟山传统饮食品》（中国文史出版社，2017）、《非遗小吃：温州味道》（中国民族摄影艺术出版社，2018）是舟山市非物质文化遗产保护中心和温州市非物质文化遗产保护中心组织编撰的反映当地饮食文化遗产的图书。但是，他们还是从非遗美食菜肴角度予以收录和整理，并不是研究性的理论研究。与四川的《中国川菜史》（四川文艺出版社，2019）、《北京的饮食》（北京出版社，2018）、广西的《广西特色饮食文化》（对外经济贸易大学出版社，2018）、云南的《岁月的味道：非物质文化遗产项目名录中的云南饮食》（云南人民出版社，2018）等省域视野中的饮食文化遗产研究比起来，浙江饮食文化遗产研究的理论成果还十分薄弱。

浙江在 11 个地级市的区域性饮食、民俗性饮食、名人饮食乃至针对具体浙江特色饮食名物的研究方面，还是取得了一定的进展。在浙江地域性饮食文化研究中，《温州饮食文化研究》[①]《绍兴美食文化》[②]《宁波历代饮食诗歌选

---

① 王一伟.温州饮食文化研究[D].浙江海洋学院,2014.

② 周珠法.绍兴美食文化[M].杭州:浙江工商大学出版社,2014.

注》①以及《杭州饮食史》②等成果较有代表性。杭州饮食文化研究成果相对浙江其他地级市来说最为丰富。浙江饮食民俗方面，《浙江嘉善县饮食禁忌习俗》③《从特产、食俗歌看浙江饮食文化》④《浙江景宁畲族饮食习俗变迁及原因探析》⑤等成果较有代表性。此外，俞为洁《宋代杭州食料史》以及《李渔饮食思想》《传统饮食"缙云烧饼"的文化保护及其产业化发展研究》等成果，体现了浙江饮食文化研究选题角度的丰富性和多样性。⑥ 通过上述分析，浙江舟山、湖州、丽水、金华、衢州、台州等地饮食文化遗产的研究比较滞后，有待深入。

在饮食文化研究人才培养方面，浙江工商大学中国饮食文化研究所 2007年开始培养专门史（饮食文化方向）的硕士研究生，随后向浙江大学、中国人民大学、云南大学、华中师范大学、日本学习院大学等国内外知名院校培养了一批饮食文化方向的博士研究生，为我国培养了一批从事饮食文化研究的专业人才。此外，浙江商业职业技术学院旅游烹饪学院、浙江旅游职业学院厨艺系、杭州职业技术学院、杭州中策职业学校、杭州第一技师学院在浙江饮食文化和浙菜烹饪工艺专业人才培养方面素有美誉。

浙江省人民政府、浙江省文化和旅游厅、浙江省商务厅多有发布有关振兴浙菜产业的纲领性文件。如 2011 年《浙江省人民政府办公厅关于提升发展农家乐休闲旅游业的意见》、2012 年《浙江省人民政府关于振兴浙菜加快发展餐饮业的意见》、2013 年《浙江省人民政府办公厅关于印发振兴浙菜加快发展餐饮业重点任务分解方案的通知》、2019 年《浙江省人民政府办公厅关于加快推进农家传统特色小吃产业发展的指导意见》，明确要求各地将农家小吃产业作为实施乡村振兴战略的重要内容。2019 年发布的《意见》被认为是全国首个农

---

① 张如安.宁波历代饮食诗歌选注[M].杭州：浙江大学出版社,2014.
② 林正秋.杭州饮食史[M].杭州：浙江人民出版社,2011.
③ 唐彩生.浙江嘉善县饮食禁忌习俗[J].民俗研究.1992(2)：75-76.
④ 刘旭青.从特产、食俗歌看浙江饮食文化[J].浙江工商大学学报,2009(2)：63-69.
⑤ 梅松华.浙江景宁畲族饮食习俗变迁及原因探析[J].非物质文化遗产研究集刊,2010：306-317.
⑥ 这方面的成果有：刘丽.宋代饮食诗研究[D].浙江大学,2017;叶俊士.李渔饮食思想[D].浙江工商大学,2013;郑涵.传统饮食"缙云烧饼"的文化保护及其产业化发展研究[D].浙江师范大学,2015;唐铭泽.浙江菜系翻译报告[D].云南师范大学,2015;李伟俊.从中国文化对外传播角度看汉语菜名英译标准的确立：以《品味浙江》为例[D].宁波大学,2013.

家小吃产业省级指导意见。此前,浙江省农业农村厅还出台过《浙江省农家特色小吃产业发展三年行动计划(2018—2020)》,提出到2020年全省农家小吃产业从业人员要发展至50万人,年销售额突破500亿元,使农家小吃产业成为振兴乡村的重要力量。

上述纲领性文件中,2012年振兴浙菜的文件最为关心浙菜文化研究。该文件明确提出:"加强浙菜文化研究。鼓励餐饮企业、专业院校和行业协会,成立浙菜文化研究机构,总结浙菜文化内涵,提炼浙江菜系特色,收集整理地方名菜,发掘乡村民间饮食文化和人文内涵,组织编写《浙江饮食文化史》《中国新浙菜大典》和《中国浙江乡土菜谱》,提高浙菜文化品位。"虽然省政府有出台上述关于加强浙菜文化研究的顶层设计,一些生活类菜谱书如《食美浙江:中国浙菜·乡土美食》(红旗出版社,2014)得以出版,但是如《浙江饮食文化史》这类更具文化价值的代表性成果并未及时推出,实为遗憾。2013年12月浙江省餐饮行业协会成立的浙江省浙菜文化研究会,理应在省委省政府提出的振兴浙菜文化研究领域做出建设性贡献。

"百县千碗"工程于2019年写入省政府工作报告。浙江省商务厅2019年发布了《做实做好"诗画浙江·百县千碗"工程三年行动计划(2019—2021年)》,明确提出要"推动浙江省旅游美食文化传承、创新、发展,助力文化浙江、诗画浙江建设;挖掘'百县千碗'美食背后的文化内涵,讲好浙江美食文化故事"。在省政府的战略指导下,浙江饮食文化的研究迎来前所未有的发展机遇。

2019年,浙江省餐饮行业协会发布成立浙江饮食文化研究院的决定。[①]时任浙江省餐饮行业协会副会长沈坚介绍道:"浙江饮食文化研究院是由我省优秀餐饮企业代表及全省饮食文化专业学者、教授、研究人员等共同发起,本着协作互助、资源共享、互利共赢原则自愿组成的非营利性文化交流组织,是我省首个以培育大国工匠为目标的省级研究交流平台。研究院以带动浙江餐饮品牌和饮食文化走向全国、走进世界为宗旨,针对浙江饮食文化开展研究、

---

① 在浙江省民政厅最终注册的准确名称为"浙江省之江饮食文化研究院",业内简称"浙江省饮食文化研究院"。

交流活动,致力于市场服务体系的研究和推广。成立浙江饮食文化研究院将对推进饮食文化、菜品标准、经营模式、品牌发展交流等方面的研究,探索浙江传统美食文化传播的新理念、新模式、新途径,提升浙江饮食文化的影响力起到重要的作用。"2020 年,浙江省商务厅作为业务指导单位,浙江省之江饮食文化研究院在浙江省民政厅注册成立,民办非企业单位性质。该研究院目前正在组织开展《浙江饮食文化产业发展报告（2021）》蓝皮书研究项目,以及其他与浙江饮食文化相关的研究性课题。这样的组织平台有可能改变杭州乃至浙江省餐饮行业组织"重餐饮活动,轻文化研究"的工作现状,深化浙江饮食文化传承研究。

2019 年第十一届浙江·中国非遗博览会（杭州工艺周）期间,浙江非物质文化遗产中心和浙江大学旅游与休闲研究院共同发起并成立了浙江大学旅游与休闲研究院饮食文化研究中心。该中心成立以后,先后参与了 2019 年第十一届浙江·中国非遗博览会（杭州工艺周）主题策展活动"味觉遗香:非遗市集",浙江首届饮食类非遗传承人群研习培训,2020 浙江传统美食展评展演等活动。

二、当代浙江饮食图书统计与分析

浙江有关饮食图书出版较为集中的地方是杭州,以菜谱图书为主,其次是研究性图书。如林正秋《杭州饮食史》、俞为洁《杭州宋代食料史》、何宏《民国杭州饮食》等学术类著作都是有关杭州饮食文化的专题性成果。

杭州菜谱类图书有中国饮食业公司浙江省杭州市公司编印《杭州市名菜名点》(1956),杭州市上城区饮食公司编印《烹调（下）》(1972),杭州市饮食服务公司编《杭州菜谱》(1977),戴宁主编《杭州菜谱》（浙江科学技术出版社,1988),徐海荣、张恩胜编《中国杭州八卦楼仿宋菜》（中国食品出版社,1988),戴荣芳编《古今食艺之花:食品、饮食传说及制作（建德）》（建德县饮食服务公司印,1990),邱平兴编《杭州菜的故事:亚都天香楼的传承与发展》（台北橘子出版公司,1999),杭州饮食旅店业同业公会编《新杭州名菜》（浙江摄影出版社,2000),徐步荣编《杭州大众菜点》（安徽科学技术出版社,2000),赵仁荣、楼

图 1　中国饮食业公司浙江省杭州市公司编印《杭州市名菜名点》(1956)

金炎编《江南名菜名点图谱·杭州菜》(上海科学技术文献出版社,2000),沈关忠主编《杭州楼外楼名菜谱》(浙江科学技术出版社,2000),戴宁主编《天堂美食:杭州菜精华》(浙江科学技术出版社,2000),戴宁主编《极品杭州菜:杭州烹饪大师名师作品精选》(当代中国出版社,2001),王骏等编《上海杭州菜》(百家出版社,2001),本书编写组编《杭州家常菜300例》(上海科学技术文献出版社,2003),王圣果《杭州名小吃》(中原农民出版社,2003),汪德标《钱塘江美食:杭州菜》(中国纺织出版社,2005),沈关忠主编《新杭州美食地图:百家食谱》(浙江科学技术出版社,2005),吴仙松《杭州名菜名点百例趣谈》(浙江科学技术出版社,2006),瓮汉法主编《周浦饮食文化乡土食菜谱》(杭州市西湖区周浦乡老龄工作委员会编印,2006),童锦波主编《桐江美食:桐庐传统饮食文化》(人民日报出版社,2006),《新杭帮菜108将》(杭州出版社,2007),许兴旺主编《杭州临安百笋宴》(临安市贸易局印制,2009),胡忠英《杭州南宋菜谱》(浙江

图2　杭州市上城区饮食公司技术培训班编《烹调(下)》(1972)

人民出版社,2013),淳安县餐饮行业协会编《千岛湖美食》(2013),刘庆龙、郑永标《杭州乡土菜》(杭州出版社,2014),应志良主编《漫话上泗美食文化》(浙江摄影出版社,2015),《富阳美食》(富阳区餐饮美食行业协会编印,2015),《萧山菜谱》(中国美术学院出版社,2016),陈云水主编《余杭美食》(杭州出版社,2016),徐龙发《千岛湖百鱼百味》(浙江人民出版社,2016),溢齿留香《老底子的杭州味道》(浙江科学技术出版社,2018),朱启金主编《盛宴·醉西湖》(中国纺织出版社,2018),方志凯、吴士荣编《桐庐味道》(杭州出版社,2018),淳安县文化广电新闻出版局主编《淳安传统美食卷》(浙江摄影出版社,2018),周鸿承、徐玲芬编《品说楼外楼》(浙江人民出版社,2018),徐立望、张群编《史说楼外楼》(浙江人民出版社,2018),郑双、沈珉、徐逸扬编《图说楼外楼》(浙江人民出版社,2018)。

　　王国平同志在有关杭州学学科构建下,总主编了一批有关杭州饮食的研

图 3　林正秋、徐吉军、胡忠英、金晓阳、何宏、董顺祥、郑南、周鸿承、叶俊士等杭州饮食文化研究专家齐聚"南宋临安小吃文化与复原分论坛",2020 年 11 月 8 日

究成果,如《西湖龙井茶》(杭州出版社,2004)、《楼外楼》(杭州出版社,2005)、《西溪的物产》(杭州出版社,2012)、《杭州运河土特产》(杭州出版社,2013)、《良渚人的衣食》(杭州出版社,2013)、《西湖茶文化》(杭州出版社,2013)、《慧焰薪传——径山禅茶文化研究》(杭州出版社,2014)、《钱塘江饮食》(杭州出版社,2014)、《钱塘江茶史》(杭州出版社,2015)、《吃在塘栖》(浙江古籍出版社,2016)、《西溪渔文化》(浙江人民出版社,2016)、《湘湖物产》(浙江古籍出版社,2016)、《西溪的美食文化》(浙江人民出版社,2016)、《塘栖蜜饯》(浙江古籍出版社,2017)、《钱塘江水产史料》(杭州出版社,2017)、《一个城市的味觉遗香:杭州饮食文化遗产研究》(浙江古籍出版社,2018)。

杭州以外,浙江饮食文化及菜谱图书主要有:浙江省饮食服务公司编《中国名菜谱:浙江风味》(中国财政经济出版社,1988),《浙江饮食服务商业志》(浙江人民出版社,1991),温州市饮食公司办公室编《温州饮食:荟萃集(一)》(油印本,1992),李敏龙《湖州美食》(上海科学普及出版社,1991),公英编《浙江菜》(新华出版社,1994),鲍力军等编《浙菜》(华夏出版社,1997),林正秋《浙江美食文化》(杭州出版社,1998),《中国瓯菜》(浙江科学技术出版社,2001),

戴桂宝等编《食在浙江》（浙江人民出版社，2003），吴林主编《太湖名菜（中国湖州）》（浙江科技出版社，2003），小路《楠溪味道》（作家出版社，2003），舟山市旅游局编《舟山海鲜名宴》（外文出版社，2004），吴笛《舟山名菜名点》（外文出版社，2004），味道中国采编组《味道中国：江苏浙江美食》（上海辞书出版社，2005），潘晓林《中国瓯菜（第一辑）》（浙江科学技术出版社，2008），周秒炼、吴士昌、张敏红编《舟山群岛·海鲜美食》（杭州出版社，2009），龚玉和《知味江南》（上海锦绣文章出版社，2009），美食生活工作室编《浙江风味》（青岛出版社，2010），宋宪章《江南美食养生谭》（浙江大学出版社，2010），赵青云《瓯馐：浙南遗产》（中华书局，2013），潘江涛《金华味道》（中国文联出版公司，2013），《食美浙江：中国浙菜·乡土美食》（红旗出版社，2014），《温州创新瓯菜》（温州市饭店与餐饮行业协会印制，2014），周珠法《绍兴美食文化》（浙江工商大学出版社，2014），开化县文化旅游局编《开化美食》（现代出版社，2015），潘江涛《金华美食》（杭州出版社，2015），柴隆《宁波老味道》（宁波出版社，2016），周雄编《瓯菜：温州味道与烹饪技艺》（现代出版社，2017），潘晓林《中国瓯菜（第二辑）》（四川美术出版社，2017），开化县文化旅游委员会编《寻味开化》（现代出版社，2017），《浙江沿海饮食文化》（湖南科学技术出版社，2017），俞茂昊《敢为天下鲜》（三门县文学艺术界印制，2017），诸清理、谢云飞《寻味绍兴》（团结出版社，2017），舟山市非物质文化遗产保护中心编《舟山传统饮食品》（中国文史出版社，2017），陈建波编《处州饮食》（浙江古籍出版社，2014），乐清日报社编《美食乐清》（红旗出版社，2018），政协绍兴市柯桥区委员会编《柯桥味道》（中国文史出版社，2018），陈国宝、李伟荣《丽水特色食品》（中国农业科学技术出版社，2018），袁甲《舟山老味道》（宁波出版社，2018），《非遗小吃：温州味道》（中国民族摄影艺术出版社，2018），《食美嘉兴》（吴越电子音像出版社，2018），嘉兴市政协文化文史和学习委员会编《寻味嘉兴》（中国文史出版社，2019），刘根华等编《金华舌尖记忆》《金华美食》《金华火腿菜》（中国文史出版社，2019），陈文华主编《绍兴味道》（绍兴市文化广电旅游局印制，2019），浦江县社会科学界联合会编《浦江饮食文化》（浙江人民出版社，2020），龙游县政协教科卫体和文化文史学习委员会编《味道里的龙游》（浙江文艺出版社，2019）等专著。

三、杭帮菜研究与推广经验

　　杭州地区的饮食文化研究走在浙江其他地级市饮食文化研究前面。有关杭州饮食历史与文化的代表性著作成果主要来自林正秋、俞为洁、何宏诸位教授的研究。① 近年来,在"杭州全书"文化工程的支持下,出版了一批有关杭州饮食的相关研究。杭州市政府、各区县市餐饮行业协会、杭州饮食服务集团、杭菜研究会等对杭帮菜烹饪技艺、名菜名点、名人名店等方面多有推广和研究。但其研究成果多以"杭州菜谱"为中心,缺乏从杭帮菜历史文化源流视角的深入探讨。②

　　有关杭州饮食文化的学术性论文较多,成果也比较分散。如赵荣光《十三世纪以来下江地区饮食文化风格与历史演变特征述论》(《东方美食》(学术版),2003 年第 2 期),史涛、金晓阳《老字号餐饮企业的顾客消费体验与评价研究——以杭帮菜老字号为例》(《美食研究》,2015 年第 3 期),张剑光《唐五代时期杭州的饮食与娱乐活动》(《浙江学刊》,2016 年第 1 期),何宏、赵炜《〈乡味杂咏〉研究》(《美食研究》,2018 年第 1 期),巫仁恕《东坡肉的形成与流衍初探》(《中国饮食文化》,2018 年第 1 期),钱建伟《杭帮菜国际传播现状及其媒介发展策略》(《企业经济》,2014 年第 10 期),等等。

　　由于历史上南宋都城临安的饮食繁荣,兼具南北特点,有相当一批专家聚焦南宋临安饮食文化的研究。如俞为洁《杭州宋代食料史》,陈伟明《唐宋饮食文化初探》《唐宋饮食文化发展史》,刘朴兵《唐宋饮食文化比较研究》,李华瑞《宋代酒的生产和征榷》,沈冬梅《宋代茶文化》,徐海荣主编《中国饮食史》③,全

　　① 林正秋.杭州饮食史[M].杭州:浙江人民出版社,2011;俞为洁.饭稻衣麻:良渚人的衣食文化[M].杭州:浙江摄影出版社,2007;俞为洁.良渚人的饮食[M].杭州:杭州出版社,2013;何宏.民国杭州饮食[M].杭州:杭州出版社,2012.

　　② 杭帮菜研究院.别说你会做杭帮菜:杭州家常菜谱 5888 例[M].杭州:杭州出版社,2019;杭州市饮食服务公司.杭州菜谱[M].杭州:浙江科学技术出版社,1988;戴宁.杭州菜谱(修订本)[M].杭州:浙江科学出版社,2000;中国烹饪协会.浙菜[M].北京:华夏出版社,1997;杭州杭菜研究会.杭菜文化研究文集[M].北京:当代中国出版社,2007;宋宪章.杭州老字号系列丛书:美食篇.杭州:浙江大学出版社,2008;沈关忠、张渭林.名人笔下的楼外楼[M].北京:中国商业出版社,1999.

　　③ 徐海荣主编的《中国饮食史》共六卷十九编,其中第九编为《宋代饮食史》。

汉昇《南宋杭州的消费与外地商品之输入》，翁敏华《论两宋的饮食习俗与戏剧演进》，庞德新《宋代两京市民生活》，钟金雁《宋代两京饮食业析论》，李春棠《从宋代酒店茶坊看商品经济的发展》，冷辑林、乐文华《论两宋都城的饮食市场》，乌克《南宋临安的饮食业》，徐吉军《南宋临安饮食业概述》，徐吉军、林莉《南宋临安馒头食品考》，朱惠英《宋朝花馔选材及烹调法与花卉象征意义之研究》，等等。此外，徐吉军《宋代衣食住行》、邓卓海《宋代都城的服务行业》、韩茂莉《宋代农业地理》、伊永文《宋代市民生活》以及陈国灿《宋代江南城市研究》等专著中，相关章节多有探讨南宋时期临安饮食业情况。《品味南宋饮食文化》《杭州南宋菜谱》《宋宴》则是有关于宋代名菜名点的复原研究成果。

有关杭州饮食文化遗产的相关研究中，周鸿承《一个城市的味觉遗香：杭州饮食文化遗产研究》（浙江古籍出版社，2018）将杭州饮食文化遗产从非物质文化遗产角度进行了类型的划分。具体分为食材类饮食文化遗产、技艺类饮食文化遗产、器具类饮食文化遗产、民俗类饮食文化遗产和文献类饮食文化遗产五大类型。史涛《非物质文化遗产与烹饪教育课程资源体系融合研究——以"杭帮菜"非物质文化遗产传承为例》（《教育与教学研究》，2014年第9期）一文提出"'杭帮菜'非物质文化遗产融入烹饪课程体系面临的困境为：'非遗'资源向课程要素转化之困，烹饪教师对'非遗'资源的接纳之困，由'师徒相授'到职业教育转变之困。'非遗'进入烹饪课程资源的研究路径为：研究'非遗'资源的申报，熟悉'非遗'资源的研究成果；做好'非遗'资源进入烹饪课程资源的筛选工作，建立'非遗'资源库；做好'非遗'资源库利用与课程教学领域的对接工作。"他提出的"（杭帮菜）非遗资源与课程目标、课程内容联系示例表"对于杭帮菜非遗培训有启发性，值得关注（参见表1）。[1]

---

[1] 史涛.非物质文化遗产与烹饪教育课程资源体系融合研究：以"杭帮菜"非物质文化遗产传承为例[J].教育与教学研究,2014(9):110.

表 1　杭帮菜非遗资源与课程目标、课程内容联系示例表

"非遗"传承的 烹饪课程领域目标	"非遗"传承的 烹饪课程内容	"非遗"资源蕴含的 课程资源要素
通过"欣赏与评述"学习领域活动学习和了解"杭帮菜"的特点,并与其他菜系进行比较	欣赏"杭帮菜"的制作和文化;比较"杭帮菜"与其他菜系的菜品特点	菜品制作的图片和影音资料;揭示"杭帮菜"发展沿革的文史和文献资料
通过"造型与烹饪"学习领域活动学习和了解"杭帮菜",对一些烹饪烹调的基本手法进行实际训练	以"杭帮菜"的代表菜式,配合烹饪技法,对经典的"杭帮菜"进行实例教学	烹调技术知识资源中的技术要点示例、烹饪造型示例
通过"加工与设计"学习领域活动学习,对菜肴烹饪的加工和配伍方面内容进行实际训练	以"杭帮菜"的审美要求和原料特点为导向,进行刀工训练和设计配伍菜肴	烹饪加工与原料搭配技术知识资源的典型原料手法示例
通过"综合与探索"学习领域活动学习,能够对菜肴创新、宴会设计等方面的内容进行训练	创新"杭帮菜"的示例与制作,带有杭州地方风味特色的风味宴席和主题筵席	饮食民俗、烹饪文化元素的引入烹调技法加工配伍技法示例

　　不过,上述研究对"杭帮菜"非遗内容的认识还不够完善,故而在"杭帮菜"教育课程资源中没有考虑到有关杭州饮食器具类非遗、文献类非遗资源对于"杭帮菜"烹饪教育体系构建的重要性。后续有研究者如叶方舟专门对杭州饮食类非物质文化遗产进行研究,值得借鉴参考。[①] 此外,在杭帮菜推广研究方面,一些研究者注意到杭帮菜菜名英译及杭州餐饮国际化战略的问题,并提出一些建设性意见。陈洁《中国菜菜名英译中的文化信息传递——以杭州菜菜名英译为例》,[②]沈桑爽,王淑琼《传统杭帮菜名称英译的归化与异化翻译策略研究》,[③]等等。

　　2019 年 5 月,亚洲文明对话大会在北京举行,在中宣部指导,中共浙江省委宣传部的策划下,杭州同步举办"知味杭州"亚洲美食节。趁此机遇,原中共

---

　　①　叶方舟.杭州饮食类非物质文化遗产的现状、保护及传承研究[D].浙江工商大学,2016;周鸿承.一个城市的味觉遗香:杭州饮食文化遗产研究[M].杭州:浙江古籍出版社,2018.

　　②　陈洁.中国菜菜名英译中的文化信息传递:以杭州菜菜名英译为例[J].长江大学学报(社会科学版),2010(2):140-141.

　　③　沈桑爽,王淑琼.传统杭帮菜名称英译的归化与异化翻译策略研究[J].安徽文学,2017(8):104.

浙江省委常委、杭州市委书记、杭州市人大常委会主任王国平同志主持成立了杭帮菜研究院，负责开展杭帮菜研发、推广和培训工作。随后，杭帮菜研究院分别组织编写了《别说你会做杭帮菜：杭州家常菜谱5888例》《漫画杭帮菜》，这是收录菜品最多、资料最翔实的杭州地方菜系菜谱。阿里巴巴集团董事局主席马云先生和中国当代著名艺术大师韩美林先生专门为《别说你会做杭帮菜：杭州家常菜谱5888例》图书题词。马云先生说道："最高的武功是无招胜有招，最好的菜系是无宗无派。说的就是我们杭帮菜。无宗，是以采取众长；无派，是以不断创新。"马云先生以宗派之喻解读中国菜系江湖，指出杭帮菜笑傲江湖的武功秘籍就是要走"无宗无派"之路——集八大菜系之长，不断创新。这就是新时代杭帮菜融合创新，走向国际的宣言。漫画书《漫画杭帮菜》则邀请知名漫画家、新杭州人蔡志忠先生编绘，该图书随后荣获素有"美食美酒图书奥斯卡奖"之称的"2019世界美食家图书大奖"。

四、结语

新中国成立以来，浙江省餐饮服务业发展变迁大致有三个阶段：一是"文革"以前（20世纪50—60年代初），（餐饮业）网点小型分散，店、摊、担结合，遍及大街小巷，品种多样，经营灵活，风味特色俱全。二是"文革"期间，网点拆小并大，经营品种单一，风味特色消失，一些优良的传统服务项目和服务方式被砍掉，大众化变成了简单化，服务质量和服务态度明显下降。三是党的十一届三中全会以来，通过拨乱反正，工农业生产得到了恢复和发展，城乡经济繁荣，人民生活逐步改善，饮食服务业也得到了相应发展。特别是1980年以来，随着"对外开放、对内搞活"经济方针的贯彻与落实，由城乡集体、个体开办的饮食服务店如雨后春笋般地迅速发展，改变了供求关系紧张等状况。还出现了多家办店，多种经济成分并存的新气象，缓和了吃饭难、住店难、理发难等矛盾。[①]

2012年，浙江省人民政府发布了《浙江省人民政府关于振兴浙菜加快发展

---

① 鲍力军，沈署东.发展浙江饮食服务业的探索[J].商业经济与管理，1985(2)：64.

餐饮业的意见》，要求进一步提升浙菜品牌，弘扬浙菜文化，打造美食浙江，提高餐饮业服务质量，促进餐饮业又好又快发展，推动全省产业结构调整和经济发展方式转变，切实保障和改善民生。该文件中要求：重点建设浙菜三大特色集聚区。在杭嘉湖平原地区重点打造"杭帮菜"创新基地及世界休闲美食之都、绍兴越菜文化之城、嘉兴和湖州湖鲜风味餐饮；在甬台温沿海地区重点打造甬菜、瓯菜及岛屿海鲜菜；在金衢丽内陆地区重点开发山珍风味和民俗餐饮文化。还要求"加强浙菜文化研究。鼓励餐饮企业、专业院校和行业协会，成立浙菜文化研究机构，总结浙菜文化内涵，提炼浙江菜系特色，收集整理地方名菜，发掘乡村民间饮食文化和人文内涵，组织编写《浙江饮食文化史》《中国新浙菜大典》和《中国浙江乡土菜谱》，提高浙菜文化品位"。该指导文件对浙江饮食文化的区域特色有非常好的总结和归纳，也注重加强浙江饮食文化的研究。可惜的是，相关机构并没有在此振兴浙菜的重大举措之下，推出新时代的《浙江饮食文化史》《浙江饮食文化遗产研究》《浙江饮食百科全书》等研究成果。目前省内协会和相关组织依旧走的是汇编浙江各地区菜肴菜谱的老路子。可见，振兴浙菜文化内涵，挖掘浙江饮食文化传承等具体工作在落实方面，还有很大提升空间。

"诗画浙江·百县千碗"工程自2018年启动以来，得到省政府高度重视。时任省长袁家军多次做出批示予以肯定，"做实做好'百县千碗'"被写入2019年浙江省政府工作报告，成为新时代振兴浙江美食文化和产业的一项重要品牌工程。2019年，浙江省文化和旅游厅、浙江省商务厅等联合印发《做实做好"诗画浙江·百县千碗"工程三年行动计划（2019—2021年）》的通知，推动我省旅游美食文化传承、创新、发展，助力文化浙江、诗画浙江建设。通知中，明确提出传承和弘扬美食文化，挖掘"百县千碗"美食背后的文化内涵，讲好浙江美食文化故事。形成"百县千碗"一张美食地图、一套美食视频、一本美食图书、一首美食歌曲、一份美食榜单、一群美食达人。通过各类途径，向广大群众进行'百县千碗'科普，传播美食文化。从文化研究角度看，应深入开展浙江饮食历史、文化和遗产方面的研究，形成相应的理论成果，指导浙菜的产业实践，避免研究成果"菜谱化"——近些年浙江饮食文化研究主要是汇编菜谱和地方菜肴居多。

　　美食之都，绿色崛起；小康菜谱，还看浙里。浙江非遗的传承保护工作，重视对每一种食物在历史上的行走路径的探索。我们感恩大自然的馈赠，希冀将非遗美食的历史凝固成一个个可以触摸的具象图景，从而将江南文脉融合在一起，展开一幅讲述浙江非遗美食前世今生的精美画卷。

　　祖先餐桌上的记忆，客观而忠实地记录着浙江人文气质的岁月辗转。"食之味"就是老百姓饮食文明进步最直观、最活态的见证者，记录和传承着一个个城市饮食文明的遗香。深入研究浙江饮食文化历史渊源，有助于我们更好地开展浙江饮食类非物质文化遗产项目的挖掘、保护、传承和利用，进而达到在发掘中保护、在利用中传承的目的。

浙江餐饮行业发展现状与展望

徐子皓[*]

摘要：受新冠肺炎疫情的冲击，浙江餐饮业在 2020 年发展下滑严重。而在危机中的转机是：疫情在很大程度上推动了浙江餐饮业的数字化进程，使得全省餐饮产业加速步入数字餐饮化和业态精细化时代。后疫情时代，浙江出现的餐饮大盘"V"型弹反也足以说明消费者的旺盛需求以及我省餐饮产业高质量发展存在着巨大潜力与提升空间。为了实现浙江餐饮行业的全盘复兴以及高质量发展，需要多方力量的共同努力。

关键词：浙江餐饮；餐饮数字化；后疫情时代

一、近年来餐饮发展概况

根据国家统计局发布的数据，2020 年中国餐饮业总收入为 39527 亿元，同去年相比下降了 16.6%。这一现象的出现与席卷全球的新冠肺炎疫情息息相关。虽然全国餐饮行业受疫情影响较大，但值得注意的是：从 2020 年 4 月开始，餐饮行业开始积极推行复工复产，全行业收入降幅开始收窄，并在 10 月成功实现了转正，餐饮行业从此迈入较为平稳的发展阶段。

2020 年 1—12 月份的各种行业数据分析报告结果表明：中国用自己的努

---

* 作者简介：徐子皓，男，浙江工商大学饮食文化创新团队成员，主要从事地方文化研究。

力与行动,成功控制了疫情对各产业造成的影响,而其中餐饮业最终实现的
"V"型弹反,便是最好的例证。

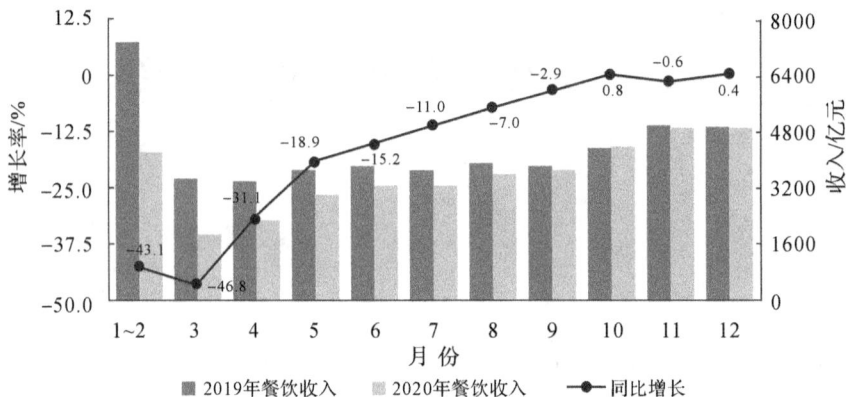

图 1 2020 年中国餐饮业收入及同比增长情况

资料来源:美团、餐饮老板内参《2020 中国餐饮年度报告》,人民邮电出版社,
2021 年。

浙江省第七次人口普查数据显示,截至 2020 年 11 月 1 日,浙江省常住人
口为 6456.76 万人,占全国常住人口人口的 4.57%。[①] 浙江省餐饮行业拥有
企业 50 万余家,从业人数达 160 万余人。[②] 浙江全年消费零售额为 26630 亿
元,比上年下降 2.6%。按消费类型统计,商品零售额 23843 亿元,下降
1.9%;餐饮收入 2787 亿元[③],下降 8.4%。

从上述数据可以看出,疫情对浙江省整体的消费态势有严重影响。与上
一年相比,各项消费零售额均有减幅,而其中餐饮行业受到了尤为严重的打
击,收入降幅难以忽视。消费能力早已成为国民经济发展的头号推手,而餐饮
又是消费重头。浙江作为南方经济大省,在 2020 年的全国省市餐饮收入排行
中,名列全国众多省市之前(见表 1);在"长江经济带"的十一个省市之中,浙江

---

① 浙江省统计局,浙江省人民政府第七次人口普查领导小组办公室.浙江省第七次人口普查主
要数据公报[N].浙江日报,2021-5-14.

② 国家统计局,国务院第七次全国人口普查领导小组办公室.第七次全国人口普查公报(第二
号)[N].中国信息报,2021-5-12.

③ 浙江省统计局,国家统计局浙江调查总队.2020 年浙江省国民经济和社会发展统计公报[N].
浙江日报,2021-2-28.

以将近3000亿元的餐饮收入位列第三(见表2)。因此可以看出,浙江餐饮产业在江南地区甚至是在全国都有重要影响力,也是全省经济发展平稳与否的一个重要判断指标。正所谓"民以食为天",浙江的餐饮行业与省内居民的生活质量、幸福程度有着千丝万缕的关系。

表1 2020年中国各省市区餐饮收入统计

序号	省份	餐饮收入/亿元	同比增长/%	GDP收入/亿元	GDP同比增长/%	备注
1	山东	4,430.46	10.90	71,065.50	−0.06	
2	广东	4,037.23	11.00	107,671.07	10.68	
3	江苏	3,728.95	8.70	99,631.53	7.60	含住宿
4	河南	3,243.70	12.60	54,259.20	12.91	
5	四川	3,155.30	12.40	46,615.82	14.60	
6	浙江	2,972.00	9.40	62,352.00	10.95	
7	河北	2,947.53	11.20	35,104.50	−2.52	
8	湖南	2,146.50	11.70	39,752.12	0.13	
9	湖北	1,896.25	8.50	45,828.31	16.61	
10	辽宁	1,776.70	7.50	24,909.50	−1.60	
11	福建	1,578.38	10.30	42,396.00	18.41	
12	重庆	1,498.04	13.60	23,606.77	15.92	
13	安徽	1,476.90	11.90	37,144.00	23.69	
14	黑龙江	1,206.51	6.30	13,612.70	−16.88	
15	北京	1,204.50	6.10	35,371.30	16.66	
16	上海	1,190.25	4.30	38,156.32	16.75	含住宿
17	内蒙古	1,157.99	4.90	17,212.50	−0.44	
18	云南	1,122.87	11.00	23,223.75	29.88	
19	天津	1,122.00	10.00	14,104.25	−25.05	含住宿
20	江西	1,096.40	15.50	24,757.50	12.61	
21	吉林	1,045.43	3.20	11,726.80	−22.21	
22	陕西	1,044.41	10.30	25,793.17	5.54	

续表

序号	省份	餐饮收入/亿元	同比增长/%	GDP收入/亿元	GDP同比增长/%	备注
23	广西	889.47	8.30	21,237.14	4.35	
24	山西	666.90	8.90	17,026.68	1.24	
25	新疆	482.60	8.60	13,597.11	11.40	
26	贵州	451.63	11.90	16,769.34	13.26	
27	甘肃	450.30	9.10	8,718.30	5.73	
28	海南	311.91	5.00	5,309.94	9.87	
29	宁夏	179.77	8.10	3,748.48	1.17	
30	西藏	110.04	10.00	1,697.80	14.90	
31	青海	63.00	6.50	2,955.95	3.52	

资料来源：美团、餐饮老板内参《2020中国餐饮年度报告》，人民邮电出版社，2021年。

表2　2020年"长江经济带"主要省市餐饮收入统计

序号	省份	餐饮收入/亿元	同比增长/%	GDP收入/亿元	GDP同比增长/%	备注
1	江苏	3,728.95	8.70	99,631.53	7.60	含住宿
2	四川	3,155.30	12.40	46,615.82	14.60	
3	浙江	2,972.00	9.40	62,352.00	10.95	
4	湖南	2,146.50	11.70	39,752.12	9.13	
5	湖北	1,896.25	8.50	45,828.31	16.61	
6	重庆	1,498.04	13.60	23,605.77	15.92	
7	安徽	1,476.90	11.90	37,144.00	23.69	
8	上海	1,190.25	4.30	38,155.32	16.75	含住宿
9	云南	1,122.87	11.00	23,233.75	29.88	
10	江西	1,095.40	15.50	24,757.50	12.61	
11	贵州	451.63	11.90	16,769.34	13.25	

资料来源：美团、餐饮老板内参《2020中国餐饮年度报告》，人民邮电出版社，2021年。

二、新时代浙江餐饮发展面临的问题与典型特征

(一)餐饮行业数字化进程受"倒逼"而加快

受疫情影响,国家倡导全民居家隔离,餐饮行业一时间失去了数量众多的消费者,线下众多门店因无法持续经营而纷纷倒闭。资金雄厚的餐饮企业在苦苦支撑之际,力图改变现状。原来的"圈地跑马"模式显然已经不适用于当下,于是"数字化餐饮""业态精细化"的智慧餐饮发展模式在浙江应用开来。

中国连锁经营协会(CCFA)曾对部分著名连锁企业进行了细致调查。其中有一个问题:您的企业是否充分认识到数字化转型的必要性?数据显示超过68%的企业管理人认识到了数字化转型的好处与必要性,也没有任何企业对这个问题持否定态度。

餐饮企业数字化最为明显的是品牌营销思路与经营思路的转变。具有一定规模的连锁品牌企业更加注重餐饮数字化发展模式。传统的到店消费和加盟模式已经不能满足当今餐饮产业高质量发展的需要。在消费者到店消费的经营模式之上,引导消费者关注官方公众号或小程序,通过在官方小程序发放优惠福利,提供排队、预约、点餐服务等方式来升级旧有的"圈地跑马"模式,以崭新的营销模式来加强与消费者之间的联系。可见,"线上+线下"融合发展的新餐饮模式,有效地促进了消费者消费场景的转化。加盟模式也在新时代背景下有了一定的改变。原本通过自营和门店加盟的经营者开始转向零售行业,他们通过开发相关餐饮品牌的周边产品,与电商平台进行深度合作,进而深挖消费者的弹性消费空间。

疫情并不是"倒逼"餐饮行业迅速数字化的唯一动力源。数据显示,劳动力成本与地租价格也随着国民经济的快速发展而水涨船高,而这也对餐饮业的数字化进程产生了不容忽视的影响。相比2011年,2019年餐饮从业人员的年薪翻了一倍多。2018年餐饮从业人员的年薪较2017年增加了0.84万元,增幅更是达到了历史性的22.8%。这足以说明,劳动力成本的增加,尤其是近几年劳动力成本的飞速增长,已经给餐饮企业带来了不同于以往的沉重压力。

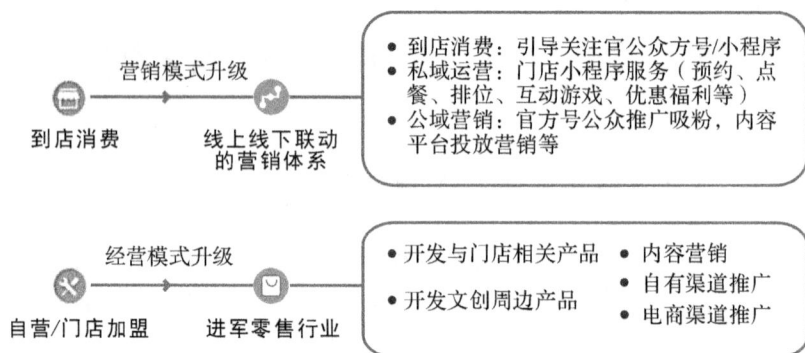

图 2　餐饮连锁行业品牌数字化升级概念

资料来源：QuestMobile 研究院。

地租方面，以我国著名食品企业——巴比食品股份有限公司为例，该公司近年来在全国各大城市的门店地租及其员工工资水平变化情况如图 4 所示。可以看出，自 2012 年至今，该公司门店的地租大体呈现波动上升的趋势，而地租涨幅尤以北京、上海、深圳三地最为惊人，月租由平均 5.5 万元涨至 8 万余元。再看浙江省的新一线城市杭州市，该公司在杭州的门店月租由 2012 年的 1.6 万余元涨至 2020 年的 3.4 万元左右，月租翻了一倍有余。为了获取更多的利润，提高餐饮行业的智能化水平、数字化水平势在必行，这不仅是餐饮企业生存发展的要求，更是推动餐饮业经济高质量发展的必然选择。

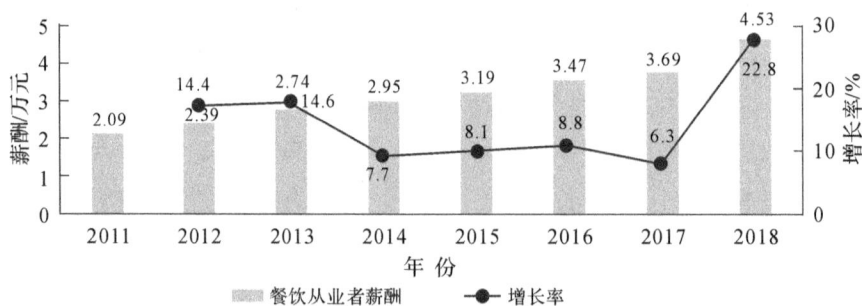

图 3　2011—2019 年餐饮从业者薪酬变化

资料来源：客如云大数据研究中心《2020 中国餐饮大数据榜单报告》。

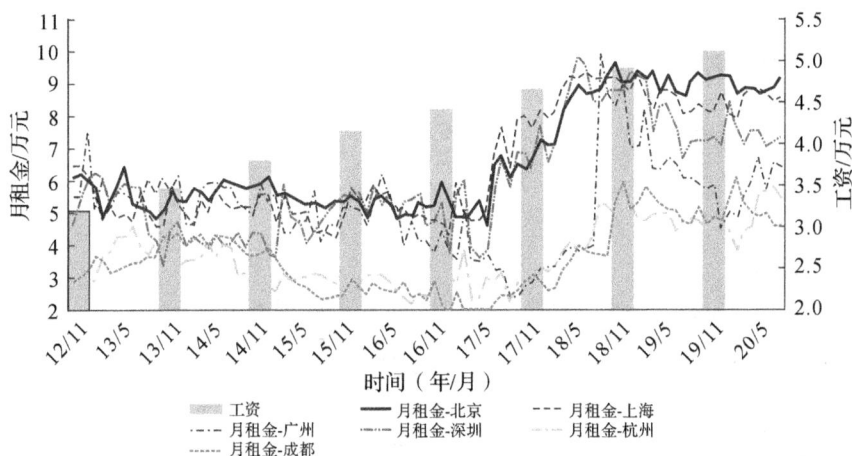

图 4 2012 年至今发达省市巴比食品公司门店月租金及员工工资变化情况

资料来源：东北证券《三分书里识巴丘，包点铺中述巴比——巴比公司深度调研报告（2021）》。

（二）线上外卖与零售化进程较为明显

从餐饮门店的品类上来看，浙江的餐饮品类可谓丰富多样。位居品类门店数量前三的是小吃快餐、水果生鲜与饮品店，而其中小吃快餐的门店数连续两年稳居第一。2019 年，浙江小吃类快餐门店数量险些跨过 30 万家大关；因受疫情影响，2020 年降至 25 万余家。但仍然远远超过水果生鲜、饮品、地方菜、烧烤、火锅、西餐等品类门店数量——后者门店数量往往无法超过 5 万家（见图 5）。根据品类数量排行可以大致看出，各类小吃更加受到消费者的偏爱。

受新冠肺炎疫情的影响，浙江餐饮线上门店数量整体下降趋势较为明显，其中西餐与食品保健的降幅最为明显，分别为 42% 和 22.2%（见图 6）。西餐作为高客单价消费品类的代表，在疫情的波及之下，其需求量大打折扣；相反，烧烤、火锅这类大众性的餐饮品类的需求降幅相对来说并不明显。烧烤也是众多品类中唯一一个门店数不减反增的。根据图 6 数据分析可以得出：在必须进行居家隔离的疫情环境下，浙江消费者对高消费的餐饮品类需求性大大降低。对地道的大众的餐饮品类却没有减少需求，反而部分大众餐饮品类的

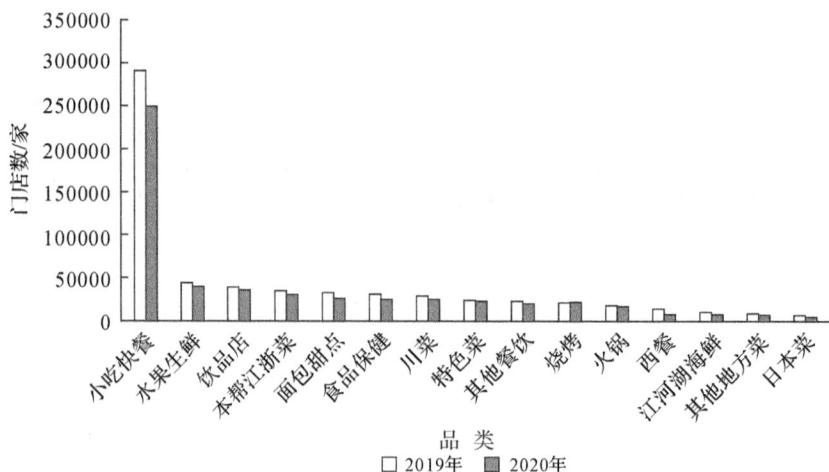

图 5　2020 年浙江餐饮 Top15 品类门店数

资料来源：美团大学餐饮学院。

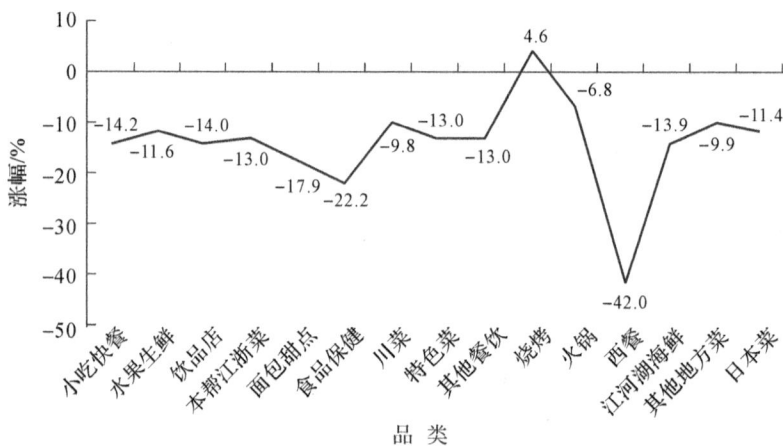

图 6　2020 年浙江餐饮 Top15 品类门店数同比涨幅

资料来源：美团大学餐饮学院。

需求具有了一定的弹反性质——"许久不见甚是想念"，烧烤便是一个很好的例子。

疫情虽然导致餐饮实体门店数量减少,但浙江在线餐饮门店数量和消费体量却高歌猛进。从线上餐饮品类订单数量来看,火锅与小吃快餐连续两年占领着第一和第二位(见图7,图中横轴由左至右为品类线上订单数量由高到低的排行情况)。饮品店与本帮江浙菜则紧随其后,这排位与线下门店数有着一定的相似性。而从线上订单的品类增长速度来看,饮品、烧烤、小吃快餐、火锅四者的增速位居前列,特别是饮品与烧烤的增速令人感到惊喜。

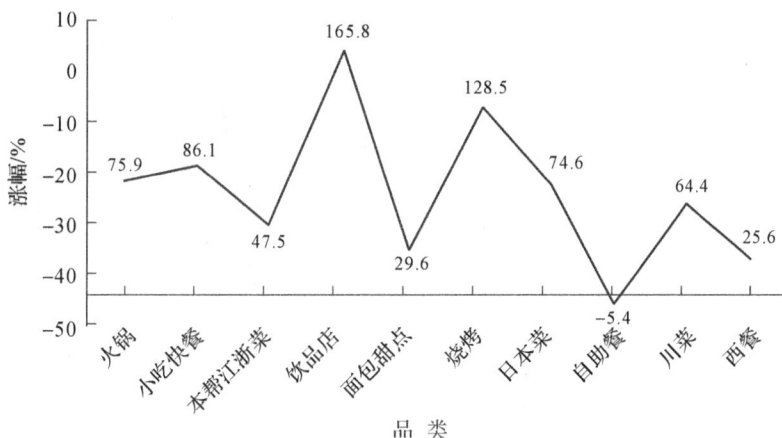

图 7 2020 年浙江餐饮 Top10 餐饮品类线上订单量增长趋势

资料来源:美团大学餐饮学院。

(三)省内各地级市餐饮业发展质量差异较为显著

浙江省一共有杭州、宁波、温州、嘉兴、湖州、绍兴、金华、衢州、舟山、台州、丽水 11 个地级市。浙江的餐饮情况可以从各地级市门店分布情况、各地级市门店增长趋势、各地级市订单增长趋势、各地级市订单占比分布及其增长趋势四个主要方面来进行综合分析。

从浙江省门店分布占比情况以及增长趋势来看(见图8、图9),杭州市、宁波市、温州市的门店数量连年包揽前三,其中杭州市的门店数量长时间占据首席(占比 22.1%),且远高于浙江的其他非一线城市。从门店数量增长趋势来看,浙江十一个地级市中,杭州市 2020 年门店数量增长最为迅猛,宁波市的门店数量增速也比较明显,除了这两个经济强市之外,温州市、绍兴市和湖州市的增长表现也值得关注。舟山市虽然门店也有所增长,占比 1.7%,但与其他地级市比较起来,居于末尾。整体上来看,浙江省各地级市餐饮门店数差距较大,地区不平衡性显著。

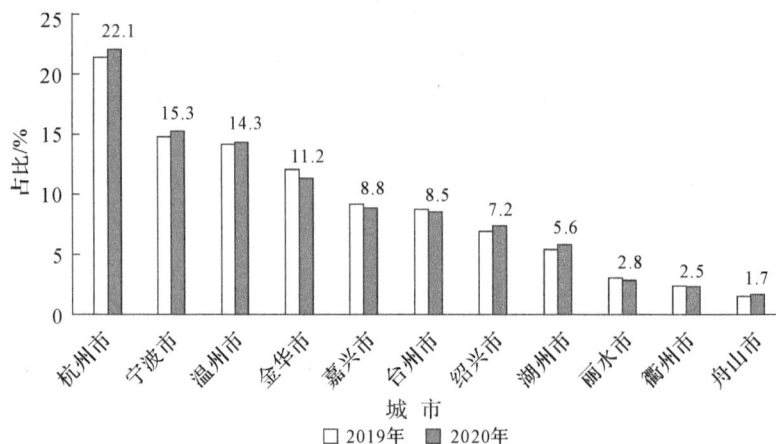

图 8　2019 年与 2020 年浙江省各市门店分布占比

资料来源:美团大学餐饮学院。

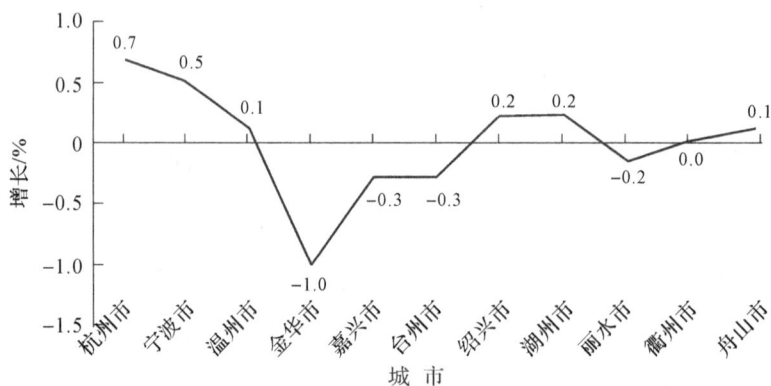

图 9　2020 年浙江省各式门店增长趋势

资料来源:美团大学餐饮学院。

从各地级市订单增长趋势的角度看,浙江各市之中唯有杭州市与台州市的订单在2020年中保持了正增长。其中杭州市的正增长幅度达到了8.8%,与杭州餐饮门店数量的高速增长相匹配;台州市的订单增长量虽然不大,但其餐饮市场的发展空间有待挖掘;宁波市虽然在门店数量增长方面跟紧了杭州的脚步,但是在订单增长方面却是全省垫底位置(-3.1%)。从各市订单占比分布的情况看,杭州市的订单数量呈现一枝独秀、力压群雄的态势,2019年占全省50%左右,2020年占比上升到近60%,而其他地级市如衢州市、丽水市、舟山市的订单在全省的占比可谓微乎其微。由此更能够看出浙江省各市的餐饮业发展差异之大——杭州独占大头,其他地区难以竞争,全省餐饮业发展不平衡现象明显(见图10和图11)。

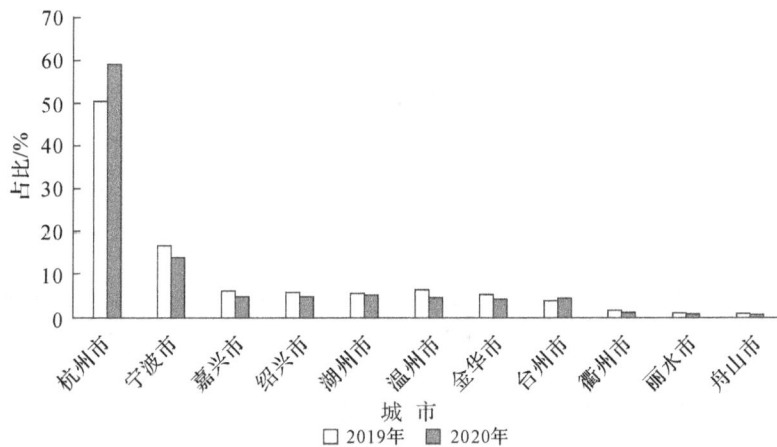

图10　2019年与2020年浙江省各市订单占比

资料来源:美团大学餐饮学院。

三、发展与展望

(一)疫情即将过去,复苏势在必行

在2020年的疫情影响下,浙江餐饮业虽然受到了巨大的影响与打击,但是深植市民生活消费中的餐饮业不可能被完全击垮,触底反弹势在必行。从

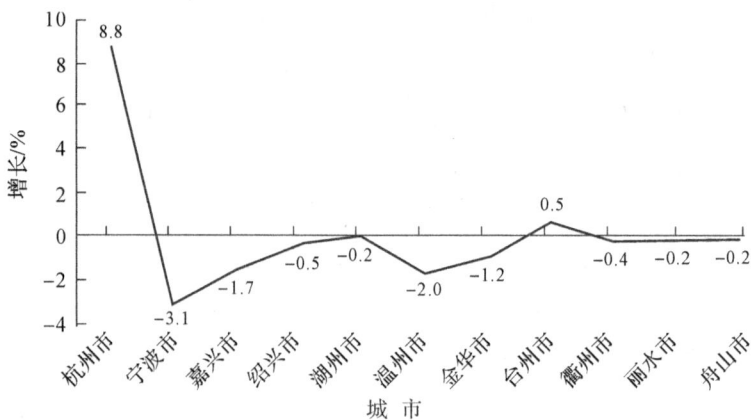

图 11　2020 年浙江省各市订单增长趋势

资料来源：美团大学餐饮学院。

2020 年全省餐饮发展数据来看，浙江餐饮复苏速度整体高于全国水平。浙江餐饮业在 2020 年 2 月底，就迎来了复苏的态势；3 月中旬即迎来复苏加速的转折点；"五一"之后，迎来复苏小高潮。之后便一直保持着良好的复苏与发展势头，走在了全国餐饮业复苏的前列。浙江餐饮业以破而后立的气势，实现了"V"型弹反，同时促进了省内餐饮业的数字化与智能化进程。经过改良升级的全新经营与营销模式，浙江餐饮业也在一定程度上提质增效，增加了未来抵抗应急性疫情管控的能力。2021 年，疫情虽然有所抬头，但是在全国统一而又严格的管控之下，疫情传播的势头终被遏制。原本因隔离而失去大批消费者的餐饮市场将迎来新的外出就餐消费热潮。全省各地餐饮经营者一定要抓住后疫情时代初期，餐饮业触底反弹的时机，挽回损失，加强运营管理，推动全省餐饮业的复苏。

（二）坚持高质量发展道路，领跑数字餐饮

数字餐饮是近些年来浙江餐饮业热门关键词之一，它不仅帮助一部分浙江餐饮老字号改变了传统的门店经营模式，还让一些新兴餐饮品牌乘着时代的东风一路高歌，领跑线上消费市场。数字化正在推进浙江餐饮走向新时代。整体来看，浙江餐饮的数字化进程还停留在较为初期的阶段，比如互联网与餐

饮的有机结合还比较粗浅。消费者们虽然已经习惯于在选择餐厅之前通过手机查阅美团、大众点评、口碑等餐饮类 APP 来获取足够多的就餐信息,但是这只是餐饮数字化之中的两个基础环节——口碑与营销之中的非常基本的内容。要想充分利用数字化所带来的优势和效益,就必然要从餐饮店自身经营的多个环节进行改造,对市场反馈回来的大数据进行深度分析,改善服务质量,提升产品价值。

(三)外卖市场庞大,管控仍需加强

截至 2021 年 6 月,我国网上外卖用户规模达到 4.69 亿;[①]2020 年我国在线外卖市场规模为 6646.2 亿元。[②] 浙江作为经济大省,具有非常庞大的外卖市场,外卖行业十分繁荣。但是,外卖市场在持续繁荣的同时,外卖行业乱象频出,食品安全和卫生问题时有曝光。从"肯德基""麦当劳"这类著名连锁餐饮,到花样繁多的烹炸小吃店,关于卫生不达标,商家使用过期食材等负面新闻常见报端。消费者对外卖食品的安全卫生并不太有信心。浙江在推进数字化餐饮建设的过程中,通过数字化手段管控外卖服务品质,应作为重要议题。2021 年 7 月 6 日,浙江正式上线了"浙江外卖在线"这款监管外卖的 APP。在该 APP 的管控之下,外卖包装开始贴上了"食安封签",包装有无损坏一看便知;外卖平台设立了"阳光专区",商家后厨实景一目了然,消费者可以看到厨房制作加工食品的全过程;外卖骑手签订了电子劳动合同,劳动权益保障一档可查。从后厨到餐桌、从加工到配送、从线上到线下、从商家到骑手,网络餐饮外卖实现了全链条闭环管理。"浙江外卖在线"APP 从"出道"以来所做的诸多管控措施,大家有目共睹,值得肯定。外卖市场的监管工作任重而道远,并非一朝一夕可以促成。政府应积极引导外卖消费平台(如美团、饿了么),加强对平台上注册的门店的实际卫生监管;平台应采取提高门店加盟的门槛、定期抽查线下门店实际卫生状况等措施来打击和消灭"黑作坊"。浙江相关法务部门

---

① CNNIC 发布第 48 次《中国互联网络发展状况统计报告》[EB/OL]. 中国互联网络信息中心. 2021-9-23. http://www.cnnic.cn/gywm/xwzx/rdxw/20172017_7084/202109/t20210923_71551.htm.

② 中国饭店协会. 2021 中国餐饮业年度报告[EB/OL]. 2021-8-23. http://www.chinahotel.org.cn/forward/enterenterSecondDaryOther.do? contentId=158a271fd1554c86bd3b4be3c20f3965.

应该加强相关餐饮法规的立法和论证，填补浙江有关餐饮和食安领域的法律漏洞和法律空白，通过强而有力的法律法规，来监管浙江外卖市场的运行秩序。

（四）传承好浙菜文化，落实好"百县千碗"工程的具体要求

2018年，浙江省启动了大花园建设"五养"工程，而其中的"诗画浙江·百县千碗"工程正是"五养"工程的重要内容之一。该工程的主要内容是打造群众广泛参与、国内知名度高的"诗画浙江·百县千碗"旅游美食品牌，基本形成集原料生产、加工、配送、制作、销售于一体的美食产业体系，使美食文化得到进一步传承弘扬和创新发展，旅游美食服务监管机制进一步健全。自工程开展以来，各地积极响应，活动精彩纷呈。

浙江各地饮食文化特色明显，资源丰富，各地文化传承保护和利用工作还要进一步开展。浙江是传统的鱼米之乡，各地都有知名的美食或餐饮老字号。在挖掘当地饮食文化资源的过程中，我们一方面要梳理当地特色美食背后的文化故事，丰富在地食品的文化内涵。另一方面，浙江在数字化与智能化领域的技术优势应该与餐饮高质量发展结合起来，加强品牌数字化服务水平，加强线上美食文创的推广力度。各地餐饮营业者一定要牢牢抓住"百县千碗"浙菜振兴工程的政策利好，改进自身产品质量与服务水平，提高当地菜系风格特色与菜品标准化技术水平，将浙江美食推向更加广阔的舞台。

（五）借助餐饮高质量发展契机，致力共同富裕

餐饮业不仅是一个地区经济繁荣与稳定的重要组成部分，它更是创造社会财富，提高人民美好生活水平，实现国民收入再分配，维持社会平稳运行的基础性产业，与人民生活息息相关。餐饮业能为广大就业者提供大量就业岗位，能够促进社会消费方式和消费结构的转变。餐饮业的繁荣与稳定是全社会"共同富裕"发展道路的基础性保障。餐饮行业的有序运营与高质量发展，能够极大地提高人民的生活满意度与幸福感，使其更好地感受到全面小康社会的优势所在。

2020年3月29日至4月1日，习近平总书记在浙江考察调研并发表重要

讲话，总书记赋予浙江省以新目标与新定位——"努力成为新时代全面展示中国特色社会主义制度优越性的重要窗口"。2020 年 6 月浙江省委十四届七次全体（扩大）会议举行，会议提出浙江要建设主要十个方面的"重要窗口"，要勇立在全国发展的潮头，其中第八个方面为"努力建设展示坚持以人民为中心、实现社会全面进步和人的全面发展的重要窗口"。纵观 2020 年浙江整体的餐饮行业数据，我们可以发现在后疫情时代，浙江的餐饮市场发展相对比较平稳，不像疫情之初，全省餐饮业受到"断崖式"冲击。整个餐饮市场在逐渐回暖的过程中，还不时爆发出一阵阵的消费小高潮，这体现出浙江餐饮消费市场强大的自愈性与蓬勃的生机。同时，我们也应该对浙江各地区餐饮发展不平衡问题给予足够的重视。浙江省杭州市、宁波市等较为发达城市的餐饮业独占鳌头，应该成为全省实现"共同富裕"的引领高地，为全省餐饮业高质量发展提供助力与成功经验。浙江作为展示中国特色社会主义制度优越性的"重要窗口"，一定要做好自己的先锋模范作用，而浙江先锋模范形象的一个重要指标就是餐饮产业的高质量发展。繁荣与稳定的餐饮业是反映全省各地经济健康有序，各地居民生活幸福的重要保障。

浙菜博物馆创建的可行性与必要性

浙江省饮食文化研究院

摘要：浙菜发展历史悠久、内涵丰富。饮食生活质量是浙江老百姓美好生活品质高低的重要指标之一。我们认为，从推进"十四五"浙江文旅融合发展、丰富浙江"百县千碗"工程内容、打造"美食长三角"重要节点品牌以及讲好浙江"中国美食故事"四大方面来说，创建浙菜博物馆有其可行性与必要性。

关键词：浙菜博物馆；百县千碗；美食长三角

饮食文化博物馆作为"可以吃的博物馆"，是比较新颖的一种美食产业类型。因为饮食文化博物馆具有餐饮品尝和美食文化体验的功能，所以国内一些做得比较好的饮食文化博物馆都开设有服务大众的餐厅，具有自我造血能力。也就是说，这些策划设计比较好的美食博物馆具有商业盈利的运营能力，可以极大地减少地方政府和博物馆管理部门的经费负担，同时成为一座城市新的旅游景观，丰富市民的美食生活选择。

饮食文化博物馆并非我国的独创，海外一些成功的美食博物馆也值得我们学习借鉴。海外美食博物馆类型非常多，涉及的美食产业内容更加丰富。如日本新横滨拉面博物馆、韩国首尔泡菜博物馆、韩国首尔年糕博物馆、美国强生威尔士大学烹饪艺术博物馆、美国费城比萨博物馆、美国午餐肉博物馆、美国俄亥俄州爆米花博物馆、美国新奥尔良南方食物和饮料博物馆、美国勒罗伊村吉露果子冻博物馆、美国首家麦当劳店博物馆、美国加利福尼亚洲国际香蕉博物馆、美国纽约雪糕博物馆、德国柏林咖喱热狗博物馆、德国欧洲面包博物馆、波兰姜饼博物馆、意大利面条博物馆、意大利博洛尼亚冰激凌博物馆、爱尔兰科克黄油博物馆、英国约克郡巧克力博物馆等。午餐肉、爆米花、雪糕、比萨、土豆、巧克力、洋葱、香蕉、薯条、面包、番茄、火腿等美食博物馆的背后，都有一个融入当地人日常生活中的美食产业，不可忽视。

浙江已经有杭帮菜博物馆、宁波菜博物馆、瓯菜博物馆以及缙云爽面博物馆等涉及浙江地方风味与流派以及特色食品的主题性饮食博物馆，目前尚无以八大菜系之一的"浙菜"为主题的饮食博物馆。在浙江杭州创建浙菜博物馆有其可行性和必要性，具体分析如下。

一、创建浙菜博物馆的可行性

在"十四五"期间，浙江将进一步推动文旅融合发展，进一步构建与大众旅游新时代相匹配的结构完善、高效普惠、集约共享、便利可及、全域覆盖、标准规范的旅游公共服务体系，进一步推动旅游公共服务信息化、品质化、均等化、全域化、现代化、国际化发展。

"百县千碗"工程于 2019 年写入省政府工作报告，是深入挖掘浙江各地美食资源，传承美食文化，进一步扩大内需、推动放心消费的品牌工程，对于推动我省旅游美食文化传承、创新、发展，助力文化浙江、诗画浙江建设，助力我省打造全国文化高地、中国最佳旅游目的地、全国文化和旅游融合发展样板地，具有先导性、识别性、延展性的意义。

实施长三角一体化发展战略，是引领全国高质量发展、完善我国改革开放空间布局、打造我国发展强劲活跃增长极的重大战略举措。推进长三角一体化发展，有利于提升长三角在世界经济格局中的能级和水平，引领我国参与全球合作和竞争；有利于深入实施区域协调发展战略，探索区域一体化发展的制度体系和路径模式，引领长江经济带发展，为全国区域一体化发展提供示范；有利于充分发挥区域内各地区的比较优势，提升长三角地区整体综合实力，在全面建设社会主义现代化国家新征程中走在全国前列。美食是区域交流的润滑剂，是推动民心相通的亲和剂，美食所具备的穿透力往往能直达民心，相较于交通基础设施等"硬联结"的举措而言，美食文化能够发挥"软实力""轻联结""高效益"的独特作用。以浙菜博物馆这样的大型美食项目，可以使"美食长三角"的浙江名片树立起来。

自古以来，饮食与文化密不可分，并且随着人类社会的进步而不断发展。在人类文明的历史长河中，从茹毛饮血到结网而罟、豢养而饲、烹制熟食，从抟土为皿到兴灶作炊、教民稼穑、调和鼎鼐，从精研美食到饮食养生、为食著述、尊食守礼，饮食在满足人们口腹之欲的同时，与宗教、哲学、道德、礼法、医学等文化日益交融，已经成为一个国家和民族文化的重要组成部分。正如孙中山先生所说："烹调之术本于文明而生，非深孕乎文明之种族，则辨味不精；辨味不精，则烹调之术不妙。中国烹调之妙，亦是表明进化之深也。"一方水土养一方人，一方水土育一方饮食。由于地域、资源、历史、民族、文化、习俗、技法、味型的不同，各个国家、民族、地区在历史的进程中逐步形成了各种不同的饮食文化，诞生了各种不同风味的美食。世界是多彩的，饮食文化也是多彩的。每一种饮食都是美的结晶，都彰显着文明创造之美。中国有广袤富饶的平原、辽阔壮美的草原、浩瀚无垠的海洋、奔腾不息的江河、巍峨挺拔的山脉，孕育了多姿多彩的中华饮食文化，构成了波澜壮阔的亚洲文明图谱，书写了激荡人心的人类文明华章，以"浙菜博物馆"美食文化项目为载体，培育美食文化研究机构，打造美食文化交流与传播的国际性平台和品味多样美食、展现多元文化、感受多彩文明的永不落幕的嘉年华，成为讲好中国故事的重要美食篇章。

二、浙菜博物馆展示策划创意要点

浙菜博物馆重大项目应以多样化、特色化、主题化形式体现"食（文化）"这一核心旅游吸引物，为游客提供独特的、难忘的美食体验与享受。为实现这一目标，可采取：（1）强调大美食。突破"传统餐饮"的概念，充分考虑美食文化展示和"大美食"概念，即为浙江的农产品、调味品、酿造、餐具等留足空间。（2）彰显独特性。挖掘浙菜的代表性人物、代表性菜肴，以及相配套的餐厅、餐具、摆设等。以浙菜为突破口，整合浙江的餐饮历史、餐饮文化、餐饮旅游、餐饮产业和餐饮达人，彰显浙江餐饮的独特性。（3）突出文化性。以浙菜博物馆为主要载体，深度挖掘特色美食相应地区的历史文化资源禀赋，将文化融入饮食、器具、服务、区块景观等各方面,形成展示和体验浙江美食文化的"大观园"。

从展陈布局来说,浙菜博物馆可以考虑设置浙江百县千碗展区、长三角特色美食展区、中国著名菜系展区、世界著名美食展区等固定展区内容,同时设置临展区,便于未来的更新和不定期的社会文化交流活动。在浙菜博物馆相应的功能分区中,还可以参考 BC MIX 美食书店、上海衡山和集美食图书馆、比利时美食图书馆(Cook&Book)、美国约翰和邦妮·博伊德捐建的"好客与烹饪图书馆"等美食博物馆,创建浙菜图书馆,使其成为浙菜博物馆的重要组成部分之一;此外,还可以创建美食体验区,提供浙菜美食体验,大型团餐(婚宴、年会、酒会等)等餐饮服务,让浙菜博物馆真正成为一座"可以吃的博物馆"。

三、浙菜博物馆创建的必要性

饮食文化博物馆首先应该具有一个博物馆必备的功能。世界上做得好的美食博物馆,不仅有很高的人气,同时会不定期推出各种与美食相关的艺术活动,包括行为艺术、装置艺术等。美食博物馆作为互动性极强的专门性博物馆,还可以开设传播非遗美食知识的开放课程、学术研讨会、文化体验活动。饮食文化博物馆在后期运营中,不仅要通过餐饮运营以实现可持续性营利,更应完善其社会饮食教育的功能——让饮食文化博物馆成为食育研究、美食知识传播、餐饮培训的重要载体。

后博物馆时代以构建具有多样性与专门性的泛博物馆为主要特征。饮食文化博物馆的总体设计理念体现了"休闲与食育"的功能特质。饮食文化博物馆应是"人+食材+技艺"的融合,同时应强调地方风土人情与美食历史文化。美国等现代工业化国家对现代工业食品的利用,中、日、韩等亚洲国家对本国民族性饮食内容的传承增进了本国国民的美食自豪感与民族自信。"城市文化—休闲精神"的最直接感官接触与视觉传达方式是美食体验。

浙菜博物馆从创建之初,就应该在后期运营的规划中,兼顾好社会服务和文化研究功能,比如可以通过杭州市政府联合浙江高校和全国性美食行业协会、国际有关美食研究著名机构主办世界美食文化大会。以后每两年举办一届,浙菜博物馆可以作为永久性大会会址,力争把世界美食文化大会办成研究、交流、发布和传播世界美食文化及其研究成果的重要国际性平台。并根据实际情况,以此为基础,发起成立国际性美食文化研究机构或联盟。这样的顶层设计和运营规划,可以让浙菜博物馆成为浙江美食文化传播高地、浙江城市美食文化的长效品牌。

浙菜博物馆作为浙江饮食文化遗产保护、传承和利用的重要载体,是杭州城市休闲观光业新的景观目的地,是杭州城市美食文化与休闲观光业发展的重要文化建设内容。从推进"十四五"浙江文旅融合发展、浙江"百县千碗"工程的重要实践、打造"美食长三角"的重要节点以及讲好浙江"中国美食故事"等角度来说,有其可行性和必要性。

地方品牌篇

金华饮食文化产业发展与传承对策

刘根华*

摘要:浙江饮食文化历史悠久,其中金华地方饮食文化占有重要一席,其文化内涵积淀丰厚,历史传承脉络清晰,菜肴小吃品种丰富,但影响力和竞争力与其他地区相比还有一段距离。其不足主要表现在金华饮食文化产业公益效度不够、经营结构不合理、品牌不响、人才培养不足;文章将从整合饮食文化产业资源、建设体验工程、塑造品牌、强化人才培养等方面提出对策。

关键词:金华饮食文化产业;饮食文化特征;对策

一、引 言

中国是农业大国,乡村人口占总人口十之八九。他们基于传统的农耕文明,创造了灿烂的饮食文化,形成了极具地方特色的美食。地方饮食文化是指乡民在自身生存活动的一定区域内,利用本地区所特有的特产创造物质财富和精神财富,包括各类特产及其加工制品、主食及饮料、饮食器具、食品的加工方法及烹饪技艺、饮食方式、食物营养学以及以饮食为基础的哲学、伦理、礼仪、习俗、心理、文学、艺术等综合再现①。这种用本地原料、传统工艺和方式,

---

　　* 作者简介:刘根华,男,金华职业技术学院旅游学院教授,浙中"百县千碗"研究院院长,浙江省首席技师,主要从事饮食文化与烹饪工艺研究。

　　① 王惠.试论宋代饮食文化[J].南宁职业技术学院学报,2006(1):1-4.

生产出的特色产品是地方饮食文化的精髓所在。当前市面上的宾馆菜、意境菜、创新菜、特色菜以及古时的宫廷菜、官府菜等都留有地方饮食文化烙印，表明地方饮食是产业发展的根基，是地方文化传承的源泉。纵观中国烹饪发展史，地方饮食经过不同流派的无数厨师精心加工、发扬光大和不断创新，再经地域空间演变形成独具特色的地方标志。可见，地方饮食文化无论是过去、现在，还是将来，都在人们的饮食生活中都占有极其重要的地位。[①]

二、金华饮食文化源起推断

随着考古遗存不断被发掘，上山文化、婺州窑文化的演进过程为我们的猜想提供依据，从金华历史文化发展的轨迹中可初窥地方饮食文化的发端；大胆推测1万年前的"上山"乡土饮食开创了远古时代的长江流域原始文化和新石器时代的金华乡土饮食文化。不论其猜测是否科学合理，但可以从上山文化和婺州窑文化两个维度试着进行探究。

（一）上山文化遗址初露饮食端倪

上山文化时期遗存的石锛、石斧、石球、石磨棒、石磨盘及厚胎夹炭红陶"盆"等化石载体，与原始的采集、农业经济模式密切相关，皆因生产食物而创，印证了金华在新石器早期饮食生活痕迹。可推测金华乡民早在远古时期就开始农业种植与畜牧业生产，过着依农而居的生活，食物源自野生的动植物或是经人工培育种植的稻、粟、黍等粮食作物，以及人工驯养的猪、羊、牛、鸡、犬等，形成早期氏族村落，出现农耕文化。

"稻米"成为金华乡民的日常主食。从上山遗址的众多炭陶片表面上发现有稻壳印痕，胎土中夹杂大量稻壳，经取样分析，证明在1万年以前浦江一带先民以稻米为食。假如忽略漫长而缓慢的演变历程，用穿越思维加以审视，如今金华市民所用主食仍以稻米为主是某种巧合抑或是历史传承？如果断定为传承的轨迹，为何大江南区域都以稻米为主食，这恰恰证明上山文化便是江南

---

① 张振楣.中国烹饪是饥饿文化的产物[J].四川烹饪高等专科学校学报，1999(3)：8-9.

饮食文明开端。

同时,从上山遗迹中还可寻得古时烹饪方法,由于当时对谷物粮食只能进行脱粒、碾碎等简单的加工,因而主食加工不外乎蒸、煮两种方法,即将碾碎的粮糁(煮熟的米粒)放入鼎、釜等炊具中和水同煮,成糊、羹、粥之类的软食;或将粮糁揉成饭团米饼置入甑(古代蒸饭的瓦器)、甗(古代蒸煮用的陶制炊具)中顺汽而蒸,成饼、团、球状干食。由此可推断新石器时期的原始饮食主要品种是稻谷及其少量延伸食品,烹制方法多为煮、蒸。一方水土养一方人,一方水土育一方饮食。上山文化万年前的稻米和陶制饮食器皿再现了当时人们的饮食、民俗、建筑、艺术等生活形态,表现出古金华历史上的经济繁荣和当时人们较高的生活质量及审美水平。

(二)婺州窑与金华饮食餐具器皿

婺州窑辉煌的制瓷史既给中国的陶瓷史增添了浓重的一笔,也成为进一步挖掘金华饮食文化的有力证据。生产工具和生活器具因人类谋生手段、食性变化而在进化,因人类生活所需而不断发展与完善,如在渔、猎谋生时期,以采集品和肉类为主食,以烧烤为主要烹制手段,而对蒸与煮的烹制方法的需求不够迫切。但在稻作农业出现后,人们开始过着定居生活,主食以肉类为主过渡到以谷物为主,而稻谷见火易焦,不宜在火上直接烧烤,利用石燔法、竹筒熟化也相当不便,且竹子的生长还受地域和季节的限制。因此,必须寻求经久耐用的煮食工具及各种器皿,用于盛水、烧饭和储存食物,这是发明新式炊具、餐具的根本动力。最为原始的生活需求促使乡土饮食的发展、萌动了陶器生产。

随着人类的进步,伴随着食品构成、烹饪方式及饮食习俗的不断分化,再加上人类制作工具的能力不断加强,婺州窑的各种器物形态与组合越加丰富。追溯婺州窑文化,发现金华先民发明陶器是饮食生活所需,是烹饪技术的创新需要。陶器的发明与使用,是人类利用火的威力改变了事物化学性质的先河;婺州陶瓷的产生,标志着金华先民烹饪方式中的煮法逐渐取代烧烤法成为最重要的烹饪方法之一,甚至推动烹饪进入陶烹时期。陶甑、陶釜出现,使饮食烹饪法几乎增加一倍,在中国烹饪史上具有重大意义。如在西周早期,婺州窑瓷的尊、筒腹罐、罐、盘、豆、盂等无不跟饮食生活息息相关。

总之，以上山文化、婺州窑文化为切入点，在原料、烹饪方式、器具上有较充分的证据证明金华饮食文化可溯源至新石器晚期，金华饮食文化久远而丰富，造就了浙西南区域的乡风民俗。

三、金华饮食文化表征与内涵

（一）《吴氏中馈录》记载金华饮食之技

赵荣光教授认为《吴氏中馈录》收录于元朝陶宗仪《说郛》一书中，全名为《浦江吴氏中馈录》；书中载有 73 种菜点，烹饪方法绿色原真，腌制类菜很多，且属于家常必备之肴，至今仍保持着传统工艺。[①]

《中馈录》所载的菜肴主料具有平民化特征，种类较多且常见，估测当时菜价应该亲民。如书中的"炙鱼"所提到的鲚鱼，"蒸鲥鱼"所提到的鲥鱼，均为在淡水与海洋之中洄游的鱼类，它们能出现在南宋的民间食谱中，可推测古时金华浦阳江水质之优良与水量之丰沛。又如书中提及的蛤蜊、蛏、虾、蟹等多种海鲜，能上金华平常百姓的餐桌，足以说明金华当时的饮食与沿海有密切联系。

书中阐述的菜点蕴藏着饮食技艺的传承，如"蟹生""醉蟹"等菜肴的制作工艺仍沿用至今，蒸鲥鱼不去鳞的要领仍被现代烹饪专业人士所遵循，形似蟹壳入口即酥的金华酥饼源于"酥饼方"，义乌乡民家家户户盛行的东河肉饼在"油夹儿"中觅得踪影，金华馄饨与"馄饨方"如出一辙。书中还详细记录"酒豆豉""水豆豉"之法，指定用金华酒发酵，以至金华豆豉在中国"酱界"颇具名气。家常的蔬菜原料更是丰富，如三和菜、糖蒸茄、倒笃菜、笋酢、红盐豆、蒜梅等。除此之外，一些烹饪原料初加工的常识性技术，如用面粉洗猪肚可去腥臭气、用樱桃叶煮鹅易软等无不渗透着乡民们的饮食智慧。

据《中馈录》所记载菜点，表明调味原料力求简约本味，主要调味品是盐、酒、醋、糖，同时兼用具吴越特色的糟、酱之味，其中"炉焙鸡"仅用酒、醋、盐三

---

① 俞跃.浦江吴氏前世今生[N].钱江晚报，2011-5-27.

种调料即烹出至今流传的名菜——"醋鸡"。从书中还可寻出乡风民俗之理，如"烧肉忌桑柴火""用松毛包藏橘子"等。可见，《中馈录》收集的菜点所用的烹饪方式与智慧源于民间，发扬至今，充分表达金华饮食文化特征。

（二）婺州南孔影响金华饮食之道

博大精深的儒家文化不仅对我国民众工作、思想、生活有着深远影响，而且在饮食习俗与传承上留下明显的烙印。这种影响不只在我国范围内，甚至海外也抹不去东方文化色彩，历史演进过程中饮食文化成为儒家思想传承的"活化石"。据考，金华磐安榉溪是儒学家孔子48代后裔居住地，为中国第三大儒学圣地，建有880多平方米的孔氏家庙，"婺州孔氏南宗家庙"传播着儒家文化精髓。因而有学者推断，先前"衍圣公府"的饮食生活流落到婺州境内，渐渐影响着金华饮食的发展，使古朴的金华饮食不仅富有民间特色，而且还存有孔府饮食文化雅俗共赏的特色因子。

孔孟之道以礼至上，其饮食活动中的一言一行、一餐一饮，乃至一菜一点、一杯一盏，都充满了"礼"的内涵，因而重视饮食的时与节、量与度，以及食品间的荤素、软硬、干稀、酸甜组合，充分表达以"和"为贵，五味俱全。从当前金华乡土美食最经典之处看，也是应时应季，巧妙利用现有材料突出原汁原味。

另外，儒家之"诚"在饮食生活上表现为用真心、真情做菜，带着一颗奉献美味的爱心烹制菜肴，让一勺饭、一碗汤润泽食者的舌尖、温暖食者的胃。金华饮食有许多菜点化繁为简，无须高档原料，只是将家常食材当成珍品对待，或炖，或煮，或蒸，或烙，或烧，烹制成一道道美食。

（三）道教文化融合金华饮食之养

道教文化源自我国本土，道法无为、崇尚自然是其核心。纵观金华发展历史，金华饮食文化受道教影响深远，特别是与饮食养生相关的黄大仙、叶法善、葛洪等，其传说在婺州坊间盛行。

据载，黄大仙为西晋时期的道士黄初平，一生行医问药，济世救人，有"九转回生丹""叱石成羊"等典故流传。作为世外修行的道人，饮食以素为主，不戒荤腥。当时金华的道士生活清苦，主食以粗米与杂粮为主，副食以萝卜、青菜、豆腐为主,配之马兰头、荠菜、蒲公英、水芹菜、竹笋、地木耳等。大仙饮食从"自然原味、清淡素雅",今金华、兰溪一带仍有"要长寿,四份蔬菜一份肉"和"青菜萝卜保平安"以及"青菜豆腐天天有,健康长寿跟着走"的民谚流传。又如《赤松山志》记载的"服松脂茯苓",黄大仙常用"大仙茯苓鸡"治病救人,后经考证,鸡肉有补肾填精、补脾益胃、补血养阴之功,配以补脑强身、宁心安神、渗湿固精的白茯苓,成为经典的养生之物,是金华乡民日常的一道美食。

(四)《闲情偶寄》蕴藏金华饮食之味

金华饮食之道的传承可以从清代著名戏剧家李渔所撰的饮食著作《闲情偶寄·饮馔部》中觅得踪迹。李渔饮食思想的核心在于"蔬食第一,谷食第二,肉食居三",道出"自然、本色、天成"法则,形成"俭约、清淡、洁美、调和、食益"的饮食精髓。如金华一带的"食笋必食落山笋""吃鱼必吃上塘鱼"(金华方言)之说;品蟹必在恰熟时、食老鸭必烂蒸、鹅要吃肥而狗要吃瘦等品真味的食俗。李渔对不少食物主张原汁原味、纯朴无华的真味,如吃蟹、嗑瓜子、剥菱角等,总爱自剥即食,以不泄其真味。对于烹饪,李渔平素就十分喜欢自己动手,从中发现规律和诀窍。如"笋之一物,则断断宜在山林","蕈之清香有限,而汁之鲜味无穷","煮芋不可无物伴之,盖芋之本身无味","粥水忌增,饭水忌减","糕贵乎松,饼利于薄","羊肉之为物,最能饱人","煮鱼之水忌多","鱼之至味在鲜,而鲜之至味又只在初熟离釜之片刻",等等[1],皆是其亲身经验之谈,深深地影响着后人对饮食文化的认识与传承。

另外,节俭思想在李渔饮食生活中尽显,如他创制出奇特的"五香面"和"八珍面",前者朴实,只作自食;后者料精,备以飨客。再如"以焯笋之汤,悉留不去,每作一馔,必以和之""以焯虾之汤,和入诸品,则物物皆鲜"等,既是他的烹饪诀窍,也体现了俭朴的思想。乡土美食中许多经典菜品源自于乡民们的节俭生活,是否受李渔之作影响,不敢断言,但是有异曲同工之妙。

---

① 李渔.闲情偶寄[M].北京:中国社会出版社,2005.

(五)畲族文化渗透金华饮食之风

金华辖区内有畲族自然村 300 多个,建有 47 个畲族行政村和 2 个畲族乡镇,有 12000 多畲族人,占总人口比例在省内仅次于丽水市[①]。随着融合演变,畲族饮食习俗成为金华饮食文化中一道风景线,有的趋同,有的饱含畲民遗风。

畲族先民长期过着随山而种的游耕山地农业生活,以番薯、玉米等杂粮为主食,如"番薯丝饭"。畲民嗜辣重咸,喜食野味、河鲜,善腌制食品,他们喜欢在炒菜煮食时加辣椒调味,正如畲族谚语所云:"火笼当棉袄,辣椒当油炒,番薯丝吃到老。"畲族家家户户的餐桌上常年备有一只小风炉,风炉置于桌中间,生炭火,架上小铁锅或小铜锅,待汤料水沸时,将豆腐、青菜之类倒入,现煮现吃,与金华乡土美食中的"金华煲"有异曲同工之妙。凡遇喜事节日,对歌、饮酒、美食兼而有之,场景格外热闹。畲族传统饮食风俗重时令,如春节糍粑、三月三乌饭、四月八清明粿、端午糯米粽、过冬打麻糍、农忙之节磨豆腐娘、称吃"接力菜"等。如今,武义畲乡宣平的莲子、兰溪畲乡水亭的千张流传着一道道精品美食,俨然成为金华饮食重要组成部分。

金华饮食源于历史传承,立足民间,地方风味浓郁,特色鲜明,原汁原味,以味为核心,烹调方法因菜而异,不拘一格,擅长炒、烧、炖、煲、煮、煎、蒸、焖等,菜品古朴厚重,口味咸鲜轻酸少甜微辣,令人食欲大增[②]。其名菜如葱花肉、萝卜肉圆、白字焖肉、婺州豆豉鱼、钵头鱼冻、落汤青素包、烂菘菜滚豆腐、酒糟毛芋、黄豆炖猪爪、东河肉饼、永康肉饼、一根面等,这些菜品,无论是原料,还是烹调技法都鲜明地体现出金华饮食习俗。

---

①　张世元.金华畲族[M].北京:线装书局,2009:15.

②　刘根华.乡味金华[M].杭州:中国美术学院出版社,2014:07.

四、金华饮食文化产业现状及存在问题

（一）饮食文化产业发挥公益效度不够

金华饮食文化类的公益性平台甚少，政府对饮食文化产业类的公益平台投入较少，全市缺少大型饮食类文化产业平台。然而，近些年有几家企业为了产品经营需要，在饮食文化方面投入较多，建成金华火腿文化、金华酥饼、金华府酒几家小型博物馆，富有地方特色，但在数量上和影响力上难以支撑金华饮食文化产业，难以打造饮食文化产业的品牌。另外，金华的文化产业在全省范围内处于中位水平，但饮食文化产业发展在经济总盘中占比较低，而且饮食文化产业的社会影响力也不大，可见金华饮食文化产业的发展无论是在数量、质量或内涵上都处于较低的水平。

（二）饮食文化产业经营结构不合理

金华饮食文化产业经营结构不合理，主要表现在市区范围内分布不均，仅有的一部分饮食文化产业类经营企业的建设，没有遵循城市区域功能，没有与消费需求紧密结合，导致饮食文化企业建成后与城市建设、交通需求、环境保护等方面不协调。饮食文化产业的经营网点、布局缺乏指导性意见，导致金华饮食文化产业经营结构失衡，大多数只停留在吃饭、住宿、举办会议等经营项目，缺少文化铸魂和差异化、特色化特征，从而使全市饮食文化类企业紧盯一层蛋糕，投资风险加大，竞争环境不断恶化，甚至有的企业会采用无底线价格竞争，最终使整个饮食文化产业的发展举步维艰。结构失衡和差异化不明显的主要原因是缺少发展规划，而相关的经营管理理念落后，缺乏"人无我有，人有我优"的主导思想。

（三）饮食文化产业与企业品牌不响

"老字号"餐饮企业是饮食文化产业发展的显性单元，是表达地方文化价值的媒介，是地方文化传承的基地，是传统文化的鲜活载体。金华饮食文化产业中的"老字号"已渐渐淡出人们的生活，如"清和园""清香楼""新新点心店""群益点心店""义乌饭店""武阳楼"等。"老字号"的失传既有时代因素，也有企业自身发展因素。首先企业没有积极探索发展路径，深入研究传承与创新关系；其次行业缺少扶持能力，难以整合有效社会资源；最后政府没有构建保护机制，缺少政策倾斜。此外，"金华乡土饮食""金华火腿菜""金华煲"虽已打出地方饮食文化品牌，但企业品牌承载力不够，使金华饮食文化品牌内涵单薄，对外叫不响推不动。

(四)饮食文化产业人才培养不足

饮食文化的发展，人才是关键，人才在传承与创新过程中是活跃因子，是可持续发展的必备要素。然而，金华饮食文化领域缺少专门培养与研究机构，缺少激励机制，缺少保障制度，从而引起从事饮食文化产业人员的社会认可度低，会让有志从事饮食文化研究的人才具有畏缩心理。从现状来看，金华市域范围内有10所中职开办了烹饪专业人才培养，这算是发展饮食文化的一个切入点。从事饮食文化产业类人才不仅要掌握一门技术，更重要的是要具备文化素养和创新思考能力，这方面的人才确实少之又少。

五、金华饮食文化产业发展对策

地方饮食文化是一种民间文化资源和财富。无形的民间文化资源不像地下的矿产资源，若不挖掘，将永远存在。随着社会的发展，现代化、城市化的步伐不断加快，人们的生活水平不断提高，其生活观念、消费意识、饮食结构、饮食习惯正在发生着质的变化，随之地方饮食也悄然变化。目前，许多优质的民间文化、风俗习惯、乡土小吃、民间工艺等正随着一些民间艺人以及乡村老人的故去而逐渐远离我们的视线，甚至消失。所以，挖掘、整理地方饮食文化迫在眉睫，政府及相关部门应加以重视，在此提出四个建议。

一是着力建设饮食文化体验工程。饮食是旅游体验中最核心的体验，然而仅停留在物质层面的吃、喝享受范畴，显然没有达到旅游的深层次体验。为此，杭州市率先建设"杭帮菜博物馆"，让游客体验地方饮食文化的时间隧道，导入"以馆养馆"机制①。为了更好地发展金华饮食文化,建议选取一些具有金华地方风味特色之地,如兰溪、武义、汤溪等,开发建设乡土风情饮食街区。进而科学布局一批地方饮食博物馆、体验馆,建设饮食文化体验工程,推行饮食文化产业发展体系,形成纵向到历史前端,横向到浙中区域边缘的版图。

二是整合饮食文化产业相关资源。饮食文化产业的核心是文化,文化具有较强的关联性,因此饮食文化与人们生活息息相关,与政府民生工程密切相关,与民间习俗、传统工艺、宗教礼制紧密相关,可见饮食文化的综合性强、黏性好。融合农业资源,将农产品、农事活动、农村景象与饮食文化结合;融合工业,将新技术、新工艺、新产品运用于饮食文化产业,升级变革以适应新时代;融合旅游业,开发出文创产品、旅游商品,形成文旅并举②。把相关资源融合于饮食文化产业,经营结构才能均衡,体量才能壮大,才能适应新需求。

三是塑造饮食文化产业品牌。借助非物质文化遗产平台挖掘更多的饮食非遗项目,系统梳理非遗饮食发展的优势与劣势所在,组织专家深入民间搜集传统饮食文化相关的民俗资料,编印第一手相关资料以供今后开发和研究非遗饮食文化之用;对非遗饮食文化资源进行全方位的再研究、再认识,对其中优秀的、科学的饮食文化因子予以发扬光大,推陈出新,使其走进千家万户。组建非遗美食国际推广团队,通过省文旅创新团队探索国际推广路径与机制。通过非遗饮食文化塑造饮食文化品牌,切中文化要素,深挖饮食文化的内涵,有助于讲好中国故事、发扬浙江样本,其品牌效应会渐渐显现。

四是强化饮食文化方面人才培养。饮食文化从业人员短缺不仅是当前阶段的瓶颈,随着人力资源成本增加,未来一段时期人才紧缺将是常事,因而加强饮食文化从业人员的培养迫在眉睫。对此,可发挥行业协会或第三方机构的作用加快培养人才,提高饮食文化人才队伍的整体素质;制定饮食行业岗位准入和规范持证上岗制度,对各类岗位人员制定相应的标准规范,形成标准体系框架;加快构建饮食文化从业人员的工作保障机制和激励机制,请主管部门协同劳动人事、保险等部门为从业人员完善保障制度,解决留住人才、用好人

---

① 周鸿承.一个城市的味觉遗香:杭州饮食文化遗产研究[M].杭州:浙江古籍出版社,2018:237.
② 冯玉珠.饮食文化旅游开发与设计[M].杭州:浙江工商大学出版社,2017:132.

才的问题;加强饮食文化的宣传与教育,整合好各种节庆活动和宣传平台,彰显饮食文化人才的价值和地位,让从业人员有成就感。

　　总之,金华饮食蕴含着大文化、大商机,其各种文化特征还有待继续探索研究,从技法层面上升到理论层面,从单做菜上升到系统整合,从日常传播上升到品牌传播,从烹饪课程上升到专业学科。真正实现一方水土孕育一方文化,一方文化影响一方经济、造就一方社会的新景象。

参考文献

[1]戴宁,林正秋.浙江美食文化[M].杭州:杭州出版社,1998:180.

试论常山地区食辣习俗的历史成因及特点

石洪斌[*]

摘要:衢州常山地区食辣习俗源于常山是辣椒向中国内地传播的重要节点。常山人地矛盾尖锐、移民人口多的城市属性以及适宜辣椒生长的土壤和气候特征促进了常山食辣习俗的形成。常山菜肴的特点是鲜辣,体现在三个方面:食材新鲜、色彩鲜艳、味道鲜美。

关键词:常山;辣椒;鲜辣

一、常山地区食辣习俗概况

衢州常山,公元 218 年建县,始称定阳,拥有 1800 多年历史,位于浙江省西部皖浙赣接壤地区,金衢盆地与高山丘陵的过渡地带,钱塘江水系和鄱阳湖水系的分水岭,钱塘江上游水路起点与皖浙赣陆路古道驿站的转运枢纽,素有"四省通衢、五路总头、两浙首站"之称。常山特殊的地理位置,吸引了来自海外的辣椒穿过不喜食辣的江浙广大地区,在这方山水衔接之地开枝散叶,形成了常山菜肴独特的"鲜辣"特色。常山菜都是家常食材,辣椒在菜肴中是一种特殊食材,一种独特风情,更是一种生活态度,常山菜以鲜辣味敌天下,在中国烹饪大花园中独树一帜。

---

* 作者简介:石洪斌,男,浙江商业职业技术学院教授,主要从事地方饮食文化研究。

二、常山地区食辣习俗的历史成因

辣椒,在明朝后期传入中国,直至清朝中后期中国人才开始普遍吃辣,浙江常山人在辣椒种食方面堪称先行先试者之一。

据史料记载,辣椒原产于美洲墨西哥,15世纪至16世纪,随着哥伦布等欧洲的航海家发现了美洲新大陆,美洲大陆上的辣椒传入欧洲地区。16世纪末,中国正处于开放海禁的明代后期(隆庆至万历年间),葡萄牙和西班牙的商人通过海路贸易将辣椒带到了中国,并从东南沿海逐步向内陆蔓延。广州和宁波是近代中国对外贸易的两个重要的口岸,也是辣椒传入中国内地的两个重要港口,其中宁波对辣椒传入中国内地的作用更加突出,表现在以下几个方面。

其一,中国最早记载辣椒的个人文献的作者都是浙江人。第一位是明朝末年浙江杭州人高濂,其写的养生著作《遵生八笺》,刊于明万历十九年(1591);第二位是明末清初浙江杭州人陈淏子,其写的花谱著作《花镜》,刊于清康熙二十七年(1688);第三位是浙江平湖人陆茅,其最早将辣椒写入诗作,于康熙十五年(1676)写下《玉山至常山》诗,中有"海椒还北贩,山药向南装"。

其二,如今,中国辣椒栽培中的两大品种之一即是杭椒(另一种是线椒),可见杭州是辣椒传入内地的一个起点。

其三,在全国地方志中最早有关于辣椒的记载的是康熙十年(1671)刊刻的浙江《山阴县志》:"辣茄,红色,状如菱,可以代椒。"说明当时浙江山阴一带已经把辣椒作为替代南方热带所产的胡椒食用。稍后有康熙二十三年(1684)的湖南《邵阳县志》和康熙六十年(1721)的贵州《思州府志》。可见,杭州是明末清初辣椒传播的一个重要贸易节点,清晰地反映出辣椒传入内地轨迹是浙江—湖南—贵州。

从广州传入中国内陆的辣椒,主要沿着珠江航道和南岭贸易孔道向西、向北传入华南和西南地区,包括广西、湖南、江西、贵州、云南、四川等省份。从宁波传入中国内陆的辣椒经由浙东运河在杭州这个节点进行分支,一支通过大运河和长江航道,向西、向北传入华北和长江中游地区,包括安徽、江西、湖南、湖北、江苏、山东、江苏、河南、河北；还有一支从杭州沿着钱塘江—常玉古道—
鄱阳湖航道，向西传入长江中游地区和西南地区，包括安徽、江西、湖南、湖北、
贵州。

从杭州出发一路向西，沿钱塘江—衢江航道上溯至常山县，通过常玉古道
翻越怀玉山脉，到江西玉山县转信江—鄱阳湖航道，这条传播线路水陆并行，
翻山越岭，辛苦异常，但这是一条捷径，比走大运河转长江航线要短800千米，
还避开了长江、运河上的层层苛捐杂税，既节省了时间成本，又节约了经济成
本，应该是辣椒向中国内地传播最直接、最经济的线路。正如清初著名诗人、
浙江秀水（今嘉兴）人朱彝尊（1629—1709）于康熙三十七年（1698）路过常玉古
道时留下的《常山山行》所言：“常山玉山相去百里许，山行十人九商贾。肩舆
步担走不休，四月温风汗如雨。劝客何不安坐湖口船，船容万斛稳昼眠。答云
此间甘亦乐，且免关吏横索钱。”

中国饮食味道有“东甜西辣、南淡北咸”之说，常山地处温润江南，为什么
偏爱吃辣呢？

（一）常山是辣椒由海外向中国内地传播的重要节点

常山地处钱塘江上游和吴头楚尾的边际位置，境内有常山港约50千米，
唐宋时就有横贯境内的古驿道，成为水陆转运、舟车汇聚的重要枢纽，自古有
“通衢要地，两浙首站”之称，为南北通衢的“咽喉重地”。明朝时期，江西、福
建、广东、广西、湖广、贵州、云南、四川8个省往返京城，都要经过常山，因此常
山又有了“八省通衢”之称。这种承担着“通衢要地”重要使命的特定位置，决
定了常山是辣椒沿钱塘江航道—常玉古道—鄱阳湖航道向中国内地传播线路
的重要商贸节点。辣椒因水路转运而迟滞于此地，使得常山居民能够相对内
陆省份较早接触到辣椒，并长期地、持续地接触到辣椒，从而影响常山人的饮
食习惯。可以确切地说，常山负贩行商的长期兴盛，推动了辣椒的种植、食用
和发展。清初著名诗人、浙江平湖人陆茅（1630—1699）在康熙十五年（1676）
经过常山时，写下的《玉山至常山》诗二首：“山城频战后，秋气早苍凉。乱阜全
堆绿，新畲半刈黄。海椒还北贩，山药向南装。中道肩相易，人情信恋乡。”“百
里虽分域，虚关不戒严。羊头车载米，驴背篓驮盐。籨峡迁丁籍，何村复堵黔。

江东秋大稔,今夕酒怀添。"其中的"海椒还北贩",形象地描述了常山负贩行商对辣椒种食和发展做出的贡献,也明确了常山人在辣椒种食方面堪称中国先行先试者。

(二)常山人地矛盾尖锐促进了食辣习俗的形成

辣椒在传入中国之初,并非作为食物,而是观赏植物。明朝万历十九年(1591)刊刻的著名戏曲作家、养生学家高濂的《遵生八笺》云:"番椒丛生,白花,果俨似秃笔头,味辣色红,甚可观。"可见,辣椒最早传入中国的时候并不是用来吃的,而是用来观赏的,其当时的名称不叫"辣椒",而叫"番椒"(番就是"海外"的意思),这也佐证了浙江一带至少是辣椒最早的传播地区之一。直到康熙年间,辣椒开始转变身份,从外来植物逐渐成为中国饮食中的调味副食品。

辣椒的扩散是伴随着中国农业的内卷化进程的。常山是一个山城,八山半水分半田,适耕土地严重匮乏。明末战乱涌入大量的移民,康乾盛世加速了人口增殖,导致人地矛盾空前加剧,缺地农民的副食来源选择越来越少,不得不将大量的土地用于种植高层的主食。常山本就是辣椒西传的重要节点和水陆转运中心,有大批贩运辣椒的行商奔波、驻留于此地,而常山种食辣椒正是从这些贩卖辣椒的"负贩行商"试种开始的。辣椒作为一种用地少,对土地要求低,产量高,口味又重的调味副食,刺激唾液分泌和味蕾,令人胃口大开,便于下饭,是个可以"代盐"的好食材,可谓是中国庶民的"恩物"。正如《思州府志》记载"海椒,俗名辣火,土苗用以代盐",辣椒受到越来越多的山区小农青睐,这是辣椒在常山地区迅速而广泛扩散的重要原因。庶民追求的就是辣椒的刺激、火热,能够掩盖劣质食材的味道,能够下饭,这违反了中国传统注重调和的品味原则,也给辣椒打上了穷人副食的阶级烙印。这也反证了宁波、杭州虽然是辣椒早期向内地传播的重要节点,但由于城市副食品丰富,且靠近海边容易获取食盐,所以没有形成食辣口味的原因。

(三)常山作为移民城市需要"食辣获取信任"的文化隐喻

辣椒是以辛辣成为调味料的,我们常说的辣味并不是一种味觉,而是一种痛觉。人在摄食辣椒时，辣椒素刺激口腔和咽喉部位的痛觉受体，通过神经将信号传递到中枢神经系统，引起心率上升、呼吸加速、分泌体液等身体反应，同时大脑释放内啡肽以对抗疼痛，使人放松产生愉悦感，并不处于真正的危险之中，与人热衷于坐过山车，或看恐怖电影的机制是相同的，心理学上称为良性自虐机制。因此，人类吃辣的行为在文化学意义上是一种炫耀忍耐疼痛的能力，从而证明自己在身体对抗上占优势。类似饮酒的行为，是通过对自我的伤害来获得同伴信任的一种社交行为。

正如曹雨在《中国食辣史》中指出"辣味菜肴是移民的口味"。常山自古作为八省通衢的水陆码头，造就了其移民城市的底色。据《常山县志》记载，常山人口结构是土著占 55.2％，江西籍移民（主要来自江西南丰）占 34.6％，安徽籍（主要来自徽州府、安庆府）、福建籍移民以及其他地方移民占 10.2％。其中有从长江航道食辣区南迁的安徽皖南地区移民，有从珠江航道食辣区北迁的江西人，还有包括贩卖辣椒在内的东奔西走的商人，终年在钱塘江上行船跋涉、需要吃辣驱寒祛湿的渔民、纤夫。可见，常山是辣椒从中国沿海向内地传播的三条线路的汇集地，移民是常山辣味盛行的主要原因。一方面，这些来自食辣地区的移民离开家乡来到常山，不论是移民之间，还是移民与土著之间，遇到陌生人的概率大大提高，因此相互之间的交往要付出更高的信任成本，吃辣便成了一种牺牲自己的经济利益来换取同伴信任的行为，共同吃辣的行为也就隐喻着"我愿意和你一同忍耐痛苦"，从而获得同伴之间的信任。另一方面，以辣椒为主要材料的重口味调味能够覆盖劣质食材的味道，这样就使得一些廉价的辣味菜肴得以在收入不高的移民中流行起来。随着社会发展，社会阶层不断融合，饮食的阶级格局变得模糊混乱，辣味菜肴打破了旧有的成见和城乡饮食文化格局而获得广泛认可。同时，也赋予了辣椒新的、符号化的概念，成了常山饮食的个性特色，所谓"吃不得辣，当不得家"，也塑造了常山人海纳百川的胸怀和热情豪爽、谦卑隐忍的性格。

（四）常山土壤和气候特征促进了重辣地区的形成

辣椒的特点是喜温、喜水、喜肥，高温易得病，水涝易死秧，肥多易烧根，既不耐旱也不耐涝，要求排水良好，排灌方便。辣椒对土壤要求并不严格，基本各类型的土壤都可以种植,pH 值 6.2～7.2 的弱酸性或中性土壤,可以有效提高辣椒的产量和质量。常山地形以丘陵为主,怀玉山脉和千里岗山脉横亘在西南、西北边境,山地面积约占总面积的四分之三,呈微酸性的石灰岩广泛分布全境,山坡地排水良好,不会涝死植株,可供大量种植辣椒。常山河流溪水众多,钱塘江水系在县境内的流域面积 1055.72 平方千米,鄱阳湖水系在县境内的流域面积 43.35 平方千米,水利灌溉非常方便。

辣椒是喜光植物,苗期辣椒对光照的要求比较高,光照强度较弱的话可能会导致幼苗节间长、叶薄,抗病性差等。辣椒适宜生长的温度在 15～34 摄氏度,种子发芽适宜温度在 25～30 摄氏度,低于 15 摄氏度或高于 35 摄氏度时会导致种子不发芽。常山地处亚热带季风气候地区,四季分明,雨量充沛,气温适中,年平均气温 17.7 摄氏度,年平均无霜期 279 天。因此,常山的气候条件也非常适宜种植辣椒。

常山地形以丘陵为主,地势西南北三面高、中间低、向东倾斜,来自东方海洋的暖湿水汽长年进入金衢盆地西端山地,年平均降水量达 1760.1 毫米,森林覆盖率达 73.2%,谷深林密,空气湿度年平均达 76%,雾气大,冬季湿冷。中国自古就有医食同源、食药如一这类重视健康的饮食思想,中医认为辣椒温中散寒、祛风湿、辟邪恶。常山境内有一半以上人口居住在常山港及山区溪流两岸,体内寒气、湿气较重,对于食辣具有强烈需求。

可见,常山的土壤、气候等自然条件非常适宜辣椒种植,具有大量种植辣椒的天然优势,加之中医辛辣祛湿理论的影响,辣椒作为辛辣调味料促进了常山人“无辣不欢”重口味的最后形成。

三、常山地区食辣习俗的特点是鲜辣

常山县域面积 1099.07 平方千米,总人口 34.4 万人(2018 年数据),耕地面积 23.3 万亩,人均耕地面积仅有 0.677 亩,现今人地矛盾依然突出。常山种植辣椒始于清朝初年,至今已有 350 年的历史,“种以为蔬”,以致“无椒芥不下箸也,汤则多有之”。最迟在乾隆年间,辣椒已经在常山地区广泛种植,并成为当地百姓喜爱的副食品。辣椒在常山饮食中,主要以蔬食鲜辣椒和作为调味料的干辣椒、辣椒酱等形态呈现,满足一年四季日常需求,"无辣不成菜,无辣不成宴",逐渐铸造了常山人追求"鲜辣"的风格,以辣为底、以鲜为质,是江南水乡一抹独特的文化底色。

德国人海宁最早提出甜、酸、苦、咸是人的舌头能够感受到的四种基本味,通过组合可以构成一切其他滋味。1847年李比希在肉汤的提取液中发现了肌苷酸,认为肉的鲜味就是来源于这种物质。1908年日本东京帝国大学教授池田菊苗认为海带汁是日本火锅的味道精髓,鲜味就是从海带汁而来,池田教授成功地从中分离出谷氨酸钠的结晶,他将这种味道命名为鲜味。后来人们认识到鲜味其实是蛋白质的味道,构成蛋白质的氨基酸与核酸是鲜味的来源,由此才揭开了"鲜味"的面纱。随后人们发现了许多鲜味成分,氨基酸之一谷氨酸、动物体内的核酸之一肌苷酸是最具代表性的鲜味成分,而且谷氨酸系的鲜味成分和核酸系的鲜味成分混合后,会产生相乘效果,鲜味会增色更多。因此在原有四种基本味道上加入"鲜味",形成了五种基本味道学说,在味道世界的历史上具有划时代意义。

常山菜是家常之菜,摒弃外观过度的修饰,朴实无华。常山鲜辣的"鲜"体现在三个方面:食材新鲜、色彩鲜艳和味道鲜美。

(一)食材新鲜

常山有山有水,商贸发达,顺常山港而下可以通江达海,山珍海味、河鲜禽畜等食材丰富。常山人对食材要求新鲜,比如常山"金牌菜"系列中有一道菜叫"红红火火",是一碟小菜,制法是将鲜红肥美的红辣椒洗净,晾干去籽去筋,切成小丁,放入盐、蒜、姜及少量白醋,一同搅拌,腌制片刻即成。这款腌辣椒,是夏令常山人的开胃小菜,佐饭下粥,都堪称妙物。

(二)色彩鲜艳

常山菜肴中大量使用新鲜红辣椒和绿辣椒,既考虑辣椒在辛辣指数、酸度和柑橘挥发性油脂属性方面的变化,把两三种可兼容、互补性强的辣椒混合在一起煮,使菜肴自然产生奇妙的味道,而且色彩鲜艳诱人,搭配巧妙,实现了色香味俱全。常山经典菜品"十大碗",十个菜无一例外都点缀着红绿辣椒,辣味构成十个菜式共同的灵魂与精神。

(三)味道鲜美

味觉是人类在自然界中选择食物的感受器。人类味觉经历了食盐称霸时代、推崇辛辣时代、追求香料时代、享受砂糖时代和文化鲜味时代。鲜味在被科学发现确认之前,中国烹饪家和美食家就领悟到鲜味是味道的精髓。常山菜肴之所以味道鲜美,正是常山人民真正理解了"鲜味的相乘效应",通过混合辣椒氨基酸与动物核酸来生成鲜味的做法,引出食材原本的味道,通过食材的相互组合来品味微妙的味道变化,追求味道的和谐,并凭借重要的烹饪技巧平衡好每种食材的味道,使其易于消化的同时,升华食物精华,引导出食材的鲜味。

常山菜肴鲜辣之精髓,在于辣而不掩食材本味,辣更彰显丰富饱满的味觉层次。这种鲜美的辣意,并非辣独霸"天下"者,乃是辣的催化、点睛、晕染、陶醉,是辣与其他味道的共鸣与交响,是热辣辣的常山人胸腔里那热情、开放、友好的人情温暖。

参考文献

[1](美)马克·米勒,约翰·哈里逊.辣椒:点燃味觉的神奇果实[M].北京:中国友谊出版公司.2006:2-4.

[2](日)宫崎正胜.味的世界史[M].北京:文化发展出版社.2019:163-169.

[3]曹雨.中国食辣史:辣椒在中国的四百年[M].北京:北京联合出版公司.2019:7,24-26,36-41,119-120.

[4](英)斯图尔特·沃尔顿.魔鬼的晚餐[M].北京:社会科学文献出版社.2020:189.

关于进一步打造"开化美食"品牌的建议

姚　强[*]

摘要: 开化美食因山深林茂的地理条件,绿色洁净的生态环境,悠久深厚的人文素养,天然优质的有机食材,演变成风格独特的开化味道,广受各路食客的好评。本文指出开化美食产业发展的三个瓶颈:美食文化的拓展开掘、基础平台建设、厨师人才的梯度培养。建议加强开化美食文化资源的研究,注重饮食的地域特色开发,发挥区域特色,完善丰富菜系,统筹打造饮食集散系统,规划建立全域、区域美食小镇,重视培养名厨大师,加大平台建设力度,从美食源头开始,树立中国厨师之乡品牌。

关键词: 美食小镇;饮食研究;厨师人才之乡

浙西小城开化县,以得天独厚的自然生态、独树一帜的根雕艺术、品质优良的茶叶产地和历史悠久的宣纸制作等闻名遐迩,更有开化美食自成一派,已经成为浙西美食中的佼佼者,是一张崭新的开化名片。开化美食因山深林茂的地理条件,绿色洁净的生态环境,悠久深厚的人文素养,天然优质的有机食材,演变成风格独特的开化味道,广受各路食客的好评。

著名美食节目《舌尖上的中国》系列美食纪录片总导演陈晓卿,曾经这样评价开化:"你去一个叫开化的县,就是钱塘江的源头。在那个半山腰上,有一

---

* 作者简介:姚强,男,开化县第十六届人大代表,浙江省饮食文化研究院特聘研究员。主要从事地方文化产业开发管理工作。

个途中饭店,你都不用点菜,你说随便给我来两个菜,那个菜道道好吃。"而途中饭店的菜肴,不过是开化美食的一个缩影,远非精彩纷呈的开化美食全貌。

但是如此美食,在发展和传承上却有不少桎梏,限制了品牌的影响与发展。在杭州、宁波等省内城市,开化菜固然大受欢迎,但从更大范围如江苏、上海、福建、江西、安徽等地来说,开化美食却掀不起波澜。近年来,开化也曾出台一些引导性政策,如"百县千碗""千店万厨"等,但成效并不显著。开化美食在品牌建设上缺少政策,策划运营上缺少抓手,主要表现在以下几点。

(一)美食文化的拓展开掘能力有限。宣传开化经典菜品的形式枯燥,展示开化菜的文章或者视频多数会用"十九大""二十大"名菜等字眼。内容单调,手法相同,内涵不足,角度不新,尤其不能形成系列,影响了开化美食的形象建设。

(二)基础平台建设不足。开化本地为美食行业服务的平台少之又少。凤凰美食城因为地理位置和品牌价值等原因持续冷清,入驻商家生意惨淡;早期的龙顶茶叶商贸城也因为土特产品牌优势不足,一直不温不火;城中大排档拆改为新的商业街,开化老底子的美食聚集优势不复存在。

(三)厨师人才的梯度培养不够。随着开化美食在外地不断推广,各种层级的厨师人才愈加紧缺,本地厨师人才不断向外流失。那么,当地厨师培训实属当务之急,需要有力且高效的政策的支持,可现状是从数量和质量上,都很难保证厨师人才的梯度培养。

针对以上问题,我提出四个设想。

(一)立足开化美食文化底蕴和历史故事,进一步开展开化美食文化研究,梳理开化美食历史渊源。深入开展开化潜在的非遗美食代表性项目,打好"非遗牌",编撰《开化非遗美食代表性项目调研报告》,组织省内美食文化界专家编撰《开化饮食文化史》《开化美食百科》《开化美食辞典》等基础性研究丛书,组织齐溪、马金、苏庄等特色美食乡镇编撰《齐溪美食文化》《马金豆腐文化》《苏庄炊粉探秘》等美食科普读物,进一步加深开化美食文化研究,推广和宣传开化美食文化品牌。

(二)推陈出新,传承创造,立足钱江源特色食材以及开化地域特色菜肴谱系,进一步完善开化菜系。

首先，开化的特色小吃很丰富，不是只有开化汽糕，当下对汽糕的宣传和扶持远远超过了其他开化菜。开化菜融合了新安江菜系，而新安江菜系中的传统小吃品种多、品质好、味道鲜，极其符合大众口味，完全可以作为一个新的突破口去宣传和推广。

其次，要充分掌握食材的营养、味道，以专业的知识结合新的烹饪手法，去进行更多的菜品创新和完善，可以通过"主题比赛""各种节日"等形式创造开化的新味道。鼓励从文化底蕴、地域特色等方面着手，通过网上宣传或者有奖竞选等方式回忆年节、童年、赶集等味道，发掘有地域特色的美食或者记忆里的美食，让"家乡味重现""往昔再来"。鼓励各种媒体以图、文、视频等方式宣传、直播，结合"网红文化"的优势打造开化本土美食"网红"，加大开化美食相关主题的流量，进行综合与专题相结合的宣传，讲好老故事，展现新传承。

（三）规划和管理本地的美食基础设施建设，并落实建设不同品类的商铺和产品聚集区，规划建立全域和区域性的美食小镇。

1.重新规划建设凤凰美食城、南门商业街等类似的平台，使之辐射更多地区，以政策为主导方向，鼓励商家入驻，带入有吸引力的优质产品，加强品类产品或者商家的聚集效应，为美食小镇建设夯实基础。

2.专注经营传统工艺，让美食基础设施硬件与软件兼顾，集开化菜商贸城、食品加工厂等，汇拢不同的美食品类，开设小吃一条街，以更亲民、更直接的形式推出优质产品。这样做既鼓励本地美食产业向多元化、专业化发展，也方便外地游客选择购买不同品类的美食。合理的规划管理，也可以把城市文明建设提高一个层次，在市容市貌上也更容易管理和整治。

3.以市场对农产品的多样化需求为导向，利用本土农特产品无公害、无污染、绿色健康等优势，挖掘推出农家健康蔬菜、清水鱼、农家土鸡等特产美食元素。以音坑乡为例，音坑乡位于钱江源头马金溪畔，常年空气湿润，阳光充足，土壤中富含腐殖质，土层深厚，特别适合种植萝卜。音坑乡种植的白萝卜个子虽然比市面上其他的萝卜小了些，但却更脆、更甜，而且还少有经络，在20世纪90年代被写入《浙江蔬菜品种志》，用来榨汁、凉拌、腌制、清炒、白煮、晒干等美味无穷。

4.打造开化美食，充分发挥本地食材的优势，既可通过优良的农产品制作特色美味,还可设计有竞争力的加工类农产品,建设本地美食品牌,开发新产品,全力促进本地特色农产品全面发展。如音坑乡姚家村的花生,品质优良,产量可观,在没有政策引导和支持的情况下,仍然在开化全县占有一席之地。以此为例,深度开发花生类产品,如花生酱、花生油、花生零食等,带动区域经济发展,增加就业机会。还可建立花生园概念,通过基础设施的建设,推动乡村生态旅游的发展,结合科学种植宣传、产品生产讲解,实现一产、二产、三产的联动。

(四)重视厨师队伍的培养,加大培养平台的建设力度,从美食最重要的媒介源头上打造真正的厨师人才之乡。

厨师是美食产业的最重要支撑,但是开化的厨师培养缺少一些群体性培养的平台和途径,很容易造成厨师数量达不到市场需求,厨师质量更是良莠不齐。要让菜品和美食品牌再上一个台阶,必然需要人才的支撑。在这方面,开化可以效仿顺德,通过政策引导和支持鼓励,建立专业的培训院校,或者进行专业的美食企业培训,在本地培养一批高素质、高水准的综合人才团队。

让熟稔开化美食的优势和传承的各种人才加盟美食事业,通过提升专业素养来创新和完善开化新菜系。既重数量,也重质量;既要不断往外输送人才,也要抓紧本地的人才培养,夯实基础,创造美食品牌。

上述几点,只是个人对于开化美食发展的粗浅思考。如果能够引起关注,汇聚更多的思考,进行科学决策且大胆实践,那么,必将开创开化美食全新局面。

"民以食为天",把开化美食品牌做强做大,不单单是对传统民俗和历史文化的尊重,更是推动开化全域旅游发展的重要途径!

兰溪市美食旅游资源的特色与开发策略研究

孙刘伟　张　慧*

摘要：兰溪美食文化源远流长，古时兰溪水运发达，商埠文化底蕴深厚，成就了当今的兰溪美食。当前兰溪市高度重视对美食旅游资源的开发，然而在美食旅游的开发过程中，存在一些制约其发展的因素，比如缺乏一定数量的知名美食品牌、产业实力和规模有待提高等。兰溪市美食旅游的开发应注重天福山历史文化街区饮食的综合开发，美食与旅游产业的深度融合以及整合社会资源等。

关键词：兰溪；美食旅游；开发建议

一、引　言

饮食是当地文化的一种载体，游客希望可以通过品尝当地人的食品来更好地体验当地文化，体味当地人独特的生活方式，从而使自己得到真实的旅游体验①。美食旅游(gastronomy tourism)，又称食物旅游(food tourism)、厨艺旅游(culinary tourism)，是一种体验美食味道、感受美食文化的旅游活动，强调以与美食相关的旅游资源为吸引物，让游客通过美食获得独特的、难忘的并

＊作者简介：孙刘伟，男，浙江外国语学院文化与旅游学院讲师，历史学博士，主要从事浙江区域饮食文化研究；张慧，女，浙江外国语学院文化与旅游学院2018级本科生。

①　MacDonald，H.，Deneault，M. National tourism & cuisine forum：Recipes for success[M]. Ottawa：Canadian Tourism Commission，2007：16-17.

具有文化内涵的旅游体验,兼具社会性和休闲性①。兰溪市美食文化源远流长,古时兰溪水运发达,商埠文化底蕴深厚,成就了现在的兰溪美食。2018 年兰溪市获"浙江省美食名城""中国美食文化名城"称号,2021 年 1 月兰溪市游埠镇获"浙江特色美食小镇"称号。本文拟通过分析兰溪美食旅游资源的特点,针对开发中出现的问题,提出相关的建议和发展对策。

二、兰溪美食旅游资源的特色

兰溪自唐咸亨五年(674)建县以来,距今已有 1300 多年的历史,有着深厚的历史文化积淀。兰溪人自古以来就注重美食原创,以许多地道原料创作出了美味可口的地方风味菜,从而产生了许多特色美食小吃。

(一)名人与兰溪饮食文化

兰溪饮食文化与历史名人渊源颇深,尤其值得称道的是兰溪历史名人李渔。李渔既是我国清代著名的戏剧理论家、文学家,又是卓有建树的美食家。他撰写的《闲情偶寄》一书的"饮馔"部分,较为全面地反映了其饮食观与饮食美学思想,对饮食养生之道亦提出了自己的独到见解。李渔主张天然、清淡,代表了当时江南饮食的习惯和理念,其影响力一直持续到现在。李渔的饮食思想和哲学值得深入挖掘,并结合当代的需求广为推广,为我国的食育工作提供传统饮食文化的良好素材。

(二)兰溪知名美食品牌

兰溪是浙江省首个中国美食文化名城,入选了"中国特色美食百佳县市",近百种名特优农产品,33 项美食被纳入非物质遗产名录,"李渔家宴"入选"诗画浙江·百县千碗"成果展示。

兰溪小吃种类多达 300 余种,鸡子馃、牛肉面、肉圆、酥饼等久负盛名,深受食客青睐。为了进一步打造兰溪美食"金名片",兰溪出台了美食产业发展

---

① 李想,何小东,刘诗永.国内外美食旅游发展趋势[J].旅游研究,2019(4):5-8.

十大工程,包括美食窗口工程、美食名品工程、美食龙头企业培育工程、美食传播工程、美食燎原工程、美食标准化工程、食材基地建设工程、美食线上行工程、美食游打造工程、美食传承工程等。其中,美食燎原工程将主推兰溪牛肉面,统一兰溪牛肉面标准店、品牌店、旗舰店的设计装修,培育可复制的品牌样板店,以"牛肉面＋小吃"的模式进行推广。兰溪牛肉面的特色之一在于面条柔韧,有嚼劲,口感好;特色之二在于以配料和炒制好的牛肉作为汤面的浇头,烧制出来的牛肉面原汁原味,味道鲜美。

三、兰溪美食旅游开发存在的问题

现阶段兰溪美食旅游开发存在一些现实问题有待解决。

(一)缺乏一定数量的知名品牌

兰溪美食文化历史悠久,各乡镇都有本地的特色菜品,但缺乏建设美食旅游品牌的意识;品质好、档次高、服务规范的国际化旅游品牌有待树立。以小吃为例,兰庆鸡子馃、大仙菜汤圆、和平煎包、红印馒头、今朝如意卷、印馃、肉粽、蛋黄酥、馒头酥、脆皮豆腐等小吃在当地都是大受欢迎的,但对于游客而言,其知名度并不高。

(二)服务水平有待进一步增强

除兰溪市区外,兰溪还包括 16 个乡镇,多数乡镇地区都具有当地最有特色的食材,能够烹饪出各自的风味美食,但多数餐馆硬件设施比较简陋。在软件服务方面,虽然服务热情很高,但服务水平有待提高。归根结底,在于缺乏规范的服务技能和服务意识的培训。

(三)产业实力和规模需要同步提高

目前兰溪美食旅游产业规模较小,竞争力偏弱。例如,乡镇一级的餐饮企业普遍存在"小"(规模小,企业集团少,单兵作战多)、"散"(分散经营,目标市场分散,针对性不强)、"弱"(资本不雄厚,家底薄,竞争能力弱)、"差"(管理差,服务质量差,经济效益差)等现实问题有待解决。

四、兰溪美食旅游开发建议

(一)注重知名历史文化街区的饮食开发

地方饮食开发是一个系统工程,必须结合当地的文化、历史、风俗、地域等特点。兰溪的文化底蕴深厚,千年商埠古城孕育了诸多历史名人,并完整保留着一大批历史建筑。2015年4月,天福山被批准为中国第一批历史文化街区,天福山历史文化街区是兰溪城市文化的精髓,具有较高的文化价值,其历史遗存、风貌格局和空间形态肌理,集中反映了明清至民国时期江浙一带商埠码头、店铺作坊、传统民居等为主的城市多元文化。建议以天福山历史文化街区饮食开发为龙头,打造属于兰溪的"宽窄巷子"。

(二)注重美食与旅游产业的深度融合

2020年10月19日,兰溪市政府颁布《关于加快兰溪美食产业发展的实施办法(试行)》,该办法的实施主要由商务局牵头。依托"天下江南"、诸葛八卦村、地下长河、李渔戏剧小镇等景区,推动美食与文旅产业融合发展;坚持美食与农旅相融合,因地制宜发展农业观光采摘、特色餐饮民宿等业态。

兰溪当地特色美食种类丰富,有兰溪游埠酥饼、兰溪小萝卜等,充分利用这些资源,开发各种品质优良、品种多样的美食类旅游产品,能够考虑自建直营店、零售店,销售独具特色的兰溪美食类旅游产品,作为游客返家携带的当地特产,通过游客的无意识营销,对兰溪美食类旅游产品实行推广,同时实现宣传兰溪美食文化的效果。

兰溪这个小城有许多的村、镇,每一个地方的美食都具有它的独特性,如果把各个地方的美食聚集到一条美食街,反而会失去它的独特性,因此可以根据游客"酸、甜、苦、辣"等口味制定几条特色的路线,游客在选择美食时将更具有针对性。

（三）整合社会资源，举办高质量美食节

随着各地消费经济的发展，美食节庆活动逐渐成为老百姓喜爱的活跃地方经济、创建和谐社会氛围的重要活动。现在群众喜爱、企业热心参加、社团协调、商业运作、媒体广泛支持的美食节，已经成为一个地区的美食旅游资源，通过美食节，能够带来很多的游客。

美食业作为民生产业，涉及面广，美食业的发展要整合社会资源。美食节的举办就是很重要的抓手，通过举办美食节，更多地注重美食文化的传播，而不是简单的品尝美食。将食物原材料的利用、食品制作的手法与以美食为基础的习俗、传统结合，从而将美食文化充分展现出来。兰溪近年来相继举办了兰溪美食节、兰溪家庭厨艺比拼大赛、兰溪名小吃比拼大赛等活动，吸引了大量游客前去参与，传承、弘扬了兰溪美食文化。

总之，兰溪市美食旅游发展前景广阔，因为当地美食资源特色鲜明，又有深厚的饮食文化底蕴，最关键的是当地政府有大力发展美食产业的决心和举措，把美食作为一个富民工程来建设。我们认为兰溪美食品牌化、标准化只是开发的基础，数字化、国际化应为中长期的发展目标。我们相信，在兰溪市市委和市政府的大力支持下，兰溪市美食旅游不但能够满足民需，也能改善民生、增加就业，更能有力地推动兰溪经济社会的高质量发展，探索以地方美食产业发展推动区域共同富裕的实现路径。

湖州餐饮产业发展趋势

李林生[*]

浙江省湖州市自古有着"鱼米之乡""丝绸之府""茶竹之地""文化之邦"的美誉。湖州是一个拥有 2300 年历史的古城，这与湖州地区得天独厚的地理环境和丰富的物产资源有着直接关系。湖州人善于烹饪，精于美食，在美丽富饶的太湖沿岸，孕育了一批又一批品牌餐饮。改革开放以来，随着我国经济的快速发展和国内外交流的频繁，全国各地的餐饮业和外帮菜系都相继进入湖州餐饮市场。而在变幻莫测的后疫情时代，湖州餐饮业正经受着一场严峻的挑战，但湖州餐饮人的包容、传承和创新会让湖州餐饮发扬光大。

一、物产丰富，名宴荟萃

湖州地区有太湖、莫干山、湿地等丰富的自然资源，太湖里的白条、白虾、银鱼俗称"太湖三白"，是上好的烹饪原料；湖州地区淡水养殖的"四大家鱼"，青虾、河蟹、甲鱼和黄鳝，为湖州当地餐饮提供了丰富的食材。德清的莫干山和安吉的竹海盛产春笋、冬笋等笋类食材，得天独厚的自然条件和丰富的食材塑造了湖州地区特有的宴席，如"百鱼宴""太湖宴""笋宴""莫干风情宴"等，这些主题宴席多次在全国大赛中获奖，在全国餐饮行业中享有盛誉。

---

* 作者简介：李林生，男，中国烹饪大师名人堂导师，中国饭店协会名厨委常务副主席，浙江工匠，浙江省餐饮行业协会执行会长，浙菜文化研究会常务副会长，主要从事浙菜文化研究及饭店餐饮企业管理。

二、餐饮模式，多元经营

湖州地区的餐饮模式经过多年的发展和融合，如今已是百花齐放，百家齐鸣。主要餐饮模式有以下几种。

（一）百年传统老店

丁莲芳、周生记、诸老大、新市张一品等餐饮百年老店在继承传统餐饮的同时融入了现代餐饮模式，很好地诠释了传承与发展。

（二）高星级酒店

湖州的月亮湾酒店、浙北大酒店、湖州国际大酒店、天煌大酒店、莫干山大酒店、金银岛大酒店、湖州东吴开元名都酒店、长兴国际大酒店、南浔花园名都大酒店、安吉新缘通国际大酒店等一批高星级酒店以优质的产品和高水平的服务提升了湖州地区的整体水平。

（三）度假型酒店

德清的裸心谷、郡安里、开元森泊、长兴芳草地乡村酒店、安吉大年初一风景小镇、西塞山前度假木屋度假酒店等一批度假型酒店结合了住宿、餐饮、休闲娱乐等项目，为客人提供了全面而人性化的体验。

（四）主题型餐饮

小绍兴、东大方、忆往事等一批主题型餐饮企业以创新、时尚、融入文化元素等特点开设了众多餐饮连锁店，深受中青年顾客喜欢，目前在餐饮市场中占据了一定的份额。另外也有肯德基、麦当劳、必胜客等国际餐饮品牌加入湖州地区。多元化的餐饮模式使得湖州餐饮在传承发展的同时紧跟时代步伐，不断开拓创新。

三、餐饮文化，底蕴深厚

湖州是著名的鱼米之乡，文化底蕴深厚。丝绸文化、防风文化、湖笔文化、茶文化等为湖州餐饮的发展提供了良好的基础。诗人孟郊、书法大家赵孟頫等一批历史名人都是湖州人，湖州餐饮以历史名人为背景研发出了一批历史文化名菜。如莫干山大酒店的必点菜"慈母千张包"，这道菜与孟郊的求学经历相关。实践证明蕴含传统饮食文化的菜品，可以给宾客留下深刻的印象，使宾客对我们具有文化内涵的菜肴记忆犹新，同样也大大提升了餐饮产品的附加值和市场影响力，真正体现出中国烹饪的文化属性。

四、湖州餐饮，独具匠心

湖州餐饮业的发展离不开守业、敬业、精业的餐饮人，多年来湖州餐饮人在国家级烹饪大赛中多次获得大奖。湖州"百鱼宴"的创始人就是一批老一辈餐饮人，他们共同研发，精工细做，制作的"百鱼宴"全国闻名。现在湖州餐饮业的代表性人物有莫干山大酒店董事长李林生和湖州天煌大酒店总经理姚国兴。李林生大师是中国烹饪大师、浙江省首届浙江工匠，他有徒弟近百人遍布全国各地，在全国各类技能大赛中多次获得特金奖和金奖。李林生大师目前是中国饭店协会名厨委常务副主席，浙江省餐饮行业协会执行会长，曾获得中国烹饪大师金爵奖、全国饭店业优秀企业家、国家金厨奖大师等荣誉。姚国兴大师是中国烹饪大师，多次在国家级比赛中获奖，并多次在国家级比赛中担任评委。

五、发展趋势，变革加速

后疫情时代的湖州餐饮努力朝着市场化、标准化、数字化、品牌化和智慧化的方向进行高质量发展。

（一）多元化消费趋势，经营模式迭代

1.到店消费：门店可以承载堂食、外卖、新零售业务，加深与消费者的连接度。

2.线上消费：从菜点到产品、商品，线上线下融合，利用用户的评价和分享，提升复购率。

3.场景延伸：从早、午、晚市到24小时全时段消费，"餐＋饮"模式，下午茶、夜宵消费兴起。

（二）健康餐饮趋势，消费新势力

"养生"突破年龄段，营养健康餐饮成为新趋势。"银发经济"下的餐饮业，对饮食营养提出新需求。吃什么不重要，重要的是怎么吃出健康体验，彰显品位。

（三）餐饮数字化趋势，变革加速

1.数字化管理：从员工管理、流程管控、财务分析、精准营销、大数据应用等方面实现餐饮门店数字化管理。

2.线上化经营：自建平台、与第三方平台合作、有效利用宣传工具、提升在线运营能力，做好直播"带货"、外卖、用户管理等以提高效率。

3.数字化平台服务：利用供应链数字平台、用户共享平台、消费数据平台更好地服务于餐饮企业和消费者。

（四）餐饮品牌化趋势，加速升级

1.共创品牌：人人都是体验官，餐饮品牌与消费者建立深度互动，消费者既是共创者，也是新渠道。

2.连锁经营：连锁餐饮企业加快门店布局、线上拓展，特许经营连锁加盟成为新增长点，轻食、小吃、素食与咖啡、茶饮、零食混搭，复合式餐饮崛起。

3.渠道下沉：餐饮一线品牌下沉复制到各区县，发展空间大；乡村休闲旅游兴起，为餐饮品牌发展提供新机遇。

当今的世界日新月异,餐饮业的发展也是多元化的,创新发展将是永恒不变的主题——创新才能生存,创新才能发展。中华饮食文化有着很深的历史渊源,但随着时代的发展,要求我们不断提高餐饮产品的品质、树立餐饮品牌。步入信息时代,日趋激烈的行业竞争与挑战,也将会带来新的机遇。创新能加快湖州餐饮业的发展,其中必然要依靠餐饮工作者在继承中发展,在继承中创新,在创新中与时俱进。我们湖州餐饮人将用自己的勤劳和智慧,为开创美好的浙江餐饮事业一起努力,携手共进!

富春山居，味道山乡：
富阳美食品牌文化提升建议

戚雄文 *

摘要："富春山居，味道山乡"的定位是富阳美食文化产业提升的重要方向。"富春山居，味道山乡"并非是一个普通的节会活动概念，而是一个有战略性定位、有顶层设计、有长远规划、有规范标准、有创新举措、有品牌效应的系统性工程，更是富阳实施乡村振兴战略的一项特色举措，是推动富阳产业有机融合，加快城乡融合发展的重要工程。

关键词：富阳味道；美食品牌；提升策略

富阳有便捷的交通，有优越的自然环境，更有丰富的山珍、水产等食材。其食材有鲜明的地域特色，富春江鲥鱼、东坞山豆腐皮、龙门面筋在全国都很有名气；富阳有丰厚的文化底蕴，是三国孙权大帝的故里，有现代文豪郁达夫的故居，更有着元代大画家黄公望，以及"天下佳山水，古今推富春"的美誉。"富春山居，味道山乡"打造，正名了富阳作为杭州后花园的角色定位。同时，也赋予富阳乡村一个新的定义——都市里的乡村。

2020年，这股味道山"风"，从葛溪流域吹向了富阳全区。从整体看，"富春山居，味道山乡"并非一个普通的节会活动的概念，而是一个有战略性定位、有顶层设计、有长远规划、有规范标准、有创新举措、有品牌效应的系统性工程，

* 作者简介：戚雄文，男，杭州市富阳区匠心职业技术培训学校执行董事兼校长，杭州市戚雄文中式烹调技能大师工作室领衔人，浙江省饮食文化研究院秘书长，主要从事地方菜烹饪与浙菜工艺研究。

更是富阳实施乡村振兴战略的一项特色举措,是推动产业有机融合、城乡融合发展的重要建议。这其中,"富春山居,味道山乡"中的"味"最为关键,"味"是特色,是灵魂,是最长久的吸引力,调好了其中滋味,也就真正解读出了"富春山居"的时代内涵。

一、"富春山居,味道山乡",如何让富阳更有"味道"

(一)味道山乡,味在本土

较长时期以来,许多地区的农村发展,多是通过引入政策性资金支持和外部资本投资的方式来开发农业及相关产业。这种模式见效快,但外来文化的"硬植入"往往会对乡村原生性的自然、人文、经济、社会环境等带来较大的负面影响甚至破坏。另一方面,为了把城市居民吸引到农村地区消费,一些所谓的生态旅游、乡村旅游形式过于简单粗放,旅游体验流于表面,无法让游客感受到真正的乡村生活。而"味道山乡"最重要的味就是本土味。用本土的语言、本土的文化感染人;用本土的风情、本土的特色吸引人;尤其要让广大山乡人民积极主动地参与到这一共同的事业中来,让本地人做出"本地味"。不仅体现了乡村振兴人人参与、普惠大众的基本理念,同时,还可通过充分继承和发挥本土文化的特色与魅力,让山乡作为中华古老文明与智慧的生发地与传承地绵延生息,让人们能够真正感受到乡村生活的温度与底色,这也是乡村价值的重要所在。

(二)味道山乡,味在融合

当前乡村振兴的难点在于如何建立城乡之间资源要素双向流动的格局,"味道山乡"就像是在城市与乡村之间打开了一扇"任意门",以多样化的方式和载体聚智、聚力、聚业,通过城市居民与山乡村民之间的交流,推动人与人、城与乡的融合。比如,通过山乡家庭与城市家庭结亲认家活动,以家庭为单位,以情感为纽带发展起来的"伙伴式"消费,创造出了全新的乡村生活体验方式。越来越丰富的人际交流与交往,促进了城乡之间知识、信息、思想、理念的相互沟通与认同，让越来越多的农业产品与服务走出乡村，有效推动生活与生产融合、城市与乡村融合、农业与其他产业融合，走出一条适应新时代城乡融合发展的新道路。

（三）味道山乡，味在持久

在世界范围内，乡村治理已经走过漫长历程。在西方发达国家，乡村不仅不是落后的代名词，反而是现代高品位生活的标志和象征。环境优美的乡村生活品质远高于城市，一些乡村庄园甚至成为接待外国元首的著名外交场所。这些并非一朝一夕之功，而是长期发展积累的结果。"味道山乡"是富阳实施乡村振兴战略的一项创举，如何完善发展不仅要有创新化的理念与做法，更需要有长期的、持久的、前进的韧性和耐力。说一千道一万，还是要做优生态根底，做强产业支撑，做实基层基础，做好惠民工作，做好百姓口碑。通过社会化参与、产业化发展、品牌化运作，探索长效化机制，让山乡之味更加醇香而绵长，真正走出一条更有滋有味的乡村振兴之路。

（四）味道山乡，味在体验

"味道山乡"活动开展最终体现在餐桌文化上，现在主要是通过征集农家厨房，定点服务游客，赏山乡景、吃农家菜这一类形式。由于各乡镇街道的富阳本地厨师、乡间厨师、各家各户的厨娘等的职业素养和操守，文化以及眼界的限制，制作的菜肴菜点停留在原有乡间制作的水平，尤其在食品安全、食品卫生上存在较多的隐患。因此，迫切需要专业人士进行指导，把本地食材、本地文化、本地味道有机结合起来，在各地打造有地域特色、地域文化的风味宴。在对外宣传的时候，进行一定的文化包装，在相对地域形成相对叫卖的拳头风味宴席，比如在龙门打造孙权家宴，在富春江畔打造江鲜宴，在龙羊地区打造山乡家宴，在东洲、桐洲打造田园宴。每一个宴席都进行相应的包装，设计各个风味宴的主题风格。包括就餐环境的设计、菜单的设计、餐具餐桌的设计、文化主题的设计等。最终形成具有一定知名度、一定影响力，受顾客欢迎的有品位的"味道山乡"。

二、相关建议

根据上述分析，我们提出以下建议：

第一，对各乡镇街道采用"味道山乡"主题的农家乐、民宿、农舍体验点的人员进行培训。

第二，和浙江省饮食文化研究院、浙江省餐饮行业协会合作，由行业专家进行"富阳味道"资源的整理与开发。

第三，和浙江大学旅游与休闲研究院合作，探索"味道山乡"与富阳本地文化融合的路径。

第四，与阿里巴巴旗下的口碑网合作，打造山乡口碑榜。

三、关于富春菜研究会以及戚雄文中式烹调技能大师工作室如何参与"味道山乡"项目

第一，邀请富春菜研究会和戚雄文中式烹调技能大师工作室特聘顾问斯晓夫对富阳本地厨师、民间厨师（厨娘）进行食品卫生、食品安全、烹饪技艺的培训。

第二，邀请富春菜研究会荣誉会长、戚雄文中式烹调技能大师工作室特聘顾问浙菜宗师章乃华对富阳地方风味菜肴进行指导。

第三，邀请浙江省餐饮行业协会名厨委秘书长、紫萱度假村总经理俞斌针对富阳宴席和菜品进行指导和提升。

第四，邀请浙江大学教授、博士生导师王婉飞针对"味道山乡"项目，在高等院校范围内开展高层次文化研究和专业推广。

第五，邀请口碑网进行合作，进行线上线下联合推广。

第六，组织富春菜研究会会员和技能大师工作室成员深度挖掘富阳传统菜肴故事，创新富春菜，开发富春妈妈菜。

寻味钱江源：
齐溪美食文化故事及代表性非遗菜挖掘

开化县齐溪镇人民政府

摘要：本文指出位于钱江源头的美食小镇齐溪具有环境好、食材鲜、菜品精、技艺佳的美食环境优势与文化传承基础。根据在地村民邻里间的饮食传统习惯与集体的菜肴烹饪技艺特征，为了进一步做好齐溪美食产业挖掘与地方非物质文化遗产代表性项目的传承和保护，特整理出三边白腊肉、清香藏豆腐、汤瓶焐鸡、鲜嫩撩汤菜、白玉笋干丝、养生葛粉摊条、钱江源青蛳、齐溪清炖鱼、时鲜一锅蒸、浙西八仙煲十款齐溪镇潜在的代表性非遗菜。

关键词：钱江源味道；齐溪美食；非遗菜

齐溪镇位于开化县西北部，浙皖赣三省交界处，毗邻安徽省休宁县、江西省婺源县及本省淳安县，与黄山、三清山、千岛湖等著名景区都在约 1 小时交通圈内。全镇区域面积 128 平方千米，辖 10 个行政村，共 2199 户 7200 人。齐溪拥有众多特色小吃和特色菜肴，而依山傍水的自然生态环境，又使齐溪多绿色农家产品和各种野生水产品。齐溪曾荣获省生态环境优美乡镇、省旅游强镇、省级农家乐示范乡镇、市级农家乐示范乡镇、省级美食小镇等称号，而这离不开其环境好、食材鲜、菜品精、技艺佳的美食环境优势与文化传承基础。

环境好。齐溪镇的环境特点可概括为"四区"。山区：全镇九山半水半分田，有森林面积 13.9 万亩，森林覆盖率达 91.3％，是浙江人民母亲河钱塘江的发源地和"开化龙顶"的始产地。景区：境内有钱江源国家森林公园、钱江源省级风景名胜区、省级湿地公园,2014 年新创建九溪龙门 3A 级景区。库区:有全县最大的水利工程——齐溪水库,库容 4500 万立方米。老区:方志敏、粟裕领导的北上抗日先遣队曾经在这片土地上战斗过,革命先烈英勇事迹一直被传诵,留有战地医院、红军被服厂、红军棚等红色革命文化遗迹。

食材鲜。食材好坏决定菜肴的品质。镇域内设有清水鱼、山茶油、高山蔬菜、食用菌、畜禽等高品质食材生产供应基地,做到就地取材、新鲜取材;良好的生态环境孕育出纯天然有机食材,下河有野生青蛳、上山有新鲜野菜。

菜品精。在调研考察的基础上,我镇挖掘和开发具有本土故事性以及文化传承性的特色菜肴十款,考虑到代表性菜品在当地老百姓中的接受度以及地域代表性,将以下十大齐溪名菜作为潜在的非遗菜和"百县千碗"特色菜进行传承和利用。具体为三边白腊肉、清香藏豆腐、汤瓶焐鸡、鲜嫩撩汤菜、白玉笋干丝、养生葛粉摊条、钱江源青蛳、齐溪清炖鱼、时鲜一锅蒸、浙西八仙煲。

技艺佳。镇域内的村民无论男女都会烹饪且烹饪技艺都可圈可点。从事餐饮行业的业主中有 5 位拥有浙江烹饪名师称号,其中久山半客栈主人余昌山为青年返乡创业的代表性人物,早年在台州星级酒店担任行政总厨,凭借精湛的技艺先后斩获开化县农家乐特色大赛金奖,衢州市烹饪大赛 1 金、2 银、1 铜奖,浙江省烹饪大赛 1 金、2 银、2 铜奖等荣誉。

"天时地利人和"为我镇美食发展奠定了良好的基础,为此齐溪镇围绕中心,服务大局,主动作为,深入实施"生态立镇、旅游兴镇"战略,重视餐饮业发展,着力打造齐溪餐饮品牌,加大产业引导和扶持力度,深入挖掘齐溪独特的饮食文化,在规划、政策制定等方面为餐饮业发展创造良好的环境和条件,其经营水平、服务水平逐年提高,一批独具齐溪特色且知名度不断提升的餐饮企业正在打造钱江源味道美食体验店,如途中饭店、三缘堂、久山半、说时依旧、品水留云等,截至 2021 年全镇有餐饮业 200 余家,收入达 1.7 亿,从业人员达2000 余人。

通过调研走访和当地美食专家的研发、复原,挖掘出数种在齐溪有故事、有传承并受到当地老百姓普遍接受的潜在的代表性非遗美食菜肴,兹介绍如下。

三边白腊肉

　　齐溪镇地处浙皖赣三省交界处,其中西坑口、龙门下(即今龙门村)等八座村庄原属安徽省休宁县,民国二十年(1931)划归浙江省开化县管辖。齐溪镇西源莲花溪流域又与江西省婺源县接壤。三地民情风俗互融互通,及至起居饮食也大致相同。就如岁末将至,每家每户都要杀只年猪,将有肋骨的那一部分剁为三五斤一块,穿上棕箬或棕绳,挂于阴凉通风处,任其自然风干,是为"白腊肉",或曰"风干肉"。徽州民众谓之"晾干肉"者,是也。

　　要问这"三边白腊肉"名字的来历,那还得追溯起明朝浙皖赣三地三位学子同在屯溪学馆求学时的一段佳话。话说明朝天启年间,有江西婺源大畈一姓张名涧泉者,安徽休宁黄源一姓胡名明经者,与浙江开化左溪一姓汪名信辰者,三人同在屯溪祈姓名师跟前求学,又同被这位祈姓老学究所赏识,称为他的"得意门生"。

　　天启七年(1627)秋天,这三位学子同时回到各自的家乡,参加了本省的乡试,幸运的是三人同时都中了举人。高中功名,省不了要给老师送上"谢师礼"。送什么呢?三人讨论来,讨论去,一时难有定论。

　　浙江左溪的汪信辰,忽然想起古时的子由、子夏二人给老师孔夫子送"束脩"(即干肉)的典故来。张、胡二人一听,急忙拍手叫好。一则这干肉都是各自家乡久负盛名的土特产;二还有先例可循,用干肉做学费,可算得上是儒家的"老传统"了。相量停当,并择定吉日前往便了。到了这一天,由书童及佣人挑着礼品,三位新科举人从各自家乡出发,向屯溪学馆的祈老先生府上走来。到得祈老先生处,少不得互通寒暄,敬献礼物。让祈老先生不解的是,他的三位得意门生送的礼物竟然都是干肉,而且都是十斤一束,正合"束脩"之数。祈老先生乐得合不拢嘴,一边看一边问张涧泉:"你们江西婺源人对这肉是怎么个叫法?"张涧泉说:"因为这肉是挂在阴凉通风处,任其风干,所以就叫'风干肉'。"又问胡明经:"你们黄源人怎么个叫法?"胡明经回答:"因为年猪杀了以后,此肉不作任何处理,就是将其挂于通风处,不晒太阳,让其慢慢晾干,所以我们叫它'晾干肉'。"祈老先生又转身问汪信辰:"那你们开化人怎么个叫法呢?"汪信辰告诉祈老先生:"处理方法大致相同,只是我们的叫法有点特别,因为这肉不加任何辅料处理,只是在皮肤一侧抹上少许食盐,条肉外表呈现乳白色,故曰'白腊肉'。"祈老先生听后略加思索说:"还是信辰说的更贴切,我看还是'白腊肉'这个名字好。不过都是腊肉,产在三省交界处,还是把它叫'三边白腊肉'吧!"三位新科举人自然十分赞同恩师的提议,于是"三边白腊肉"这个响亮的名字便一直叫到今天。

清香藏豆腐

　　齐溪乃至整个开化县,民间历来有清藏鸭蛋的习惯,至于清藏豆腐,那纯粹是一次偶然的失误而造就的一道可喜的结果,无意中为齐溪老百姓新创出一道地地道道的美味佳肴——清香藏豆腐。

　　在齐溪乃至整个开化县农村,旧时几乎家家户户都备有一个叫"藏子瓶"的器具。此物是一只外形看似橄榄形的陶罐,内装由青箬灰、黑芝麻粉、腊肉骨头及食盐等七八种配料配制成的液体,主要用于浸藏鸭蛋,因而人们习惯称之为"藏子瓶"。

　　话说岭里村有一姓张名景棠者,平日以养鸭售蛋为生。每年春秋两季是鸭子产蛋的旺季,平日里有鲜蛋售不完的,部分外销,也将一部分鲜蛋洗净,放入"藏子瓶"里,制成鲜藏蛋慢慢出售,深受村民欢迎。这张家男人放鸭谋生,女人做豆腐,开了爿小规模的豆腐店,一天三五作,豆腐脑、条豆腐、豆腐干等,名目繁多,品种齐全,生意也很兴旺。

　　一天下午,这家女主人将晒了一天的二十来块豆腐干收到篮子里,顺手放在"藏子瓶"上,同时也将洗好晾干的二十几枚鸭蛋放在篮子里,搁在另一只藏子瓶上。心想等晚上空闲时,再将鸭蛋放入瓶中藏置。到了晚上,忙了一天的女主人身感疲惫,早早脱衣上床休息。刚躺下,忽然想起还有一件该做却未做的事,本想穿衣再起,又嫌穿戴又要脱去实在有些麻烦,幸好十六岁的女儿桂花还在堂屋未睡,便对女儿大声喊道:"桂花,把藏子瓶上篮子里的东西放进藏子瓶里。"女儿听母亲招呼,走到楼梯底,看到菜篮子里装着好些豆腐干,心想烘豆腐怎么要放到藏子瓶里?本要问问母亲,又转念一想:刚刚听得清清楚楚的，母亲说的就是"藏子瓶上篮子里的东西"，指的不就是这些烘豆腐吗？想着便打开瓶盖，将近二十块烘豆腐，一块一块地放入瓶中，然后将盖子盖好不提。

女主人第二天一早起来，又照常忙忙碌碌，早把昨晚上的事忘了个一干二净。到了第三天中午，走到摆藏子瓶的楼梯底下，看到洗净晾干的鸭蛋仍然放在篮子里，这才想起前天晚上叫女儿藏鸭蛋的事。急忙把女儿叫来一问，才知道是女儿错听了自己的话，把豆腐当鸭蛋扔进了藏子瓶里了。女主人心想这一作烘豆腐白做了，放在藏子瓶里经过一天两夜的浸泡，这豆腐还能吃吗？一边想着，一边揭开瓶盖，伸手捞起一块一看，原来表皮略显黄色的烘豆腐却已变成了灰褐略带绿色，放在鼻子边闻了一闻，一股清香直透心田。她急忙用清水洗去粘在表皮的一层青箸灰，用刀切开一看，那青绿色还直透到里面足有五毫米深。再放油加少许鲜辣椒，下锅一炒，一股奇特的清香味扑鼻而来，入口一尝，把全家人都乐坏了。尤其是她的女儿桂花，原以为因为自己一时粗心做错了事，硬着头皮专等着挨骂，想不到这一下竟因祸得福，活蹦乱跳地跑到隔壁邻居家大喊大叫起来，左邻右舍们听说豆腐店里出了件新鲜事，也都赶过来看热闹，这豆腐店老板娘也不失时机地一手端着刚出锅的藏豆腐，另一手拿着筷子夹上一二片挨个送进左邻右舍们的嘴巴里，让他们尝尝这从未吃过的豆腐既新鲜又特殊的味道。一时间，豆腐店中人头攒动，热闹非凡，对这个无意中得来的新产品赞不绝口，二十几块藏豆腐也很快被抢购一空。从此以后，清香藏豆腐便成了这家豆腐店的新产品，生意也一天比一天红火。据说到了南宋时，齐溪清香藏豆腐一直传到杭州城，连皇帝也知道它的味道鲜美，成了皇宫御膳房必备的一道美味佳肴呢！

汤瓶焐鸡

汤瓶焐鸡是齐溪餐桌上一道传统美食，也是一款给老年人及体质虚弱者滋补健体的食疗良方，历来为齐溪人民所喜爱、所推崇。

要说这一良方的来历，还要从很早以前说起。清太宗崇德年间，龙门下余家有一商贾，姓余名益，年近四十。这年春上，余益到安徽池州经商。在临近池州城不远的一家宿店歇息。是夜，常闻邻房有拨弄算盘之声。第二天问店小二隔壁拨弄算盘的是谁,店小二告诉他是桐城来的一茶叶客商。余益听说是茶叶客商,心想自己本也是在做茶生意,桐城在江北,正好乘机向他打听些江北茶叶行情,或许会因此为自己带来些商业机会,也就不虚此行了。

第三天一早,余益便推门而入,见那客商也是一位中年男子,一身商贾打扮,问之,乃是桐城石河人氏,姓范名吉,字元顺,年三十五,本属商贾世家,以茶叶为主要经营项目,这回来到皖南也是想贩些茶叶到北边去销售。两人相谈甚欢,范吉知道余益家乡也盛产茶叶、木材等,便约定隔天起程,一同去浙皖边界地域走一遭。

一路早行晚宿,走了六七天的路程,看着已到龙门村地界,两人都喜出望外。孰料天有不测风云,人有旦夕祸福,范吉突然发起高烧来,神志迷迷糊糊。这余益也心地善良,念两人虽萍水相逢,但性情契合,情同手足,若弃之不管,任由死生,于情于理都甚有不妥之处。于是便雇了一辆手推车,让范吉躺着,余益陪着往龙门村而来。幸好路程不远,不一日便到了龙门村。

到家后,余益对范吉说:"范君勿忧,汝虽病笃,吾当竭力救汝,且自宽心。"范吉曰:"若余兄治得我病,容范某日后厚报。"余益随后遣人照顾范吉,数日后,范吉汗出烧退,病情渐渐减轻。但总感头晕目眩,四肢无力,难以起身站立,又加盗汗少眠,体力难支。范吉心想离家日久,生意未曾做成一笔,却碰上这场大病,幸遇余君竭力救助,虽得保全性命,但却不知何日能得康复,想想心中甚是闷闷不乐。一日,余益又来探望范吉,范吉对余益说:"小弟今因染疾,有劳余兄倾力救护,病虽初愈,却一时难以健旺起来,有误余兄生意经营,小弟心中甚不自安!"余益说:"范君勿忧,余某为君稍耗些银钱和精力,不足挂齿。至于范君体质恢复,我自有办法,不出半月,定叫范君体力恢复如初便了。"

半月以后,果然如余益所言,范吉不但体质恢复如初,还收购了一大批上好春茶,运到阜阳、六安一带,赚了一大笔钱。余益究竟用的是什么灵丹妙药,让范吉康复得如此之快呢?答案很简单,那就是农家高效滋补食品——龙门汤瓶焐鸡。自那日余益去探视范吉以后,便吩咐家厨每天给范吉宰杀一只家鸡,置于汤瓶内,用文火慢慢焐烊,分中晚两餐,让范吉连肉带汤全部吃掉。"汤瓶焐鸡",不仅是一道美味佳肴,还是一剂补体强身的灵丹妙药,实在是难得的滋补品呢！自此，不仅余范两人结成了生死之交，汤瓶焐鸡亦名扬浙皖两省。

鲜嫩撩汤菜

说起"撩汤菜"，它不仅是钱塘江源头齐溪地域山民们餐桌上的一盘美味佳肴，也是历朝历代穷苦山民们的救命菜。每到正、二月里，正是阳光灿烂，大地春回，万物复苏的时候，村前村后的菜园里，也是一片蓬蓬勃勃、生机盎然的美好景象。这时正是晒撩汤菜的最佳时节。于是，家家户户都会去菜园里把生长旺盛的大丛白菜砍倒，剥去外表那些老残黄叶，留下中里层的鲜嫩壮叶，置于太阳下晒，待其稍显干瘪后，洗净晾干，然后放进煮沸了的开水里，再稍煮三五分钟后，撩起晒干收藏即可。要食用时取出一小把，先放在清水里浸泡三五小时后，看菜干部分已经软化，捞起捏干切碎，放油下锅加入辅料炒熟即可食用。这本是一道再平常不过的家常菜，偏碰上一起震撼人心的变故，又因撩汤菜演绎出一段故事来。

这故事发生在清咸丰八年（1858），由左宗棠率领的清朝政府的军队和由太平天国忠王李秀成率领的太平军在浙西皖南一带相互攻伐，使得当地田地荒芜、民不聊生。这年五、六月间，两军又在浙西皖南一带展开激战。当地民众为躲避战祸，纷纷逃入深山老林躲藏，这其中就有马凹村村民五人躲入深山了，过了四五天，所带干粮已全部吃光。带有生米的也不敢生火煮饭，一生火就会冒出炊烟，招来官兵搜山。正在大家生死存亡的紧急关头，有一个叫郑有田的村民背了一布袋足有二十来斤的干撩汤菜，他拿出来与大家充饥，这给大家带来了生的希望。这时什么山珍海味，也不如这撩汤菜甘甜可口，撩汤菜成了"救命菜"。六七天过去了，眼看撩汤菜也已吃完，怎么办？正好此时从山外传来消息，清军和太平军都已退去，齐溪山区又恢复了昔日的宁静。逃入深山的人们又都陆续地回到了家中。也有身上带着金银财宝却没有再回来的，那是几个眼看着金银财宝却活活饿死在山中的人。从此，撩汤菜在齐溪人的眼中不仅仅是一盘地道又可口的蔬菜，还可当干粮以备急时之用。不过，人民安居乐业，撩汤菜作为逃难时备用干粮的作用也已渐渐淡化直至荡然无存。今天,撩汤菜作为一道既味美又实惠的农家菜而盛行于人们的生活之中,走俏于餐桌之上。据说它还有很强的滋补功能,是产妇菜谱中必备的一道蔬菜。

白玉笋干丝

笋,古书上也写作"筍",解释为"竹根所生的嫩芽"。毛竹根的嫩芽冬天就长出了,不过在地下,需用锄头将其挖出,称之为"冬笋"。清明前后,一场春雨过后,毛竹林里毛茸茸的笋尖儿破土而出,谓之"春笋"。这笋是因有竹才有笋,竹种类繁多,由竹鞭(根)上长出的笋,自然也就名目繁多了。单就齐溪地域而言,常见的就有金竹(或称"麻竹")、黄竹、水竹、苦竹、孝顺竹,而最常见又经济价值最高、产量最大的,当首推毛竹。在竹笋中,食用价值最高、产量最大的也首推毛竹笋。虽同属毛竹笋,因所生长的山场朝向、土质不同,所产的笋的肉质、颜色及食味也大有迥异。如向阳山上的就不如阴山上的细嫩,黑土山尤其是石崖山上的就不如黄土山上的肥厚、白嫩、味甜。

话说元朝末年,农民起义领袖朱元璋率军驻扎于开化西北各地,他手下的一员大将徐达率兵驻扎于齐溪大龙山一带。据传,徐达原本为山民猎户出身,爱食山珍野味。其中春天爱食鲜笋野芹,尤其喜欢产自浙皖边齐溪地域黄泥山上的毛竹笋,这种笋肉质肥厚,色泽洁白如玉,故美其名曰"白玉笋"。1343至1345年间,朱元璋屯兵开化,徐达领兵驻防马金岭。其间凡春笋旺季,徐达是"无笋不成席"。1367年明太祖定都南京,封徐达为左相国、信国公。每年春笋旺季,开化县令都会将齐溪白玉笋进献到南京信国公府上,供信国公享用。

洪武十三年(1380),徐达随燕王北伐中原灭元,克大都(北京),从此他离浙皖边就越来越远了,但徐达的食笋情结却一点儿也没有淡化。从开化到北京,路途遥远,在毫无保鲜举措的明代,怎样才能使白玉笋原汁原味地送到北京呢?这可伤透了时任开化知县张质的脑筋。幸好时任开化县丞的王锋为他出了一个好主意:将鲜白玉笋剥去外壳,切作四瓣,置沸水中煮熟,捞起置太阳下晒干保鲜。食用时将笋干放入温水中浸泡八到十小时,待其膨胀如初,捞起或切片,或切丝,加入辅料,或炒或焐,味鲜香脆可口,深得魏国公徐达的喜爱。此法传入民间后,制作方法又有发展。民间有淡、咸两种口味的,即在煮笋瓣时，放入适量食盐，煮熟晒干便成"咸笋干"，这款笋干除了多一种咸味，其他与淡笋干无异。

白玉笋干自明代至今，是为开化众多名土特产品之一，鲜炒白玉笋干丝和白玉笋干块焙白腊肉，成了深受食客喜爱的佳肴。

养生葛粉摊条

在钱塘江源头广阔的原始次森林中，生长着一些纯天然的、可为人们食用且含有丰富营养价值和药用价值的块根类植物，葛就是其中最著名的一种。

葛，有野生葛和人工种植、专供食用葛两种。在齐溪镇的密林中，到处都生长着天然野生葛。《辞海》载："葛根，中药名。豆科植物，性凉，味甘辛，功能解肌退热生津、透疹，主治外感发热头痛及热病口渴，消渴、麻疹初起、泄泻等。"近代医学研究，葛根里含有的淀粉，俗称葛粉，还有"扩张冠状动脉血管和脑血管、增加冠状动脉血流量和脑血流量，抑制血小板聚集、抗心律失常，以及角痉、解热、降血糖等功用"。葛根，可真算得上是山珍中的一宝。

世世代代生活在大山中的山民们原先并不知道如何从葛根里提炼出葛粉来，他们只知道将葛根挖来后，洗净放入锅中焖熟，切块抓着吃。这样的吃法虽说简单快捷，但仅凭牙咬，咀嚼后将渣吐出，其中有很大一部分含有丰富营养的淀粉，随渣被吐掉了。是从什么时候开始，人们学会了从葛根里提炼出葛粉，又学会用葛粉治病入菜呢？这还要感激莲花尖下莲花寺里的一位得道高僧。

很久以前，莲花山下的里秧田村，有一富裕人家的独生儿子姓张名有根，自小就弱不禁风，三天两头头痛脑热，稍稍走动便气喘吁吁。其父重金四处求医，却都不见成效。如今张有根已至弱冠之年，却丝毫未见起色，其父更加心急如焚。

一日，莲花寺内的住持和尚方觉大师下山化缘，来到里秧田张家。张老爷见来的是莲花寺内住持和尚方觉大师，急忙请入内堂上座奉茶。方觉大师见张老爷面有愁容，一问才知是因为独生子身体不佳，又不得良医诊治，故此烦恼。方觉大师说："请将少爷请出堂来，让老衲诊视一下，或许能看出点症候来也未可知。"张老爷闻言,不禁喜出望外,急忙让人将儿子扶将出来。坐定后,方觉大师一番望闻问切,沉思片刻后说:"贵少爷得的是血气不调之症,且病日持久,仅凭三五剂汤药,恐难收明显之效。如张老先生信得过老衲,就暂且委屈尊少爷,让老衲带回寺中,少则二三月,多则半年,慢慢调理,也许能收奇效,不知张老先生意下如何?"张老爷自是满口应承,千恩万谢不提。

却说这张有根跟随方觉大师来到莲花寺内,一连数日,未见大师捣药开方,所用的只是"食疗"之法,一日三餐均不离从山上野生葛根中提取的葛粉。早餐一杯用刚烧开的开水冲泡而成的葛粉汤;中餐则用葛粉和鸡蛋烤熟切条再回锅的葛粉摊条作主菜下饭;晚上则用一盘以葛粉豆腐为主料烧制成的葛粉羹佐餐。如此循环往复,未出三月,有根少爷果然脸现红润,目透灵神,言谈中中气充溢,走动时健步如飞。从此,葛粉鸡蛋摊条成了齐溪地域山民们的家常菜、养生菜传承至今。

根据《本草纲目》草部第十八卷载,用野生葛根制作的葛粉,临床应用范围甚广,疗效显著。其效要有:1.治疗冠心病心绞痛;2.对急慢性心肌梗塞有明显疗效;3.抗心律失常,对减缓心律、抗心衰竭有明显疗效;4.治疗高血压,总有效率为84%;5.治疗偏头痛,总有效率为83%;6.治疗糖尿病、细菌性痢疾、突发性耳聋、视网膜血管堵塞等病症,均有很好的疗效。(以上资料由县中医院原党支部书记兼院长、主任中医师胡云英女士提供)

钱江源青蛳

开化青蛳是浙江省开化县传统的,也是开化小河、溪流中特有的河鲜美味。2014年5月2日,CCTV1《舌尖上的中国第二季》的《时节》篇中,曾着重推介了开化青蛳。为什么要推介?因为开化青蛳营养价值很高,据分析,每百克青蛳肉内,含有蛋白质13克,还含有维生素A、B1、B2等,还含有多种有机盐如钙、镁、磷、铁、硒。在医学上还有清热、解毒、利湿、消肿养肝等功用。因此,青蛳不仅是一道味道鲜美的水生野味,而且是一种高蛋白、低脂肪的天然保健品。

从总体上来说,齐溪青蛳虽然同属开化青蛳这一大类,然而由于齐溪的自然环境特别，因此齐溪溪涧中所产之青蛳，自然会有其与众不同之处。例如齐溪的溪涧，一般的日照时间要比山外各乡镇短一两个小时，因此，齐溪青蛳的外表颜色青到近于黑色。所以，齐溪人又把青蛳叫作"乌蛳"。由于齐溪处钱塘江的最源头，水流特别清而凉，青蛳肉肥味甘，吃来别有一番风味，这也是齐溪青蛳的一大特色。最让人难忘的是吃青蛳的时间和方法：因为青蛳个头小，一盘青蛳从数量上说，不下三五百颗，要吃掉一盘青蛳，即使是三五人围坐在一起，慢慢品尝，也得花上一两个小时。白天忙于农活，因此，就只能事先把青蛳炒好了，利用晚饭后休闲时间，大家围坐在一起，边吸食边聊天。听着那吸食时发出的"絮、絮"声，夹杂着欢笑声，这就是最让人陶醉的田园生活情景！

将青蛳端上餐桌，还是改革开放以后，尤其是餐饮业、农家乐蓬勃发展以后，几乎到了每桌必上青蛳的程度。

齐溪还有一个很有趣的说法，传说法海和尚和青蛇决斗时，被青蛇杀得屁滚尿流无处可逃时，遇上青蛳小姐家房门大开，小姐正慢慢踱步，法海和尚急忙上前道："青蛳小姐快救我，小姐快救我！"青蛳小姐一看，原来是那个老和尚，心想你怎么也有今天这样的下场。但故作惊讶地问道："法师你这是怎么了，何故如此慌张？"法海道："自从上回'水漫金山'一战后，青蛇妖逃回峨眉山再行修炼后，又来找我决战。这回功夫了得，我全然不是她的对手，我无奈逃避至此，望小姐慈悲，救老衲一命，事后定当厚报！"青蛳小姐心想：我不妨用计将他收入我的房子里，让他永世不得外出害人。想到这里，便对法海说："快进到我的屋子里来吧。进来后把门关上，如果没有听到外面有笑声，可千万别开门呀，切记，切记！"于是法海躲进青蛳里，把大门关得死死的，不敢动一动。为了让其头部鳞片脱落，更好地入味，炒青蛳时要叫几个小孩子在锅台边放声大笑，据说笑得越热烈，头部鳞片脱落得越干净。所以每当要炒青蛳时，大人们便说："来，来，来，要炒青蛳了，快过来笑，好叫法海和尚把'门'打开。"于是，铁锅里炒青蛳的沙沙声和孩子们的傻笑声混成一片，那场面既热闹又有些滑稽，十分有趣。不过，现在人们都先将青蛳剪去尾部，据说，剪了尾既能入味，又便于吸吮出肉来，一举两得。

齐溪清炖鱼

说起开化鱼类佳肴,很多人似乎只知道那何田清水鱼,却不知道齐溪还有一道与何田清水鱼齐名,从某种角度上说,还更优于何田清水鱼的鱼类名菜,那就是齐溪清炖鲤鱼。要说齐溪清炖鲤鱼,那真还有一段不平凡的来历。

齐溪东源一水,发源自金竹岭,流经老龙源峡峪,流过大麦坞,正要流出大山,流向较为平缓的地段时,却遇上一险要处。这里两侧石崖耸峙,河道狭窄,水流湍急,形似一道闸门,这就是闻名于世的"龙门"了。在这险要处的下游约一千米的地方,有一村庄,名"龙门下"。流过龙门下,左转右拐,便到丰盈坦的村前。这里地势较为开阔,水流平缓,于村旁汇成一潭。潭虽不大,可其深莫测,水虽清却不能见底。潭中鱼类素以鲤鱼为多,故名"鲤鱼潭"。晨昏水汽氤氲,颇有几分神秘色彩。据传,每当夏天梅雨季节,上游龙门水势暴涨,水流湍急,一般鱼类就只能止步龙门以下,无法再往上游,只有"鲤鱼潭"中的鲤鱼,才有激流勇进的勇气和本领,纵身跃过龙门,直到源头处产卵繁衍生息,这就叫"鲤鱼跃龙门"。据说凡是能连续十次跃过龙门的鲤鱼,就能从潭中"飞"上山去,变成穿山甲。这就是齐溪人所说的穿山甲是丰盈坦鲤鱼潭中的"神鱼"变的。

传说归传说。自从旅游业蓬勃兴起之后,"农家乐"餐馆大批涌现,鲤鱼的需求量也大量增加,单靠野生鲤鱼产量自然供不应求,因此人工养殖鲤鱼业也应运而生。

齐溪镇地处浙、皖、赣三省交界的石耳山、天堂山、莲花山地区,构成这些山体的是以侵入岩和火山岩为主体的岩石结构,水流清澈,含溶质及沙量少,但含矿物质却异常丰富。森林覆盖率达90%以上,无烟尘排放,环境优越,空气清新。莲花溪、桃林溪和丰盈坦溪三溪汇流于汪公岭下,水源丰富,终年流淌不断,为人工养鱼业提供了极为优越的条件。因为鲤鱼以水底自然生长的青苔及水边沙土中的小虫类为食,故以肉质细嫩而不油腻著称,味道鲜美,深受广大游客的青睐。但对成鱼标准要求较高,每条鲤鱼以一斤左右为限,养殖期以两年以上为佳,这是与何田清水鱼的草鱼截然不同的地方。

时鲜一锅蒸

齐溪，古名九都源。地连赣皖，尤其与徽州渊源更为深厚，来往于浙皖间的商贾游民络绎不绝。古时要由齐溪抵安徽，须翻越亘于浙皖边界的马金岭。此岭上下近百里，山高林密，道路崎岖。岭上既无村寨，也无宿店。更令人生畏者，岭上常有强人出没，故人们都把"马金岭"视为畏途。大凡要翻越马金岭者，事先都得做好充分准备，例如寻找或等待几个伙伴，结伴同行，以增加安全感。还有就是得备足干粮，以解途中之饥。据传，自玉米传入中国东南各省之后，人们外出带干粮，带得最多的就是玉米粿。在此之前，人们外出只能带上饭菜，甚是不便。

旧时左溪以北，便属安徽地界。出了左溪村往北走三五里地，便是徽州地盘。所以大凡北上徽州的人，都得在左溪村驻脚，或等待伙伴结伴同行，或准备充饥之物，或歇脚养精蓄锐。其中最重要的还是准备干粮。左溪村的店家老板们开始也仅仅是将大米饭装在蒲包里，另外再盛上一碗菜。这样虽然不怎么方便，但总算能解决翻越马金岭时的饥饿之苦。不知什么时候开始，左溪饭店老板采用一种专为翻越马金岭的人准备的新的烹饪方法，即"饭菜一锅蒸"。要爬马金岭的人，临行前将一份"饭菜一锅蒸"往蒲包里一倒，拎起就走，倒也方便。

但有时候客人急着赶路，米饭与菜一时半会又蒸不熟，怎么办？店老板被客人催得无奈，就想出了一个新的办法，那就是把米磨成粉，要蒸时将一定数量的米粉拌入一定数量的时鲜菜，再加入适量的辅料，如盐、腊猪油及辣椒等，蒸制起来果然速度就快得多了。这种既快又好的烹饪方法，深受旅客和饭店老板的欢迎。一种新的、既快又好的"饭菜一锅蒸"的方法就这样产生并被广泛地推展开了。

再后来，玉米传入以后，苞芦粿替代了"饭菜一锅蒸"，不仅携带方便，而且食用方便。不过，"饭菜一锅蒸"不但没有因此而消失，而且从食材到蒸制方法上都得到了改进。特别是新的"一锅蒸"的服务对象，从仅仅为过往马金岭的行人服务，转变为为所有餐桌上的食客服务，也就是由"饭"变成了"菜"。食材主料则由米粉换成时鲜蔬菜。

自从钱江源头旅游业大开发、大发展以来,广大餐饮业工作者对这道历史悠久的传统佳肴进行了多方面的改进和创新,尤其是在"时鲜""味美"上下功夫,深受广大食用者的欢迎。

浙西八仙煲

说起"八仙",人们往往认为指的就是传说中的铁拐李,汉钟离、张果老、何仙姑等那八位神仙。除了这"八仙"外,还有"蜀之八仙",指李耳、董仲舒、张道陵、范长生等八人。更还有李白、贺知章、李适之、张旭等八人为"饮中八仙人"。

"浙西八仙煲",同样是实实在在的餐桌上的八样家常菜。将这八样家常菜置于煲中,加入适量辅料,文火慢炖,约一小时后,捧上桌来,吱吱作响,热气蒸腾,香味扑鼻,立刻引得食客们食欲大开。究竟是哪八道菜具有如此诱人之魅力呢?

这八道菜就是齐溪手工醋豆腐、长豇豆干、撩汤菜、小笋干、十香椿、葫芦干、响皮和腊排骨。这八道菜看起来再平常不过了,但细细分析,每一道菜都能真正体现齐溪地域农家菜的制作特色和齐溪山民的口味特色。

那么这道菜怎么又会和"八仙"扯上关系呢?且说元朝末年,朱元璋领导的农民起义军在鄱阳湖被陈友谅率领的农民起义军打败后,退至开化苏庄长虹齐溪一带休养生息,以图再战。一天,朱元璋带领军师、战将,一共八人来到左溪村。他们分别是军师刘基(伯温)、大将军徐达、副将军常遇春、右副元帅华云龙、右翼统军元帅胡大海、昭勇大将军吴良及亲兵统领冯国用、左军都督顾成等八人,与朱元璋共商进军应天、攻张士诚等大计。至晚计成,于左溪村用膳。席间,有当地村民进献一菜,此菜用一大砂锅盛着,置于一炭炉上,炉中旺盛的火使砂锅里的菜"咕噜咕噜"作响,可以说是色香味俱佳。一清点锅中菜肴种类,共有八种,朱元璋大喜,问:"此菜共由几种食料合煮而成?称何芳名雅号?"送菜人答:"共由八种食材合煮而成,我们老百姓都叫它'大杂烩'一锅煮。"朱元璋听后沉思片刻说:"八种之数,正与我们今日到会将领之数相吻合,好,好,好！不过'大杂烩'名号不雅,我看就叫'浙西八仙煲'吧！"在场人齐声喝彩说:"好,叫'浙西八仙煲'好！这么好的美味佳肴,该当称得起这么响亮的名字！"从此以后,"浙西八仙煲"成了大家十分熟悉又十分喜爱的一道大菜。

余杭饮食文化遗产传承、保护和利用对策

周鸿承[*]

摘要：本文立足丰富和发展余杭文化产业规划，科学分类并梳理余杭区五大饮食文化遗产类型与评价标准，有针对性地提出了创建"余杭美食博物馆"、进一步开展余杭饮食遗产普查、加强余杭饮食文化遗产基础理论研究、研发"杭州运河宴"系列名菜名点等对策及建议。

关键词：余杭饮食文化；非遗美食；建议对策

在法国传统烹饪、地中海四国饮食文化、土耳其小米粥、韩国越冬泡菜等国家传统饮食入选世界非遗代表作名录后，国内相关部门对"中国烹饪"申请世界非遗表现出极大热情，由此各地区积极开展了有关当地饮食文化遗产的研究与申遗实践工作。目前对余杭饮食文化与历史有一定研究和整理的成果中，以《余杭美食》最具有代表性。但是该成果更多是对当地名菜、名点、土特产、风俗及商号方面的概述梳理。此外，林正秋《杭州饮食史》、俞为洁《良渚人的衣食》两本书中对余杭饮食遗产略有涉及，但是缺乏系统梳理与研究利用，更没有讨论余杭饮食遗产与运河文化的必然联系。为丰富余杭"一区三带"文化产业战略规划内涵，进一步完善余杭良渚饮食遗产、余杭运河饮食文化内容，特对余杭饮食文化遗产传承、保护和利用工作提出建议。

---

　　* 作者简介：周鸿承，男，浙江省饮食文化研究院副院长、副教授、博士，浙江工商大学饮食文化创新团队成员，主要从事饮食文化相关研究。

一、余杭饮食文化遗产传承现状与保护意义

根据余杭区域内饮食文化遗产代表性项目传承与保护的实际情况,我们首次将余杭饮食文化遗产划分为余杭食材类饮食文化遗产、余杭技艺类饮食文化遗产、余杭器具类饮食文化遗产、余杭民俗类饮食文化遗产、余杭文献类饮食文化遗产五大类型,进而开展有关余杭饮食文化遗产理论与实践保护方面的研究。该课题以余杭的饮食文化遗产作为主要研究对象并进行理论构建,打破了目前国内非遗十大类分类标准的束缚与限制,提出了更为合理的城市区域饮食文化遗产传承和保护机制。我们为余杭区级乃至杭州市级文化部门在非遗管理与实践过程中如何认知并妥善处理数量庞大的饮食文化遗产项目提供了建设性的认知路径。上述余杭饮食文化遗产"五大类型"的分类标准,有助于指导余杭文广新局及相关职能部门进一步做好当地饮食遗产普查工作,帮助杭州文化遗产管理部门探索国内领先地位的饮食非遗管理的"杭州模式"。

二、余杭饮食文化遗产的五大类型及其主要内容

食材类。"饭稻羹鱼""鹿猪牛鸡""菱橡薏苡""桃李瓜蓼"是良渚先民的主要食材。良渚文化时期,稻作已成为良渚人的主要粮食来源,杭州水田畈和余杭卞家山等遗址的良渚文化河沟堆积层内,都发现过炭化稻遗存。西晋永嘉之乱后,北人南下,带来中原地区先进的农耕和园艺种植技术。隋唐时期,余杭的柑橘、木瓜、蜜姜和干姜都已经非常有名。《新唐书》所记杭州余杭郡土贡中就有橘、蜜姜和干姜等食物。到明代时,塘栖枇杷就已经非常有名。李时珍的《本草纲目》中就有"塘栖枇杷胜于他乡,白为上,黄次之"的阐述。当时的文人甚至认为枇杷赛过黄金。清代时期杭州的钱塘、余杭都有笋的种植,食用也非常普遍。上述历史上存在且在现实社会中依然作为余杭乃至杭州地区代表性食材的农特产品,同时也代表着余杭当地美食文化的传承。尤其是以枇杷、竹笋、藕粉等极具余杭历史文化价值的食物,值得我们重点予以传承、研究与

利用。

技艺类。自 2006 年余杭区的"径山茶宴"成功列为第一批杭州市非物质文化遗产代表作项目以来,2009 年余杭区"红曲酒酿造技艺"成功列为第三批杭州市非物质文化遗产代表作,2011 年"径山茶宴"成功列为第三批国家级非物质文化遗产代表作,2012 年"蜜饯制作技艺"成功列为第四批杭州市非物质文化遗产代表作,2014 年"传统茶食制作技艺"列为第五批杭州市非物质文化遗产代表作,2016 年"王元兴塘栖传统烹饪技艺"成功列为第五批余杭区非物质文化遗产代表作,2017 年"三家村藕粉制作技艺"成功列为第五批浙江省非物质文化遗产代表作。

近年来,余杭区的餐饮老字号尤其注重从文化遗产角度保护与传承本地烹饪技艺。2018 年第四批余杭区非物质文化遗产代表性传承人中,王元兴特色菜点烹饪技艺、崇贤蹄髈烹饪技艺、红烧羊肉传统烹制技艺、传统茶食制作技艺、蜜饯制作技艺、红曲酒酿制技艺、径山茶炒制技艺均选出了该项民俗技艺的传承人。这对于构建余杭饮食文化遗产代表性项目的传承谱系,意义重大。技艺类饮食文化遗产应该注重这种文化样式的民间知识性与共享性,甚至将这种技艺作为社区间情感交流的媒介。而不应该将某种技艺类饮食文化遗产认为只能是精英大厨或者某位个人技艺传承人的专属权力。如果食物本身或烹饪技艺离开了家庭、社群,仅仅成了某些个人或某个职业人群所拥有的"产权",那么这种取向就背离了非物质文化遗产保护和传承的初衷。

民俗类。塘栖枇杷成名已久,当地有关枇杷的民俗谚语有很多,如"今年地上用河泥,来年枇杷吃不及"。此外余杭还有夜晚"持烛寻蟹"的风俗。白居易《重题别东楼》"春雨星攒寻蟹火,秋风霞飐弄涛旗"描述的就是夜晚众人捕蟹的场景,并且还提及"余杭风俗,每寒食雨后夜凉,家家持烛寻蟹,动盈万人"。吴越国时期,政府专设蟹户,负责捕蟹,史载"钱氏间置鱼户、蟹户,专掌捕鱼蟹",由此可见杭州地区食蟹传统之悠久。余杭地区的酒文化也十分发达。晚唐诗人曹唐《王远宴麻姑蔡经宅》,诗云:"要唤麻姑同一醉,使人沽酒向余杭。"余杭地区高超的酿酒技术,唐时就流传开来。唐懿宗咸通年间在明州城内卖药沽酒的王可交就记录了"余杭阿母酒"的美名。晁补之《径山》诗称自己在余杭径山喝松醪酒。余杭地区径山茶非常有名,这也是为何径山茶宴可以入选国家级非遗代表作。不管是余杭地区历史悠久的饮茶还是饮酒习俗，其代表性的制作技艺与民俗文化内容，皆可以成为进一步传承保护的非物质文化遗产内容。

器具类。美食不如美器，余杭地区独特的烹饪器具、加工器具、切割器具、贮藏器具、进食器具、餐桌装饰器具等皆是重要的地方文化财产。据笔者的走访调研，余杭传统家庭依然在使用甑子蒸饭（含甑盖、甑身、甑底）；大量制作月饼或糕点类小吃的模子，在塘栖也有人专门进行收藏和展陈。但余杭地区的以上饮食器具类文化遗产资源还缺乏系统的调查和研究整理。

文献类。曾著有《续补塘栖志略》的清代塘栖才子韩应潮所作《栖溪风味十二咏》是余杭地区有关塘栖当地饮食的重要文献类遗产代表作，该诗是韩应潮仿《东郊土物诗》而作，包括《簖蟹》《笼虾》《蜜桔》《茶菊》《烘豆》《熟菱》《蒸谷》《窖蔗》《煨芋》《风菜》《冻腐》《醉鱼》，皆是余杭重要的有关饮食的文献类遗产文学作品。此外，还有清代塘栖人姚宝田《栖水土物咏》之《枇杷》《青梅》《藕粉》《甘蔗》《蜜桔》，清代金张《塘栖蜜桔》、清代徐元文《塘栖橘》（四首），都是有关当地特色食品的文献记载。将余杭历史上有关各种饮食名物的文献记载系统地梳理和研究，可以有力地支持当地美食文创产业的发展并为余杭餐饮业提供具有可持续性的文化资源。

三、余杭美食文化产业发展对策

作为余杭当地优秀传统文化之一的饮食文化遗产，有力地丰富和发展了余杭良渚文化、运河文化、径山文化为代表的"三大文化"。由于在地饮食文化遗产类型与内容的丰富性，余杭区文广新局等非遗管理部门应该积极探索适合本地区非遗传承与保护的策略，尤其是不属于传统"非遗十大类"的饮食文化遗产，应该重新审视与研究这种属于当地社区与群众的"活态遗产"。具体建议有：

1.创建一座可以吃的"余杭美食博物馆"。随着传统烹饪技艺、食生活与食生产民俗文化的消失，越来越多的余杭饮食文化遗产处于濒危状态。在条件合适的时候，余杭区有必要创建名为"余杭美食博物馆"的专门性主题博物馆,让其成为传承和保护当地饮食文化与历史记忆的公共空间与载体。由于"美食博物馆"功能设计的特殊性,具有餐饮经营功能的美食博物馆可以"以馆养馆"。该馆建设好以后,委托地方知名餐饮企业或饮服公司运营,完全可以自负盈亏,不会给政府财政造成更多负担。同时,这样的博物馆也可以丰富和发展成余杭当地的美食旅游景观,让其成为余杭新的旅游标志性目的地。该馆也可以为余杭当地市民举办婚宴、公司年会等大型宴饮活动提供场地,切切实实地为当地老百姓和外地游客服务。

2.开展余杭饮食文化遗产代表作普查工作。按照课题组提出的余杭饮食文化遗产分类标准及认知原则,更为科学地、系统地调查余杭当地饮食文化遗产资源现状,做好摸底工作。同时,积极推选和保护一批当地代表性的饮食文化遗产,并对具有市场价值的代表性项目积极进行帮扶,推进余杭当地美食文创产业发展。这样的饮食专题性文化遗产普查和调查工作,值得杭州市其他地区借鉴、参考。

3.进一步加强余杭饮食文化遗产理论研究。"以学术研究带动规划、保护、整治、治理、经营余杭遗产综合保护工作"是杭州市委提出的杭州城市学基本工作理念。为了科学地加强余杭饮食文化遗产的传承、保护和利用,必须夯实基础理论研究和田野调查。建议出版以《余杭饮食文化遗产研究》为代表的一批"余杭饮食文化遗产丛书",并在基础研究成果达到一定数量和规模的时候,拍摄"舌尖上的余杭"(暂拟名)等影视作品,扩大余杭美食文化美誉度和知名度。建议开展有关"余杭饮食文献整理与研究"的典籍研究项目,从文化根源上为余杭餐饮业、美食文创业提供具有可持续性的文化资源。

4.研发"杭州运河宴"系列名菜名点。依托课题研究的理论成果和余杭区塘栖传统烹饪技艺传承单位(余杭塘栖王元兴酒楼)的餐饮管理团队,以京杭大运河南端终点余杭文化旅游目的地为中心,开发"杭州运河宴"系列名菜名点,丰富杭州市余杭区运河名菜内涵,为地方餐饮发展提供新的消费产品,拉动地方餐饮产业经济的发展。融入余杭饮食文化的"杭州运河宴"必将成为杭州一张新的旅游金名片,亦将丰富杭州运河文化的建设内容。

从"诗画浙江"视阈说绍兴越菜文化

周珠法*

摘要：绍兴是全国首批 24 个历史文化名城之一，建城已有 2500 多年，博大精深的越文化孕育了绍兴越菜文化的绚丽多姿。深厚的历史文化底蕴，独特的地方风味特色，构造了"诗画浙江、诗画绍兴"。其文化传承和发展趋势无疑能得到人们的关注和重视。

关键词：越菜文化；诗画浙江；传承发展

绍兴是春秋越国的国都，古称"越"。毛泽东主席曾诗赞："鉴湖越台名士乡。"绍兴的"三缸文化（酒缸、染缸、酱缸）"和"三乌文化（乌船、乌干菜、乌毡帽）"是越文化的精髓。水、酒、桥、兰、戏曲、书法、名士、师爷等构成了越文化的灵魂。晋代王羲之曾形容绍兴，"山阴（绍兴古称）道上行，如在镜中游"。辉煌的越文化承载了厚重的越菜文化，乘着"诗画浙江·百县千碗"的春风，推动绍兴越菜的传承与发展。

一、越菜文化厚重的文献史实

越文化文献为越菜文化的研究与挖掘提供了史实资料。

1. 春秋时期，越大夫范蠡所著的《养鱼经》为我国第一部专门撰写人工养鱼的书。《养鱼经》总结了养鱼的经验，推动了养鱼业的发展，丰富了越菜的食

---

* 作者简介：周珠法，男，浙江农业商贸职业学院副教授，主要从事地方饮食文化研究。

材,改变了百姓的膳食结构,为越菜"鱼馔"的形成奠定了基础①。

2.东汉袁康、吴平合撰的《越绝书》,记载了越王勾践在大举伐吴之前,以鸡肉、狗肉、猪肉奖励越国士兵,以鼓励士气②。表明鸡、狗、猪是越菜主要食材的来源。

3.南宋诗人陆游的诗词中,涉及越菜的诗篇约有三四百首。诗词中的越俗、越菜、越点为挖掘南宋时的越菜文化提供了佐证。

4.清代乾嘉时期,汪辉祖所著的《善俗书》一书,记载越菜中"饭焐"这种烹调方法,具有显明的地方特色,为百姓的生产、生活带来了实实在在的便利,被百姓广泛推广。③

5.清代绍兴盐商童岳荐所著的《调鼎集》是烹饪集大成的巨著,小到日常小菜腌制,大到宫廷满汉全席,应有尽有,其中不乏对越菜传播的总结。

6.民国初年绍兴人冲斋居士所撰的《越乡中馈录》中收录了绍兴很多的霉制菜肴制作方法,如霉菜头、霉豆腐、霉苋菜梗、霉毛豆、霉笋、霉千张、卤浸腐干等,这些都成了越菜秘籍,是越菜厨师烹调的法宝。

二、越菜中的奇食

说到越菜的奇食,大致可概括为"霉、臭、干、酱、糟、醉、腌"七个字,各有其历史文化渊源。

1.霉食

据传,霉食起源于吴越战争,越败于吴,越王勾践入吴为奴,国贫民穷,百姓只能入深山靠挖野菜度日,但可食的野菜都被挖完了,有一老者只得挖些实在难以入咽的野苋回家,先食其叶,梗暂存瓮中。数日过去,菜梗发霉,老者舍不得丢弃,依旧蒸而食之,觉其味更美,于是霉食得以留传下来。直至今日,也是平常百姓的家常"下饭"菜,品种有"霉苋菜梗""霉菜头""霉豆腐""霉千张""霉面筋""霉毛豆""霉茭白""霉笋"等。

---

① 绍兴县政协文史资料工作委员会.绍兴文史资料选辑:第三辑[M].1985:102.
② 戴宁,林正秋.浙江美食文化[M].浙江:杭州出版社,1998:5.
③ 钟叔河.知堂谈吃[M].北京:中国商业出版社,1990:110.

2.臭食

臭食也与吴越交战有关。越败于吴,越王入吴为奴,受尽万般屈辱。尝粪卜病,吴王见其忠诚可嘉,特赦回国。回国后,此事被越国臣民闻之,视以"国耻"。为了不忘这奇耻大辱,百姓自发以"臭食"来牢记国耻。后来臭食成了越王"激励士气、发奋图强"的食物,经历代传承至今。"臭豆腐""臭腌菜""臭冬瓜""臭霉豆腐"等都是越菜中"臭食"的代表。

3.干食

绍兴自古乃积善之地,视勤俭节约为美德,百姓从不铺张浪费,处处精打细算。这种精神体现在越菜中为"有新鲜的吃新鲜,吃不完腌后吃,再吃不完晒干吃",春晒"霉干菜""笋干菜""笋干""虾干"等,冬晒"萝卜干""鳊鱼干""螺蛳青干""黄鱼干""腊鸡""腊鸭""腊白狗(鹅)"等。尤其在冬季,晒"年货"已成绍兴家家户户过年的一道风景线。

4.酱食

绍兴有"三缸","酱缸"就是其中之一。绍兴人制酱和食酱的历史悠久。"天下酱业无人不说绍,九州之内司厨鲜有不知绍。"有酱菜和以酱油、红酱为调味料制成的制品。代表名品"红酱"(以"古越顶红酱"盛名)、酱油(以"母子酱油"著称)、酱菜(以"酱瓜"闻名,号"贡瓜",为明、清两朝贡品之一)。酱制名品如"酱肉""酱鸭""酱排骨""酱鳊鱼干""安昌腊肠"等,闻名遐迩。

5.糟食

绍兴"三缸"有"酒缸",酒缸酿酒,酒文化造就了绍兴人擅长用酒和酒糟制作糟醉风味食品。"酒气冲天野鸟闻香化风,糟粕有味游鱼得味成龙。"糟食代表有"糟鸡""糟鹅""糟肚""糟门腔""糟肉""糟带鱼""糟青鱼干""糟蛋""糟熘鳜鱼""糟熘虾仁""糟熘鱼片""糟汁菜峰"等。

6.醉食

醉无疑与酒有关,醉即为"酒熟",可分生醉和熟醉。生醉生鲜味香,制品有"醉虾""醉蟹""醉血蛤""醉泥螺"等;熟醉爽口不腻,选用成熟的半成品,其制品有"醉肫""醉门腔""醉腰花""醉鸡""醉猪肝"等。

7.腌食

《诗经》有云:"我有旨蓄,亦以御冬。"绍兴人喜欢把食物腌制后食用,无所不腌,并冠以美名,如腌肉叫"脯肉",腌鱼叫"水鲞"。腌菜名堂最多,有"培红菜""倒督菜""玉堂菜""手捏菜""腌菜""冬芥菜"等。短时间腌制的又唤以"单暴",腌后再晒干制成"腊",荤素皆宜。

三、越菜文化的传承与发展

1.越菜文化的传承

越菜文化家喻户晓离不开历代帝王的御尝、文人墨客的赞颂、绍兴师爷的传播。

(1)越菜中的宫廷菜

宫廷菜即与历代帝王有关的菜馔,曾经御尝,得以留传。

"清汤鱼圆"据传与秦始皇有关。公元前210年,秦始皇东巡来大越,被越地河鲜所陶醉,遍尝鱼虾,但总觉得河鱼刺多,喜食而又后怕,有厨师绞尽脑汁,制作了鱼糊,后经历代完善,成为宫菜。

"清蒸越鸡"与春秋越国的越王宫有关系。越国专设有"鸡山"豢养越鸡供土官食用。此鸡因滋补强体,不仅流行于宫中,更受百姓推崇。

"香干拌马兰"据传是宋时康王赵构"救命菜",后成宫廷御膳。

"葵花团肉"又称"狮子头",据说与隋炀帝相关,隋炀帝南下扬州时,各州各府纷纷敬献美食,越州官吏敬献此菜,后成御菜。①

(2)越菜中的文人菜

绍兴多文人,人文荟萃,人杰地灵,用明代文学家袁宏道的话即"士比鲫鱼多"。越菜文化离不开文人墨客。

"素炒鸭子"②是唐代名士贺知章晚年回山阴时拜访一位火工道人学得,后流传于士大夫中的美食。

"东坡腐"③为"东坡乎"的谐音,实为"油豆腐嵌肉",传说与苏东坡和王安石有关。

---

①　绍兴县文联.绍兴民间传统菜谱[M].北京:中国国际广播出版社,1990:81.

②　绍兴县文联.绍兴民间传统菜谱[M].北京:中国国际广播出版社,1990:114.

③　绍兴县文联.绍兴民间传统菜谱[M].北京:中国国际广播出版社,1990:65.

"柳豆腐"①与北魏时的地理学家郦道元相关,是郦道元投宿若耶溪一寺院所吃而得以流传。

（3）越菜中的师爷菜

绍兴出师爷,古语有"无绍不成衙",绍兴师爷与绍兴老酒和绍兴制酱齐名。越菜文化的传播与绍兴师爷密切相关。

"淮蟹"②是绍兴人对腌蟹的称谓。相传是一绍兴师爷在安徽作幕时,淮河蟹患,庄稼遭害,师爷出谋划策巧制而成。既解决了蟹患,又制成了美食。

"八宝姑嫂鸭"③是一位在浙江布政使衙门作幕的章姓师爷为成全儿子姻缘所做的"定亲"美食。

"干菜毗猪肉"是一位明代才子于晚年穷困潦倒时所创制的美味,现名"干菜焖肉",为绍兴名菜。

2.越菜文化的发展

绚丽多姿的越菜文化,创造了多姿多彩绍兴美食。如今其文化的价值正在涌现,乘着"诗画浙江·百县千碗"之春风,越菜正在不断发展。

（1）越菜宴不断被开发

在绍兴,最出名的当数传统宴席"十碗头",随着旅游文化的兴起,新越菜宴不断涌现,有反映绍兴风俗的"古越风情宴",有"爱国爱民,舍小我明大义"的"西施宴",有浓缩"江南民俗和建筑艺术"的"台门宴",有以梁祝文化为背景的"梁祝宴",有以名人文化为依托的"名人文化宴"等,时尚成新宠,诗画入菜品。

（2）越菜中最早的宫廷菜露端倪

大禹是夏朝第一位君主,称"夏禹王",姓姒。"姒家菜"无疑是中国第一的"宫廷菜"。

"姒家菜"之说④,见1932年4月10日,周作人去苏州游灵岩山,在木渎吃午饭,应"石家饭店"主人索题,仿壁间于右任题云"多谢石家鲃肺汤"句,题诗

---

① 绍兴县文联.绍兴民间传统菜谱[M].北京:中国国际广播出版社,1990:10.
② 绍兴县文联.绍兴民间传统菜谱[M].北京:中国国际广播出版社,1990:52.
③ 绍兴县文联.绍兴民间传统菜谱[M].北京:中国国际广播出版社,1990:74.
④ 钟叔河.知堂谈吃[M].北京:中国商业出版社,1990:261.

曰："多谢石家豆腐羹,得尝南味慰离情。吾乡亦有姒家菜,禹庙开时归未成。"

"姒家菜"的发掘和研究已成越菜文化的重点,已被越来越多的专业人士所重视。

（3）"陆游菜"研发和"放翁宴"设计已成雏形

《陆游诗词中的美食》一书已由厦门大学出版社正式出版。全书收录陆游诗词 127 首,研发菜点 172 款。被绍兴市人民政府办公室评定为优秀成果三等奖。"放翁宴"是以陆游的别号"放翁"命名的烹饪文化宴,荣获绍兴市委宣传部、绍兴社会科学界联合会举办的第三届绍兴社科智库论坛一等奖。

"陆游菜"和"放翁宴"充分体现越菜主题,菜名设计匠心独运,选择地方天然原料。对"服务于地方经济,更好地认识陆游,打造古城文化品牌,增强对外交流"具有积极意义。

四、结束语

绍兴越菜文化源远流长,越菜是诗是画亦是菜,既供欣赏又重食用。只要地方政府重视,充分发挥专家、学者和行业专业人士的特长,多研发,常交流,一定能发展和振兴越菜文化,让越菜更能适应现代餐饮的需求,更能服务于绍兴的地方经济,更能推动文化旅游发展和提升人们的饮食生活质量。

宁波菜发展历程、风格特征与展望

戴永明[*]

摘要：本文指出宁波菜是中国海洋饮食文化的重要组成部分，并指出宁波菜具有以下四大风格特征：重口味，轻形状色彩，品味咸鲜；善于烹制各种海鲜；常用"鲜咸合一"的配菜方法；擅长腌、熘、烧、炖、蒸等烹调方法。

关键词：宁波菜；海洋饮食；鲜咸合一

宁波菜简称"甬菜"，是浙菜中最具特色的一个地方菜，它基于"鱼米之乡，文化之邦"，既受赐于大自然得天独厚的地理条件，又得力于历代厨师志承前贤的烹饪技艺和矢志不渝的努力，渐成风格迥异自成一体的菜肴。

一、宁波菜是中国海洋饮食文化的重要组成

宁波位于东海之滨，长江三角洲东南角，面临大海，背倚四明山，气候温和，物产丰富，古有"四明三千里，物产甲东南"之称。宁波有漫长的海岸线，大小岛屿300多个，更临舟山渔场，海产资源十分丰富，如海鲜中的黄鱼、带鱼、墨鱼、鳗鱼、比目鱼、马鲛鱼、梭子蟹、对虾、牡蛎、蛏子等，鱼、虾、蟹、螺，不胜枚举。相当于五个杭州西湖面积的宁波东钱湖是浙江境内最大的淡水湖，盛产

---

　　* 作者简介：戴永明，男，宁波市宁波菜研究会会长，国务院特殊津贴专家，中式烹调高级技师，餐饮业国家一级评委，主要从事宁波菜及地方美食文化研究。

青鱼、草鱼、鲤鱼、鳙鱼、毛蟹、河虾。田野、山间盛产竹笋及各种果、蔬、瓜、豆等，更有奉化芋艿头、邱隘雪里蕻咸菜、象山白鹅、三北大泥螺、奉蚶、呛蟹、佛手、海瓜子等，远近闻名。

宁波在海内外颇负盛名，宁波人富有创业精神，足迹遍及各地，家乡菜肴亦得以广传。宁波菜源远流长，八千年前的井头山宁波先民已经能食用各种沿岸海鲜了。从河姆渡文化遗址出土的籼稻、菱角、酸枣及釜、罐、盆、钠等陶器，表明当时人们已能进行简易的烹调。早在《史记·货殖列传》中就有"楚越之地……饭稻羹鱼"之记载，此即最早"黄鱼羹"之说。公元1842年宁波关成为"五口通商"口岸之一，大大地刺激了饮食业的发展，旧时三江口、江厦街，酒楼饭铺林立，而"冰糖甲鱼""剔骨锅烧河鳗""雪菜大汤黄鱼"，早已闻名遐迩。在新中国成立前上海滩强手如林的烹饪界，也有宁波菜立足的一席之地。出生于宁波溪口，在中国现代史上有重大影响的蒋介石先生对家乡菜肴亦情有独钟，苋菜管、臭冬瓜、鸡汁芋艿头，实为其席上之常肴。再之原民国要人多系宁波人，故宁波菜曾名噪一时。

新中国成立后，宁波传统菜肴得到了继承和发扬。使人交口称誉的是1956年宁波城隍庙烹饪献艺盛会，当时名厨云集，各献其长，从该盛会仅存的《名菜目录》来看，具宁波风味特色的菜肴就占近百种，如"网油包鹅肝""蛤蜊黄鱼羹""苔菜小方""鸡白鲞汤""虾油卤蒸黄鱼"等。宁波"十大名菜"也由此而生。

二、宁波菜风格特特征

宁波菜由风味菜肴与海鲜菜肴组成，究其风格特点概而言之有四：

第一，重口味，轻形状色彩，品味咸鲜。宁波菜在制作过程中，注重原料本味的保持及发挥，朴实无华，味鲜重咸，常尝其味，不觉厌腻。

第二，善于烹制各种海鲜。海鲜在宁波菜中占有重要的位置，品种极为丰富，厨师对各种海鲜，从活养到烹调富具经验，活鱼现宰，海鲜现烹，因料施技，极尽其味。

第三，常用"鲜咸合一"的配菜方法。传统的"鲜咸合一"这一配菜方法，至今尚被广用，常将鲜活原料与海货干制品或腌制原料配在一起再行烹调，由此产生的独特的复合味，鲜美非常。

第四，擅长腌、熘、烧、炖、蒸等烹调方法。腌菜选料较广，如鱼、蟹、肉类、蔬菜等，口味重咸，"下饭"极为入味，菜羹汤风味独特，滑嫩醇鲜，芡汁略厚，烧菜俗谓之"爊"，讲究火候运用，浓厚入味，色重芡亮。

三、宁波菜发展展望

改革开放后，随着广大人民群众生活水平的提高，餐饮业的发展与竞争，烹饪技艺交流的增多，物流的兴起，促使宁波菜发生了翻天覆地的变化。1999年宁波美食代表团参加全国第四届烹饪技术比赛，在全国 67 个参赛城市的激烈竞争中取得全国第二名的成绩，并获团体金奖。21 世纪之初，汉通餐饮在上海展示了"宁波菜"的风采，一时间，宁波菜、宁波海鲜成为街谈巷议的话题，使整个上海滩掀起了争做宁波菜的高潮。向阳渔港在南京开了亚洲最大规模的中式餐厅，盛极一时，更使宁波菜蜚声海内外。

改革开放四十余年来，宁波的广大烹饪工作者务实开拓，在菜肴制作过程中，更加注重于食材的选择和运用，更加注重食材的季节性和新鲜度，真可谓是"不鲜不择，不时不食"。在烹调加工中会更加注重保持和突出食材的本味，在菜肴出品中，会更加注重器皿的选择和菜肴的形态美观。他们借鉴其他菜系所长，利用新原料，运用新技术，复制新调料，创制了许多宁波新菜，使宁波菜的内容更加丰富多彩，使今天的宁波菜达到了一个前所未有的新高度。

但是当前的宁波菜应有的价值还是被人们所忽略，因此我们需要宣传宁波菜，弘扬宁波菜。我们还应秉承宁波菜的传统内涵，以味为主，不断创新，使宁波菜越来越好，越走越远。

杭州新老名菜总体特征量化比较

何　宏[*]

摘要：通过对杭州新老名菜的品种类型、刀工成形、烹调方法、滋味类型、色彩、质感六个方面进行量化分析，得出杭州新老名菜的总体特点，并比较分析。

关键词：杭州菜；饮食特征；量化分析

杭州菜历史悠久，烹饪技艺精湛，在长期的历史发展过程中形成一批著名菜品。1956年，在杭州市工人文化宫举办了饮食博览会，从各大餐馆选送的200多道菜中选出36道杭州名菜，后经浙江省人民政府认定发布。这36道名菜是：西湖醋鱼、东坡肉、龙井虾仁、干炸响铃、叫花童鸡、八宝童鸡、百鸟朝凤、栗子炒子鸡、红烧卷鸡、糟鸡、杭州酱鸭、杭州卤鸭、火瞳神仙鸭、蛤蜊余鲫鱼、春笋步鱼、清蒸鲥鱼、糟青鱼干、斩鱼圆、鱼头豆腐、鱼头浓汤、生爆鳝片、油爆虾、虾子冬笋、番虾锅巴、一品南乳肉、蜜汁火方、排南、咸件儿、荷叶粉蒸肉、栗子冬菇、火腿蚕豆、火蒙鞭笋、糟烩鞭笋、南肉春笋、油焖春笋、西湖莼菜汤。

2000年10月，在第二届西湖博览会召开之际，国家国内贸易局、杭州市人民政府举办的"首届中国美食节"隆重推出新杭州名菜评选活动。先后有67家酒店、餐馆推出了213道菜肴参选，经评委审定，48道新杭州名菜脱颖而出。这48道名菜是：椒盐乳鸽、蒜香蛏鳝、莲子焖鲍鱼、明珠香芋饼、浪花天香鱼、

---

* 作者简介：何宏，男，浙江旅游职业学院教授，主要从事饮食文化相关研究。

西湖一品煲、纸包鱼翅、鲍鱼扣野鸭、香包拉蛋卷、竹叶子排、特色大王蛇、白玉遮双黄、白沙红蟹、芙蓉水晶虾、钵酒焗石蚝、翠绿大鲜鲍、稻草鸭、开洋冻豆腐、树花炖土鸡、砂锅鱼头王、笋干老鸭煲、脆皮鱼、山龟煨王蛇、手撕鸡、铁板鲈鱼、亨利大虾、鸡汁鳕鱼、蟹酿橙、武林熬鸭、香叶焗肉蟹、木瓜瑶柱盅、元鱼煨乳鸽、过桥鲈鱼、吴山鸭舌、风味牛柳卷、珍珠日月贝、西湖蟹包、西湖莲藕脯、双味鸡、鳖腿刺参、松仁素果、钱江肉丝、蟹汁鳜鱼、金牌扣肉、八宝鸭、蛋黄青蟹、莲藕炝腰花、杭州八味。

我们以浙江科学技术出版社 1988 年版的《杭州菜谱》和浙江摄影出版社 2000 年版的《新杭州名菜》为依据,分别对杭州新老名菜的品种类型、刀工成形、烹调方法、滋味类型、色彩、质感六个方面进行量化分析,以求对杭州新老名菜总体特征进行比较,从中看出杭州菜的发展变化和趋势。

一、杭州名菜品种类型的量化分析

(一)杭州传统名菜品种类型的量化分析

《杭州菜谱》一书中的 36 道名菜共分 6 大类:冷菜、肉菜、禽蛋菜、水产菜、植物菜、其他菜。但在冷菜里,既有"排南"这样的肉菜,还有"糟青鱼干"这样的水产菜,还有"糟鸡""杭州卤鸭""杭州酱鸭"这样的禽蛋菜。而品种类型主要是分析菜肴的原料构成,我们根据这个原则将品种类型分为山珍海味菜、肉菜、禽蛋菜、水产菜、植物菜和其他菜来讨论。两种类型以上的主料,主次关系明显的,以主要的原料归类,如"虾子冬笋",其中冬笋 400 克,虾子仅 5 克,我们把该菜归入植物菜类;两种类型以上的主料,但是并列关系的,如"火腿蚕豆",我们则把该菜归入其他菜类。

根据以上原则,我们把 36 道杭州传统名菜的品种类型的统计数据列表(见表 1)。

表 1　杭州传统名菜品种类型统计表

类型	款数	所占比例	类型	款数	所占比例
山珍海味菜	0	0%	水产菜	12	33.3%
肉菜	6	16.7%	植物菜	8	22.2%
禽蛋菜	8	22.2%	其他菜	2	5.6%

由上表可见杭州传统名菜中各类名菜的构成有下列特点：

（1）水产菜在数量上高居各类菜之首。水产菜所占比例达33.3%，这与杭州是江南的"鱼米之乡"分不开。杭州传统名菜中的"西湖醋鱼""龙井虾仁"享誉中外，"春笋步鱼""清蒸鲥鱼""鱼头豆腐""生爆鳝片""鱼头浓汤""斩鱼圆"等均为杭州水产菜的名品。

（2）禽蛋菜、植物菜位居次席，所占比例均为22.2%。8道禽蛋菜中，以鸡为主料的有5道，以鸭为主料的有3道，但烹调方法和滋味类型多样，显示出杭州菜高超的烹调手法。植物菜在杭州传统名菜中占有相当高的比例，凸显出杭州崇尚清淡、自然的个性。

（3）相较而言，肉菜所占比例不高，其原料均为猪肉，有些还采用浙江特产金华火腿入馔，如"排南""蜜汁火方"。杭州传统名菜中的肉菜虽数量不多，但很有特色。

（4）有趣的是，在杭州传统名菜中，竟没有一个山珍海味菜。从中可以看出，杭州传统名菜是根植于民间、根植于老百姓之间的。

（二）新杭州名菜品种类型的量化分析

《新杭州名菜》一书中的48道名菜共分6大类。现将书中名菜的品种类型的统计数据列表（见表2）。

表 2　新杭州名菜品种类型统计表

类型	款数	所占比例	类型	款数	所占比例
山珍海味菜	8	16.7%	水产菜	20	41.7%
肉菜	5	10.4%	植物菜	1	2.1%
禽蛋菜	9	18.7%	其他菜	5	10.4%

由上表可见新杭州名菜中各类名菜的构成有下列特点：

（1）水产菜在数量上高居各类菜之首。水产菜所占比例达 41.7％，如果加上山珍海味菜中的海味珍贵菜品，水产菜可占到新杭州名菜的一半。

（2）禽蛋菜所占的比例是 18.7％，原料大部分为鸡、鸭，但"椒盐乳鸽"的出现使杭州名菜中禽蛋菜的原料丰富了。

（3）杂烩式的其他菜明显增多，占到 10.4％，"杭州八味"即是其中的典型。

（4）山珍海味菜有 8 道，占 16.7％。随着人民生活水平的提高，人们有更多的机会享受高档菜肴。

（三）杭州新老名菜品种类型量化分析的比较

（1）水产菜在杭州新老名菜中数量均高居各类菜之首，而且在新名菜中所占的比例还有所提高。杭州名菜在品种类型上凸显出江南水乡的特点。

（2）禽蛋菜所占的比例由 22.2％降到 18.7％，原料则由传统的鸡、鸭，扩大到鸽子，丰富了禽蛋菜的原料来源。

（3）肉菜由 16.7％降至 10.4％，可以看出随着人民生活水平的提高，对营养均衡越来越重视。

（4）杭州新名菜出现高档化的倾向，突出表现在植物菜占比由 22.2％降为 2.1％，而山珍海味菜从没有迅速上升到 16.7％。当然，其他菜的原料中有些含有植物，但已经处于从属地位了。而山珍海味菜成一定规模出现，和评选杭州名菜所处的时期有着很大的关系，20 世纪 50 年代简朴的观念被新世纪崇尚消费的观念所取代。

（5）36 道杭州传统名菜，原料仅有 20 多种；而 48 道新杭州名菜的原料已达 70 余种，从中可以看到取料的广泛为杭州菜的创新提供了广阔的空间。

二、杭州名菜刀工成形的量化分析

我们在分析名菜的刀工成形、烹调方法、滋味类型、色泽、质感时，以主料或菜肴主体为统计对象。如果一菜只有一种主料，则计一种刀工形状；如果一菜有两种或两种以上的主料,刀工处理后形状相同,则只计一种刀工形状,如果形态不同,则分别计 1/2、1/3 或 1/4(两种、三种或四种不同形态的主料),合计为 1。杭州名菜中较多使用花刀,刀工成形后再制成各类造型,如片、丝、粒、丁、茸(糊泥)等,再制成卷、圆子、饼、花形等。我们在统计中均以最初刀工成形的方法计。

(一)杭州传统名菜刀工成形的量化分析

现将杭州传统名菜刀工成形的统计数据列表(见表3)分析如下。

表 3　杭州传统名菜形状(刀工成形)统计表

形状	出现次数	所占比例
整形	13	36.1%
块	11.5	32.0%
片	4	11.1%
段	2.5	6.9%
丁	1.5	4.2%
茸(糊泥)	1	2.8%
丝	1	2.8%
卷	1	2.8%
条	0.5	1.3%

如上表所示,杭州传统名菜在刀工成形后的形态方面有以下特点:

(1)杭州传统名菜以整形最多,占 36.1%,这其中主要以整禽、整鱼等居多。整形的菜肴既能体现原料本身的面貌特征,又充分体现了杭州传统名菜制作精细、因时而异的特点。除了这些未加雕琢的以自然完整形态入选的名菜外,运用整料去骨加工的传统名菜,有不少也是以整形出现的,如"八宝童鸡""叫化童鸡"等。这样能保持原料的天然形态,而且也去除了原料中很大部分的骨骼组织,为顾客的食用提供了良好的先决条件,很是受顾客的欢迎。在保持菜肴原料整形和原汁原味的同时,更进一步地为顾客着想,整料去骨也成为杭州传统名菜制作中的特色。

（2）块所占的比例较高，出现11.5次，占32％。主要以家禽和蔬菜类为主要原料。例如"排南""东坡肉""蜜汁火方""一品南乳肉""咸件儿""荷叶粉蒸肉""虾子冬笋""南肉春笋""春笋步鱼"等菜肴。由此可见，笋在杭州传统名菜中的运用非常之多，竹笋性味甘，微寒，有清热消痰、利膈健胃、和中润肠的功效。现代医学认为，经常食用竹笋有降低胆固醇，防治高血压、糖尿病、肥胖病等作用。这也充分说明了杭州人在注重饮食营养的同时，更注重合理利用食品，从一定程度上体现了杭州人饮食观念的转变与升华。

（3）片占的比例较高，有11.1％。这类形状的菜肴一般都是运用时间较短、速度较快的烹调方法熟制而成的。这也反映了杭州传统名菜以爆、炒、熘等为主的特点，如"生爆鳝片""糟香鱼干""糟鸡"等。

（4）段、丁、茸（糊泥）、丝、卷、条等所占的比例不大，六种加在一起仅占20.8％。杭州传统名菜注重原味，而小型原料在加工过程中减少了原有的本味，故在杭州传统名菜中所占的比例较少。

（二）杭州新名菜刀工成形的量化分析

现将新杭州名菜刀工成形的统计数据列表（见表4）分析如下。

表4　新杭州名菜形状（刀工成形）统计表

形状	出现次数	所占比例
整形	24.5	51.0％
块	11.5	23.9％
茸（糊泥）	5	10.4％
片	2	4.2％
卷	2	4.2％
丝	1.5	3.1％
段	1	2.1％
丁	0.5	1.1％

如上表所示，新杭州名菜在刀工成形后的形态方面有以下特点：

（1）新杭州名菜中以整形为最多，占了51％。这其中以整鸡、整鸭、整鱼为多。如"亨利大虾""稻草鸭""铁板鲈鱼"等。这些菜肴注重自然美,不刻意用刀工去雕饰,充分体现了新杭州名菜讲究自然美的形态特征。也有许多经过花刀处理的整形菜肴,如"浪花天香鱼""脆皮鱼"等。这样制作出来的菜肴,能保持原料特有的味道和形态,充分体现了烹饪与美学的完美结合。同时,海鲜和贝壳类也有明显的增加,如"钵酒焗石蚝""翠绿大鲜鲍""珍珠日月贝"等。

(2)块的比例也较高,出现 11.5 次,占 23.9%。其中有禽类、水产类和豆制品等,都是把原料加工成块状后烹制成熟的菜肴,如"椒盐乳鸽""金牌扣肉""白沙红蟹""竹叶子排""香叶焗肉蟹""元鱼煨乳鸽""蛋黄青蟹""山龟煨王蛇""开洋冻豆腐"等。

(3)茸在新杭州名菜中有明显的增加,出现 5 次,占 10.4%。这也恰恰反映了杭州名菜精巧细腻的加工特点。如"西湖蟹包""明珠香芋饼""西湖莲藕脯"等。

(4)片、卷、丝、段、丁,所占的比例不大,分别为 4.2%、4.2%、3.1%、2.1%、1.1%。片的菜肴有"过桥鲈鱼";卷有"风味牛柳卷""香包拉蛋卷";丝有"钱江肉丝";段的菜肴仅有"特色大王蛇";丁在配料中有使用,如"八宝鸭"中的八宝都是以丁的形状使用的,这样加工的原料容易成熟,口感香脆、酥脆、风味独特。

(三)杭州新老名菜刀工成形量化分析的比较

(1)杭州传统名菜中整形的出现 13 次,占 36.1%,新杭州名菜中整形出现 24.5 次,占 51%,从这些数据可以看出,整形一直是杭州名菜刀工成形的主流。但相比杭州传统名菜而言,新杭州名菜中整形又有明显增加,表明杭州人在讲究饮食营养的同时,已经把目光转向菜肴的形态美上。人们在"吃好"的基础上,对菜肴提出了更高的要求,也从一定程度上反映了菜肴的发展趋势。在整形菜肴中海鲜和贝壳类也明显增加,说明了随着人民生活水平的提高,海鲜贝壳类已经越来越受到人们的欢迎。

(2)块基本上没有什么变化,仍然是杭州名菜中刀工成形的重要成形形状。在杭州传统名菜中出现 11.5 次,占 32%;在新杭州名菜中出现 11.5 次,占 23.9%。相比杭州传统名菜,新杭州名菜中茸菜明显有强烈的增长态势,杭州传统名菜中仅出现 1 次,占 2.8%,新杭州名菜出现 5 次,占 10.4%。茸菜的原料一般以禽类、鱼类为主,相比其他原料而言,禽类、鱼类的组织更细腻,因此制作菜肴会更为便捷,禽类、鱼类的营养成分较高,以茸制作出来的菜肴一般都口感滑嫩、酥脆,而且便于人体消化吸收,体现了杭州名菜精巧细腻的特点,如"斩鱼圆"等。然而,新杭州名菜将茸菜做出了改进,从选料上讲,它在原有的基础上,加入了海鲜类和蔬菜类,主要有"西湖蟹包""蟹酿橙""明珠香芋饼"等。这也给杭州名菜注入了新的活力。

（3）片在杭州传统名菜中出现 4 次,占 11.1%,在新杭州名菜中出现 2 次,占 4.2%;段在杭州传统名菜中出现 2.5 次,占 6.9%,在新杭州名菜中出现 1 次,占 2.1%;丝在杭州传统名菜中出现 1 次,占 2.8%,在新杭州名菜中出现 1.5 次,占 3.1%;卷在杭州传统名菜中出现 1 次,占 2.8%,在新杭州名菜中出现 2 次,占 4.2%;丁在杭州传统名菜中出现 1.5 次,占 4.2%,在新杭州名菜中出现 0.5 次,占 1.1%。

小型原料一般都是以爆、炒、熘等烹调方法加热成熟的。这也是杭州名菜的制作的特点,更是杭州名菜中不可缺少的组成部分。

三、杭州名菜烹调方法的量化分析

杭州名菜是由多种多样的烹调技法制成的。常用的烹调方法有炸、蒸、烧、炖、炒、煎、焖、煮、烩、熏、蜜汁、烤、熘、扒、爆、汆、瓤、拔丝、煨等。在量化分析时,如果一款菜由两样以上不同菜肴合成,则每种菜肴的烹调方法各以几分之一统计,如"西湖醋鱼",熘、煮各占 1/2。如果一种主料用几种不同的烹调方法制成菜品,则每种方法各以几分之一统计,如"东坡肉",煮、汆、焖、蒸各计 1/4。每道菜的烹调方法合计为 1。

（一）杭州传统名菜烹调方法的量化分析

现将杭州传统名菜所用烹调方法的统计数据列表（见表 5）。

表 5　杭州传统名菜烹调方法统计表

烹调方法	使用次数	所占比例
蒸	6	16.7%
炸	5	13.9%
煮	5.25	14.3%
熘	5	13.9%
焖	2.75	7.6%
汆	3	8.3%
烧	2.6	7.5%
炒	1.7	4.7%
煎	1.5	4.2%
蜜汁	1	2.8%
炖	1	2.8%
烤	0.7	1.9%
煨	0.5	1.4%

根据上表并结合我们对杭州传统名菜的研究可以看出,杭州传统名菜在烹调方法的使用上有以下特点:

(1)蒸、煮方法使用最多,分别占 16.7% 和 14.3%,位列第一、第二。蒸菜讲究火候,主料大多选用鲜嫩之品,原汁原味,尤以清蒸见长,如"清蒸鲥鱼""荷叶粉蒸肉""糟青鱼干"等。煮菜一般汤宽,不要勾芡,基本方法与烧菜较类似,只是最终的汤汁量比较多,如"南肉春笋""西湖醋鱼""杭州卤鸭"等。

(2)炸、熘技法比重较大,均占 13.9%,居第三。在炸技法中分支较多,成品特点也各不相同,一般讲求外脆里嫩,恰到好处,代表菜有"干炸响铃""油爆虾"等。而熘成品讲求滑嫩滋润,卤汁馨香,口味多变,如"虾子冬笋""火腿蚕豆"等。

(3)焖、汆、烧也占一定的比例。焖技法讲究火候,制品要求酥烂,滋味醇厚,汤鲜味美,为典型的火功菜,如"油焖春笋""东坡肉"等。汆法多用于小型水产原料的加工,一般以沸水旺火迅速加热,成品断生即可,保持原料鲜嫩味美,注重本味,如"斩鱼圆"等。烧讲求柔软入味,浓香可口,如"鱼头豆腐""鱼头浓汤"等。

（二）新杭州名菜烹调方法的量化分析

现将新杭州名菜所用烹调方法的统计数据列表（见表6）。

表 6　新杭州名菜烹调方法统计表

烹调方法	使用次数	所占比例
炸	10.5	21.8%
蒸	7.7	16%
熘	6.8	14.2%
炒	4.5	9.4%
煎	2.8	5.8%
炖	2.8	5.8%
烤	2.3	4.8%
烧	2	4.2%
煨	1.8	3.8%
汆	1.5	3.1%
煮	1.3	2.7%
焖	1	2.1%
涮	1	2.1%
焗	1	2.1%
炝	0.7	1.5%
熏	0.3	0.6%

根据上表并结合我们对新杭州名菜的研究可以看出，新杭州名菜在烹调方法的使用上有以下特点：

（1）炸、蒸方法使用最多，分别占21.8%和16%，位列第一和第二，其中炸菜有10.5道，一般以干炸和清炸为主，而且成品要求外脆里嫩，如"椒盐乳鸽""竹叶子排"等。蒸菜有7.7道，一般以清蒸见长，而且蒸菜讲究火候，主料大多选用鲜嫩之品，原汁原味，如"鲍鱼扣野鸭""开洋冻豆腐"等。

(2)熘、炒技法比重也比较大,分别占 14.2% 和 9.4%。熘是将原料先成熟后浇汁入味的烹调方法,如"浪花天香鱼""西湖蟹包"等。炒菜尤以滑炒见长,力求快速烹制,尽量保持原料鲜嫩爽脆之本味,代表菜有"白沙红蟹""蛋黄青蟹"等。

(3)煎、炖,均占 5.8%。煎菜成品要求外面香酥,里面酥嫩,如"香包蛋拉卷""明珠香芋饼"等。炖技法讲求火候运用,成品要求酥烂,滋味醇厚,汤鲜味美,为典型的火功菜,如"西湖一品煲""树花炖土鸡"等。

(三)杭州新老名菜烹调方法量化分析的比较

(1)通过比较可以看出炸的使用次数明显增多,从原来的 13.9% 上升到 21.8%。炸的菜肴一般保持整形美观,说明杭州菜更加注意形态。

(2)从表中看出,蒸、熘两种烹调方法,在杭州传统名菜中分别占 16.7% 和 13.9%,在新杭州名菜中分别占 16% 和 14.2%。说明蒸和熘在杭州菜中是相当重要的烹调方法。

(3)煮和炒在杭州传统名菜中分别占 14.6% 和 4.4%,在新杭州名菜中分别占 2.7% 和 9.4%。在新杭州名菜中煮的烹调方法明显减少,而炒的烹调方法明显增加。煮使一些营养素在长时间高温下流失,而炒由于是短时间高温加热,使营养素能尽量保持。

(4)在杭州传统名菜中有蜜汁的烹调方法,而在新杭州名菜中蜜汁则消失了。杭州传统名菜中没有涮法,在新杭州名菜中却出现了。因为甜菜吃多了会引起消化不良、食欲减退甚至体重增加,造成肥胖、高脂血症,对身体健康不利。而涮是吃火锅时使用的一种加热方法,也可以说将厨房的加工方法移到餐桌上,此法多用新鲜原料,使用筷子夹住来回烫食,既简单又能保持菜肴的原汁原味。

总之,杭州名菜擅长蒸、炒、炸、熘等烹制方法。"因料施烹"也是杭州菜烹调方法的又一特征。

四、杭州名菜滋味类型的量化分析

滋味是食品中的呈味物质溶于唾液从而刺激舌面的味蕾产生的味觉。从生理学的角度讲，只有酸、甜、苦、咸四种基本味，我国烹饪界通常把味分为酸、甜、苦、咸、鲜、麻、辣七种。根据谢定源先生的研究，中国菜的滋味类型分为18种，而杭州名菜基本上不含苦和麻味。我们粗略地将杭州名菜的类型分为6—8种。

（一）杭州传统名菜滋味类型的量化分析

现将杭州传统名菜滋味类型的统计数据列表（见表7）分析如下。

表7　杭州传统名菜滋味类型统计表

味型名称	出现次数	所占比例
鲜咸	20	55.5％
咸甜	6	16.7％
咸鲜甜	5	13.9％
酸甜	3	8.3％
鲜咸酸甜	1	2.8％
咸酸	1	2.8％

通过分析可见，杭州传统名菜在滋味类型上具有明显特点，主要体现在下面几个方面：

（1）与其他地方菜相似，杭州传统名菜以鲜咸味为最基本的类型。在杭州传统风味的36道名菜中，鲜咸味型有20道，所占比例为55.5％。从菜肴中鲜咸味型所占的比例来看，以水产类最高，其次为肉类，较低的为植物类菜。这说明杭州菜在烹制水产菜、肉类菜时，多突出本味、鲜味。

（2）甜味菜较多是杭州传统名菜的一个特点。其中咸甜有6道，占16.7％，是杭州传统名菜中极具特色的味型。咸甜、咸鲜甜、酸甜、鲜咸酸甜分别有6、5、3、1道菜，占16.7％、13.9％、8.3％、2.8％。含甜味的菜共计15道，占总菜量的 41.7%。

（3）酸味菜也颇有特点。酸甜、鲜咸酸甜、咸酸分别占 8.3%、2.8%、2.8%，带酸味菜总共占 13.9%。这些菜除以鲜、咸为基础外，往往添加甜味调料，形成鲜咸酸甜等口味。

（二）新杭州名菜滋味类型的量化分析

现将新杭州名菜滋味类型的统计数据列表（见表8）分析如下。

表 8　新杭州名菜滋味类型统计表

味型名称	出现次数	所占比例
咸鲜	27	56.2%
咸鲜辣	10	20.8%
咸鲜甜酸	3	6.2%
咸鲜酸	2	4.2%
鲜咸甜	2	4.2%
酸鲜辣	2	4.2%
鲜酸甜	1	2.1%
甜酸辣	1	2.1%

通过分析比较可见，新杭州名菜在滋味类型上具有明显特点，主要体现在下面几个方面：

（1）与杭州传统名菜相似，新杭州名菜以鲜咸味为最基本的类型。在新杭州风味的48道名菜中，鲜咸味型有27道，所占比例为56.5%。从菜肴中鲜咸味型所占的比例来看，以水产类最高，其次为肉类，较低的为植物类菜。

（2）辣味菜的出现是新杭州名菜的一个亮点。其中咸鲜辣占有较大比例，共有10道，占20.8%，是杭州菜中极具特色的味型。酸鲜辣、甜酸辣，分别有2道、1道，各占4.2%、2.1%。含辣味菜共计有13道，占总菜量的27.1%。

（3）酸味菜、甜味菜也颇有特点。咸鲜甜酸、咸鲜酸、酸鲜辣、鲜酸甜、甜酸辣分别占6.2%、4.2%、4.2%、2.1%、2.1%，带酸味菜总共占18.8%。咸鲜甜酸、鲜咸甜、鲜酸甜、甜酸辣分别占6.2%、4.2%、2.1%、2.1%，带甜味菜总共占 14.6％。这些菜除以鲜、咸为基础外,往往添加一些调料,形成鲜咸酸甜、鲜酸甜、酸甜辣等口味。

(三)杭州新老名菜滋味类型量化分析的比较

(1)从表 7 和表 8 中可知道,杭州菜从以前到现在都是以鲜咸味作为最基本口味。在 36 道老菜肴中鲜咸味有 20 道,所占比例为 55.5％,而在新菜肴中鲜咸味有 27 道,所占比例为 56.2％。这足以说明杭州菜的主流口味是没有变的,都是突出本味、鲜味。

(2)新杭州名菜中出现了辣味,改变了杭州传统菜肴没有辣味的历史。在表 8 中看出辣味的出现,使杭州菜肴的口味发生了许多的变化,咸鲜辣、酸鲜辣、甜酸辣分别占 20.8％、4.2％、2.1％,带辣味菜共占 27.1％。这说明辣味开始受到杭州人喜爱。不过这种辣味一般属微辣型,与湖南、四川等地的辣味在程度上尚有很大的距离。

(3)酸味、甜味依然是杭州人喜爱的口味。在杭州传统名菜中甜味菜共有 15 道,占 41.7％;新杭州名菜中共有 7 道,占 14.6％。甜味菜的减少也反映杭州人对饮食健康的注重,越来越多人知道过多食用甜类食物会增加热量,引起肥胖和心血管方面的疾病,从中看出杭州人营养知识水平的提高。老菜肴酸味共有 5 道,占 13.9％;新菜肴酸味共有 9 道,占 18.8％。从数据可知在新老杭州名菜中酸味的变化不是很大,酸味还是杭州人的选择。

五、杭州名菜色彩的量化分析

色彩是评价菜肴质量的重要指标之一。由于原料的色彩多种多样,再加上烹调时调味品的颜色,菜肴加热后颜色也会发生变化,因此,成菜的颜色更是繁多,极不利于量化分析。针对这一情况,我们在研究菜肴的颜色时简而化之,将菜肴的色彩分为本色、红色和黄色三类。本色菜是指不用有色调料及其他方法刻意改变菜肴颜色而保持自然色的菜肴,即不进行人为着色的菜肴;红色菜和黄色菜则是指通过添加有色调料或采取其他方法使菜肴变成红色或黄色的菜肴。统计时,对于有汤汁的菜肴以汤汁色彩计;对于无汤汁的菜肴则按成菜后主料色彩计。

（一）杭州传统名菜色彩的量化分析

杭州传统名菜色彩的统计如表（见表9）。

表9　杭州传统名菜色彩统计表

颜色	出现次数	所占比例
红色	19	52.8%
本色	9	25.0%
黄色	8	22.2%

根据上表可知杭州传统名菜在色彩上有以下特点：

（1）本色、与黄色菜肴在杭州菜中几乎一样，所占比例分别为25%和22.2%，但红色菜肴却占杭州传统名菜的一半多，有52.8%。本色菜烹调时不加有色调料，突出原料的原有色彩，呈现出明净秀丽，清新淡雅之美。代表菜品有"龙井虾仁""鱼头浓汤""蛤蜊汆鲫鱼""清蒸鲥鱼"等。

（2）红色菜肴常常是在烹调时加入适量的有色调料，如酱油、酱类、醋、糖等制成，如"西湖醋鱼""东坡肉""杭州酱鸭""蜜汁火方"等。黄色菜肴一般是在烹调时加入较少量的有色调料，使菜肴呈现黄色；一些炸、烤等烹调方法制作的菜肴也可形成黄色，如"干炸响铃""八宝童鸡""叫花童鸡""糟鸡"等。

（二）新杭州名菜色彩的量化分析

新杭州名菜色彩的统计如表（见表10）。

表10　新杭州名菜色彩统计表

颜色	出现次数	所占比例
红色	18	37.5%
本色	21	43.7%
黄色	9	18.8%

根据上表可知，在新杭州名菜中，红色菜和本色菜几乎平分秋色，分别占

37.5％和43.7％。黄色菜肴相对较少,只占有18.8％。本色菜的代表菜品有"浪花天香鱼""芙蓉水晶虾""笋干老鸭煲""元鱼煨乳鸽""松仁素果"等。红色菜有"武林熬鸭""钱江肉丝""金牌扣肉""铁板鲈鱼""竹叶子排"等。黄色菜有"椒盐乳鸽""手撕鸡""鸡汁鳕鱼"等。

(三)杭州新老名菜色彩量化分析的比较

从杭州传统名菜与新杭州名菜在色彩上的对比可以看出,本色菜由25％上升到43.7％,杭州菜更加追求本色、自然;红色菜由52.8％下降到37.5％,黄色菜也由22.2％下降到18.8％,说明为食物着色的趋势在下降。

六、杭州名菜质感的量化分析

菜肴的质感是指人们在咀嚼食物时,食物刺激口腔而产生的一种触觉感受。质感的类别很多,我们将杭州名菜中所出现的各种质感分为8类,以便进行量化分析。质感分类如下:

软嫩、鲜嫩、香嫩、滑嫩、细嫩、肥嫩等→嫩

酥松、酥脆、酥软、香酥、外酥里嫩等→酥

柔软、绵软等→松软

脆爽、脆嫩、香脆、脆硬等→脆

软烂、肥烂、酥烂等→烂

滑爽、清爽、柔滑等→柔滑

柔韧、干香等→韧

软糯、绵糯、香糯、鲜糯、柔糯、肥糯等→糯

(一)杭州传统名菜质感的量化分析

现将杭州传统名菜质感的统计数据列表(见表11)。

表 11　杭州传统名菜质感统计表

质感	出现次数	所占比例
嫩	19.5	54.2%
酥	5	13.9%
松软	0.5	1.4%
脆	3.5	9.7%
烂	3	8.3%
糯	2.5	6.9%
柔滑	1	2.8%
韧	1	2.8%

　　由于某些菜肴的质感差异很小,因此在统计时可能出现个别菜肴的质感归类尚待进一步推敲的,但就总体而言,对分析结果影响不大。根据上表可见杭州传统名菜在质感上有以下特点:

　　(1)杭州传统名菜的质感以"嫩"最为突出。菜肴的质感与其原料、刀工成形、烹调方法有着直接的关系。首先,原料质地是菜肴质感形成的基础。杭州传统名菜所用的动物原料以鱼虾、鸡鸭、猪肉等为主,这些原料组织中含水量高、结缔组织少、肌肉持水性强,经烹调后能保持"嫩"的特点;而所用的植物原料更是以柔嫩的豆腐和各种鲜嫩蔬果为主,为成菜的"嫩"提供了物质基础。其次,刀工成形和烹调方法是菜肴质感形成的关键。杭州名菜中,有相当数量的菜肴原料被加工成细小或极薄的形状,有些还要上浆,这样有利于快熟和保持水分。而蒸、烧、炖、炒等烹调方法的大量使用,更促使菜肴形成"嫩"的特点,如"清蒸鲥鱼""红烧卷鸡""鱼头豆腐"等。

　　(2)"酥"在杭州传统名菜的质感中紧随"嫩"后,但有一定的距离。"酥"多由油传热的烹调方法形成。若菜肴采用炸、熘、煎等烹调方法,当原料与高温油接触后,组织中的水分迅速气化逸出,往往形成酥松、酥脆、外酥里嫩的质感。

(二)新杭州名菜质感的量化分析

　　现将新杭州名菜质感的统计数据列表(见表 12)。

表 12　新杭州名菜质感统计表

质感	出现次数	所占比例
嫩	18.2	37.8%
酥	9	18.8%
松软	1	2.1%
脆	11.7	24.4%
烂	2.2	4.6%
糯	4.7	9.8%
柔滑	1	2.1%
韧	0.2	0.4%

(1)新杭州名菜的质感以"嫩"为首,具有嫩的质感的菜占新杭州名菜的37.8%。"嫩"质感特点的形成与原料的本身的质地、刀工处理、上浆挂糊及烹调方法有关。新杭州名菜在选料上为求细、嫩、鲜,尤以水产品为多。菜肴的嫩度与原料本身含纤维少、水分充足有着密切关系,原料的质感是菜肴质感形成的基础。新杭州名菜在刀工处理上讲究精巧细腻,有效地割断原料的纤维组织。加之上浆挂糊,不仅形成外边柔滑或脆嫩的质感,更有效保持了原料内部水分及营养成分,从而使菜肴保持了"嫩"的特点。

(2)"脆"在新杭州名菜中居第二位,所占比例为24.4%。"脆"一方面表现为原料本身的清脆、爽脆和脆嫩等,是由于原料结构紧密而致。另一方面,可通过巧妙的熟处理而形成,脆可通过炸、煎等烹调方式来实现,炸以油为导热体,原料大多经挂糊、拍粉处理,从而使其内部水分不易流失,形成外脆里嫩的特有质感,受到大部分人士的喜爱。如"吴山鸭舌""西湖莲藕晡""莲藕烩腰花""亨利大虾""双味鸡"等。

(3)"酥"在新杭州名菜中占第三位,所占比例为18.8%。当原料与高温的油接触后迅速成熟,从而达到外酥里嫩的质感。如"椒盐乳鸽"就是采用炸的烹调方法制作。笋干老鸭煲则是采用炖的烹调方法制作,使原料长时间用小火或微火加热至酥松的质感。手撕鸡采用烤的烹调方法制作,使鸡肉在高温下达到酥嫩的质感。由上可见,"酥"质感的形成主要与烹调方法有关,大多采用炸、炖、烤的烹调方法的菜肴都具有"酥"的质感。

（4）"糯"在新杭州名菜中也占有一定比重，所占比例为9.8％，大多使用鳖、鱼翅、刺参等富含胶原蛋白的原料。再者是在菜肴制作中加入了糯米及烹调方法上使用了焖蒸等长时间加热的方法，从而形成质柔滑的特点。如"竹叶子排""八宝鸭""莲子焖鲍鱼""纸包鱼翅""鳖腿刺参"等，这些菜肴营养丰富，口感诱人。

（三）杭州新老名菜质感量化分析的比较

（1）从表11和表12中可以看出"嫩"是杭州新老名菜共同的质感特点。"嫩"在杭州传统名菜中占54.2％，而在新杭州名菜中占37.8％。"嫩"的质感下降给其他质感的发展提供了空间，更为杭州名菜注入了新的活力，说明新杭州名菜在质感上开始向多元化方向发展。

（2）"脆"在杭州传统名菜中占9.7％，在新杭州名菜中占24.4％。由此看出"脆"越来越受杭州人的喜爱。然而，"脆"又以炸最为突出，油炸菜肴已经是人们饮食的重要组成部分。油炸的菜肴口味香脆，一般都经过拍粉、挂糊，这样制作出来的菜肴营养成分能得到更好的保护。

（3）"酥"在杭州传统名菜中占13.9％，在新杭州名菜中占18.8％。从数据中看出，"酥"占比有所增加，其中部分菜肴如"金牌扣肉""笋干老鸭煲"。中医认为，猪五花条肉味甘咸、性平，有滋阴，治热病、伤津之功效；竹笋有消食健胃、清肺化痰、解毒透疹之功效；老鸭肉性味甘、咸、微寒，有滋阴养胃、利水消肿的功效。从一定角度说明杭州人们已经开始注重菜肴的饮食保健作用。

（4）"糯"在杭州传统名菜中占6.9％，在新杭州名菜中占9.8％。"糯"的菜肴使用鳖、鱼翅、刺参等高档原料，杭州人在追求美食的同时越来越注重菜肴的档次，已经不局限于"吃饱"，而是更趋向于"吃好"。

七、量化分析结果及其比较结论

综上所述，大致可以得出关于杭州新老名菜变化的主要特点：

（1）从品种类型来看，水产菜在杭州新老名菜中数量均高居各类菜之首，在品种类型上凸显出江南水乡的特点；禽蛋菜、肉菜也占有相当比例；新杭州名菜出现高档化的倾向，植物菜急剧萎缩，而山珍海味菜迅速上升至突出地位，其原委恐和评选新杭州名菜所处的历史时期有关。20世纪50年代简朴的观念被新世纪崇尚消费的观念所取代。杭州名菜的原料增加更为显著，从中可以看出新时期饮食文化交流的速度越来越快了。

（2）从原料的形状（刀工成形）来看，整形一直是杭州名菜刀工成形的主流；块是杭州名菜中刀工成形的重要成形形状；茸菜增加较多，原料也从禽类、鱼类扩展到海鲜类和蔬菜类；小型原料一般都是以爆、炒、熘等烹调方法加热成熟的；此外，片、段、丝、卷、丁等形状也有一定的运用。

（3）从烹调方法上来看，炸的方法大幅增加；蒸、熘依然占有相当重要的地位；煮法减少而炒法增加也是杭州名菜变化的特点之一；而蜜汁在传统名菜和新名菜中从有到无，以及涮从无到有，也可看出杭州菜在烹调方法上的演变。

（4）从滋味类型来看，无论是新老名菜，都以咸鲜味作为最基本口味；酸味菜、甜味菜依然还是杭州人喜爱的口味；杭州新名菜中出现了辣味，但甜味菜有减少的趋势。

（5）从成菜的色彩来看，本色菜的比例上升，而红色菜和黄色菜的比例在下降。

（6）从菜肴的质感来看，无论新老杭州名菜，"嫩"的特点都很突出；"脆""酥""糯"在新杭州名菜中有较大的增幅，而"烂""韧"等特点则有所降低。

需要说明的是，以上讨论是以《杭州菜谱》和《新杭州名菜》中的菜品为主要分析对象，它从总体上体现了杭州菜的典型特点，但也有不同之处。一般来说，名菜是地方风味菜中档次较高的一类菜肴，与档次较低的民间菜比，所用原料的质量要高一些，菜肴口味要清淡一些，形态更美观一些，色彩更艳丽一些。在名菜的筛选上存在着人为因素，在量化分析中，对各考察对象的分类、统计、分析也有不少值得再斟酌、推敲、核准之处。因此，这里统计、分析的结果可能与实际情况小有出入，但考察对象均为经典菜肴，结果大致能够反映出杭州名菜的基本特点。

参考文献

[1]陈永清.杭帮菜发展与思考[J].扬州大学烹饪学报,2004(2):23-28.

[2]戴宁,林正秋.浙江美食文化[M].杭州:杭州出版社,1998.

[3]杭州市饮食服务公司.杭州菜谱(修订版)[M].杭州:浙江科学技术出版社,1988.

[4]杭州饮食旅店业同业公会.新杭州名菜[M].杭州:浙江摄影出版社,2000.

[5]王锡琪.浙江烹坛文集[M].杭州:浙江省烹饪协会,2002.

[6]赵荣光.杭州菜热销的分析与思考[J].饮食文化研究,2001(1):34-40.

奶茶产业对杭州茶都的挑战与机遇

邱　涵*

摘要： 杭州自古以来就有"茶都"的美誉与悠久的品茶文化，然而随着商品经济与全球化的发展，将茶加入奶与糖的奶茶成为一种新式休闲文化风靡全球，开辟未来茶文化发展的新路径。深圳、长沙等城市已先行布局奶茶产业，推动奶茶产业与新兴传媒的联动以提升城市吸引力，这对"杭为茶都"来说既是挑战，亦是机遇。

关键词： 奶茶；新式茶饮；茶都；挑战；机遇

一、杭州品茶文化与英式奶茶文化

"茶为国饮"，作为世界上制茶、饮茶历史最悠久的国家，品茶已深入到中国社会的各个阶层，渗透到华夏大地的各个角落，从自我解乏到友朋聚会，"它的清、俭、和的特征成就了中国人的休闲理念"[1]，《诗经》有云"谁谓荼苦，其甘如荠"（《邶风·谷风》），这先苦后甘的味道，是茶味之本原。

"甜味在中国人过去的品味谱系中评价不高"[2]，宋代文人欧阳修以"橄榄"为"真味"（橄榄在清淡苦涩之后的回甘与品茶有异曲同工之妙），近代的金岳霖也曾评价西洋的糖果味为"傻甜"，他欣赏的是带着咽喉部位"清"味的自然

---

* 作者简介：邱涵，女，浙江大学旅游与休闲研究院博士研究生，主要从事休闲旅游相关研究。

① 徐明宏. 杭州茶馆：城市休闲方式的社会学分析[M]. 南京：东南大学出版社，2007：14.

② 江弱水. 诗的八堂课[M]. 北京：商务印书馆，2017：35.

的甘甜。中国的饮茶方式根据饮茶方法、特点的不同大致可分为唐前茶饮、唐代茶饮、宋代茶饮、清代茶饮这四种,但无论如何分类,其口味都是以清饮为主流,鲜有佐料调味(偶有增加咸味以突显回甘),强调"品"字,"茶虽清淡,味之无穷,词犹人之简约而不失高远"①。

"杭为茶都",杭州自古以来就是名茶产区,杭州城市的繁荣和杭州茶文化的兴盛是相携并进的。三国两晋时期,钱塘江两岸经济文化逐渐发展,佛教和道教等宗教活动逐渐盛行,西湖名山胜水也渐次开拓,茶随着寺庙道观的建立而被栽种传播。唐代有记载的名茶便有睦州鸠坑茶、建德细茶、天目山茶(临安)、钱塘大方茶、余杭径山茶等。南宋诗人陆游一生写了300多首茶诗,其中有著名的"矮纸斜行闲作草,晴窗细乳戏分茶",正是对宋代杭城饮茶风俗的生动写照。先后到径山来参禅求学的日僧圆尔辩圆、南浦绍明等多人把径山茶和径山茶宴带回日本,启发和促进日本茶道的兴起,径山成为日本茶道之源,至今仍有不少日本茶人不远千里地来径山寻祖祭宗。茶浸润渗透中国人的休闲审美思想——"和""清""寂""俭""静"。对于中国人尤其是浙江杭州人来说,喝原味清茶,更有利于安静地品茗悟道,即使身处闹市,在苦尽甘来的那一瞬间品味茶滋味的千姿百态,便是领悟生活甘苦永恒宁静。

茶文化是由茶的制作方式、茶的鉴赏品饮美学、茶与人的互动协同方式,这三方面所综合定义的,它包括茶叶生产、茶叶制造、茶艺仪式、茶叶品饮等过程,杭州一直是引领茶文化的佼佼者。

但相比于历史悠久的以杭州为代表之清爽宁静、细品回甘的中国"品茶文化",从十六世纪开始随英国殖民扩张而传播的"奶茶文化",就地域范围来看,已然拥有更大的影响力。

对于英国人来说,原味的酒是"neat drink",虽然在中文翻译成纯酒,但是"neat"的含义可以表示"整洁的、雅致的、利索的"——全然是褒义词;但如果是清茶就得说"plain tea","plain"这个单词表示"寡淡的、平凡的、没什么特别的",可见对于英国人来说他们(更精确地说,是创造这个单词的人)并不懂得品味欣赏"入口微苦,回味清香甘甜"的清茶,也难怪他们爱在茶里添加牛奶、

---

① 赖功欧.茶文化与中国人生哲学(论纲)[J].农业考古,2004(4):33-37.

方糖，甚至其他气味激烈的调味品，并以夸张的手法将其混合。

法国化学家 Hervé This 在其著作《分子厨艺》中用科学理论解释了奶茶的美味成因。牛奶中含有的可抵消茶之苦涩味的蛋白质（但同时也抵消了茶独特的甘味），大量额外糖分的加入可以使饮用者血糖快速升高、振奋情绪，激发大脑中的多巴胺神经元，释放正面情绪，并提高脑中 5-羟色胺水平，舒缓压力，再加上茶叶中原本就富含的咖啡碱，"甜奶茶"这个高效而愉悦的"精神饮品"极其符合工业革命期间西方蓬勃向上的经济形势和文化审美背景，进而彻底征服了各个阶层的民众，成为西方近现代社会最普遍饮品之一。

甘味的丧失并不影响原本就不太能体味"甘"之美妙的英国人将中国茶加上牛奶和糖饮用的饮食习惯，随着之后的殖民活动传播到各个英属殖民地，用糖满足广泛的、也许可以说是人类对甜味的偏好，这其实是在欧洲的政治力量、军事力量和经济动力开始改变世界时，依照欧洲的口味标准而被确立的。[①]原本受中国传统茶文化影响颇深的南洋地区也开始将茶的降火消暑、消脂去腻、降压理平、清热解毒的功效于饮茶的日常休闲方式中剥离，不顾炎热的自然气候条件开始模仿殖民者给中国茶加入方糖和牛奶，甚至加入大量冰块，以喝"甜奶茶"的生活休闲方式为流行和时尚。

十八、十九世纪，随着资本主义商品经济商业化进程的加快、物质商品的极大丰富以及人们支付能力的提升，人们不再纯粹根据生活所需进行消费，打破了传统的以使用价值和交换价值为主导的消费观，赋予了休闲以某种符号价值，使"奶茶文化"成为人们表现社会地位与身份、区分社会阶层的象征符号。殖民者与被殖民者都试图通过消费奶茶这种符号意义的休闲饮品来表达自我，构建阶层认同——"英式奶茶文化"是一种强调效率与物质价值的精英休闲文化。

二、异军突起：代表亚洲的珍珠奶茶文化

珍珠奶茶的风靡始于 20 世纪 90 年代后期，台湾"自动封口机"的发明取

---

① （美）西敏司.甜与权力：糖在近代历史上的地位[M].北京：商务印书馆，2010：10.

代了传统杯盖，许多投资业者采用自动封口机开始拓展连锁外带饮料店业务。自此，外带式的珍珠奶茶店成为主流，也因为连锁店的加入，商人开始将珍珠奶茶拓展到全国各地，并逐渐覆盖全球。

珍珠奶茶连锁店一般开在人流比较密集的街道或商场，制作效率高，口味稳定，价格相比于同类咖啡更加低廉，咀嚼木薯粉珍珠与吮吸奶茶的结合同时满足了消费者进食与解渴的需求，所以其消费群体数量庞大；2017年《纽约时报》便使用巨幅详细介绍了珍珠奶茶的历史，并指导顾客如何"像一个正宗的中国人客人"一样点单。

除了传统店面现泡的奶茶，珍珠奶茶还有便利式冲泡和瓶装液态奶茶的两大形式，在适应当下消费需求和社会经济发展的情况下，三者彼此作为奶茶行业的依托和奶茶行业的延伸，为争取最大范围的覆盖率进行市场投放，并积极开拓网络和新媒体营销渠道，"相互依托共同开拓奶茶市场"①。

当下珍珠奶茶在选茶品质上更加讲究，不再是三十年前调味粉和廉价茶水的混合，名贵茶种的添加，使其与中国茶文化产生更深刻的联系。

比如说深圳的奶茶品牌"喜茶"基于"酷、灵感、禅意、设计"的品牌理念，不断进行多元化的尝试，不仅在饮茶坏境上提供了极致的视觉体验，独具匠心的奶茶更是引领了新一波奶茶文化。通过加入新鲜水果和芝士，使茶的丝丝涩口、香甜芝士与时令水果的有趣碰撞为品牌注入特色，将茶饮年轻化，已然成了深圳的城市名片。

通过"喜茶"，年轻人可以尝试不同的茶底，搭配喜欢的水果或芝士，此时"珍珠"存在与否已不重要，最后年轻人学会品味茗茶的回甘。

而且珍珠奶茶作为休闲茶饮，具有极强的机动灵活性，生产者可以通过了解世界各地的饮食风俗的方式，推动产品创新和营销手法塑造珍珠奶茶美好时尚的形象，并融入当地的饮食文化，选用当地最受欢迎的原材料乃至季节时令产品，使得在竞争激烈的商业社会中，珍珠奶茶的新口味、新产品得以源源不断地催生，使珍珠奶茶在一个个新热点的助燃下从地方化休闲饮品变成真

① 石亚娟.奶茶行业现状及未来发展模式[J].合作经济与科技，2016(9)：20-21.

正的全球化休闲饮品①。

对西方人而言，喝珍珠奶茶似乎已成为一种感受中国时尚文化的休闲方式，下午茶的选择不再是需要仪式感的单一的英式奶茶或咖啡，取而代之以更加便捷、实惠、时尚的珍珠奶茶，在网络社交媒体的加持下，珍珠奶茶成了西方90后、00后追逐的时尚符号，在全球主流社交平台 Instagram 和 Facebook 上，珍珠奶茶的话题有超过九千万的帖子，"珍珠奶茶"这一词在美国、英国、日本更是多次登上年度热门词榜单前五名②。痴迷珍珠奶茶的美国人甚至将每年的 4 月 30 日设置为"国际珍珠奶茶节"。

至此，无论奶茶或是其他茶饮，已经不仅仅是一种饮品，而是一种文化品位，一种新型的社交形式。

在当代社会，奶茶为年轻人的相处提供了更多可能性。高兴的时候来一杯庆祝，失意的时候来一杯安慰，矛盾的时候来一杯缓解，增进感情的时候也可以来一杯。奶茶社交流行的背后，正是年轻人对融入环境、建立联系的渴望。提倡"奶茶局"这种"轻社交"的方式，不拘泥于地点和身份，逐渐成为年轻群体缓和人际关系的自然手段。

珍珠奶茶之"变局"是全球商业资本再扩张，打破"英式奶茶文化"的后现代化呈现，当信息社会群体间的对话、交融比以往任何时候都要更广泛、更迅速、更深刻时，仅反映当下瞬间体验（一次性消费）的平面化休闲产品成为与大众传媒手段相联系的、模式化、类型化和批量复制的后现代休闲文化之载体。

三、杭州茶都的挑战与机遇

在珍珠奶茶这一繁荣经济现象的背后，不可忽视当今市场资本对于休闲机会和休闲选择的巨大影响力。一个地区的主流休闲发展方式会在文化、精

---

① Mary Ann Templeton. Boba Bubble Tea：The Easy Guide to Boba Bubble Tea［M］. CreateSpace Independent Publishing Platform，2015：2.

② 消费者购买了外观精致的事物或饮品，通过精心设计和布置，拍出精美的图片发布在社交平台上，以收获粉丝和点赞次数，珍珠奶茶价格平民，作为精致小资生活的"小添加"和"小确幸"，总是榜上有名。

神、智力、健康等方面深刻影响当地的人民群众。在暂且不加讨论成本因素的前提下,于强调"甘"味的"品茶文化"与强调"甜"味的现代休闲茶饮珍珠奶茶中做一个休闲选择并不是一种以审美阶层为目的的划分,更多的是为了在分析不同价值导向影响下做出的价值选择。休闲最好的状态可以使参与者实现共鸣进而实现自我了解、拓展知识边界和发展个人综合能力,正如"品茶文化"在传承民族精粹的同时可以陶冶情操、得理悟道;休闲最差的状态是使主体物化,或者仅甘于满足快感而堕落。

人们会在休闲中创造、加强文化,也会在休闲中破坏文化。对茶"甘"味独树一帜的理解是中国古人卓越的休闲审美哲学之体现,也为科学技术日益发达的今天不断提供化学、生物学、医学方面的研究思路和启迪;"一嗅二闻三品味"的茶馆、茶楼休闲曾一度成为中国乃至世界的主流休闲方式,而随着时间维度的推进,昔日主流式微,珍珠奶茶在全球的推广、扩张使其有可能成为茶文化发展的新路径。在大众休闲方式的拓宽改进中,茶饮文化作为休闲消费之未来,作为中国文化背景下的休闲选择,是由市场资本自由选择,还是需要政府主导方向,是一个值得继续深究的问题。

无论如何,面对异军突起的"珍珠奶茶",杭州作为茶都,无疑是落后了。

根据《2020新式茶饮白皮书》,预计到2020年底,新式茶饮市场规模将突破1000亿元,2020年茶饮市场规模仍将是咖啡市场规模的2倍以上,到2021年新式茶饮市场规模可达1100亿元。2020年,新式茶饮消费者规模将突破3.4亿人。深圳市凭借"喜茶"与"奈雪の茶"两个知名奶茶品牌塑造了时尚活力的城市形象;长沙市的"茶颜悦色"奶茶把长沙推上"网红城市"的第一梯队,在后疫情时代凭借"秋天的第一杯奶茶"超过24亿次阅读量的微博话题,使只为排队购买"茶颜悦色"成了到访长沙的旅游动机……

但在"奶茶经济"乃至"珍珠奶茶文化"的大势中,作为产茶大省的浙江省始终是缺席的,据《2020新式茶饮白皮书》统计,杭州年度奶茶消费高居全国城市榜前十,但新式茶饮行业前三十个头部品牌中无一个是来自杭州甚至浙江省的。

在新式茶饮风潮席卷全国乃至征服世界时,因惧怕挑战而质疑或是忽视之都是没有意义的,这是一个挑战,同时也充满机遇:

1. 现今知名奶茶品牌已经发展到了代表城市，成为"城市名片"的高度，但在实际经营中却缺乏政府监管，个体企业可能因为添加过量食品添加剂，或者制作过程不透明，存在原料以次充好、不注重卫生等食品健康安全问题。深圳奶茶企业"奈雪の茶"在2021年5月21日国际茶日上牵头海峡两岸茶业交流协会、中国农业科学院茶叶研究所与浙江大学茶叶研究所等单位发布新式茶饮行业首个具体产品标准——《茶类饮料系列团体标准》，但正当"奈雪の茶"准备携手各单位继续推进产品制作工艺（方法）类标准以及产品原料类标准的制订时，8月23日，国家市场监督管理总局通报了"奈雪の茶"企业检查情况，对其食品安全问题处以罚款和通报批评，"奈雪の茶"身陷囹圄。在奶茶这种快消品领域，企业将精力放在资本运作和品牌营销上，热衷于在资本市场讲"好故事"和规模的快速扩张，极易忽视产品质量，乃至制定过低标准。所以如果杭州市推出一款政府指导的健康奶茶，或制定严格的奶茶行业卫生规范标准，其成效必当以一当百。

2. 采用优质茶叶、鲜奶、新鲜水果等天然、优质的食材，通过更加多样化的茶底和配料组合而成的新式茶饮，相较于传统茶饮，新式茶饮更强调在材料研发制作、空间审美体验和文化概念上的升级和创新。杭州作为我国茶叶科技和文化的交流研究中心，茶研究机构云集、茶产业发达、茶文化厚重，又有互联网产业的加持，相对其他城市来说更具有后发的天然优势。

3. 在珍珠奶茶迈入数字化3.0的时代，几乎所有的头部品牌都在发力建设供应链，杭州的"茶都"优势又在其中凸显，其中奶茶原材料（碎茶、废茶）的需求有助于杭州现今绿茶行业产品的价值提升，是双赢的绿色发展模式。

4. 珍珠奶茶是年轻人继承茶饮传统文化的一种体现；以之为代表的茶饮行业思路和场景无限拓宽，借助新兴茶饮文化将传统与现代相结合，并融入城市基因，是对餐饮文旅融合的独特诠释，也是将"杭州茶都"这个城市名片推向世界的一个机遇。

食色审美与诗味境界：
杭州的花果、饮食及其历史文化品鉴

顾　磊*

摘要：植物的花与果实是其重要部分，不仅是人类食材的来源，更是有其特殊的精神意义，在历史的进程中不断地演变与流转。杭州自古以来对花果的利用有继承也有变革，对其意象的诠释也在不断演化，花果及其相关的饮食文化体现了人与自然之间复杂与微妙的关系。如今，花果审美文化及其相关的文旅融合在不断演进，各种文旅节事活动方兴未艾，如何更好地促进花果文化在当代的普及与发展仍然任重道远。

关键词：花果；杭州；审美；历史文化

　　从地下的根，到地上的茎叶与花，以及最后的果实，植物不仅为我们提供了美味的食物，同时也具有超自然的意义，是诗性与艺术的源泉。早在440万年前的非洲，野果采集就是拉密达地猿的主要食物来源，七八千年以前的新石器时代，生活在浙江大地的河姆渡人与跨湖桥人学会了稻作农业，但还是会采集野果作为食物，在这些遗址中发现了橡子、麻栎果、桃核、南酸枣核等果实的痕迹，而河姆渡的猪纹陶钵上已经出现了精美的草叶纹。在有着四五千年历史的良渚遗址中也发现了菱角、芡实、甜瓜子、桃核等果实遗存，其中桃核的大小明显大于七八千年以前的跨湖桥时期的桃核，已经与现代桃核相差无几，这

---

　　* 作者简介：顾磊，男，浙江大学旅游与休闲研究院博士后，主要从事休闲文化相关研究。

说明良渚人很可能掌握了桃的选育与栽培技术。先秦两汉六朝期间，杭州地区有了更多的果类品种被历史记载，一方面是本土品种的栽培，另一方面丘陵山地的开垦使更多果类得以种植，间有一些品种从其他地方传入。

一、隋唐：梅荷醉钱塘，桂月隐山寺

隋唐以后，杭州逐渐成为江南文化的重心之一，诗词文学所表征的杭州花果景观逐渐浮出水面，其中有三种类型成为杭州花果景观的主流，分别为梅、荷与桂。梅子在唐代是重要的食材，当时的钱塘县曾广种梅树，梅子作为药材和食材也在唐代传播至日本，作为药材的有乌梅，作为食材的有盐梅，与《尚书》中"若作和羹，尔惟盐梅"类似。当时，这几种植物的种植仍是以经济食用为主，观赏为辅，也有少数作为艺梅。白居易在杭州的三年曾一次次的"寻梅"，"伍相庙边繁似雪，孤山园里丽如妆"[1]点出了观赏地，"赏自初开直至落，欢因小饮便成狂"暗示了赏梅次数之频繁以及心境，而"忽惊林下发寒梅，便试花前饮冷杯"[2]体现了见梅花初开的惊喜，而再寻梅花时的"年年只是人空老，处处何曾花不开"[3]更是将伤感眷恋之情表达到极致，而花前饮酒、与诸客携杯醉酒的体验更是将花、酒、诗多感官交融的身体美学展现到极致，晕染出风景、声景、味景、心景共构的诗意景观。另外一种与梅花种类相近的是樱，白居易诗云"早梅结青实，残樱落红珠"，又云"南馆西轩两树樱，春条长足夏阴成"[4]。

白居易对杭州荷花的描写也是比较早的，诗句"绕郭荷花三十里，拂城松树一千株"[5]描绘了杭州荷花绕城、松树满山的壮阔景象，可见莲藕在唐代杭州已然成为一种知名的地方土产。在白居易即将离开杭州之际，他也难忘曾经

① 白居易.忆杭州梅花因叙旧游寄萧协律//白居易诗集校注[M].谢思炜，校注.北京：中华书局，2006：1850.

② 白居易.和薛秀才寻梅花同饮见赠//白居易诗集校注[M].谢思炜，校注.北京：中华书局，2006：1612.

③ 白居易.与诸客携酒寻去年梅花有感//白居易诗集校注[M].谢思炜，校注.北京：中华书局，2006：1640.

④ 白居易.樟亭双樱树//白居易诗集校注[M].谢思炜，校注.北京：中华书局，2006：1627.

⑤ 白居易.余杭形胜//白居易诗集校注[M].谢思炜，校注.北京：中华书局，2006：1629.

"绿藤阴下铺歌席,红藕花中泊妓船"①,流露出依依不舍之情。诗人顾况在《临平湖》中写道"采藕平湖上,藕泥封藕节"②,直接说明了唐代杭州早已开始采莲藕。在唐代末年的临安水邱氏墓中,曾发现随葬的莲子,可见莲子在当时既是一种重要的食材,也具有相应的文化意涵。

桂子是桂花的一种,白居易在离开杭州后回忆了"山寺月中寻桂子"③的场景,与宋之问"桂子月中落,天香云外飘"④,以及李白"每年海树霜,桂子落秋月"⑤所呼应,而白居易"宿因月桂落,醉为海榴开"⑥呈现了月夜中桂花之香、山茶花之色的感官交融之景,此外,在天竺寺附近还发现过"静逢竺寺猿偷橘"⑦,这也间接证明了杭州已经种植了橘树。另外,"滤泉澄葛粉,洗手摘藤花"⑧记录了唐代食用葛粉和紫藤花的习俗。综上所述,桂树、橘树、紫藤在杭州郊外的山寺附近较为常见,而城市附近种植较为广泛的是梅与荷,偶有樱桃,主要是经济与食用的用途。供奉十二花神的花朝节相传也是起源于唐代,十二花神包括梅花、荷花、桂花、桃花等中国典型花卉,杭州的花神信仰一直延续至民国,在祥符桥和栖霞岭下曾建有花神庙,这也体现了植物文化的超自然层面。

二、宋元:孤山芳林处,花果共相食

宋代对于花果的审美文化又有所升华,其中梅的食用功能与文化意蕴既延续了前期,又有了不同的意涵。"凤山亭下赏江梅"首次点出了杭州梅花的种类,而孤山延续了白居易诗中的盛况,林和靖在孤山"种梅三百六十余树,花既可观,实亦可售。每售梅实一树,以供一日之需"。从形而上视域来说,梅的

---

① 白居易.西湖留别//白居易诗集校注[M].谢思炜,校注.北京:中华书局,2006:1828.
② 顾况.临平湖//彭定求.全唐诗[M].北京:中华书局,1960:2691.
③ 白居易.忆江南//白居易诗集校注[M].谢思炜,校注.北京:中华书局,2006:2599.
④ 宋之问.灵隐寺//宋之问集校注[M].北京:中华书局,2001:505.
⑤ 李白.送崔十二游天竺寺//李白全集编年笺注[M].安旗,等,笺注.北京:中华书局,2015:50.
⑥ 白居易.留题天竺灵隐两寺//白居易诗集校注[M].谢思炜,校注.北京:中华书局,2006:1827.
⑦ 白居易.送姚杭州赴任,因思旧游二首//白居易诗集校注[M].谢思炜,校注.北京:中华书局,2006:727.
⑧ 白居易.招韬光禅师//白居易诗集校注[M].谢思炜,校注.北京:中华书局,2006:2903.

审美形象在宋代超越了视觉感知,更接近于儒家审美的"比德",与文人士大夫的"入世与出世"之间的人格境界遥相呼应,梅花的隐逸之美与君子之美备受推崇,隐居孤山的林和靖一首"众芳摇落独鲜妍,占断风情向小园。疏影横斜水清浅,暗香浮动月黄昏"①更是历代咏梅诗的佳作。

宋代,除了梅的果实以外,梅花的花瓣逐渐作为一种新食材为一些人所喜爱,这也许与林和靖的"梅妻鹤子"文化意蕴存在着紧密关联,使得人们对梅的推崇达到了新的境界。宋代花果类食物用料讲究,且注重养生。② 林和靖后人林洪的《山家清供》提到梅粥、梅花汤饼、汤绽梅、蜜渍梅花等做法,诗人杨万里也很喜欢可供下酒的梅花甜品,有诗云"赣江压糖白于玉,好伴梅花聊当肉","只有蔗霜分不得,老夫自要嚼梅花"③。宋代对梅花的喜爱也体现于食物命名。《山家清供》提到梅花脯的做法,"山栗、橄榄都切成薄片,一起吃,有梅花的风韵,因而取名'梅花脯'"④。在另一道名为石榴粉的菜肴中,将藕块以梅水腌制染色,模拟石榴外形,以梅的酸甜模拟石榴的味道。

宋代杭州的荷花意象仍然沿袭了唐代的白描风格,这在杨万里《晓出净慈寺送林子方》得以体现,"接天莲叶无穷碧,映日荷花别样红"。柳永的《望海潮》一词中"重湖叠巘清嘉,有三秋桂子,十里荷花"也描绘了荷花满湖的盛况。当时西湖中大范围的荷花种植不仅仅是观赏用途,莲子与莲藕的经济用途更为重要。宋人对于桂花颜色的描写非常细腻,《咸淳临安志》载:"木樨有黄红白三色,旧天竺山多有之。"桂花作为食材也是兴盛于宋代。此外,宋代诗词中还有桃花、牡丹、杏花等各种花卉和果类。宋代的食品加工业相对较以前更为丰富,除了前文提到的蜜渍梅花,《梦粱录》记载了宋代杭州的多种果品,其中提到了爁木瓜的蜜煎制法。在南宋杭州的宫廷中,《武林旧事》也对蜜煎(饯)有一些记述,包括糖脆梅、乌梅糖、二色灌香藕等。

综上所述,宋代对花果的审美逐渐多样化,首先是感官上的多元化,从视觉、嗅觉,到味觉,乃至通感。其次花果在文学艺术中也有重要的地位,宋代以

---

① 林逋.瑞鹧鸪//唐圭璋.全宋词[M].北京:中华书局,1965:8.

② 周鸿承.一个城市的味觉遗香:杭州饮食文化遗产研究[M].杭州:浙江古籍出版社,2018:95.

③ 杨万里.庆长叔招饮,一杯未釂,雪声璀然,即席走笔赋十诗//杨万里集笺校[M].辛更儒,笺校.北京:中华书局,2007:722.

④ 林洪.山家清供(下卷)[M].天津:百花文艺出版社,2019:185.

来梅与荷已逐渐成为文人士大夫的品格象征,也是中国花鸟画题材的重要对象,食境、语境、环境、画境与意境五者相融,大大丰富了花果的审美意涵。

三、明清:西溪十里梅,塘栖百年蜜

除了孤山以外,西溪逐渐成为另一个著名的梅林所在地,西溪安乐山脚下古福胜院周边的梅林,相传是宋代僧人渊本澄所栽种。自从明代开始,孤山的梅花逐渐衰败,西溪成为杭州新兴的梅林种植地,有着"十里梅花"的圣境,正如明代僧人释大善所云:"是坞有泉皆到水,沿山无处不栽梅。"①西溪地区水网纵横交错,所以西溪坐船赏梅也成为一种新的特色,西溪种梅者众多,可谓"花开十万家,一半傍流水"。清代,西溪被龚自珍列为江南赏梅三大圣地之一,与江宁龙蟠和苏州邓尉齐名,后来"西溪探梅"更是被归入清代钱塘十八景之一,而清代中晚期赏梅地点还包括灵峰与超山②。西溪周边的山上还有桃树,有地名桃源岭等,山上还有其他水果如杨梅、柑橘、枇杷等,枇杷以塘栖最为出名,古书载:"塘栖枇杷胜于他乡,白为上,黄次之。"

从明代开始,杭州的果类食品加工业较宋代又有新的发展,其中塘栖蜜饯的技艺由吕需引入,借助本土丰富的果类资源以及大运河便利的交通运输,明代塘栖蜜饯(糖色)已经成为风靡一时的休闲食品,主要为两类,一类是糖制,一类是蜜浸,前者包括大香片、雪梨片、橘饼、姜片等,后者包括金橘、刀豆、香橼、青梅等③。清初《栖里景物略》记载了塘栖的水果和各式蜜饯产品在清代晚期,汇昌的"糖水青梅"为糖色之首。塘栖的糖水青梅制法工艺繁琐,使用雕梅去核的"青壳梅"制法,清代丁立诚《武林市肆吟》诗中曾写"如线青梅细镂雕"。这种技艺在今天的江南已经极为罕见了,在云南大理等地还有保存。明清至民国对于梅子其他的加工方式,有明确文献记载的包括白梅(盐浸)、乌梅(烟熏)、脆梅(去核糖浸)、椒梅(辣椒与盐炒制)、梅皮(青梅皮蜜制)、干梅(梅汁浸

①　徐金喜.西溪花语[M].杭州:杭州出版社,2019:82.
②　胡中.杭州梅花史谈[J].北京林业大学学报,1995(S1):128-131.
③　虞铭.塘栖蜜饯[M].杭州:浙江古籍出版社,2017:41.

泡盐制晒干)、陈皮梅(陈皮等药材浸泡梅子)等①,清代姚湘的《栖水土物咏·青梅》中曾这样描述:"浸以昔昔盐,余酸溅人齿。妙技缕成丝,相思亦如此。"将糖水青梅的拔丝与相思联系,体现了其爱情内涵。清代以来,塘栖及其周边形成了一条从农林产品到成品的完整产业链,实现了种植、加工、物流、商贸的全套产业结构,著名作家郁达夫路过塘栖,在《超山的梅花》中写道:"超山一带的梅林,成千成万;由我们过路的外乡人看来,只以为是乡民趣味的高尚,个个都在学林和靖的终身不娶,殊不知实际上他们却是正在靠此而养活妻孥的哩!"②早期塘栖著名的糖色商号有姚家糖色坊、汇昌、聚源昌、恒森昌等,民国期间上海冠生园、嘉兴张翠丰等厂家在塘栖也有生产基地,塘栖至今仍有华味亨等众多蜜饯厂商。在非物质文化遗产方面,擅长粽子和蜜饯制作的百年汇昌至今仍营业于塘栖水北街,销售品种有话梅、梅饼、枇杷干、金橘饼、糖杨梅等,还有塘栖特色的枇杷粽子。

明清以来对荷花的记载就更丰富了,明代《西湖游览志余》载:"湖中物产殷富,听民间自取之……藕出西湖者,干脆爽口……其花又红白二种,白者香而结藕,红者艳而结莲。"③相比多糖的蜜饯,藕粉大概可以被称作一种清淡的养生食品。相传杭州藕粉最早始于南宋,在清代受到很多人的追捧,尤其是塘栖藕粉更是品质上佳,《杭州府志》记载:"藕粉,春藕汁,去滓,晒粉。西湖所出为良,今出唐栖及艮山门外。"④清光绪《唐栖志》载:"藕粉者,属藕汁为之,他处多伪,掺真赝各半,唯塘栖三家村出此者以藕贱不必假他物为之也。"⑤这里又指出了三家村是塘栖上乘藕粉的出产地。清代钱塘诗人姚思勤的《藕粉》一诗:"谁碾玉玲珑,绕磨滴芳液。擢泥本不染,渍粉讵太白。铺奁暴秋阳,片片银刀画。一撮点汤调,犀匙溜滑泽。"将日常食物题材赋予诗意,也体现了明清时期审美与生活融合的趋势,正如一些画家开始将蔬果题材纳入绘画创作。时至今日,三家村藕粉传统加工工艺进入了省级非遗名录,现在市场上除了古

①　虞铭.塘栖蜜饯[M].杭州:浙江古籍出版社,2017:42-53.

②　郁达夫.郁达夫精品文集[M].北京:中国画报出版社,2010:84.

③　田汝成.西湖游览志余[M].北京:东方出版社,2012:24.

④　邵晋涵.乾隆杭州府志:卷一百十[M].杭州府刊本,清乾隆四十九年.

⑤　王同.光绪唐栖志:卷二十[M].钱塘丁氏刻本,清光绪十五年.

法手工纯藕粉以外,还有现代纯藕粉,以及速溶调制藕粉。藕粉常常与桂花搭配,形成了藕与桂混合的味觉体验。

对于杭州的桂花,汤显祖《天竺中秋》云:"一夜桂花何处落?月中空有轴帘声。"描写了唐宋以来天竺寺月夜赏桂的传统。除了天竺寺,最有名的就是满觉陇(满家弄)了。满觉陇的桂花记载始于宋代,到了明清有更多详细记载,明代高濂的《满家弄赏桂花》载:"桂花最盛处,惟南山龙井为多。而地名满家弄者,其林若墉若栉,一村以市花为业。各省取给于此。秋时策蹇,入山看花,从数里外便触清馥。"可见明代的满家弄就有规模性的花市,很远就能闻到山中桂花的芬芳。桂花类食物自宋代已有记载,有一种桂花制作的糕点称为"广寒糕",有八月(桂月)科举折桂之意,明代高濂的《遵生八笺》也有类似的记载,称其为"清香满颊",此外还有桂花茶、桂花汤、桂花酒、桂花糖等做法①。

民国杭州出产的果类与清代接近,例如桃、梅、枇杷、菱、藕、柿、栗、莲子等②。花果类食物具有一定的民俗或祭祀用途,清代和民国时期有一些与果类相关的风俗(表1),在钟毓龙先生的《说杭州》一书有记载③。另外,在传统婚俗中,要在新房里面撒枣、花生、桂圆、莲子,谐音"早生贵子",结婚仪式第二天为"梅酌",古代有为宾客献青梅酒的习俗,结婚第三天为"三朝",有用桂花糖作为喜糖的风俗,意为富贵,桂子又与"贵子"谐音。在以上习俗里,相当一部分都是取果类的甜味或形状,或果类名称的谐音,具有美好的寓意,也有一部分是取时令果类用于祭祀之用,其中栗糕、腊八粥等仍得以保存,也有不少随着人口的迁移而消散于历史中。明清以来的花果审美呈现出多重特点,既有各种身体感官上的,也有指示文化意象的,更多的与生产生活实践紧密联系,寄托了人们对生活的美好向往,呈现出生活美学的特征。

---

① 俞为洁.桂花饮食小史[J].楚雄师范学院学报,2015(7):1-5.
② 何宏.民国杭州饮食[M].杭州:杭州出版社,2012:65-66.
③ 钟毓龙.说杭州[M].杭州:浙江人民出版社,1983:305-383.

表1　旧时杭州节日风俗使用的花果类食材及作用

时间	花果类食材	作用
正月初一	橘子、荔枝、糖莲子	寓意吉利、甜蜜
正月初二	枣泥粽、红枣莲心粽、栗子红枣粽	祭祀
正月十五	灯节盒中熟果（馅）、元宵	馈赠、祭祀
三月三	赏桃（半山）	时令赏玩
四月立夏	樱桃、青梅、玫瑰	祭祀
六月二十三（谢灶日）	福橘、菱角、荸荠（三果三蔬）	祭祀
七月七（乞巧）	莲蓬、白藕、红菱（放于门口）	祭祀
七月十二（接祖宗）	西瓜、老藕、莲蓬	祭祀
八月十五	方柿、石榴、栗子	祭祀
九月九	栗糕	寓意登高
冬至	橘子、菱角、蜜饯红绿丝	祭祀
十二月初八	腊八粥（胡桃、莲子、枣、芡实、桂圆、荔枝）	祭祀
十二月二十三（送灶）	福橘、菱角、荸荠（三果三蔬）	祭祀
十二月二十后（酬神）	荔枝、桂圆、核桃、红枣、柿饼、红橘、荸荠（十六盘）	祭祀
除夕	菱角、藕、荸荠、红枣 藕脯、八宝饭、红皮甘蔗（倚门）	寓意有富、路路通、甜福倚门

四、当代：旧瓶装新酒，浮云过往昔

今日的杭州包含更大的行政区划，而人口迁移也带来了更多样的文化。随着城市化的发展，花与果的种植在不断改变地点和规模，现代加工业也对传统产业造成了迅猛的冲击，很多传统的饮食文化习俗也发生了不同程度的变化（表2），不少祭祀与节庆有关的花果习俗正在慢慢消逝。当然，新的时代也带来了很多新的元素，例如各种花果类的旅游节事活动逐渐吸引人们的目光。

在媒介传播上，从物本身，到文字和绘画，再到今日的照片与影像，人们对于花果欣赏与品鉴的方式更加多样化。相对于其他花果的单纯欣赏或食用的形式，梅、荷、桂的文化意涵更加深入，为现代人提供了丰富的物质需求、精神享受与创作灵感。梅、荷、桂是三种具有杭州地域文化特色的植物,它们的命运各不相同,主要可以概括为,梅的衰落,荷的升华,桂的普及。

表 2　杭州传统花果饮食及其文化①

种类	加工方法	文化意涵
梅	梅子:梅酱、梅饼、脆口梅、糖水青梅、话梅(含话梅花生、话梅排骨等)、青梅酒等 梅花:梅花茶、梅花花瓣料理	幸福、长寿、隐士、高洁、坚忍不拔、君子
荷	莲藕:藕粉、藕粥、煎藕夹、莲藕脯、桂花糖藕、荷塘小炒、鱼头藕球(淳安) 莲子:里叶莲子鸡(建德)、冰糖莲子、八宝饭	高尚、圣洁、吉祥、平和、爱情、佳人
桂	桂花糕等糕团、糖桂花(含梅卤)、桂花龙井、桂花糖煎饼(萧山)	富贵、功名、子孙优秀、傲然风骨、隐士、君子
枇杷	枇杷膏、枇杷花茶、枇杷酒、枇杷土焖肉	家庭圆满、财富
栗子	桂花栗子羹、栗子烧仔鸡、栗子冬菇、栗糕	利子(子孙幸福)
其他	梨膏糖、梨粥、蟹酿橙、橘红糕、杨梅酒	

第一,梅的经济用途下降,主要演变为一种普通的观赏植物,孤山、西溪补种了少量梅林,超山梅林的种植面积下降,现主要开辟为旅游景区,只是在进化镇保留少数经济性梅林。近年,梅子作为一种食材逐渐被冷落,人们似乎也不再记得林和靖的故事,杭州那些与梅有关的往事也逐渐从人们的生活中走远,但梅花在艺术家笔下仍然具有一定生命力。第二,荷花因为历代文人的偏爱几乎成了杭州最重要的一种花卉景观,现在西湖荷花的主要用途是观赏,经济用途的荷花主要分布于余杭、建德等地,莲藕和莲子仍然被广泛用于饮食中,其中藕粉已成为杭州重要的土特产之一,余杭的手削藕粉制作技艺现在被列为非物质文化遗产,而建德里叶白莲的莲藕主要用作菜肴加工。在符号意义上而言,荷花从曾经儒释道的精神象征又一定程度回归视觉性审美,成了杭州新时代的形象代言,也是亚运会主场馆外观与吉祥物之一,并仍然是艺术家

---

①　菜肴名称主要参考杨清与冯颖平的《食美杭州》以及杭帮菜研究院的《别说你会做杭帮菜:杭州家常菜谱 5888 例》中的部分菜品名。

创作的重要来源。第三,桂花成为一种常见的园林植物,也是杭州的市花,为秋天带来一种别样的香气,同时其"富贵""吉祥"的内涵仍得以留存。作为一种食材,桂花一如既往深受人们喜爱,成为生活中较为常见的自然香味剂。

花果与文化旅游的关系一直都非常密切,古代曾经有花朝节的盛会①,而花果也是祭祀与进献的重要物品。在当代,大多与花果相关的文旅活动是具有审美性的产业性行为,对于带动地方发展起了非常关键的作用。在杭州著名的一些花果节事活动中(表3),相当一部分与地方特产的营销有关,也有一些与文化紧密关联,超出了一般的观赏与采摘,更加注重文化性和互动性,增加了汉服秀、自然教育、艺术创作、假日市集等活动,以及一些由此衍生的文创产业,较为有名的是西溪湿地的花朝节,甚至再现了花神相关的一些民俗文化。

表 3　杭州著名季节性花果节事

时间	节事
1—2 月	西溪、灵峰、超山、进化吉山梅花节
3—5 月	太子湾郁金香展、樱花节,西溪花朝节,富阳半山桃花节,郭庄兰花展,皋亭观桃节,富阳草莓节,六和塔、花港观鱼牡丹展,郭庄月季展,植物园杜鹃展,鸬鸟梨花节,进化青梅文化节,塘栖枇杷节,富阳桑果节
6—9 月	曲院风荷、郭庄、建德荷花节,超山、萧山杜家杨梅节,鸬鸟蜜梨节,桐庐仲山蜜梨节,西湖桂花节,西溪火柿节,千岛湖猕猴桃采摘节,桐庐生态板栗节
10—12 月	杭州植物园菊花展,萧山梅里方柿节,临安山核桃文化节,西溪湿地芦花节,塘栖蜜饯文化节,建德银杏节(白果)

五、结语:花落终有果,真味付谁知

杭州的花果资源较为丰富多彩,既体现于自然物产,又体现在其深厚的文化内涵上。本文尝试将花与果视作互为因果关系的有机整体,探究饮食文化

---

① 马智慧.花朝节历史变迁与民俗研究:以江浙地区为中心的考察[J].浙江学刊,2015(3):66-74.

中自然与人文之间复杂而微妙的联系。

　　第一,杭州花果文化历史久远,得益于众多前人的笔墨,很多珍贵的历史记忆得以留存,因此对地方花果文化要注重其历史脉络的挖掘,同时也要意识到文化的演替有传承也有消散,是一个扬弃的过程,一方面受到科技、经济因素与产业变迁的影响,另一方面也会受到内在文化的熏陶与外来文化的冲击,并在文化的交融中不断重构,也就是说,遗产的保护与利用需要有所取舍。

　　第二,对于花果的加工制作技艺是人化自然的实践美学,例如蜜饯、藕粉的制作既是一种技艺,也逐渐成为受保护的非物质文化遗产,而花果在各式菜肴与社会实践中呈现出一种生活美学的特质,这类面向生活世界的审美形式在宋代以后逐渐兴起,例如《山家清供》中以梅花花瓣制成的料理,以及花果的寓意与节事活动,皆是形式美与理念美的有机统一。一些古书曾提到的那些料理的名字与制法,后来也间接成了饮食文化传承与创新的源头,因此,饮食遗产中复古与创新的辩证关系也理应值得重视。

　　第三,注重饮食文化多重感官的审美,如味觉、色觉、嗅觉,甚至是通感层面,同时还不能忽略精神层面的文化意涵,也就是花果背后的风俗、典故与情感意义,这在历代诗歌、文章以及民俗活动中得到充分的体现。因此,我们对花果的体验不单是感官上的接触,更是精神上对花果文化的鉴赏,乃至日常生活的一些实践,逐渐迈向食境、语境、环境、画境与意境五者交融的境界。

　　第四,花果文化及其相关的文旅融合仍然是一大难点,尤其是如何提升花果相关的空间场所与节事活动的质量。在策略上,应当走出单一化观赏与品尝的老路,丰富其文化内涵,在场所与时序上建立关联,提升与参与者之间的交流与互动,促进社会各界多元共治,以实现可持续的文旅融合发展模式。

文旅融合视野下嵊州小吃文化及饮食"新商业"模式探讨

袁晨凯　钱　磊*

摘要：2019年，嵊州成功获得了"历史小吃文化名城"称号，大大推进了嵊州小吃行业拓展市场的进程。针对目前的消费观念结构，浅层次的文化宣传已经无法满足现代消费者的要求，小吃要想通过文化来宣传推广自己，需要挖掘地域文化，探索新商业模式，努力满足人民群众对美好生活的向往，才可以达到宣传的效果。本文通过对嵊州小吃文化和发展现状的分析，提出了新的发展模式。

关键词：嵊州小吃；文化；商业模式

饮食文化是人类在日常生活中逐渐形成的文化，带有浓厚的生活气息和明显的地域性特征，往往是一个地区最具体的写照。

饮食文化不仅仅体现在食物上。在地区文明发展的过程中，人们逐渐把自身对世界的思考融入饮食文化当中，这使得原本简单的食物有了精神上的寄托而慢慢积累形成特定的文化。所以，饮食文化并不是被束缚在单一食物上的特定文化，而是可以体现整个区域特征的综合文化。嵊州的小吃文化就是这样，代表的不仅是嵊州小吃的地方风情，更是象征着嵊州的山水、村镇和精神。

* 作者简介：袁晨凯，男，浙江工商大学人文与传播学院历史系，主要从事地方文化研究；钱磊，男，嵊州小吃文化科技研究院秘书长，主要从事江南小吃研发。项目基金：2019年全国大学生创新创业训练项目阶段性成果。

一、嵊州小吃概述

有关嵊州的早期记载中,"山"与"水"是最常出现的汉字。嵊州的古称"剡",两火一刀的字形,展现了当时嵊州刀耕火种的原始农业状态,但是原始的山地丘陵环境也展示了嵊州秀美的山水环境,有"东南山水越为最,越地风光剡领先"①之美称,李白《赠王判官,时余归隐,居庐山屏风叠》"会稽风月好,却绕剡溪回",②杜甫《壮游》"剡溪蕴秀异,欲罢不能忘"③等记载。北宋时期嵊州固定了"嵊"的名字,充满刀耕火种的原始蛮荒气息的"剡"不再使用,暗示嵊州开始摈弃原先野蛮的风俗,开始孕育更加先进的地方文化,嵊州小吃文化从此迅速发展。

嵊州小吃种类繁多,分布于嵊州各乡镇以及邻县新昌,主要以大米、面粉等日常食材为原料,制作工艺复杂。根据制作方法大概可以分成四类:蒸煮类、水煮类、油炸类、干锅焗类。

蒸煮类中最著名的就是小笼馒头,包括豆腐小笼馒头(一种使用死面做面皮,以豆腐拌猪肉为馅料的小型包子)和普通的肉馅小笼,除此之外还有嵊州米果、嵊州青团等。

水煮类中最受欢迎的当数嵊州炒年糕,先将年糕与咸菜、猪肉、豆腐、大葱等一起翻炒,之后倒入开水做汤;除此之外还有榨面(大米经过发酵、晾晒等一系列工序制作出来的一种面饼);手工汤包(肉少,皮薄如蝉翼,体现江南水乡特点的小馄饨)。

油炸类的有嵊州油条,相对于普通油条来说更老,更细小;此外还有片烤年糕等。

干锅焗类主要以各式的面饼类小吃为主,例如菜干饼、春饼、大饼、麦荷等。

嵊州小吃主要原料为稻谷或小麦,辅料则具有地方特色,一般为竹笋、霉

---

① 彭定求.全唐诗[M].北京:中华书局,1999:9733-9734.
② 彭定求.全唐诗[M].北京:中华书局,1999:8792.
③ 彭定求.全唐诗[M].北京:中华书局,1999:12065-12067.

干菜、臭豆腐等当地的土特产。嵊州小吃不是仅集中于单个乡镇，而是广泛分布于全市。由于唐修建的浙江古道恰好经过嵊州，加速了嵊州地方小吃的改进以及与其他地区饮食的结合，从而促成了传统食品的进化与升级。

在漫长的历史进程中，尤其是在明清时期，社会盛行的儒家文化与嵊州的风土人情、历史传说相结合，嵊州小吃也因此被赋予了深厚的情感含义与思想内涵。在这种融合下，嵊州小吃不再是单纯用来果腹的食品，而是逐渐参与到重大的节日或庆典之中，成了人民情感的寄托，被赋予了独特的文化意义。由此具有嵊州特色的饮食文化诞生了。

嵊州小吃具有符合中国绝大部分地区人民饮食习惯和烹饪时间短等特点，使得全国各地均有嵊州小吃店分布。

二、嵊州的"米面文化"

（一）"孝悌"文化至"宗族"文化在米面文化中的体现

"百善孝为先"，明清时期由于儒家思想的盛行，嵊州特别注重"孝"文化的宣传，从《嵊县志》中单列的"孝行"人物一卷便可以看出主流文化对"孝道"的重视程度。"孝"的关系是父母与子女之间的关系，是一种家庭责任的表现。对"孝"的思考引起了对"家"的重视，继而又关联到整个"宗族"。嵊州小吃榨面所蕴含的"孝"文化即是一个典例。

明代科举兴盛，其中"会试"在京城举行，路途遥远，嵊州一考生担心自己赶考离家太久，家中母亲无法好好吃饭，又担心母亲的消化能力不佳，便将家中的大米捣碎，对米浆进行微发酵，制成榨面，方便母亲食用。

虽然这仅仅是一个民间传说，但在为榨面增添了文化含义的同时扩大了它的销量。有了民间传说的加持，榨面成了健康、长寿的象征，人们开始将榨面作为一种礼物而不仅仅是一个简单的食品。有老年人生病时，亲戚朋友就会以榨面作为礼品，祝愿老年人健康长寿，早日摆脱病魔。同时，榨面也是一种寿礼。榨面作为一种以大米为原料的主食，从原先单一的"孝"文化代表，成了预祝老年人健康长寿的礼品，被赋予美好愿景。

之后榨面又与婚嫁风俗相融合，倘若女方家里认可这个女婿，就会煮一碗带有鸡蛋的榨面给男方食用。至此，榨面完成了从原本单一的"孝"文化向"宗族"文化的转变。榨面的美好寓意再也不只是族中老年人的专属，族中年轻人也变成了榨面的服务对象。

由于外形上与粉干相似，在嵊州以外的地区"榨面"被称为"粉干"，但两者有实质上的区别。粉干原料可为各类大米，制作时仅需要捣碎压条即可。榨面原料为精制籼米，有洗米、浸润、磨细、压榨、静渗（亦称微发酵）、搅拌、成稞、煮稞、冷却、上榨、成面、煮面、冷浸、分条于竹笠中成圆盘形、避烈日、背风晒干等二十多道工序，无论是口感、成色，还是营养价值，榨面都优于普通的粉干。

此外，嵊州米果、三界大糕也是由原先单一的文化逐渐发展为融合"宗族观念"的文化。嵊州米果可以看成是大型扁平状的豆沙馅糯米团子，原先用于庆祝新生儿过周岁，故又被称为"搭周果"，后来逐渐演化成了家庭新生的代名词，在婚礼等场合也会出现。三界大糕是一种米糕，原先只出现于春节期间，后来演化为团圆的象征，中秋、元宵、重阳等节日也可以见到三界大糕的身影。

（二）历史事件在小吃文化中的体现

《嵊县志》的人物传中有"义行"与"义烈"两卷，用来记载嵊州当地的忠义人物。其中有许多著名的历史人物与嵊州小吃的诞生和发展有关。

在体现这类文化的嵊州小吃中，嵊州炒年糕知名度最高，也最受人们喜爱。年糕的起源有的依托于神话中的年兽，有的依托于与伍子胥有关的传说。嵊州等浙江地区将年糕制成长方体的城砖状，据说是为了纪念伍子胥将年糕佯作城砖贮藏在地底，最后挽救百姓的传说。现在普遍认为吴国的都城苏州是年糕的发源地。

除了年糕，俗称"大饼"的嵊州面饼、麦荷、健脚笋等都跟民间忠义之士的传说有关。现在，这些代表着民间美好理想的食物往往作为人们的早餐存在于嵊州的大街小巷。除此之外，这些小吃还包含着强化身体机能的美好期望，比如喝"亮眼汤"明目，吃"健脚笋"健步。

（三）中华祭祀文化在饮食文化中的体现

自然神与自然神论不同，自然神论是一种一神论哲学学派，自然神则是将自然现象具体化出一位神明的客观唯心主义。中国早期宗教具有浓厚的自然神特征[①]。除了神之外，中华文化还注重对"鬼"的祭祀，与其他文化不同，"鬼"在中华地区并不是"恶"的象征，而是指人们的祖先。

祭祀通常在春、秋季进行，以清明前后的"春祭"为例，嵊州人民在"春祭"时的供品逐渐发展成嵊州的小吃，其中最为著名的当数"春饼""春卷""青团"，其中春饼最具地方特色。春饼是用面糊在平底铁锅上轻轻擦拭后迅速形成的一层薄如蝉翼的面饼，通常加上臭豆腐、油灯菇[②]等食材卷成卷状食用。这种从祭品演变流传下来的小吃，承载了中华文明深厚的历史文化。

（四）多种地域文化在饮食文化中的体现

作为古道的重要节点，明清时期来自全国各地的客商在嵊州聚集，因此来自各地的饮食文化有了碰撞和融合，在嵊州诞生了许多新的小吃。这些新的小吃往往是对其他地区小吃的改进，有些是用本地的技术与原材料对已有小吃的做法或配方的改造；有些则是将多地食品的特征、配方或做法相互融合而形成新的食品。

其中最著名的是嵊州黄泽豆腐小笼。馒头和包子原本是北方地区人民喜爱的主食，并不是南方地区盛行的主食，所以到了嵊州，馒头和包子的形状发生了变化，它们的个头开始减小，原本的肉馅也换成了更加廉价的豆腐，再添加辣椒油便成了豆腐小笼包，深得人们喜爱。相比于其他地方薄皮多汁的小笼包，嵊州小笼包只有肉馅，没有汤汁。由于嵊州人自古不分馒头和包子，所以嵊州小笼包也被当地人称作小笼馒头。其表皮是发面而成，饱满有嚼劲，胖乎乎十分可爱，属于袖珍型馒头。闻起来香而不腻，吃起来回味无穷。

嵊州小吃中对外来小吃进行改进的另一个案例是手工汤包。手工汤包来

---

① 所谓自然神，指的是自然现象被人格化之后升格为神。中国的自然神主要有西王母、伏羲、月神嫦娥、火神祝融等。

② 一种嵊州小吃，将面粉和萝卜丝利用圆底铜勺做成香菇状，下油锅炸至金黄。

源于馄饨,传统的馄饨个头大,与江南地区人们的审美和性格不符,嵊州人民便改进其技艺,将面皮变为饺子皮厚度的五分之一,相对的猪肉含量也更少,做好后放入沸水煮。由于汤包皮薄,煮的时间不宜过长,去沸水加酱油、蛋丝、紫菜、盐与味精即可食用,口味清淡。

除了小笼包和手工汤包,油条也一个是经过嵊州人民改善的名小吃。在嵊州,厨师将油条缩小并增加油炸的时间,一改原来的松软口感,使其变得更加酥脆。此外还有对干菜馅烧饼的改进等。

不同文化之间的碰撞极大地增添了嵊州小吃的多样性,更重要的是,正是由于需求的增加,刺激了嵊州小吃不断改进、创新。现在,嵊州小吃仍在不断地适应新时期下顾客对小吃的新需求。

三、以文化充实小吃的商业经营模式

(一)嵊州小吃的统一发展战略

2014 年,部分经济学家提出企业盈利的多少取决于其商业模式的观点[1]。虽然学者们依旧对商业模式创新的方式有着各自不同的见解,[2]但是从目前已有的成功的饮食产业模式中可以发现,制定合适的发展战略是关键。但好的战略需要好的执行,所以对于嵊州小吃行业本身来说,最重要的应该是尽快建立一个统一协调、分层管理的有执行力的小吃联合组织,想组成这个组织,就需要政府和嵊州小吃协会的共同努力。

目前许多嵊州小吃店依然是分散的个体户经营模式,这种模式虽然灵活,但是散而乱,管理层无法达成统一的意见,也无法承担较大的风险。一些个体经营户还会因为对长期规划的忽视,无法贯彻优秀的小吃行业发展战略。个体经营户之间由于缺少第三方的调度分配,容易出现矛盾,甚至由于矛盾没有地方调节,嵊州小吃店之间也会产生矛盾。现在,嵊州市工商局已经成功申请

① 王炳成,范柳,高杰,等.新商业模式的形成机制研究[J].经济问题探索,2014(4):174-179.
② 王炳成,闫晓飞,张士强,等.商业模式创新过程构建与机理:基于扎根理论的研究[J].管理评论,2020(6):127-137.

了"越乡小笼"这一商标,嵊州小吃协会可以出面与市工商局达成协议,以"越乡小笼"为商标,以原"嵊州小吃协会"为基础和有自己想法的且愿意出资入股的小吃店主改组形成新的商会性质的嵊州小吃协会作为集体公司的决策机构董事会,建立一个市场定位准确、权益保障有效、分层管理有方的嵊州小吃企业。这个企业享受政府一定的资助,并接受相关政府部门的监督,从而吸引广大分散的个体经营户以绝对服从公司决策机构的决策为基本原则入股公司,或接受公司的培训教育成为公司员工。

而对于加入公司的个体经营户来讲,必须绝对服从集体的安排,所以公司要建立一个分层管理体系,可以根据现有的国家行政区划为单位,每个单位设立一至两名负责人,负责管理每个单位内的嵊州小吃店。同时,管理人员内部要实行"考核制度"及时清理无作为的管理人员,提拔有作为的管理人员,公司内部也要有监察机构,以防徇私舞弊。对于各小吃店所举行的活动,可以灵活安排,但必须统一协调。这一方面需要政府工作人员对公司管理员进行培训,政府跟公司可以商定一个年限,在这个年限中由政府部门提供人才辅助管理公司,以帮助公司提升管理能力,弥补嵊州小吃协会在管理上的短板。

最重要的一点是,公司必须成立一个研究部门,时刻关注嵊州小吃市场的变化,以及时更改公司经营战略。还要尽可能成立一个食品研究部门,对嵊州小吃产品进行研发或改善。

(二)嵊州小吃的市场定位战略

自愿原则是公司接纳嵊州小吃个体经营户加入的第一要义,所以公司应该考虑如何吸引个体户的加入,而吸引个体户最直接的办法就是增加经营利润,增加利润需要更好的经营模式。寻找更好的经营模式的第一步是定位合理的消费群体。

根据高德地图的数据显示,在浙江省内(除绍兴地区),嵊州小吃店在杭州市区、宁波市区和舟山市区分布密集。在全国范围内(除浙江省),嵊州小吃在广东省珠三角地区、湖南长沙市区、辽宁沈阳市区、辽东半岛(大连)地区、北京与天津地区有明显的集聚作用,此外,除了内蒙古、四川、重庆、青海、西藏,其他各省都有嵊州小吃店的分布。嵊州小吃的消费群体主要为购买早餐、零食或者中餐为主的城市上班族,除此之外,嵊州小吃的口味应该比较符合东北地区、湘潭地区和平津地区居民的口味。

因此,嵊州小吃的店面位置需要靠近生活区、公共交通运输站附近等上班族人流往来密集处,在上文中提到的地区适当加大嵊州小吃连锁店的数量,将这些地区打造为嵊州小吃向全国进军的试验场和大本营。由于嵊州小吃在许多省份仍处于零星分布的状态,说明嵊州小吃在这些地区有一定的市场竞争力,应该采取稳扎稳打的方式抢占市场,根据经营状况灵活应对市场变化。

一方面除了日常的线下经营,企业还应该利用互联网拓宽经营范围,在网上销售速冻小笼包等食品。现代社会,互联网经济是重中之重,但跟实体店的经营模式不一样。由于对物流要求极高,互联网销售嵊州小吃不可避免地会导致经营成本上涨,实惠战略只会导致产品质量变差,不利于嵊州小吃的口碑积累。所以嵊州小吃的线上销售要走精品路线,并尽可能地发挥嵊州小吃方便快捷的特点,以嵊州小吃文化为源泉设计精美的包装或者食品外形。另一方面,嵊州小吃实体店要开发外卖业务,公司可以与饿了么、美团等平台合作,参与这些平台的各种活动,首先公司的建立有利于把原本五花八门的嵊州小吃店在外卖平台上统一起来,一起举办活动并相互照应,其次也是对嵊州小吃的宣传。

(三)嵊州小吃的文化宣传战略

嵊州小吃文化宣传的对象的重点一定不可以是实体店的顾客,上文已经分析得出,实体店的主要顾客是大城市的上班族,方便快捷是他们的关注点,公司只能通过线上精品路线的方式传播嵊州小吃文化,但这种方式的宣传作用比较有限,因此,想要单纯依靠公司自己的力量达到嵊州小吃文化宣传的目的几乎是不可能的。

嵊州小吃文化与嵊州文化紧密相连,只要能够实现宣传嵊州文化,就能够宣传嵊州小吃文化。进行文化宣传活动需要大量资金的支持和政策的优惠,而政府和公司刚好可以处理这方面的问题。所以,公司的文化宣传工作应该跟政府的相关文化部门合作,向外传播嵊州文化的同时,传播嵊州小吃文化。其宣传主要方式有两个。一是跟越剧艺术学校合作,帮助越剧艺术学校获得外地专场演出的机会,以嵊州小吃的品牌名义冠名,在表演现场举办嵊州小吃展之类的活动。二是跟王羲之后人进行合作,在全国举办跟书法有关的比赛,或者与中国书法协会取得联系,在书法活动现场插入嵊州小吃宣传。目前嵊州小吃协会已经开始积极参与各类国内外展演大会,取得了较好的成绩,但仍未达到持续性的效果。说明嵊州小吃的文化宣传是一项长期的战略工作,不可以抱有一蹴而就的幻想,要做好长期奋斗的准备。

一个行业的创新并不是一蹴而就的,需要长期的规划,因地制宜、因时制宜的灵活策略,一定的文化深度和恰到好处的宣传等多种因素相结合,甚至还需要一定的运气。但是只要一个行业有向上的、往前进的想法,这些因素就会自然而然地出现,所以有着朝前走动力的嵊州小吃完全有实现质的飞跃的可能。

参考文献

[1]高似孙.剡录[M].嵊州:浙江省嵊县县志编纂委员会办公室,1985.

[2]彭定求.全唐诗[M].北京:中华书局,1999.

[3]嵊县志编纂委员会.嵊县志[M].杭州:浙江人民出版社,1989.

[4]司马迁.史记[M].北京:中华书局,2013.

[5]王炳成,范柳,高杰,等.新商业模式的形成机制研究[J].经济问题探索,2014(4):174-179.

[6]王炳成,闫晓飞,张士强,等.商业模式创新过程构建与机理:基于扎根理论的研究[J].管理评论,2020(6):127-137.

饮食文化篇

宋韵视野下南宋都城临安的饮食文化

徐吉军*

摘要: 南宋时期的临安城是世界上首屈一指的大都市,有着引人注目的饮食文化。在商业突破传统坊市制度的背景下,临安的各类饮食店铺及相关设施遍布城内外,各类酒食一应俱全,并呈现出南北交融的特色。本文基于临安饮食业快速发展的背景,探讨其饮食业发展的多样性及新动向。

关键词: 南宋;临安;饮食文化;坊市制度

宋代在中国历史上是一个引人注目的时期。在这个时期,中国古代的文明达到了登峰造极的高度。近代史学大师陈寅恪先生认为:"华夏民族之文化,历数千载之演进,造极于赵宋之世。"著名史学家邓广铭认为:"宋代的文化,在中国封建社会历史时期之内,截至明清之际的西学东渐的时期为止,可以说,已经达到了登峰造极的高度。"法国著名汉学家贾克·谢和耐(Prof. Jacques Gernet)在其所著《南宋社会生活史》序言中认为:"在蒙人入侵前夕,中国文明在许多方面正达灿烂的巅峰";"十三世纪的中国,其现代化的程度是令人吃惊的:它独特的货币经济、纸钞、流通票据,高度发展的茶、盐企业,对外贸易的重要(丝绸、瓷器),各地出产的专业化等等。国家掌握了许多货物的买卖,经由专卖制度和间接税,获得了国库的主要收入。在人民日常生活方面,

* 作者简介:徐吉军,男,浙江省社会科学院二级研究员,浙江工商大学人文与传播学院教授,主要从事宋代文化研究。

艺术、娱乐、制度、工艺技术各方面,中国是当时世界首屈一指的国家,其自豪足以认为世界其他各地皆为化外之邦。"

一、南宋临安商业繁荣背后的饮食业大发展

南宋都城临安是当时世界上首屈一指的国际性大都市。据学者研究,到了南宋后期,临安城内外的人口约为 150～160 万人,是无愧于世界之冠的特大城市。这里是南宋的政治、经济和文化的中心,时人耐得翁《都城纪胜》一书序中称都城临安的民物康阜繁富,不仅甲于东南,而且要超过开封十倍以上。而意大利旅行家马可波罗在游记中更是称杭州为"世界最美丽名贵之城"。

当时外地商人纷纷奔赴这个世界上商业最为繁华的城市来淘金,时谚云:"欲得官,杀人放火受招安;欲得富,赶着行在卖酒醋。"便是这一现象的生动写证。据时人记载,临安有四百十四行,每行大约数十至百户。这比宋敏求《长安志》卷八《次南东市》所载唐代长安"市内货财二百二十行",足足增加了近一倍。如以百户计算,则城区从事工商业的户数有 41400 余家。一家以 5 口计,则达 20.7 万人,约占城区居民总数的五分之一。而据《马可波罗游记》所述,临安的工商户则要远远超过此数:"城中百工共分十二行,每行从事工作之工人凡一万二千家。每家最少十二人,多者二十人至四十人不等;主人而外,兼有雇工。"如以每家铺子最少雇用 12 人计算,则临安城内仅从事工商业的人数就高达 14.4 万人。这在中国都城发展史上可以说是空前绝后的,远非中国封建社会鼎盛时期唐代长安、北宋东京所能相比的。

商业完全突破了传统的坊市制度,自大街及各个坊巷,大小铺席,没有一间虚空的房屋,可以说没有一家不做买卖的。居民密集的闹市区更是店铺林立,仅御街中段有店名可考的大店就达 120 余家。长达数千米的御街,形成了多个商业中心。自大内和宁门外,新路南北,早间珠玉珍异及花果时新、海鲜、野味、奇器,天下所无的物品,全部集中在这里,可谓"万物所聚"。以至朝天门、清河坊、中瓦前、灞头、官巷口、棚心、众安桥,食物店铺一家接着一家,顾客盈门,可以说是人烟浩穰,甚至连"坊巷桥门及隐僻去处,俱有铺席买卖"。南宋初年流寓到杭州的北方人,纷纷在此经营商业,在众多的商铺中占有举足轻

重的地位。时人耐得翁在《都城纪胜·食店》里述及临安的食店时说："都城食店，多是旧京师人开张。"这些汴京人不仅纷纷在临安开设酒楼、茶肆和食店，把中原传统的烹饪技术、汴京风味制作以及饮食店的经营管理方法等带到了杭州，从而使得临安颇多"汴京气象"，以异乎寻常的速度蓬勃发展起来。耐得翁《都城纪胜·诸行》便列举了一些："都下市肆，名家驰誉者，如中瓦前皂儿水、杂卖场前甘豆汤，如戈家蜜枣儿、官巷口光家羹、大瓦子水果子、寿慈宫前熟肉、钱塘门外宋五嫂鱼羹、涌金门灌肺、中瓦前职家羊饭、彭家油靴、南瓦宣家台衣、张家圆子、候潮门顾四笛、大瓦子丘家筚篥之类。"繁忙的商业活动，密集的人口，以及各地不断涌入的游客都促成城市商业的快速发展。以汴京为代表的北方饮食文化的南传，不仅丰富了临安市民的饮食生活，而且进一步提升了其在全国的地位，确立了龙头作用，以至社会上时有"不到两浙辜负口"之言。

南宋临安的饭店、酒楼、茶肆、歌馆、瓦子、客栈一应俱全。以酒楼为例，酒店分正店、脚店、拍户等。正店是第一等的大型酒店，主要为上层顾客服务，基本上集中在闹市区，有的规模已经达到了数千平方米，能够承办上千人以上的宴食。店门口彩画欢门，设红绿杈子，绯绿帘幕，贴金红纱栀子灯，装饰厅院廊庑，花木森茂，酒座潇洒。并备有各式各样的精美餐具，特别是酒器，全部用银制作而成。从店门进去，一直是主廊，约一二十步才分南北两廊，全部是装饰华丽豪华的高级包厢和雅座。到了晚上，整个酒楼灯烛辉煌，上下相照，如同白昼。数百名浓妆打扮的年轻漂亮的女"服务员"，聚于主廊的楼面上，等待着顾客的呼唤，一眼望去，宛如一群天上的仙女。如处于大河（盐桥运河）街市中段的太和楼，就是一家宏伟壮丽的官营大酒楼。酒楼设有三百间包厢，如果按今每一包厢十平方米来计算，则达三千平方米；再加上制作菜肴的厨房、酿酒存酒的作坊和仓库、走廊、大厅等，则其建筑面积至少在五千平方米以上，这在今天的城市中也是一个超大型的酒楼了，真可谓建筑雄伟壮观，装饰富丽堂皇，气势非凡。在这个酒楼里，有上千名工人在从事酿酒等工作，以至"有酒如海糟如山"。酒楼每天的高档客人达三千人左右，而要招待好这些挥金如土的豪客，自然服务工作必须尽善尽美，让客人满意。为此，酒楼招聘了成百上千的年轻漂亮的美女，有"金钗十二行"。甚至酒楼的负责人也是"苏小当垆"。

她们除殷勤为客人倒酒外，还唱歌跳舞，演奏各种乐器，为客人饮酒助兴，让顾客乐不思蜀，满意而归。因此，这座酒楼在南宋盛极一时。在丰豫门（即涌金门）外的丰乐楼，同样瑰丽宏特，高接云霄，为湖山壮观，"缙绅士人，乡饮团拜，多集于此"。

二、饮食行业经营多样化

临安饮食行业经营多样化，饮食店铺遍布城内外。从其经营的食品特色来看，可分为分茶店、面食店、羊饭店（又称肥羊酒店）、犯鲊店、南食店、菜面店、素食店、羹店、菜羹饭店、衢州饭店等数种。其中，面食店，顾名思义就是一种以经营面食为主的饮食店铺。这种店在北宋东京时就非常普遍，当时面食的品种有：分茶店有罨生软羊面、桐皮面、冷淘虀子、寄炉面饭；川饭店有插肉面、大燠面；南食店则有桐皮熟脍面。南宋临安面食店经营的面食品种极其繁多，主要有：猪羊庵生面、丝鸡面、三鲜面、鱼桐皮面、盐煎面、笋泼肉面、炒鸡面、大熬面、子料浇虾蟆面等。此外，三鲜棋子、虾蟆棋子、虾鱼棋子、丝鸡棋子、七宝棋子等也属面食。需要说明的是，在这众多的面食中，有许多是素面。羊饭店或称为肥羊酒店，是一种以经营北方菜肴食品为主的饭店，顾名思义，就是一种以经营羊肉类食品为主的饭店，如分茶店经营的羊肉菜肴，有许多品种便是这种店铺的特色菜。当然，其制作的总体水平要低于分茶店，特别是使用的原料多为内脏之类的下脚料。店内除出售羊肉菜肴和米饭外，还兼卖酒。顾客如没有多少吃饭时间，则先上头羹、石髓饭、大骨饭、泡饭、软羊、淅米饭诸类的饭食。如顾客吃饭时间宽裕，则先上煎事件、托胎、奶房、肚尖、肚胘、腰子之类的菜肴，供顾客饮酒下饭，慢慢食用。犯鲊店所制作的犯鲊，名件多到四十种。菜羹饭店即孟元老《东京梦华录》卷四《食店》中所谓的"瓠羹店"，专售各种菜羹，兼卖煎豆腐、煎鱼、煎鲞、烧菜、烧茄子等菜肴，这是都城中平民百姓的食店。这种菜羹饭店在北宋都城东京曾经风行一时，深受下层劳动人民的欢迎。临安的菜羹饭店亦较为兴盛，著名羹店有钱塘门外的宋五嫂鱼羹、官巷口的光家羹以及李婆婆羹店。荤素从食店是点心店中规模最大、品种最全的一种。这种荤素从食店早在北宋东京时就很盛行，当时东京著名的有州桥以南的曹家从食。至南宋建都临安后,荤素从食店更多了,著名的有大内前的卞家从食。此外,坝桥榜亭侧朱家馒头铺、市西坊的朱家馒头铺、南瓦子前的张家元子铺和朝天门里大石板的朱家元子糖糕铺等都属从食店。从食店出售的品种极其丰富,吴自牧《梦粱录》卷一六《荤素从食店》,列举蒸作面行出卖的从食五十一种,素点心从食店出卖的素从食二十六种,粉食店出卖的各色元子、水团、糕、粽子等十五种。《武林旧事》卷六《糕》列举各种糕十九种,《蒸作从食》列举从食五十二种以及诸色夹子、诸色包子、诸色角儿、诸色果食、诸色从食。饼店在宋代可以划分为油饼店、胡饼店两类。据孟元老《东京梦华录》卷四《饼店》载:"凡饼店有油饼店,有胡饼店。若油饼店,即卖蒸饼、糖饼、装合、引盘之类。胡饼店即卖门油、菊花、宽焦、侧厚、油锅、髓饼、新样、满麻。每案用三五人捏剂卓花入炉。自五更卓案之声,远近相闻。唯武成王庙前海州张家、皇建院前郑家最盛,每家有五十余炉。"临安的饼店,从数量上说自然无法与北宋汴京相比,但由于这里聚集了大量的北人,特别是南迁的北方贵族,故饼店经营的种类数量远胜汴京。如《东京梦华录》载都城东京市面上出售的饼仅有油饼、蒸饼、宿蒸饼、油蜜蒸饼、糖饼、胡饼、茸割肉胡饼、白肉胡饼、肉饼、莲花肉饼、环饼、髓饼、天花饼等十余种;而至南宋都城临安时,《梦粱录》《武林旧事》等书中则载有蒸饼、金银炙焦牡丹饼、三肉饼、枣箍荷叶饼、芙蓉饼、菊花饼、月饼、梅花饼、开炉饼、甘露饼、肉油饼、炊饼、乳饼、糖蜜酥皮烧饼、春饼、芥饼、辣菜饼、熟肉饼、鲜虾肉团饼、羊脂韭饼、旋饼、胡饼、猪胰胡饼、七色烧饼、焦蒸饼、风糖饼、天花饼、秤锤蒸饼、金花饼、睡蒸饼、炙炊饼、菜饼、荷叶饼、韭饼、糖饼、髓饼、宽焦饼、蜂糖饼等数十种。由此可见,南宋临安饼的制作技术在汴京的基础上有了进一步的发展。

从食品店饮食的风格上看,又可分为北馔、南食、川饭三大类。北食主食以麦面为主,副食则以羊肉为主,在食味上以酸味为主;南方以米食为主,副食以鱼虾等水产品为主,食味则以咸味为主。从经营的规模来看,首推分茶店,羊饭店、川饭店、南食店、菜面店、素食店、衢州饭店等次之。可以说饭店档次高、中、低均有,品类齐全,可以适应不同层次、来自不同地区的食客的需要。从经营者的籍贯来看,既有本地的,也有许多来自北方的经营者,如著名的鱼羹宋五嫂、羊肉李七儿、奶房王家、血肚羹宋小巴等,就是从东京迁来的。

三、饮食分工精细化，
"南料北烹"成为当时临安餐饮业特色

饮食行业的分工已经非常精细,除有上门服务的"四司六局"外,还出现了供贵家雇佣的厨娘。此外,烹饪方法极其丰富多样,调味品得到了充分的利用,食品菜肴的造型技艺也得到了很大的提高。从菜肴的用料及制作来看,比较突出的是海味菜和鱼菜的兴起以及菜点艺术化倾向的出现,后世出现的几大菜系,在临安都已具雏形,而现在的杭帮菜当形成于此时。"南料北烹"成为当时都城餐饮业的一大特色,厨师们用北方的烹调方法,将南方丰富的原料做得更加美味可口。饮食行业的高速发展促使饮食行业形成了自己的组织——奇巧饮食社,这是过去中国饮食史上未见的。

饮酒之风盛行,周辉《清波杂志》卷六说:"今祭祀、宴飨、馈遗,非酒不行。"时人在饮酒上非常讲究环境的选择,良辰美景、歌舞音乐等都是酒徒们极力追求的。周密《齐东野语》卷二十《张功甫豪侈》就对此做了详细的记载。张镃字功甫,号约斋,为循忠烈王诸孙,擅长写诗,一时名士大夫没有不跟他交游的。其家的园林、声妓、服玩之丽甲天下。曾于南湖园作驾霄亭于四枝古松之间,上面用非常粗大的铁索联结在一起,空悬在松树的半身。每当风月清夜,他便与客人从梯子上爬上去,飘摇云表。王简卿侍郎曾赴其牡丹会,回来后曾对大家描述此会的情景:众位来宾到齐后,坐在一个虚堂中,里面寂无所有。突然之间,有人问左右说:"香已发未?"左右回答:"已发。"于是命把帘卷起来,异香从里面传出,郁然满座。接着,数位女妓捧着酒肴、吹着笛子,次第而至。另有十位穿着白衣的名姬,凡首饰、衣领皆是牡丹图案,头上插着照殿红一枝,执板奏歌侑觞。歌罢,乐作乃退。于是再将帘子垂下,大家纷纷谈论着刚才的感受,过了好长一段时间,香再起,再像前面一样卷帘。有另外十名姬易服与花而出,簪白花的则衣紫,紫花则衣鹅黄,黄花则衣红。大家饮了十杯酒,名姬们的衣服和花也换了十次。她们所唱的歌,均是前辈牡丹名词。等到宴会结束,上百名唱歌和弹乐的姬女一起列行送客。烛光香雾,歌吹杂作,使客人都有一种恍然如仙游的感觉,美不可言,终生难忘。

　　饮茶之风也非常流行,上自朝廷,下至民间,一天也不可缺少。茶道中所极力追求的艺术氛围,在茶肆中得到了淋漓尽致的发挥。据吴自牧《梦粱录》卷一六《茶肆》载:"杭城茶肆……插四时花,挂名人画,装点店面。……向绍兴年间,卖梅花酒之肆,以鼓乐吹《梅花引》曲破卖之。……今之茶肆,列花架,安顿奇松异桧等物于其上,装饰店面,敲打响盏歌卖。"民间百姓也竞相仿效,附异风雅,以致俗谚称"烧香、点茶、挂画、插花"为"四般闲事"。

四、南宋饮食业发展新动向

　　饮食讲究时鲜、精美、营养、卫生等,已成为市民们追求新的生活方式的新动向。有的富商大贾穷奢极欲,片面追求世俗物质享受。他们极力追求食品的丰盛,讲究精美可口,不食蔬食、菜羹粗粝、豆麦黍稷,一定要精制稻米经过三蒸九折,达到鲜白软媚的程度方肯吃;凡饮食珍味,时新下饭,奇细蔬菜,品件不缺,不较其价值,惟得享时新便好。肉必要山珍海味,经过脍、炙、蒸、炮等工序的精心制作。水陆之品,人为之巧,镂篡雕盘,方丈罗列。认为只有这样,才懂得"着衣吃饭",才是一种享受。(参见阳枋《字溪集》卷九《杂著·辨惑》)宫廷菜肴更是鲜美、精致,工艺繁杂。名菜仅司膳内人所书的便有酒醋白腰子、三鲜笋、炒鹌子、烙润鸠子、燣石首鱼、土步辣羹、海盐蛇鲊、煎三色鲊、煎卧乌、焐湖鱼糊、炒田鸡、鸡人字、焙腰子、糊燠鲇鱼、蝤蛑签、鹿膊及浮助酒蟹、江蛦、青虾辣羹、燕鱼干、燣鲻鱼、酒醋蹄酥片、生豆腐、百宜羹、燥子、煠白腰子、酒煎羊、二牲醋脑子、清汁杂烩、胡鱼肚儿辣羹、酒炊淮白鱼等。(参见陈世崇《随隐漫录》卷二)绍兴二十一年(1151)十月,宋高宗赵构亲临清河郡王张俊府第,张俊设宴招待高宗一行。据周密《武林旧事》卷九《高宗巡幸张府节次略》所载,仅一次招待皇帝的宴席上的菜肴就达200多道,其中有数十道是名菜,如花炊鹌子、荔枝白腰子、奶房签、三脆羹、羊舌签、萌芽肚胘、肫掌签、鹌子羹、肚胘脍、鸳鸯炸肚、沙鱼脍、炒沙鱼衬汤、鳝鱼炒鲞、鹅肫掌汤齑、螃蟹酿枨、奶房玉蕊羹、鲜虾蹄子脍、南炒鳝、洗手蟹、五珍脍、螃蟹清羹、鹌子水晶脍、猪肚假江蛏、虾枨脍、虾鱼汤齑、水母脍、二色茧儿羹、蛤蜊生血粉羹等。此外,还有42道小果及蜜饯,20道菜蔬,9种粥饭,29道干鱼,17种饮料,19种糕饼,57种点心(包括各类饼干、馒头、包子)。

达官贵人一次的宴饮费用,往往要花费十金。到了嘉定年间,一些官员更是在饮食上穷奢极欲。官员程卓指责说:"罄中人十家之产,不足供一馈之需;极细民终身之奉,不足当一燕之侈。"(程卓:《论诸州公帑妄非费奏》,《全宋文》第 287 册第 289 页)

他们时常要举办各种宴会,差不多每个月都要举行一两次宴饮活动。以张镃为例,其家一年四季的宴会活动如下:

正月孟春:岁凶家宴,人日煎饼会。

二月仲春:社日社饭,南湖挑菜。

三月季春:生朝家宴,曲水流觞,花院尝煮酒,经寮斗新茶。

四月孟夏:初八日亦庵早斋,随诣南湖放生,食糕糜,餐霞轩赏樱桃。

五月仲夏:听莺亭摘瓜,安闲堂解粽,重午节泛蒲家宴,夏至日鹅炙,清夏堂赏杨梅,艳香馆赏林檎,摘星轩赏枇杷。

六月季夏:现乐堂尝花白酒,霞川食桃,清夏堂赏新荔枝。

七月孟秋:丛奎阁上乞巧家宴,立秋日秋叶宴,应铉斋东赏葡萄,珍林剥枣。

八月仲秋:社日糕会,中秋摘星楼赏月家宴。

九月季秋:重九家宴,珍林赏时果,满霜亭赏巨螯香橙,杏花庄笃新酒。

十月孟冬:旦日开炉家宴,立冬日家宴,满霜亭赏蜜橘。

十一月仲冬:冬至日家宴,绘幅楼食馄饨,绘幅楼削雪煎茶。

十二月季冬:家宴试灯,二十四夜饧果食,除夜守岁家宴。

"富者炫耀,贫者效尤。"在他们的带动之下,市民们的饮食消费亦在攀升,凡缔姻、赛社、会亲、送葬、经会、献神、仕宦、恩赏等活动,都要操办丰盛的宴会,极尽铺张之能事,故杭谚有"销金锅儿"之号。(《武林旧事》卷三《西湖游幸(都人游赏)》)他们"凡饮食珍味,时新下饭,奇细蔬菜,品件不缺",购买这种稀缺的无价时新蔬菜,"不较其值,惟得享时新耳"。在此背景下,"京都厨娘"在临安应运而生了。然而她们的身价极高,"非极富贵家不可用"。雇家除了花费大量的金钱让她们置办酒席外,还得出一笔大工钱。由此,连一些家底还可以的官员也感叹曰:"吾辈事力单薄,此等筵宴不宜常举,此等厨娘不宜常用。"(参

见洪巽《旸谷漫录》所载）

临安市民还十分讲究食品卫生。饮食直接关系到人们的身心健康,因此临安城中的饮食店除烧制花样新颖、味美可口的食品外,还特别注意所使用的炊具、饮食器皿以及食品包装等的卫生,力求新洁精巧,以具有更强的吸引力。吴自牧在《梦粱录》卷十八《民俗》也提到,杭城风俗,凡经营百货、饮食的商家,效学汴京气象,大多注重装饰车盖担儿、盘盒器皿,力求新洁精巧,以炫耀人耳目。其原因,大致是因为高宗常常派人到市场上购物,所以不敢苟简,食味亦不敢草率。

宋韵视野下临安商业饮品名实考辨

王品淇[*]

摘要：南宋行政中心临安有着发展水平较高的饮食文化，其中茶酒之外的商业饮品研究是有待深入的。《武林旧事》《都城纪胜》等记录南宋临安风土人情的经典文献对茶酒之外的商业饮品有一定的记载。通过对南宋临安商业饮品的整理与部分考证，可以发现其中有着丰富的药用与保健元素，药剂的商品化与普通饮品的保健化折射出日常养生在时人观念中的地位抬升。

关键词：南宋；临安；饮品；养生

南宋临安有着发达的饮食文化，饮品文化为当中重要的一环。最受时人关注的饮品莫过于茶与酒，现代学者研究临安饮品时的着重点也多在于此，例如《南宋临安饮食服务业研究》[①]《南宋临安府的饮食文化》[②]《南宋时期杭州的饮食文化》[③]等论文。林正秋在专著《杭州饮食史》[④]中，亦对茶酒之外的饮品未有较多叙述。当然，也有学者关注到了茶酒之外的饮品领域，例如《〈梦粱录〉饮食词汇研究》[⑤]一文，将《梦粱录》一书中出现的茶酒之外的饮品分为"养

---

* 作者简介：王品淇，男，浙江工商大学饮食文化创新团队成员、浙江省饮食文化研究院研究人员，主要从事浙江地方文化研究。

① 成荫.南宋临安饮食服务业研究[D].四川师范大学,2003.
② 朱瑞熙.南宋临安府的饮食文化[J].杭州(生活品质版),2013(4):17-19.
③ 谢作玲.南宋时期杭州的饮食文化[J].食品与健康,1994(5):18.
④ 林正秋.杭州饮食史[M].浙江:浙江人民出版社,2011.
⑤ 庞飞扬.《梦粱录》饮食词汇研究[D].上海师范大学,2021.

生汤剂"和"其他饮料",并进行了考证。本文欲就临安茶酒之外的商业饮品进行进一步的探研,将讨论范围扩大至《梦粱录》《西湖老人繁胜录》《武林旧事》《都城纪胜》等记录南宋临安历史以及风土人情的经典著作,并尝试对部分饮品的制作方法、功效等内容进行进一步考证。本文中的商业饮品指存在公开售卖现象的饮品。

一、茶酒以外的南宋饮品

阅读相关文献后,笔者对饮品名称进行了整理:凉水、苦水、鹿梨浆、椰子酒、木瓜汁、皂儿水、甘豆汤、绿豆水、缩脾饮、五苓散、豆儿水、香薷饮、卤梅水、江茶水、姜蜜水、紫苏饮、沉香水、乳糖真雪。

以上饮品多数有一定的药用价值,其中一部分原为药剂而作为饮品售卖,另一部分为具有一定保健功能的饮品。《〈梦粱录〉饮食词汇研究》将此二类饮品概括为"中药汤剂"与"药膳汤饮"两类。① 此外还有一些较为特殊的饮品,例如是自然果汁却饮之似酒的"椰子酒"、作为早期固体冷饮的"乳糖真雪"以及作为熟水烧法代表的"沉香水"等。这些饮品多数可作为"凉水"②即冷饮进行售卖,售卖地点或在市场,或在熙熙攘攘的路边。

接下来笔者将对部分饮品进行介绍。

二、名实考析

1.鹿梨浆③(又作漉梨浆④)

鹿梨是一种产于中国南方的中药材,也是时人喜爱的水果,又称鼠梨、山梨、阳檖、罗⑤等。宋代叶廷珪《海录碎事》有记载:

---

① 庞飞扬.《梦粱录》饮食词汇研究[D].上海师范大学,2021.
② 周密.武林旧事[M].上海:古典文学出版社,1957;447.
③ 周密.武林旧事[M].上海:古典文学出版社,1957;447.
④ 孟元老,等.东京梦华录(外四种)[M].上海:古典文学出版社,1957;119.
⑤ 李时珍.本草纲目[M].北京:中国中医药出版社,1998;748.

鹿梨亦名鼠梨、山梨也，今人有种者，其味极甘美。①

这种味道极其甘美的水果的药用价值也不容忽视，明代李时珍《本草纲目》中有如下记述：

实气味酸、涩、寒、无毒，主治煨食治痢。②

关于"浆"，《说文解字》中解释为"酢浆也"，即一种酸味的液体。结合《本草纲目》对鹿梨"气味酸涩"的记载，不难判断"鹿梨浆"为鹿梨汁液调成的饮品。根据相关记载，鹿梨浆作为冷饮于夏季出售。

2. 木瓜汁③

木瓜在我国很早就进入了普通人民的视野，《诗经·卫风》中有"投我以木瓜，报之以琼琚"的记载，汉毛亨注曰"木瓜，楙木也，可食之"，也说明我国先民早已认识到了木瓜的食用功能。

木瓜的汁液有一定的药用价值，唐代孙思邈《千金宝要》中记录了木瓜汁对"小儿渴痢"的治疗作用。

小儿渴痢，捣木瓜汁饮之。④

明代孙一奎《赤水玄珠》中亦有"木瓜汤"一节：

主呕哕风气，又吐而转筋者，煮木瓜汁饮之甚良。此酸收之剂，欲吐不吐者是也。⑤

又明代朱橚《普济方》对木瓜对霍乱的治疗作用作了记录：

疗霍乱不吐不下食，气惹满汤。出圣惠方。

用木瓜一枚，切，以水四升，煮取二升，细细饮尽，更作吐不止者，亦瘥。若渴，惟饮此汤佳，作茎亦可用。此汤令人吐，一方煮木瓜汁服之，治

① 叶廷珪. 海录碎事[M]. 北京：中华书局，2002：1021.
② 李时珍. 本草纲目[M]. 北京：中国中医药出版社，1998：748.
③ 孟元老，等. 东京梦华录（外四种）[M]. 上海：古典文学出版社，1957：447，119.
④ 孙思邈. 千金宝要[M]. 上海：商务印书馆，1935：9.
⑤ 孙一奎. 赤水玄珠[M]. 北京：中国中医药出版社，1996：67.

霍乱转筋。①

在宋代,木瓜汁作为夏日出售的冷饮,亦有一定的保健功效。

3. 皂儿水②

在宋代,皂儿水在夏日售卖,其主要原料为"皂荚(皂夹)",唐代孙思邈《千金翼方》中对皂夹的性状和药用价值进行了记述:

> 味辛咸,温,有小毒。主风痹,死肌,邪气,风头泪出,利九窍,杀精物。疗腹胀满,消谷,除咳嗽,囊结,妇人胞不落,明目益精。可为沐药,不入汤。生雍州川谷鲁邹县。如猪牙者良。九月、十月采荚,阴干。③

唐代时,皂荚多产于西北的雍州,并有一定的药用价值,成书于明代的《本草纲目》中多次提及,摘取一例:

> 老人气喘,蜜丸服。痰气喘,同皂荚炭,蜜丸服。④

在宋代,皂荚还被作为食品的原料,宋代庄绰《鸡肋编》中有"水晶皂儿"的记载:

> 京师取皂荚子仁煮过,以糖水浸食,谓之"水晶皂儿"。⑤

"皂儿水"的具体做法宋人未有相关记载,笔者推测是一种类似下文"沉香水"的熟水制法。不过,皂儿水在宋代较为畅销,《都城纪胜》和《梦粱录》中提到了一家专卖皂儿水的名店:

> 都下市肆名家驰誉者,如中瓦前皂儿水。⑥

① 朱橚.普济方[M].北京:人民卫生出版社,1992:2888.
② 孟元老,等.东京梦华录(外四种)[M].上海:古典文学出版社,1957:92.
③ 孙思邈.千金翼方[M].北京:人民卫生出版社,1998:58.
④ 李时珍.本草纲目[M].北京:中国中医药出版社,1998:83.
⑤ 庄绰.鸡肋编[M].北京:中华书局,1983:29-30.
⑥ 孟元老,等.东京梦华录(外四种)[M].上海:古典文学出版社,1957:92,240.

4. 甘豆汤①

甘豆汤是宋代的一种冷饮。成书于东晋但又不断被增补的《肘后备急方》中已有如下记载：

> 孙思邈论云：有人中乌头、芭豆毒。
>
> 甘草入腹即定。方称大豆解百药毒，尝试之，不效，乃加甘草为甘豆汤，其效更速。②

由此可以得出甘豆汤的主要原料为甘草和大豆，以及此饮品具有良好的解毒功效。唐代王焘《外台秘要》中对冷饮甘豆汤的解毒功效进行了明确记录：

> 又甘豆汤冷饮之，诸毒悉解，诸不可及也。③

甘豆汤亦有专卖店进行售卖，《都城纪胜》和《梦粱录》在"中瓦前皂儿水"之后便提到了"杂货场前甘豆汤"④，可见其畅销程度。

关于甘豆汤，宋张君房《云笈七签》中的"权同休"一节记录了一次带有神秘色彩的甘豆汤制作：

> ……秀才疾中思甘豆汤，令其市甘草。雇者但具汤火，意不为市。疑其怠惰，而未暇诘之。忽见折小树枝盈握，搓之近火，已成甘草。又取粗沙，按之为豆。汤成，与真无异，秀才大异之。……⑤

虽然故事荒诞不经，但可见甘豆汤在当时是十分常见的药用饮品。

明代王肯堂《证治准绳》中对甘豆汤的制作原料及方法做了较详细的说明，主要原料从甘草和大豆变成了甘草与黑豆。

甘豆汤

治小儿胎热。

甘草一钱、黑豆二钱、淡竹叶七茎。

---

① 孟元老，等. 东京梦华录（外四种）[M]. 上海：古典文学出版社，1957：447，92，240.

② 葛洪. 肘后备急方校注[M]. 北京：人民卫生出版社，2016：282.

③ 王焘. 外台秘要[M]. 北京：人民卫生出版社，1982：860.

④ 孟元老，等. 东京梦华录（外四种）[M]. 上海：古典文学出版社，1957：92，240.

⑤ 张君房. 云笈七签[M]. 北京：中华书局，2003：2443.

右哎咀,用水一钟,入灯心七茎煎,不拘时候服。①

5.绿豆水②

绿豆水为夏日饮品,宋人未有对绿豆水做法的专门记载,应是一种极常见的饮品。这里摘取明代宋诩《竹屿山房杂部》中对"绿豆汤"做法的描述,以资参考:

绿豆水煮熟,或先炒,水煮去豆,加蜜糖调汤饮。

6.豆儿水③

豆儿水是一种冷饮,主要原料为黑豆或紫豆,宋代苏轼《物类相感志》中对其做法记载道:

豆儿水:黑豆或紫豆以头灰汁煮。④

明代周履靖《群物奇制》中直接摘录了这句话⑤,说明了在明代也有类似的豆儿水制作方法。

临安亦有豆儿水的专卖店"张家豆儿水"⑥,见于《梦粱录》记载,可见豆儿水是南宋一种常见的畅销饮品。

7.缩脾饮⑦

缩脾饮多作为夏日冷饮售卖,具有清热解毒的功效,宋代陈师文《太平惠民和剂局方》对其功用和做法进行了记述:

缩脾饮:解伏热,除烦渴,消暑毒,止吐利,霍乱之后服热药太多致烦躁者,并宜服之。

白扁豆去皮、干葛剉,各二两、草菓煨,去皮、乌梅肉、缩砂仁、甘草炙。各四两。

① 王肯堂.证治准绳[M].北京:北京中医药出版社,1997:1334.
② 孟元老,等.东京梦华录(外四种)[M].上海:古典文学出版社,1957:119.
③ 孟元老,等.东京梦华录(外四种)[M].上海:古典文学出版社,1957:447,240.
④ 苏轼.物类相感志[M].上海:商务印书馆,1935:11.
⑤ 周履靖.群物奇制[M].上海:商务印书馆,1935:21.
⑥ 孟元老,等.东京梦华录(外四种)[M].上海:古典文学出版社,1957:240.
⑦ 孟元老,等.东京梦华录(外四种)[M].上海:古典文学出版社,1957:119,448.

上咀每服四钱，水一大碗，煎八分去滓，以水沉冷，服以解烦，或欲热欲温任意服，代熟水饮之极妙。①

明代孙一奎《赤水玄珠》中亦记载此方，与宋代的记载基本相同。

缩脾饮

除暑渴，止吐泻。

砂仁、草果、乌梅肉、甘草炙。各四两、扁豆、干葛各二两。

每服六钱，水煎冷服。②

但该饮品不宜多饮，宋代刘宰《漫塘文集》记录了齐国太夫人胡氏过多引用缩脾饮而得"脾弱之疾"：

先是夫人以夏月服缩脾饮过度，得脾弱之疾。③

《武林旧事》中有"雪泡缩脾饮"④之名，应是强调其冷饮的属性。

8. 五苓散⑤

五苓散既为一种药剂，又作为饮品公开售卖，尤其在夏季作为防暑饮品，宋代杨士瀛《仁斋直指》中记载其功效：

五苓散，治伤暑烦渴，引饮过多，小便赤涩，心下水气。⑥

五苓散早在汉代就已出现，汉代张机《金匮玉函经》便对其做法进行了较为详细的记述：

猪苓十八铢、泽泻一两六铢、茯苓十八铢、桂半两、白术十八铢。

上五味为末，以白饮和服方寸匕，日三服，多饮暖水，汗出愈。⑦

至明代，该方剂依然流行，也衍生出了添加辰砂的"辰砂五苓散"，见明代孙一奎的《赤水玄珠》中的记载：

---

① 太平惠民和剂局.太平惠民和剂局方[M].北京:中国中医药出版社,1996:45.

② 孙一奎.赤水玄珠[M].北京:中国中医药出版社,1996:21.

③ 刘宰.漫塘文集[M].嘉业堂丛书,1918.

④ 孟元老,等.东京梦华录(外四种)[M].上海:古典文学出版社,1957:448.

⑤ 孟元老,等.东京梦华录(外四种)[M].上海:古典文学出版社,1957:119.

⑥ 杨士瀛.仁斋直指[M].北京:中医古籍出版社,2016:75.

⑦ 张机.金匮玉函经[M].清康熙刻本.

　　五苓散

　　白术、茯苓、猪苓。各一两半。泽泻二两半、桂一两。

　　上为末，每服二三钱，热汤调下。

　　加辰砂名辰砂五苓散。[①]

9.大顺散

　　大顺散也是一种药剂，与五苓散功效类似，也是常在夏日作为防暑饮品售卖，宋代陈师文《太平惠民和剂局方》中对大顺散的功效和制作方法有相关记载：

　　大顺散：治冒暑伏热，引饮过多，脾胃受湿，水谷不分，清浊相干，阴阳气逆，霍乱呕吐，脏腑不调。

　　甘草三十斤剉长寸、干姜、杏仁去皮、尖，炒、肉桂去粗皮，炙。四斤。

　　上先将甘草用白砂炒及八分黄熟，次入干姜同炒，令姜裂，次入杏仁又同炒，候杏仁不作声为度，用筛隔净，后入桂，一处捣、罗为散。每服二钱，水一中盏，煎至七分，去滓温服。如烦躁，井花水调下，不计时候。以沸汤点服亦得。[②]

　　在《武林旧事》中，有"五苓大顺散"[③]的记载，该药剂亦为防暑药剂，可能是将五苓散和大顺散的部分药材进行结合。宋代叶梦得《避暑录话》中有如下记载：

　　今岁热甚，闻道路城市间多昏仆而死者，此皆虚人劳人，或饥饱失节，或素有疾，一为暑气所中，不得泄，则关窍皆窒，非暑气使然，气闭塞而死也。……因记崇宁己酉岁余为书局时，一养仆为驰马至局中，忽仆地气即绝，急以五苓大顺散等灌之，皆不验。[④]

　　可见五苓大顺散为宋代一种常见的治疗中暑药剂。

　　在明代的记载中，大顺散的做法与宋时几乎相同，见明代孙一奎《赤水玄

---

①　孙一奎.赤水玄珠[M].北京：中国中医药出版社，1996：21.
②　太平惠民和剂局.太平惠民和剂局方[M].北京：中国中医药出版社，1996：40-41.
③　孟元老，等.东京梦华录（外四种）[M].上海：古典文学出版社，1957：448.
④　叶梦得.避暑录话[M].上海：商务印书馆，1935：17.

珠》所载：

> 大顺散
>
> 治冒暑伏热，引饮过多，脾胃受湿，水谷不分，气逆，霍乱呕吐。
>
> 甘草、干姜、杏仁去皮尖、桂。
>
> 上先将甘草用白砂炒黄，次入姜，却下杏仁，以不作声为度。筛去砂，入桂为末，每服二三钱，水煎温服。
>
> 如烦躁，井花水调服，以沸汤点服亦得。[①]

10. 香薷饮[②]

香薷饮也是一种夏季防暑饮品，宋代杨士瀛《仁斋直指》中有相关记载：

> 香薷饮：治伏暑引饮，口燥咽干，或吐，或泻，并皆治之。
>
> 一方加黄连四两，用姜汁同炒，令老黄色，名黄连香薷饮。
>
> 厚朴去皮，姜汁炙熟，半斤、白扁豆微炒，半斤、香薷去土，一斤。
>
> 上哎咀，每服三钱，水一钟，入酒少许，煎七分，沉冷，不拘时服。热则作泻。香薷须陈者佳。[③]

明代的香薷饮仍是防暑良药，同时也对配方进行了改良，使用的药材有所增加，有"十味香薷饮""消暑十全饮"等，见《赤水玄珠》的记录：

> 十味香薷饮
>
> 治伏暑，身倦，神昏，头重，吐利。
>
> 香薷一两、人参、陈皮、白术、茯苓、黄芪、木瓜、厚朴、白扁豆、甘草。各五钱。
>
> 每服一两，水煎服。
>
> 一方无参、芪、陈皮，加紫苏、藿香、檀香各等分，名消暑十全饮，除暑渴霍乱吐泻。[④]

---

① 孙一奎.赤水玄珠[M].北京：中国中医药出版社，1996：21.

② 孟元老，等.东京梦华录（外四种）[M].上海：古典文学出版社，1957：448.

③ 杨士瀛.仁斋直指[M].北京：中医古籍出版社，2016：76.

④ 孙一奎.赤水玄珠[M].北京：中国中医药出版社，1996：21.

11. 荔枝膏①

荔枝膏的主要材料并不是荔枝,而是乌梅,乌梅去酸加糖蜜熬后其味酸甜可口,有荔枝味②,故用此名。宋人对荔枝膏的做法缺乏记录,在元代许国桢《御药院方》有关于荔枝膏做法和饮用方法的如下记载:

> 乌梅八两、桂一十两、乳糖二十六两、生姜五两,取汁、麝香半钱、熟蜜一十四两。

> 上用水一斗五升,熬至一半滤去滓,下乳糖再熬,候糖熔化开,入姜汁再熬,滤去滓,俟少时入麝香,用如常法服。③

至明代,宋诩《竹屿山房杂部》中,荔枝膏汤的做法更加细化:

> 乌梅三十个肥大者,先以汤浸三五次去酸水,取肉烂研。入砂糖一斤,临时添减,与梅同熬得所即止。生姜半斤,取自然汁加减,用桂末半两入汤内,右件熬成膏子,看可丸,使住火。用汤或水调点,密封瓶。④

与元代的记载相比,明代的荔枝膏酸味更弱,同时强调保存。关于荔枝膏的功效,明代朱橚《普济方》有"治疟疾"⑤的记载。在宋代,荔枝膏常用水冲泡饮用,在《武林旧事》中有"荔枝膏水"⑥的记载,《东京梦华录》中亦记录了"凉水荔枝膏"⑦。

12. 姜蜜水⑧

姜蜜水,常为夏季冷饮,宋人无详细记载其做法,应当为极常见之饮品。姜蜜水有一定的药用价值,多配合其他药物使用,见宋代董汲《旅舍备要方》中的相关记载:

---

① 孟元老,等.东京梦华录(外四种)[M].上海:古典文学出版社,1957:448.
② 庞飞扬.《梦粱录》饮食词汇研究[D].上海师范大学,2021.
③ 许国桢.御药院方[M].北京:人民卫生出版社,1992:29.
④ 宋诩.竹屿山房杂部//纪昀,等.景印文渊阁四库全书:第87册[M].台北.台湾商务印书馆,1983:291.
⑤ 朱橚.普济方[M].北京:人民卫生出版社,1992:2737.
⑥ 孟元老,等.东京梦华录(外四种)[M].上海:古典文学出版社,1957:448.
⑦ 孟元老,等.东京梦华录(外四种)[M].上海:古典文学出版社,1957:14.
⑧ 孟元老,等.东京梦华录(外四种)[M].上海:古典文学出版社,1957:447.

黄土汤:

伏龙肝即灶下黄土

上研极细,每服二钱,生姜蜜水调下。①

另再引宋代陈师文《太平惠民和剂局方》中的一则记录:

甘露圆

……每服用生姜蜜水磨下半圆……②

姜蜜水在明代亦是药物使用时的辅助之一,摘录明代李时珍《本草纲目》中的内容如下:

吐血不止。紫背浮萍焙半两,黄芪炙二钱半,为末,每服一钱,姜蜜水调下。③

13. 紫苏饮④

紫苏饮常作为夏日冷饮售卖,有一定的药用价值,唐代王焘《外台秘要》中就有对紫苏饮的介绍:

紫苏饮:疗咳嗽短气,唾涕稠,喘乏,风虚损,烦发无时者,宜服此方。

紫苏、贝母。各二两。紫菀一两、麦门冬一两,去心、枣五枚,擘、葶苈子一两熬令黄,别捣、甘草一两炙。

上七味切,以水六升,煮。取二升,分为四服,每服如人行七里。禁猪鱼肉蒜海藻菘菜。⑤

宋代王衮《博济方》中记载了改良版的紫苏饮:

紫苏饮:治咳嗽、坠痰涎、润肺。

紫苏、贝母、款冬花、汉防己。各一分。

右四味研为细末,每服一钱,水一茶碗,煎至七分,温服。⑥

---

① 董汲.旅舍备要方[M].上海:商务印书馆,1939:11.

② 太平惠民和剂局.太平惠民和剂局方[M].北京:中国中医药出版社,1996:144.

③ 李时珍.本草纲目[M].北京:中国中医药出版社,1998:587.

④ 孟元老,等.东京梦华录(外四种)[M].上海:古典文学出版社,1957:448.

⑤ 王焘.外台秘要[M].北京:人民卫生出版社,1982:274.

⑥ 王衮.博济方[M].北京:商务印书馆,1959:69.

14.沉香水①

沉香水采用熟水制法,熟水指开水,古人制作熟水时会加入各种材料,关于制造熟水,宋元之际的陈元靓在《事林广记》中对制造诸品熟水的方法进行了概括:

> 夏月,凡造熟水,先倾百煎滚汤在瓶器内,然后将所用之物投入,密封瓶口则香矣。若以汤泡之则不甚香,若用来年木犀或紫苏之属,须略向火上炙过方可用,不则不香。②

《事林广记》中也记载了一些熟水的具体做法,有香花熟水、紫苏熟水、豆蔻熟水以及沉香熟水,下面摘录沉香熟水的制作方法:

> 元用净瓦一片,灶中烧微红,安平地上,焙香一小片,以瓶盖定,约香气尽,速倾滚汤入瓶中,密封盖,檀香沉香之类亦依此法为之。③

除了饮用,沉香水还被古人开发出了许多其他效用。明代蒋一葵《尧山堂外纪》中记载了五代宋初人陶谷的一件趣事:

> 陶学士……又尝以沉香水喷饭入碗……④

此处陶谷以沉香水增加饭的清香,是一种十分雅致的吃法。

唐代冯贽《云仙杂记》中记载了用沉香水"染衣"的故事,沉香水在唐或者唐之前便已有类似香水的用法了:

> 金凤凰
>
> 周光禄诸妓,掠鬓用郁金油,傅面用龙消粉,染衣以沉香水,月终人赏金凤凰一只。

15.椰子酒⑤

椰子酒名中有"酒"字,但实际上为天然椰子浆,宋人周密《齐东野语》中有

① 孟元老,等.东京梦华录(外四种)[M].上海:古典文学出版社,1957:448.
② 陈元靓.纂图增新群书类要事林广记[M].元后至元六年郑氏积诚堂刻本.
③ 陈元靓.纂图增新群书类要事林广记[M].元后至元六年郑氏积诚堂刻本.
④ 蒋一葵.尧山堂外纪(外一种)[M].北京:中华书局,2019:666.
⑤ 孟元老,等.东京梦华录(外四种)[M].上海:古典文学出版社,1957:119,447.

"今人以椰子浆为椰子酒"①的记载。椰子酒为海外传入的饮料,原产于安南等国,为当地常见的饮品。宋代江少虞《宋朝事实类苑》中有载:

> 椰子生安南及海外诸国……中有汁,大者一二升,蛮人谓之椰子酒,饮之得醉。②

椰子酒在宋代已传入中原,南北宋之际的名臣李纲酷爱椰子酒,并将之与自己的理想联系,作《椰子酒赋》,他将自己的理想寄于此赋中。其中"伊南方之硕果,禀炎辉之正气""气益盎而春和,色温温而玉粹""吸沆瀣而咀琼瑶,可忘怀而一醉"③等句可见李纲对椰子酒的喜爱。

但通过对明清相关材料的阅读,椰子酒似乎始终未比较好地融入中原的饮食体系中,而常被作为一种边疆或者外邦特产进行介绍,如《大明一统志》中对占城、浡泥等国的记载④、《(嘉庆)大清一统志》中郁林直隶州的部分⑤以及《明史》外蕃传中的浡泥国传⑥等。笔者认为这应当是原料以及运输成本过高的缘故。

16.乳糖真雪⑦

乳糖真雪宋人未详细其记载做法,仅知其于夏日售卖,应当是一种冷饮。宋代成书的《九家集注杜诗》中《陪诸贵公子丈八沟携妓纳凉晚际遇雨》的"公子调冰水,佳人雪藕丝"句后注云:

> 贵家有以蜜或乳糖伴雪而食者,冰水言调,岂亦用香美之物调和之乎,不然触冰为水,为戏耳。⑧

注言内提到了"乳糖伴雪而食"的吃法,笔者推测"乳糖真雪"大抵与之类似,为一种与现代"沙冰"相似的固体冷饮。乳糖又称石蜜,宋代寇宗奭《本草

① 周密.齐东野语[M].北京:中华书局,1983:186.
② 江少虞.宋朝事实类苑[M].上海:上海古籍出版社,1981:801.
③ 李纲.梁溪集//纪昀,等.景印文渊阁四库全书:第1125册[M].台北:台湾商务印书馆,1986:520-521.
④ 李贤,等.大明一统志[M].台北:台联国风出版社,1977:5535,5550.
⑤ 穆彰阿,潘锡恩,等.大清一统志[M].上海:上海古籍出版社,2008:353.
⑥ 万斯同.明史[M].上海:上海古籍出版社,2007:610.
⑦ 孟元老,等.东京梦华录(外四种)[M].上海:古典文学出版社,1957:119.
⑧ 郭知达.九家集注杜诗[M].上海:上海古籍出版社,1985:289.

衍义》中有相关记载：

> 石蜜：川浙最佳，其味厚，其他次之，煎炼成以铜象物，达京都。至夏
> 月及久阴雨，多自消化。土人先以竹叶及纸裹，外用石灰埋之，仍不得见
> 风，遂免。今人谓乳糖。其作饼黄白色者，今人又谓之捻糖，易消化，入药
> 至少。[①]

可见乳糖的储存条件是较为严格的，乳糖的原料是甘蔗，晋代嵇含《南方
草木状》中有相关记载：

> 诸蔗一曰甘蔗，交趾所生者，围数寸、长丈余，颇似竹，断而食之甚甘。
> 笮取其汁曝数日成饴，入口消释，彼人谓之石蜜。[②]

石蜜的做法类似于现在的红糖，可以推测"乳糖真雪"是一种甜品沙冰，在
夏日应当较为畅销。

三、总结

《武林旧事》等诸文献在饮品的记载方面集中于夏季冷饮，说明南宋临安
饮品最畅销的时期是夏季。冷饮的发展也从侧面反映了南宋时人制冰与保存
冰技术的提高，已经出现了固体冷饮。

临安饮品中的药用与保健元素体现了宋代人对养生的重视，药剂的商品
化与普通饮品的保健化折射出日常养生在时人观念中的地位抬升。汉唐时代
的许多药方流传至宋代，并且日渐平民化，至明清时期则得到进一步改良，衍
生出许多相关药剂，这也是中医发展路径的一个侧面体现。

在资料搜集与文章写作的过程中，笔者发现，由于诸多的饮品都与医药相
关，故如果需要对饮品进行进一步解释则必须拥有一定的中医学功底，这是笔
者所欠缺的。希望能够有具有该条件的研究者进一步深入探究宋人的饮料与
养生观念。

① 寇宗奭.本草衍义[M].北京：人民卫生出版社，1990：135.
② 嵇含.南方草木状[M].上海：商务印书馆，1935：3.

参考文献

[1]陈元靓.纂图增新群书类要事林广记[M].元后至元六年郑氏积诚堂刻本.

[2]成荫.南宋临安饮食服务业研究[D].四川师范大学,2003.

[3]董汲.旅舍备要方[M].上海:商务印书馆,1939.

[4]葛洪.肘后备急方校注[M].北京:人民卫生出版社,2016.

[5]郭知达.九家集注杜诗[M].上海:上海古籍出版社,1985.

[6]江少虞.宋朝事实类苑[M].上海:上海古籍出版社,1981.

[7]寇宗奭.本草衍义[M].北京:人民卫生出版社,1990.

[8]李纲.梁溪集//纪昀,等.景印文渊阁四库全书:第 1125 册[M].台北:台湾
商务印书馆,1986.

[9]李时珍.本草纲目[M].北京:中国中医药出版社,1998.

[10]林正秋.杭州饮食史[M].浙江:浙江人民出版社,2011.

[11]刘宰.漫塘文集[M].嘉业堂丛书,1918.

[12]毛亨.毛诗正义[M].郑玄,笺,孔颖达,疏.台北:艺文印书馆,2001.

[13]孟元老,等.东京梦华录(外四种)[M].上海:古典文学出版社,1957.

[14]庞飞扬.《梦粱录》饮食词汇研究[D].上海师范大学,2021.

[15]宋诩.竹屿山房杂部//纪昀,等.景印文渊阁四库全书:第 87 册[M].台
北.台湾商务印书馆,1983.

[16]苏轼.物类相感志[M].上海:商务印书馆,1985.

[17]孙思邈.千金翼方[M].北京:人民卫生出版社,1998.

[18]孙一奎.赤水玄珠[M].北京:中国中医药出版社,1996.

[19]太平惠民和剂局.太平惠民和剂局方[M].北京:中国中医药出版
社,1996.

[20]王焘.外台秘要[M].北京:人民卫生出版社,1982.

[21]王衮.博济方[M].北京:商务印书馆,1959.

[22]谢作玲.南宋时期杭州的饮食文化[J].食品与健康,1994(5):18.

[23]许国桢.御药院方[M].北京:人民卫生出版社,1983.

[24]许慎.说文解字注[M].段玉裁,注.江苏:凤凰出版社,2007.

[25]杨士瀛.仁斋直指[M].北京:中医古籍出版社,2016.

[26]叶梦得.避暑录话[M].上海:商务印书馆,1985.

[27]叶廷珪.海录碎事[M].北京:中华书局,2002.

[28]张机.金匮玉函经[M].清康熙刻本.

[29]张君房.云笈七签[M].北京:中华书局,2003.

[30]周密.齐东野语[M].北京:中华书局,1983.

[31]朱瑞熙.南宋临安府的饮食文化[J].杭州(生活品质版),2013(4):17-19.

[32]朱橚.普济方[M].北京:人民卫生出版社,1992.

[33]庄绰.鸡肋编[M].北京:中华书局,1983.

宋韵视野下南宋糕点名实考辨

葛晨晨[*]

摘要:南宋饮食文化内涵丰富,受到众多研究者的关注。糕点是南宋饮食的一个重要组成部分,较多古籍如《梦粱录》《都城纪胜》等都记载了南宋糕点的辉煌历史,但目前研究成果并不多,存在较大的发展的空间。通过对南宋糕点名目进行探究,可以对南宋糕点的内涵有深入的了解与认识,并对当下南宋糕点的开发、利用起到一定的指导作用。

关键词:南宋;糕点;饮食

南宋的饮食文化十分发达。无论是南宋的贵族享有的珍馐、宫廷中的美馔,抑或是大街小巷的市食,无不体现出时人对于美食的热情。有关南宋饮食文化的研究亦层出不穷,但关于南宋糕点的研究便相对少了。如林正秋先生在《待开发的南宋宫廷糕点和风味食品》[①]一文中提到南宋故都糕点食品的悠久历史和鲜为人知的事实,以及开发相关糕点可为又必为的客观现状。本文将通过整理《梦粱录》《都城纪胜》等相关饮食文献,对南宋的代表性糕点做出梳理,并对当中更为典型的糕点进行名实考辨,力求展现南宋糕点的悠久历史,为当下开发相关南宋糕点提供少许历史的经验与见解,在一定程度上促进南宋糕点与现代饮食习惯相结合,还原南宋糕点本来的风采。

---

* 作者简介:葛晨晨,女,浙江工商大学饮食文化创新团队成员、浙江省饮食文化研究院研究人员,主要从事浙江地方饮食文化研究。

① 林正秋.待开发的南宋宫廷糕点和风味食品[J].杭州科技,1994(1):14-15.

一、南宋代表性糕点品目

我国糕点历史悠久、工艺精湛且品类繁多。南宋时期,南北饮食文化在一定程度上进行了技术大交流与大融合,且形成了一批极具特色的糕点食品。今根据现存宋元古籍《梦粱录》《都城纪胜》《西湖老人繁胜录》《武林旧事》《吴氏中馈录》等相关记载,对南宋代表性糕点做梳理。

粽类:巧粽、栗粽、果粽、杨梅粽、九子粽、蜂蜜凉粽子、金铤裹蒸茭粽。

酥类:孔酥、蜜酥、雪花酥、酥儿印、蜜麻酥、桃穰酥、肉油酥、鲍螺酥。

团类:花团、糍团、炒团、鲞团、豆团、粉团、麻团、汤团、柑子团、青果团、煮砂团、金橘水团、澄粉水团、澄砂团子、五色水团、十色沙团、麝香豆沙团等。

包子(馒头)类:细馅、生馅、辣馅、糖馅、饭馅、酸馅、豆沙馅、蜜辣馅、笋肉馅、菜蕈馅、枣栗馅、焦酸馅、肉酸馅、七宝酸馅、四色馒头、糖肉馒头、羊肉馒头、太学馒头、笋肉馒头、鱼肉馒头、蟹肉馒头、笋丝馒头、水晶包儿、笋肉包儿、虾鱼包儿、江鱼包儿、蟹肉包儿、鹅鸭包儿、杂色煎花馒头、菠菜果子馒头等。

饼类:酥饼、春饼、芥饼、茶饼、韭饼、月饼、乳饼、团圆饼、甘露饼、油肉饼、梅花饼、开炉饼、天花饼、芙蓉饼、蜂糖饼、通神饼、天仙饼、焦蒸饼、睡蒸饼、荷叶饼、金花饼、糖榧饼、油酥饼(儿)、七色烧饼、秤锤蒸饼、糖薄脆饼、面活油饼、荔枝甘露饼、枣箍荷叶饼、神仙富贵饼、金银炙焦牡丹饼、糖蜜酥皮烧饼等。

糕类:糖糕、乳糕、丰糕、蜜糕、市糕、雪糕、栗糕、枣糕、菊糕、粟糕、麦糕、花糕、糍糕、线糕、乾糕、社糕、豆(儿)糕、糖蜜糕、小蒸糕、风糖糕、肉丝糕、丰糖糕、镜面糕、拍花糕、皂儿糕、小甑糕、蒸糖糕、生糖糕、蜂糖糕、闲炊糕、重阳糕、献睿(糍)糕、狮蛮栗糕、水滑糍糕等。

特色糕点:索果、馓子、乳酪、春茧、面茧、红边糍、千层(儿)、子母龟、圆欢喜、子母春茧、马院醍醐、石首兜子、鲤鱼兜子、江鱼兜子、决明兜子、四色兜子、蟹黄兜子、山海兜子、鸡头篮子、寿带龟仙桃等。

二、名目微探

(一)粽类

粽子,是我国历史悠久的传统食品。关于吃粽子的起源说法众多,到了唐宋时期,端午食粽子已成为普遍的风气。唐明皇有诗《端午三殿宴群臣探得神字》,诗中写道"四时花竞巧,九子粽争新"。[①] "九子粽",即九个大小不一、形状各不相同的粽子,按粽子的大小,从上到下串连起来。令人叹服的是,九个粽子均用多色的丝线系得,更有巧思者,用柳枝条来串九子粽,平添了一份诗意与悠扬。

宋人亦延续了唐代用五色丝线裹缠粽子的风俗。五色为青、赤、黄、白、黑五种颜色,蕴含着阴阳五行说。五色丝便是由这五色的丝线缠绕而成的一根细索,拥有镇妖辟邪之效。欧阳修《渔家傲》中写道:"五月榴花妖艳烘,绿杨带雨垂垂重,五色新丝缠角粽,金盘送。"[②]南宋诗人刘辰翁也在《金缕曲·贺新郎》中写道:"风雨蛟龙争何事,问彩丝、香粽犹存否?"[③]粽子上的五色丝线蕴含着宋人希望亲人平安、健康的朴素愿望。

端午节,帝王之家多奢华,百姓之家多朴素,但二者都会吃粽子。对于"蜂蜜凉粽子"这种夏令食品,南宋词人韩元吉写道:"角黍堆冰碗,兵符点翠钗。"[④]范成大诗曰:"蜜粽冰团为谁好,丹符彩索聊自欺。"[⑤]就连宋宁宗的杨皇后也作诗描写凉粽子:"角黍冰盘饾饤装,酒阑昌歜泛瑶觞。"[⑥]可见凉粽子是上至皇亲贵戚,下至平民百姓都喜爱的食物。

宋人亦多兴食栗粽、果粽。范成大在病中仍怀念栗粽的美味,作诗道:"馋

---

① 李隆基.端午三殿宴群臣探得神字//彭定求.全唐诗[M].北京:中华书局,1999:28.

② 欧阳修.渔家傲//唐圭璋.全宋词[M].北京:中华书局,1999:174.

③ 刘辰翁.金缕曲·贺新郎//唐圭璋.全宋词[M].北京:中华书局,1999:3245.

④ 韩元吉.南柯子(广德道中遇重午)//唐圭璋.全宋词[M].北京:中华书局,1999:1394.

⑤ 范成大.重午//北京大学古文献研究所.全宋诗[M].北京:北京大学出版社,1998:25973.

⑥ 杨皇后.宫词//北京大学古文献研究所.全宋诗[M].北京:北京大学出版社,1998:32891.

吻偏怜粽栗香,新衣不管囊萸臭。"①宋人对于果子的偏好亦在粽子上体现得淋漓尽致,最具代表性的便是"杨梅粽"。苏轼在诗中写道:"不独盘中见卢橘,时于粽里得杨梅。"②欧阳修也对杨梅粽做过描写:"彩索盘中结,杨梅粽里红。"③可见宋人在食物上的巧思和对果品的喜爱。

浦江吴氏在《吴氏中馈录》中记录了宋人的"粽子法":

> 用糯米淘净,夹枣、栗、柿干、银杏、赤豆,以茭叶或箬叶裹之。一法:以艾叶浸米裹,谓之艾香粽子。④

可见宋人多好用果点入粽子,如枣、柿干、银杏等;时兴用箬叶、艾叶等包裹粽子。枣富含丰富的维生素,能有效防止部分血管系统疾病;柿干具有健脾、止咳之效;银杏,又名白果,生食可以降痰、消毒,熟食更是具有温肺益气、定咳嗽、止白浊的功效。箬叶是长江流域的特产,多被用于裹粽,故也称为粽叶,有止血清肿之效;艾叶需用陈久者,即熟艾,有止冷痢之效。可见宋人对于食补的追求,时刻将养生融入饮食的方方面面。陆游有诗《乙丑重五》描写艾香粽子,赞之曰"盘中共解青菰粽,衰甚犹簪艾一枝"⑤,读得此诗,仿佛仍能闻见那深绿艾叶下包裹着的米香,久久不绝。

魏华仙在《宋代消费经济若干问题研究》⑥一文中明确指出宋代水果在多个方面均超越前代,同时宋人在水果消费的多样性、普遍化方面具有独特性;薛芳芸也在《宋人笔记中饮食养生史料研究》⑦一文中谈到宋人利用食补、药膳等方式进行养生。宋人对果点的喜爱,对养生的追求,在粽子上便可见一斑了。

①　范成大.病中不复问节序,四遇重阳,既不能登高,又不觞客,聊书老怀//北京大学古文献研究所.全宋诗[M].北京:北京大学出版社,1998:26006.

②　苏轼.皇太后阁六首//北京大学古文献研究所.全宋诗[M].北京:北京大学出版社,1998:9592.

③　欧阳修.端午帖子//北京大学古文献研究所.全宋诗[M].北京:北京大学出版社,1998:3809.

④　吴氏.吴氏中馈录[M].北京:中国商业出版社,1987:30.

⑤　钱仲联.剑南诗稿校注[M].上海:上海古籍出版社,1985:3533.

⑥　魏华仙.宋代消费经济若干问题研究[D].河北大学,2005.

⑦　薛芳芸.宋人笔记中饮食养生史料研究[J].医学与社会,2012(11):32-34.

（二）酥类

酥是一类用油脂、乳脂和面粉制作而成的松脆食品，酥类食品在唐宋时期便已非常流行。因酥的热量较高，能起到一定的御寒效果，故多盛行于北方地区，传之临安后，酥的制作工艺得到了优化和提升，酥类糕点的数量也显著增多，是南北饮食文化交流融合的一大重要例证。南宋都城临安的酥类食品种类繁多，名声较大的有酥儿印、鲍螺酥等。

鲍螺酥即一种形似鲍螺的酥类糕点，深受宋人喜爱。酥的做法多为将新鲜的牛、羊奶倒入锅中煮沸，后倒进盆中冷却，等待表面结皮，然后将皮煎出油来，过滤掉残渣，酥的制作便完成了。鲍螺酥便是将酥一环一环制成鲍螺的样子，小巧精美、入口即化，广受宋人欢迎。

《吴氏中馈录》中记载了一种酥类食品"雪花酥"的做法，具体如下：

> 油下小锅化开，滤过，将炒面随手下，搅匀，不稀不稠，掇离火。洒白糖末，下在炒面内，搅匀，和成一处。上案，擀开，切象眼块。[1]

据说这样做出来的酥，香甜可口，形色如雪花，故名雪花酥。

酥儿印的做法也被记录在了《吴氏中馈录》中，具体如下：

> 用生面搽豆粉同和，用手擀成条，如筷头大，切二分长，逐个用小梳掠印齿花，收起。用酥油，锅内炸熟，漏杓捞起来，热洒白砂糖，细末，拌之。[2]

酥儿印甜味十足，且有多种形状，为宋人喜爱，至明代仍广受欢迎。

（三）团类

团类食品是指用糯米粉和水做的球形食品，俗称汤圆，又名元宵。唐末五代多称团类食品为"面茧"或"圆不落角"。陈元靓《岁时广记》中有一条关于"射粉团"的记载，具体如下：

> 天宝遗事：唐宫中，每端五造粉团、角黍，钉金盘中，纤妙可爱。以小

---

① 吴氏.吴氏中馈录[M].北京:中国商业出版社,1987:28-29.
② 吴氏.吴氏中馈录[M].北京:中国商业出版社,1987:29-30.

小角弓架箭,射中粉团者得食。盖粉团滑腻而难射也。都中盛行此戏。①

可见团类食品在唐朝的宫廷里也多有食用,甚至还衍生出了一种"射中得食"的小游戏。

宋人则多称团类食品为"团子",团类食品的种类、馅料也随之变多。且宋人的团子可分为两种类型,一种是实心、不带馅的,多为圆子、粉团;一种是带馅的,多为汤圆、水团。

《岁时广记》中亦有一条关于"造白团"的记载,具体如下:

> 岁时杂记:端五作水团,又名白团。或杂五色人兽花果之状,其精者名滴粉团。或加麝香。又有干团,不入水者。②

可见宋人的团子形状各异,较为精巧别致,可干吃,亦可水煮。

素食谱《本心斋疏食谱》中载有"水团"的做法,具体如下:

> 秫粉包糖,香汤浴之;团团秫分,点点蔗霜;浴以沉水,清甘且香。③

略略几字,便充分体现出糯米粉团的香甜可口。

《吴氏中馈录》中也有关于"煮沙团"的描述,具体如下:

> 沙糖入赤豆或绿豆煮成一团,外以生糯米粉裹,作大团。蒸或滚汤内煮,亦可。④

"煮沙团"即豆沙馅的团子,此类团食既可蒸食,亦可汤沸。香甜软糯,令人垂涎不已。

明人宋诩《竹屿山房杂部》中亦有关于团类食品的描写:

> 白糯米湛洁,晾干、磨绝、细汤溲之。内馅括其缘为团,入汤煮浮熟或蒸熟。馅同面食,制馄饨腥素或赤砂糖。元旦上寿喜庆之宴,则书吉语,

---

① 陈元靓. 岁时广记[M]. 北京:中华书局,2020:420.
② 陈元靓. 岁时广记[M]. 北京:中华书局,2020:420.
③ 陈达叟. 本心斋疏食谱[M]. 北京:中国商业出版社,1987:41.
④ 吴氏. 吴氏中馈录[M]. 北京:中国商业出版社,1987:30.

裁竹木小签置于中，以为利市。①

《竹屿山房杂部》还记载了一种名为"水磨丸"的食物，其形状和做法均与团类食品相似，具体如下：

> 取精御糯米湛洁之，水渍之，同水磨细。以绢囊取其渣滓，复以囊括其绝细糁，沥微干，缄为丸馅。用白砂糖、去皮胡桃、榛松仁或蜜糖豆砂，投沸汤中熟。②

可见明人制作团类食品的方法与宋人大同小异，但团类食品所蕴含的喜庆、吉祥之意不因时代的变迁而改变。

（四）包子（馒头）类

宋人的包子与馒头种类众多，馅料各异，且南方多称包子为馒头，故而包子与馒头并无十分严格的区分。馒头中最为著名的当属"太学馒头"，太学是宋时的最高学府，当时的学生都以食用太学馒头为荣。宋室南渡后，太学馒头也随之传到了南方，成了临安名点。岳珂有诗《馒头》便对太学馒头做出了细致的描述：

> 几年太学饱诸儒，余伎犹传笋蕨厨。
> 公子彭生红缕肉，将军铁杖白莲肤。
> 芳馨政可资椒实，粗泽何妨比瓠壶。
> 老去齿牙辜大嚼，流涎才合慰馋奴。③

白肤红肉，芳香诱人，软嫩饱满，可见太学馒头的美味。

宋人对于包子类食品制作方法记载鲜见，故今援引一条元人忽思慧《饮膳正要》中关于"天花包子"制作方法的记载，具体如下：

---

① 宋诩.竹屿山房杂部//纪昀，等.景印文渊阁四库全书：第871册[M].台北：台湾商务印书馆，1986：137.

② 宋诩.竹屿山房杂部//纪昀，等.景印文渊阁四库全书：第871册[M].台北：台湾商务印书馆，1986：136.

③ 岳珂.玉楮集//纪昀，等.景印文渊阁四库全书：第1181册[M].台北：台湾商务印书馆，1986：463.

> 羊肉、羊脂、羊尾子、葱、陈皮、生姜各切细;天花滚水烫熟,洗净,切细。右件,入料物、盐、酱拌馅,白面作薄皮,蒸。①

《居家必用事类全集》中亦记载了一款"鱼包子",内容如下:

> 每十分。鲤、鳜皆可。净鱼五斤,柳叶切。羊脂十两,骰块切。猪膘八两,柳叶切。盐酱各二两,桔皮二个细切,葱丝十五茎,香油炒葱熟,姜丝一两,川椒末半两,细料物一两,胡椒半两,杏仁三十粒研细,醋一合,面撺同。②

可见宋元时期包子种类之丰富,具有时代特色,深受时人喜爱。

宋人几乎无食材不可入包,甜的、辣的、酸的、咸的、荤的、素的,当中"蜜辣馅"更是一种又甜又辣的包子馅料。

(五)饼类

宋时饼类食品种类繁多,颇受市民喜爱,名声较盛的有酥饼、糖薄脆饼、面活油饼、糖蜜酥皮烧饼等。

古籍中亦有较多关于宋朝饼类食品的记载。如《吴氏中馈录》中的这段关于"酥饼"的记载:

> 油酥四两,蜜一两,白面一斤,搜成剂,入印,作饼,上炉。或用猪油亦可,用蜜二两,尤好。③

酥饼由酥油、蜜和面粉烘烤而成,用料简单,口感香脆,便于保存,是宋时较为常见且受欢迎的糕点食品。

宋人林洪《山家清供》一书中,记载了一种名为"神仙富贵饼"的饼食:

> 白术用切片子,同石菖蒲煮一沸,曝下为末各四两,干山药为末三斤,白面三斤,白蜜(炼过)三斤,和作饼,曝干,收候客至蒸食。条切,亦可羹。④

---

① 忽思慧.饮膳正要[M].上海:上海古籍出版社,2014:105-106.
② 无名氏.居家必用事类全集[M].北京:中国商业出版社,1987:121.
③ 吴氏.吴氏中馈录[M].北京:中国商业出版社,1987:29.
④ 林洪.山家清供[M].北京:中国商业出版社,1985:52.

此饼虽有个雅名"神仙富贵饼"，实则只是宋代山村常见的一种普通饼食。饼内的白术味甘，有止久世痢、延年之功；菖蒲是一种草本植物，菖蒲花有"富贵花"之称，食之亦可益寿。宋人通过食物来滋补身体、养生延年的风气亦可窥见一二了。

《山家清供》中还记载了"通神饼"这个糕饼：

> 姜薄切，葱细切，以盐汤焯。和白糖、白面，庶不太辣。入香油少许，煠之。能去寒气。[①]

通神饼主要原料为姜、葱和面粉，姜辛而不荤，可去邪辟恶，葱主治发散，因而通神饼有着通气提神、驱寒开胃的功效。加之朱熹所言"姜通神明"[②]，此饼便有了"通神饼"的雅名。

《吴氏中馈录》中亦有关于"糖薄脆法"的记载：

> 白糖一斤四两，清油一斤四两，水二碗，白面五斤，加酥油，椒盐、水少许。搜和成剂，擀薄，如酒盅口大，上用去皮芝麻撒匀，入炉烧熟。食之香脆。[③]

这样，一个喷香的"糖薄脆饼"便出炉了。饼如其名，糖薄脆饼是一个入炉烘烤而熟的芝麻烧饼，香脆味甜，深受宋人喜爱。

值得一提的是，芝麻有胡麻之名，芝麻烧饼亦有胡饼之说，那么"胡"从何来。《梦溪笔谈》中载："张骞始自大宛的油麻之种，亦谓之'麻'，故以'胡麻'别之，谓汉麻为'大麻'也。"[④]但杨希义在《大麻、芝麻与亚麻栽培历史》[⑤]一文中明确指出，根据20世纪50年代末，在吴兴县钱山漾地区（属于良渚文化遗址）中出土的芝麻以及相关考古发掘报告，他认为芝麻在我国的栽培至少已经有了五千年历史了，并非由张骞从西域带回。且进入阶级社会后，芝麻的种植是由南向北辐射传播的。芝麻在唐代已成为时人重要的粮油作物，至宋朝更是

① 林洪.山家清供[M].北京:中国商业出版社,1985:62-63.
② 朱熹.四书章句集注[M].北京:中华书局,1983:120.
③ 吴氏.吴氏中馈录[M].北京:中国商业出版社,1987:31-32.
④ 沈括.梦溪笔谈[M].北京:中华书局,2015:261.
⑤ 杨希义.大麻、芝麻与亚麻栽培历史[J].农业考古,1991(3):267-274.

常见,可见芝麻种植的普遍。总之,芝麻曾有胡名,却并不一定是张骞从大宛带回来的,抑或者张骞从西域带回来的是芝麻的变种。

《吴氏中馈录》中还记载了"糖榧饼"的制作方法:

> 白面入酵待发,滚汤搜成剂,切作榧子样,下十分滚油炸过取出,糖面内缠之,其缠糖与面对和成剂。①

糖榧饼是一种先通过白面粉发酵,后经油炸,加之在外裹一层糖的甜味糕点。饼的形状像榧子——香榧,小巧玲珑,故名为"糖榧饼"。

《吴氏中馈录》中另有一种"面和油法":

> 不拘斤两用小锅,糖卤用二杓,随意多少酥油下小锅,煎过,细布滤净。用生面随手下,不稀不稠,用小爬儿炒,至面熟方好。先将糖卤熬得有丝,棍蘸起视之,可斟酌倾入油面锅内。打匀,掇起锅,乘热拨在案上,擀开,切象眼块。②

这是宋时民间常见的油面饼,材料易寻,制作简便,多作为民间的点心和出行的干粮。

(六)糕类

宋人糕点食品数量众多,且各有千秋,当中最为纷繁的莫过于糕类食品了。宋代糕类食品种类繁多,形状不一,在古籍中有一定数量的记载。

林洪《山家清供》一书中记载了一种"广寒糕",做法如下:

> 采桂英,去青蒂,洒以甘草水,和米春粉,炊作糕。大比岁,士友咸作饼子相馈,取"广寒高甲"之谶。③

桂花香味浓郁,却不令人厌烦,且有补脾、化痰、养神之效,文人称之为"广寒仙",故而此糕得名"广寒糕"。"广寒高甲"取得是考中状元的吉祥之意,当时的士人参加科举考试会携带广寒饼作为点心,亦可用于赠送他人,讨个

---

① 吴氏.吴氏中馈录[M].北京:中国商业出版社,1987:32.
② 吴氏.吴氏中馈录[M].北京:中国商业出版社,1987:28.
③ 林洪.山家清供[M].北京:中国商业出版社,1985:91.

吉利。

另一种士人赶考爱带的点心名为"五香糕"。五香糕是用芡实、砂仁、茯苓、白术、人参等五种材料,结合上等白糯米和粳米等制作而成的。《吴氏中馈录》中明确记载了五香糕的做法:

> 上白糯米和粳米二、六分,芡实干一分,人参、白术、茯苓、砂仁总一分。磨极细,筛过,白沙糖滚汤拌匀,上甑。①

芡实有健脾之效,人参能补元气,白术可以利水化湿,茯苓更是安神、益脾。加之,"糕"与"高"同音,五香糕更是有了步步高升、一步登天的寓意。

《山家清供》中另记一种糕点名曰"大耐糕",做法如下:

> (大李子)生者,去皮剜核,以白梅、甘草汤焯过,用蜜和松子肉、榄仁(去皮)、核桃肉(去皮)、瓜仁划碎,填之满,入小甑蒸熟。谓耐糕也。②

古人制作糕点,习以米、面作为主料,但大耐糕却是以大李子为主料制成的糕点。同时,大耐糕之名旨在提醒士人要有"大能耐",要做清廉之官,可谓别有新意。

蓬糕是一种宋代山村常见的糕点,以蓬草和米粉为主料。在《山家清供》中有所记载:

> 采白蓬嫩者,熟煮,细捣,和米粉加以糖,蒸熟,以香为度。③

书中还将蓬糕与鹿茸、钟乳等其他名贵滋补品相比,可见食用蓬糕对人体亦有很大的益处。

《山家清供》中还记载了一种入选南宋宫廷糕点的民间点心——玉灌肺糕。玉灌肺糕原是从一个小山村流传到临安的,后因其美味、精巧,又从普通市食摇身一变成了皇帝的心头好,还得了个雅名"御爱玉灌糕"。具体做法如下:

> 真粉、油饼、芝麻、松子、核桃,去皮,加莳萝少许,白糖、红曲少许,为

---

① 吴氏.吴氏中馈录[M].北京:中国商业出版社,1987:30.
② 林洪.山家清供[M].北京:中国商业出版社,1985:79-80.
③ 林洪.山家清供[M].北京:中国商业出版社,1985:70-71.

末,拌和入甑蒸熟,切作肺样块子,用辣汁供。[①]

黑芝麻有润燥结之效,核桃能黑须发,且玉灌肺糕制作精美,是宋代糕点制作技艺高超的一个体现。

(七)其他特色糕点

宋人对糕点食品的喜爱自是不必言说,适逢南北饮食文化融合与交流,催生了一批特色糕点。

例如"面茧"又名"春茧",形似今日的春卷,荤素皆有,是一种茧状的包子。《岁时广记》中载有"造面茧",具体内容如下:

> 岁时杂记:人日,京都贵家造面茧,以肉或素馅,其实厚皮馒头馂馅也,名曰探官茧。又立春日作此,名探春茧。馅中置纸签或削木书官品,人自探取,贵人或使从者。以卜异时官品高下。街市前期卖探官纸,言多鄙俚,或选取古今名人警策句,可以占前程者,然亦但举其吉祥之词耳。灯夕亦然。[②]

可见宋人对面茧寄予了为官、富贵、远大前程等美好愿景,无论是贵家还是普通百姓,都有相似的愿望。

高濂的《遵生八笺》中亦有类似的记载,内容如下:

> 上元日造面茧,以官位帖子置其中,熟而食之,以得高下相胜为戏笑。[③]

和宋人一样,明人亦将写有官位的帖子置于面茧中,并以帖中官位的高低作为游戏,相互嬉闹。

馓子亦是一种富有特色的糕点。馓子早在汉代便已出现,是一种以糯米面为主要原材料的油炸食品,盛行于北方地区。馓子制作完成后保存时间较长,故可在寒食节禁火时食用,因而馓子也被称为"寒具"。《竹屿山房杂部》中

---

① 林洪.山家清供[M].北京:中国商业出版社,1985:44-45.
② 陈元靓.岁时广记[M].北京:中华书局,2020:180.
③ 高濂.遵生八笺[M].杭州:浙江古籍出版社,2017:128.

清楚地记载了馓子的制作方法，具体如下：

> 用油水，同盐少许，和面揉匀，切如棋子形。以油润浴中，开一穴，通两手搓仓何切。作细条缠络数周，取芦竹两茎贯内，置沸油中，或折之或纽之，煎燥熟。亦有和赤砂糖者，以蜜者有用面扯条煎。[①]

可见馓子制作原料易得，方法简单，是一种平民点心。随着大量人口的南迁，原本流行于北方地区的馓子，在临安广受欢迎，这亦是南北饮食交融的一个例证。

兜子也是宋人喜爱的特色糕点。兜子早在五代时期便已流行，是一种用粉皮兜包馅料的食品，因其外形酷似兜笼而得名。兜子种类众多，不仅受到普通市民的喜爱，在宫廷中亦十分盛行。最具特色的兜子，要数宋朝宫廷中的"山海兜子"。山海兜子又名鱼虾笋蕨兜子，其主要原料为鲜鱼、鲜虾与嫩笋，以三鲜为馅，粉皮为兜，怎一个清鲜爽口了得。《饮膳正要》中亦记载了一种"荷莲兜子"，做法如下：

> 羊肉三脚子，切；羊尾子二个，切；鸡头仁八两；松黄八两；八担仁四两；蘑菇八两；杏泥一斤；胡桃仁八两；必思荅仁四两；胭脂一两；栀子四钱；小油二斤；生姜八两；豆粉四斤；山药三斤；鸡子三十个；羊肚、肺各二副；苦肠一副；葱四两；醋半瓶；芫荽叶。
>
> 右件，用盐、酱、五味调和匀，豆粉作皮，入盏内蒸，用松黄汁浇食。[②]

兜子结合了不同时代的饮食特点，成为具有时代特色的美食。但兜子从明代之后便失传了，随着当下糕点仿制技艺的提升，也许某天兜子能够重现往日的风采。

又如"鸡头篮子"，是一种以鸡头为主料的小点心。"鸡头"在《梦粱录》中有所记载，鸡头古名"芡"，又名"鸡雍"，是一种水生植物。在钱塘良渚、仁和藕湖等地均有产，唯有西湖生产者最佳，但数量并不多，可筛为粉。鸡头亦有数品，以银皮子嫩者为佳，贵戚多以金盒络绎买入禁中，普通市民多以小新荷叶

---

① 宋诩.竹屿山房杂部//纪昀,等.景印文渊阁四库全书:第871册[M].台北:台湾商务印书馆,1986:136.

② 忽思慧.饮膳正要[M].上海:上海古籍出版社,2014:106-107.

包之，并掺以麝香。无论是贵族还是百姓，都对糕点食品心向往之，宋人在糕点上的造诣由此显现。

三、总结

南宋糕点品类繁多，精美绝伦，笔者在上文中所展示的亦不过是南宋糕点的一个侧面。南宋糕点食品具有以下特点。

第一，南宋糕点多以药材等滋补的材料为原料，可见宋人对于养生的追求。对于延年益寿的渴望与追求，几乎是每个时代都存在的情况。宋人推崇以饮食进行养生，反对妄服丹砂，崇尚素食，注重药膳调补。这一饮食思想在糕点上的体现便是大量的药材被用作食材，如"神仙富贵饼"中的白术、菖蒲，"五香糕"中的茯苓与人参。在宋人精心的设计之下，传统中药药材融入朴素的米面，成为美味又滋补的糕点，承载着宋人对于健康生活的期望。

第二，南宋糕点所用原料较为常见、朴素，但多精妙，讲求一物多吃。不同于大唐的包容开放、兼收并蓄，宋朝更为内敛深沉，饮食亦如此。宋人用的食材未必如唐人丰富，甚至有些朴实，但花样却不会比唐人少。无论是一种食物的各种吃法、各类药材在糕点中的巧妙融入，还是多样的特色糕点，都能看出宋人在朴实无华的食材中所投入的心力与巧思。一方面是受宋朝商品经济的刺激，另一方面也是饮食平民化的表现。唯有大众智慧的投入，才能拥有无尽的灵感源泉。

第三，南宋糕点具有较为浓重的民俗含义，民间、宫廷相互仿制，平民化色彩显著。无论是镇妖辟邪的裹粽五色丝、寓意吉祥的团类食品、象征步步高升的五香糕，还是象征着远大前程的面茧，无不显示着民众在饮食中的热情参与。有些民间糕点如蜂蜜凉粽子、玉灌肺糕等，不仅受到普通市民的欢迎，连皇室贵族都为之折服，更显现出南宋平民糕点的美味与精妙。

第四，南宋糕点用料丰富、不拘一格，呈现南北技艺融合的特点。赵氏政权南迁，大批北方臣民南移。定都临安后，原在汴京的饮食店大量出现，如《都城纪胜》中记载的李婆婆羹、南瓦子张家圆子等。沈括也曾在《梦溪笔谈》中写到，北方喜欢用麻油炸食。而南方显然更喜用酥油来炸制糕点，如酥儿印、酥饼等,相似的技艺、不同的原料,铸就了这南北融合的味道。

南宋糕点有着悠久的历史和灿烂的文化,通过对南宋糕点名实的探究,有助于我们对于南宋糕点进行系统性的认识,也从侧面对南宋整体的饮食文化进行理解。开发具有时代特色的南宋糕点是势在必行的,对于历史上南宋糕点的深入认识,对促进南宋糕点食品向现代饮食转变有着重要的现实意义。

参考文献

[1]陈达叟.本心斋蔬食谱[M].北京:中国商业出版社,1987.

[2]陈元靓.岁时广记[M].北京:中华书局,2020.

[3]高濂.遵生八笺[M].杭州:浙江古籍出版社,2017.

[4]忽思慧.饮膳正要[M].上海:上海古籍出版社,2014.

[5]纪钦.宋代笔记中的甜点探析[J].大观(论坛),2018(4):109-110.

[6]李霞.唐宋节日比较:以诞节、端午节、冬至节为中心[D].四川师范大学,2010.

[7]林洪.山家清供[M].北京:中国商业出版社,1985.

[8]林正秋.待开发的南宋宫廷糕点和风味食品[J].杭州科技,1994(1):14-15.

[9]林正秋.南宋临安文化[M].杭州:杭州出版社,2010.

[10]耐得翁.都城纪胜[M].北京:中华书局,1962.

[11]魏华仙.宋代消费经济若干问题研究[D].河北大学,2005.

[12]吴氏.吴氏中馈录[M].北京:中国商业出版社,1987.

[13]吴自牧.梦粱录[M].北京:中华书局,1962.

[14]西湖老人.西湖老人繁胜录[M].北京:中华书局,1962.

[15]薛芳芸.宋人笔记中饮食养生史料研究[J].医学与社会,2012,25(11):32-34.

[16]杨希义.大麻、芝麻与亚麻栽培历史[J].农业考古,1991(3):267-274.

[17]周密.武林旧事[M].北京:中华书局,1962.

探究袁枚《随园食单》中的美食品鉴与美食思想

邵万宽[*]

摘要:《随园食单》是我国古代论述美食的重要著作。书中有系统阐述烹饪理论的"须知单"和"戒单",还较全面地记录了清代各地特色名菜、名点 326 种。袁枚不仅简单地叙述具体菜点的制作方法,而且每道菜点都进行品鉴,这其中也包含着独特的美食思想。

关键词:袁枚;《随园食单》;美食品鉴;美食思想;饮食观

在中国饮食文化史上,全面系统而深入地探讨中国烹饪的技术理论问题,应该是从袁枚开始的。在我国古代数十种烹饪典籍中,绝大多数都是食谱、食单,有的只是一些零星的杂论和散论,唯有《随园食单》是从烹饪技术理论出发,从采办加工到烹调装盘以及菜品用器等,都做了详尽的论述,并对当时很多地区的美食进行点评,这本书当是一本划时代的烹饪典籍。因此,袁枚不仅是清代著名的文学家,也是我国古代最著名的美食家。

一、从《随园食单》看袁枚的美食足迹

袁枚(1716—1797),字子才,号简斋,晚号随园老人,浙江钱塘(今杭州)

---

* 作者简介:邵万宽,男,南京旅游职业学院教授,江苏旅游文化研究院烹饪文化研究所所长,主要从事饮食文化、烹饪工艺相关研究。

人。40 岁起退隐于南京小仓山房随园，之后专心从事诗文写作，以及关注民间的吃喝烹饪之事。他是一位有丰富经验的烹饪学者，所著《随园食单》分为须知单、戒单、海鲜单、江鲜单、特牲单、杂牲单、羽族单、水族有鳞单、水族无鳞鱼、杂素菜单、小菜单、点心单、饭粥单和茶酒单 14 个方面。在"须知单"中提出了既全且严的 20 个操作要求，在"戒单"中提出了 14 个注意要点。接着，用大量的篇幅详细地记述了我国从十四世纪至十八世纪中流行的 326 种南北菜肴饭点，也介绍了当时的美酒名茶。正如他在书的"序"中所言："余雅慕此旨。每食于某氏而饱，必使家厨往彼灶觚，执弟子之礼。四十年来，颇集众美。有学就者，有十分中得六七者，有仅得二三者，亦有竟失传者。余都问其方略，集而存之，虽不甚省记，亦载某家某味，以志景行。"这是他四十年来收集、整理、烹制、总结经验而撰写的一部重要烹饪著作。

第一，实录官府家庭饮食之味。在这些食单中，有 77 道菜肴、23 道点心都谈到具体的地方，这其中有许多是官府家中的美食。如海鲜单共 9 品，就有 5 品谈到 7 家官府家食，如："杨明府冬瓜燕窝甚佳。""尝见钱观察家夏日用芥末、鸡汁拌冷海参丝……蒋侍郎家用豆腐皮、鸡腿、蘑菇煨海参。""尝在郭耕礼家吃鱼翅炒菜，绝妙。""鳆鱼炒薄片甚佳。杨中丞家削片入鸡汤豆腐中。……庄太守用大块鳆鱼煨整鸭，亦别有风趣。""乌鱼蛋最鲜，最难服事……龚云若司马家制之最精。"

第二，游走寺观品尝的美味。书中也记载了不少寺观中的美食。如黄芽菜煨火腿"上口甘鲜，肉菜俱化……朝天宫道士法也"。芜湖敬修和尚"将腐皮卷筒切段，油中微炙，入蘑菇煨烂极佳"。"扬州定慧庵僧，能将木耳煨二分厚，香蕈煨三分厚。"芜湖大庵和尚"炒鸡腿蘑菇"宴客甚佳。

第三，家中的烹事味美丰盈。袁枚的家厨王小余是烹调能手，他在《厨者王小余传》中曾大加赞赏王小余。《随园食单》中记载的大多都是家中的烹事，相对较多的是"致华"家，所录菜品有三：一是"八宝肉圆"入口松脆；二是"汤鳗"中蒸鳗最佳；三是"冻豆腐"用蘑菇煮豆腐甚佳。另外有家中龙文弟的"烧小猪"，即今之烤乳猪，"叉上炭火炙之"颇得其法；还有自家中最好的"笋脯"，"以家园所烘为第一"。书中描写自家食事虽笔墨不多，但不难发现家厨在袁枚的影响下烹调技艺大涨。

二、袁枚对菜品的品鉴风格

《随园食单》包含阐述烹饪原理、品鉴菜品优劣、解读菜品制作的方式三部分，前两部分告诉执厨者必须遵循的原则、明晰的道理，后面的食单则是袁枚品尝菜品后的感觉与比较。这其中体现了三大风格与特色。

第一，袁枚根据自己多年来的品鉴经验对菜品进行评判。书中"十二项"食单中随处可看到袁枚对各家烹制的食品进行的品评，其用最佳、最精、最鲜、绝妙、绝品、最有名、极鲜、极佳、更佳、更妙、尤佳、尤妙、精绝无双、鲜妙绝伦、甚佳、甚妙、甚精、为佳、为妙、亦佳、亦妙等语来评价其认可的精美食品。在说到不足的方面时，也是一针见血地指出，如"杭州烧鹅为人所笑，以其生也。不如家厨自烧为妙"。蛏干则"扬州人学之俱不能及"，千层馒头为"金陵人不能也"。

第二，袁枚对菜品色香味形的品鉴真切到位、细致入微。如"杨公圆"："杨明府作肉圆大如茶杯，细腻绝伦，汤尤鲜洁，入口如酥。""陶方伯十景点心"："奇形诡状，五色纷披，食之皆甘，令人应接不暇。""小馒头小馄饨"："作馒头如胡桃大，就蒸笼食之，每箸可夹一双……小馄饨小如龙眼，用鸡汤下之。""萧美人点心"："凡馒头、糕饺之类，小巧可爱，洁白如雪。"以上的馒头、馄饨、糕饺都以小巧精致的特色取胜。谈论食品在口中咀嚼时的触感，如"扬州洪府粽子"："食之滑腻、温柔，肉与米化。"在谈到颜色时，如"千层馒头"："杨参戎家制馒头，其白如雪，揭之如有千层。"在谈到制作技艺时，如山东、陕西等地的"薄饼"，"薄若蝉翼，大若茶盘，柔腻绝伦"。

第三，所有菜品不虚写空谈，而是多有出处，突出某地和具体出处。就面点品种的介绍中，这些点心制作均有名有出处，都是从不同地区的人家搜集而来的，如萧美人点心、刘方伯月饼、春圃方伯家萝卜饼、杨中丞西洋饼、扬州洪府粽子等。如鳝面："熬鳝成卤，加面再滚。此杭州法。"裙带面："此法扬州盛行。"薄饼："秦人制小锡罐装饼三十张，每客一罐，饼小如柑。"百果糕："杭州北关外卖者最佳。"白云片："金陵人制之最精。"运司糕："卢雅雨作运司年已老矣，扬州店中作糕献之，大加赞赏。"这些名点有根有据，都是袁氏亲自品尝和比较过的，而且各有风味和特色。

三、袁枚的美食思想

袁枚在"须知单""戒单"的烹饪论述中提出了许多的技术要求，从烹饪的不同角度作了许多精辟的阐述。这里就袁枚的美食思想作一梳理。

1. 菜品要精致，不要杂乱

袁枚是一位真正的美食家，对原料的要求、加工的分寸、火候的把握、调味的轻重都有独到的见解。菜品如何制作得精致、雅观，取决于制作者的厨艺技术。不同的原料有不同的加工制作方法，他特别强调"一物有一物之味，不可混而同之"。只有合理地把握好，才能做到"使一物各献一性，一碗各成一味。"这是最上乘的方法。

袁枚认为，招待客人，菜品不在于多，而在于精，多多益善的杂乱无章并不是高尚之举，只是悦目的粗浅之作。而对原料的杂陈、汤料的浑浊等都加以批评。他对非黑非白、不清不腻的汤卤之菜也很反感。

2. 工艺要巧妙，选料要地道

一道菜品，要体现它的美感，不可生拉硬扯，违背烹饪原理。而要巧妙天成，彰显出自然美、味觉美的个性。袁枚在"戒穿凿"中批点高濂《遵生八笺》中所载的"秋藤饼"与李渔的"玉兰饼"，认为都是矫揉造作、隐僻的稀奇古怪之品，并形象地举例："燕窝佳矣，何必捶以为团？海参可矣，何必熬之为酱？"体现注重菜品的真材实料，精心打造菜品之味，这才是袁枚对菜品的真实追求。

他主张"解除饮食之弊"，要讲求实惠，创造符合实际需要的食物。他提倡多做具有地方风味特色的菜品。袁枚在书中经常强调名特产与制作菜肴的关系，如金华火腿、杭州土步鱼、湖北羊肚菜、新安江珍珠菜、高邮腌蛋、太仓糟油等，才是菜品真味的关键。

3. 家常饭好吃

袁枚记载的各地美食，绝大多数都是"家"中的饭菜，他所津津乐道的最佳、最绝、极精、极妙的菜品，无一不是家中的美食。最早提出"家常饭好吃"的是北宋政治家、文学家范仲淹，得到当时和后世人们的普遍认同。后为曾敏行所撰的《独醒杂志》、罗大经的《鹤林玉露》引用。

中国人的日常饮食，还是家常饭菜最可口、最耐品味。苏轼、陆游、郑板桥等都有许多诗文加以赞美。家里不仅有取自天然的食物原料，也有本地所特有的食材，特别是一些官府门第更有当地名特原材料，再加上雇有当地的烹调能手，往往能烹调出最美味的食物。《随园食单》有接近三分之一的菜肴、点心都标出具体出自哪家，如南京高南昌太守家揱鸡、山东杨参将家的全壳甲鱼、芜湖陶太太家的刀鱼、苏州尹文端公家的蜜火腿、杭州商人何兴举家的干蒸鸭、扬州朱分司家的红煨鳗、泾阳明府家的天然饼等。这些家厨、官厨制作出的菜肴、点心都得到袁枚的赞赏。

4.烹调贵在认真

要把一道菜做好，除了有一定的技术能力以外，更重要的是做事的态度，即"认真"二字。袁枚在书中谈了许多对美食烹调的经验总结，实际上也是围绕对技术的精益求精而说的。如"一席佳肴，司厨之功居其六，采办之功居其四"，说的是原材料是做菜的关键。"切葱之刀，不可以切笋。捣椒之臼，不可以捣粉"，说的是加工方面的注意之点，必须要洁净、认真和细心。"调剂之法，相物而施"，食物的调和方法，应看物而用。"熟物之法，最重火候"，制作菜肴时火候最重要，只有把控好，才能把菜肴烹制好。"味要浓厚，不可油腻；味要清鲜，不可淡薄"以及"现杀现烹，现熟现吃"这些都是袁枚对烹调的经验总结，如果烹制者不认真调理，违背这些原理，菜肴的质量也是可想而知的。

5.反对铺张的饮食观

袁枚反对不爱惜食物、奢靡铺张的行为。他认为饮食的贪多求丰，实际上已失去了美食追求的本意。明清时期官宦人家的饮食奢靡之风极盛，在社会上形成了一股铺张之风。他在"戒目食"中进行了批判，"今人慕食前方丈之名，多盘叠碗，是以目食非口食也"。他主张烹调菜肴要充分利用原材料，"鸡、鱼、鹅、鸭，自首至尾俱有味存，不必少取多弃也"。反对"贪贵物之名，夸敬客之意"。他对片面追求"八大碗""十六盘""满汉全席"之类的俗套嗤之以鼻，痛加批评那些为了名声，只图悦目、悦耳一时快感的陋习，那将失去了"口食"的真正意义，这是饮食之中的怪异之风。

参考文献

[1]任百尊.中国食经[M].上海:上海文化出版社,1999.

[2]邵万宽.明清时期我国面食文化析论[J].宁夏社会科学,2010(2).

[3]袁枚.随园食单[M].北京:中国商业出版社,1984.

略论晚明江南的饮食风尚

叶俊士[*]

摘要：晚明时期，以杭州、嘉兴、湖州、苏州、松江五府为代表的江南地区经济高度繁荣，聚集了大量的富商巨贾、士绅阶层和文人墨客。他们不仅在经济上领先全国，而且在饮食生活中也开始竞相奢侈。在他们的带动下，社会各阶层的饮食消费逐渐普遍化、奢侈化，饮食道德束缚也趋于放开，涌现出一批"食社"团体和大量的饮膳书籍，引领了当时社会饮食风尚的转变，也推动了中国饮食文化的发展。

关键词：晚明；江南；饮食风尚

饮食风尚，一般是指一定时期社会大众在饮食生活上的行为方式、价值取向、审美心态及形成的社会风气。有明一代，社会风气以明中叶为分水岭。明初，因天下初定，社会凋敝，朱元璋采取了一系列重农抑商的政策以恢复生产，政治上则加强了中央集权，严格按照封建礼制的规定实行等级制，形成了"敦厚俭朴"的社会风气。在饮食上更是严格管制，比如《明会典》中就有专门规定器皿一律不准用金银，仅酒盏可以用银，宴请不得铺设筵席，只能团桌聚坐，食取适口，酒止五七行，并不得作乐歌唱。

到了明中叶，特别是正德之后，随着工商业的巨大发展和社会经济的繁荣，商人地位日渐提高，"重利趋商"成为普遍的价值取向。随之而来的是被禁锢百年的消费和享受的欲望喷薄而出，"敦厚俭朴"的社会风气逐渐向"奢靡享

---

* 作者简介：叶俊士，男，宁波财经学院人文学院教师、博士，主要从事地方文化研究。

乐"转化。尤其是作为全国经济重心的江南地区,以苏州、松江、杭州、嘉兴、湖州五府为代表,出现大批经济发达的市镇,聚集了大量的富商巨贾、士绅阶层和文人墨客。他们不仅在经济上领先全国,而且在饮食生活中也开始竞相奢侈,引领了当时社会饮食风尚的转变。

一、饮食消费的普遍化

明代的经济较前代有较大的发展,尤其是在明中叶以后,随着农业技术的发展和多熟制的普及,以及从美洲引进的玉米、番薯、马铃薯等作物的推广使得晚明之后的物产较前代有了极大的进步①。当时南方主要以稻米为主食,北方仍以麦为主,同时还出现了以玉米、高粱等杂粮为原料的面食。随着温室栽培技术的日趋成熟和普及,蔬菜的食用也开始增多,水果品种则数不胜数。肉类的食用也更普遍,鸡肉、猪肉、羊肉等在明代社会各个阶层的餐桌都很常见,值得一提的是,鹅肉在明代极为盛行,尤其到了晚明,无论是宫廷、豪门的宴饮还是市井之上的餐桌都把鹅视为美味。水产品也较前代受欢迎,尤其是在南方沿海地区,以"蟹、虾、鱼"为主的水产海鲜已经成了当地人们的重要食物原料,燕窝、鱼翅这类过去被视为珍稀之物的食材在晚明已经成为宴会上常见的菜肴。原先被人们认为有毒的河豚在16世纪晚期就已经成为松江人的美食,并逐渐成为一种时尚。

随着交通的发展,南北食物原料的传递也更加方便,明末散文大家、绍兴人张岱在晚年所著的《陶庵梦忆》中就回忆自己当年嗜好饮食:

> 越中清馋,无过余者,喜啖方物。北京则苹婆果、黄鼠、马牙松;山东则羊肚菜、秋白梨、文官果、甜子;福建则福桔、福桔饼、牛皮糖、红腐乳;江西则青根、丰城脯;山西则天花菜;苏州则带骨鲍螺、山查丁、山查糕、松子糖、白圆、橄榄脯;嘉兴则马交鱼脯、陶庄黄雀;南京则套樱桃、桃门枣、地栗团、莴笋团、山查糖;杭州则西瓜、鸡豆子、花下藕、韭芽、玄笋、塘栖蜜

---

① 有关明清时期的农业发展详见:俞为洁.中国食料史[M].上海:上海古籍出版社,2011:372-471.

桔；萧山则杨梅、莼菜、鸠鸟、青鲫、方柿；诸暨则香狸、樱桃、虎栗；嵊则蕨粉、细榧、龙游糖；临海则枕头瓜；台州则瓦楞蚶、江瑶柱；浦江则火肉；东阳则南枣；山阴则破塘笋、谢桔、独山菱、河蟹、三江屯坚、白蛤、江鱼、鲥鱼、里河鰔。远则岁致之，近则月致之、日致之。耽耽逐逐，日为口腹谋。①

从这段记述中，可以看到当时各地的丰富物产，其中描写最详尽、丰富的就是江南特产，如苏州的鲍螺、山楂、橄榄；南京的樱桃、桃门枣、地栗团、莴笋团、山楂糖；杭州的西瓜、藕、韭芽、蜜桔；萧山的杨梅、莼菜、鲫鱼、柿子；诸暨的樱桃、栗子；嵊州的蕨粉、香榧；台州的江瑶柱、浦江的火腿、东阳的枣，以及张岱家乡绍兴的笋、桔子、菱角、河蟹、白蛤、江鱼、鲥鱼等。同时也可以看到当时的交通条件已经使得天南海北的食物达到了"远则岁致之，近则月致之、日致之"的便捷传递，以致使得北京市场上的海鲜竟然有时候比东南沿海地区还要便宜②，甚至是原产于东南沿海的龙眼、荔枝、白葡萄等水果都可以在西南边疆地区买到。

明中叶以后，餐饮业比前代有了较大发展，"城镇乃至乡村饮食店铺的空前增多"③。《如梦录》对晚明时期的开封城街市上的店铺状况有详细记载，其中就有很多与饮食有关的茶叶店、烧酒店、饭店、酒店和"饭店、皮鲊、素面店、羊肉车、鸡、鸭、鹅（店）"④。作为南都的金陵城，里面商铺就更多了，光是糖食铺户就有三十多家⑤，酒肆业更加发达，秦淮河两岸遍地是酒楼、酒馆。

入清之后，民间餐饮业的发展更加迅速，清人李斗在《扬州画舫录》中说扬州的茶肆业十分发达，"吾乡茶肆，甲于天下。多有以此为业者"，里面既有"楼台亭榭，花木竹石，杯盘匙箸，无不精美"的高档茶肆，也有面向底层百姓的城外小茶肆。茶肆还有荤、素之别，荤茶肆中"双虹楼烧饼，开风气之先，有糖馅、肉馅、干菜馅、苋菜馅之分；宜兴丁四官开薰芳、集芳，以糟窖馒头得名，二梅轩以灌汤包子得名，雨莲以春饼得名，文杏园以稍麦得名，谓之鬼蓬头，品陆轩以

①　张岱.陶庵梦忆[M].北京：中华书局，2008：78-79.
②　谢肇淛.五杂组[M].上海：上海书店出版社，2001：185.
③　许敏.明清饮食店铺文化略论：着重对明中叶至清中叶的考察//龙西斌，等.第八届明史国际学术讨论会论文集[M].长沙：湖南人民出版社，2001：420.
④　常茂徕.如梦录[M].孔宪易，校注.郑州：中州古籍出版社，1984：30.
⑤　何良俊.四友斋丛说[M].北京：中华书局，1959：98.

淮饺得名,小方壶以菜饺得名,各极其盛。而城内外小茶肆或为油镟饼,或为甑儿糕,或为松毛包子,茆檐荜门,每旦络绎不绝"。[①] 素茶肆则指那些纯以茶水为业,只兼卖一些糖果蜜饯和瓜子炒货的茶馆。从中可看出所谓的荤茶肆事实上已经超出了茶馆的范畴,更类似于饭店酒楼。

这些遍布城乡的饮食店铺为当时社会各阶层人的日常饮食生活提供了便利,有力地促进了中华饮食文化的发展,也从侧面有力地证明了明清之际人们对于饮食的需求十分兴旺,饮食消费已经非常普遍化。

二、饮食消费的奢侈化

嘉靖之前,明代社会各阶层的日常饮食及宴饮活动基本上还是遵循明初礼制的规定,明太祖"膳馐甚约,亲王妃既日支羊肉一斤,牛肉即免支,或免支牛乳。御膳亦甚俭,唯奉先殿,日进二膳,朔望日则用少牢"[②]。朱元璋之后的几任皇帝也大抵如此。然而,嘉靖之后就发生了显著的变化,特别是社会饮食生活方面出现了巨变,富豪之家竞相追求吃喝,"嘉靖十年以前,富厚之家,多谨礼法,居室不敢淫,饮食不敢过。后遂肆然无忌,服食器用,宫室车马,僭拟不可言"[③]。

松江人(今上海)何良俊出生于明正德元年(1506),卒于明万历元年(1573),他的一生刚好目睹了嘉靖一朝的风气转变,他的记载或许可以为顾起元的论断做一个注脚:

> 余小时见人家请客,只是果五色肴五品而已……今寻常燕会,动辄必用十肴,且水陆毕陈,或觅远方珍品,求以相胜。前有一士夫请赵循斋,杀鹅二十余头,遂至形于奏牍。近一士夫请袁泽门,闻肴品计有百余样,鸽子、斑鸠之类皆有。[④]

嘉靖之后,吃喝之风更是不可遏止。明人谢肇淛(1567—1624)在《五杂

① 李斗.扬州画舫录[M].北京:中华书局,2007:17.
② 李乐.见闻杂记[M].上海:上海古籍出版社,1986:474.
③ 顾起元.客座赘语[M].北京:中华书局,1987:170.
④ 何良俊.四友斋丛说[M].北京:中华书局,1959:314.

俎》中描绘了当时富豪之家的豪奢宴饮场面：

> 今之富家巨室，穷山之珍，竭水之错，南方之蛎房，北方之熊掌，东海之鳆炙，西域之马奶，真昔人所谓富有小四海者，一筵之费，竭中家之产不能办也……孙承佑一宴杀物千余，李德裕一羹费至二万。蔡京嗜鹌子，日以千计；齐王好鸡跖，日进七十。江无畏日用鲫鱼三百，王黼库积雀鲊三楹。口腹之欲，残忍暴珍，至此极矣！今时王侯阉宦尚有此风。先大夫初至吉藩，遇宴一监司，主客三席尔，询庖人，用鹅一十八、鸡七十二、猪肉百五十斤，它物称是，良可笑也。①

众所周知，明代是中国东西方文化交流大发展的时期，来自欧洲的商人和传道士们在马可波罗的指引下，纷纷来到中国这片"神奇的土地"，这里的食物品种之多，价格之低，使得他们大为惊讶。美国著名人类学教授尤金·安德森在其所著《中国食物》中就曾引用了当时葡萄牙人加斯巴（Gaspar）在中国见到的常见食物（1569 年或 1570 年在葡萄牙发表），现转引如下：

> 人们普遍食用猪肉，吃青蛙（以特别的技巧剥皮；物品很便宜；水产极为丰裕。他也提到了蔬菜和水果：芜菁、萝卜、甘蓝、大蒜、葱；桃子、李子、坚果和栗子、橘子、荔枝，以及富有特色的苹果型沙梨，它是"一种苹果，其颜色和果皮却像灰梨，但气味和口感都更好"。②

对中国上层社会饮食生活的描绘则来自著名耶稣会士利玛窦（Matteo Ricci，1552—1610）。从 1582 年奉命来到中国，直到 1610 年逝世于北京，利玛窦在中国生活了近 30 年，几乎走遍了大半个中国，被明朝奉为上宾，交游皆是公卿显贵。他们争相"邀请利玛窦神父赴盛宴，排场之大正如所曾叙述过的那样。应邀的有上等阶层的一些人，还有些客人是皇帝的亲戚"③。他同时也是藩王"家的常客，每逢他赴宴"，都使得王府上下"习常对客人的光临表示自己

---

① 谢肇淛. 五杂组［M］. 上海：上海书店出版社，2001：218.
② （美）尤金·安德森. 中国食物［M］. 马孆，刘东，译. 南京：江苏人民出版社，2003：84-85.
③ （意）利玛窦，（比）金尼阁. 利玛窦中国札记［M］. 何高济，王遵仲，李申，译. 北京：中华书局，1983：295.

的愉悦"①。在目睹和亲历了无数中国上层的宴会活动之后,利玛窦在日记中记述道:

> 凡是我们吃的,中国人差不多也都吃,而且他们的菜肴烹调得很好。他们不大注意送上来的任何一种特定的菜肴,因为他们的膳食是根据席上花样多寡而不是根据菜肴种类来评定的。有时候桌上摆满了大盘小盘的各种菜肴。他们的鱼和肉不像我们那样要遵守一定的上菜次序。菜一端上桌子,就不再撤去,直到吃完饭为止,所以饭没吃完,桌子就压得吱嘎作响;碟、盘子堆得很高,简直会使人觉得是在修建一个小型的城堡。②

其时中国上层社会宴饮之豪奢可见一斑。

明朝即将灭亡前夕,整个晚明的富豪阶层还是沉浸在吃喝宴乐之中。叶梦珠在其所撰《阅世编》中就有一章讲到江苏地区中上层之家的宴会,其中写道:

> 肆筵设席,吴下向来丰盛。缙绅之家,或宴官长,一席之间水陆珍馐,多至数十品。即士庶及中人之家,新亲严席,有多至二三十品者。若十余品则是寻常之会矣。然品必用木漆果山,如浮屠样,蔬用小磁碟添案,小品用攒盒,俱以木漆架架高,取其适观而已。即食前方丈,盘中之餐,为物有限。崇祯初,始废果山堞架,用高装水果,严席则列五色,以饭盂盛之。③

叶梦珠的生卒年不详,但是在他所著的这本《阅世编》中"崇祯甲戌……余年十二,往受经焉"的记载来看,崇祯甲戌年换算为现在公历为 1634 年,那么叶梦珠应当生于明天启三年(1623),明王朝已经离崩溃不远。

更惊人的是,不但富豪权贵们如此,中产之家对于饮食也开始"大手大脚"起来,"过去的奢侈行为,大多只限于上层社会的极少数人,如高官贵族或少数的大富豪;然而晚明的奢侈风气,却是普及到社会的中下层"④。经济最发达的

---

① (意)利玛窦,(比)金尼阁.利玛窦中国札记[M].何高济,王遵仲,李申,译.北京:中华书局,1983:302.

② (意)利玛窦,(比)金尼阁.利玛窦中国札记[M].何高济,王遵仲,李申,译.北京:中华书局,1983:71-72.

③ 叶梦珠.阅世编[M].北京:中华书局,2007:218.

④ 巫仁恕.品味奢华:晚明的消费社会与士大夫[M].北京:中华书局,2008:30.

江南地区在饮食消费上就走在当时前列,"扬州人'一筵辄费数金',崇祯年间嘉兴平民'宴会馈遗,民间张设,务崇多品,有山珍海错,蔬蓛多则二十品、十二品,少则八品'"①。这种宴会的奢华风气已经感染到一般大众,使中产之家也群起仿效。可以说,在"晚明时期,发生了一个几乎是全国范围的消费革命,转变了中国人的物质生活"②。

明亡以后,奢靡、开放的饮食风气也被入关的满洲贵族延续了下去。在清军入关的头几十年,战事几乎一直未曾停止,民间普通百姓的温饱尚且难以维系,但是上层满族贵族的宴饮活动并未停滞。很快,随着政局的日渐稳固和经济的逐渐恢复,贵族官僚们开始了比前朝更加疯狂的享乐,民间普通百姓的日常饮食也恢复正常,甚至超越了晚明时期。尤其是经济恢复最快的江左地区,饮食也更为奢华,以扬州盐商为代表的社会富裕阶层在饮食上大肆铺张,其奢靡大大影响了当时的社会风气,清初诗人陈祖范(1676—1754)就感慨苏州当时风俗变化"懒惰者可以不纫针,不举火,而服食鲜华,亦风俗之靡也"③。

奢靡风气之盛,以至于惊动了雍正皇帝。雍正元年(1723)发布的一道上谕中就训斥盐商"饮食器具备求工巧……宴会戏游殆无虚日","甚至悍仆豪奴服食起居同于仕宦……骄奢淫佚相习成风",其中"淮扬为尤甚"。他警告,从今往后,如仍前奢侈,或经他访闻得知,或被督抚参劾,"商人必从重究治",地方官员也不能逃脱"纵徇之咎"④。

尽管最高层三令五申,但是并没有改变从晚明延续下来的竞奢风气。可以说从晚明开始走向奢侈浮华的饮食风气一直延续到了清末,并且由清朝的统治者们发挥到极致。

---

① 刘军丽.晚明社会饮食生活略论[J].四川烹饪高等专科学校学报,2009(6):9-10.

② (美)张春树,骆雪伦.明清时代之社会经济巨变与新文化:李渔时代的社会与文化及其"现代性"[M].王湘云,译.上海:上海古籍出版社,2008:119.

③ 转引自巫仁恕.品味奢华:晚明的消费社会与士大夫[M].北京:中华书局,2008:28.

④ 王定安,等.重修两淮盐法志:卷一//续修四库全书:第842册[M].上海:上海古籍出版社,1995:621.

三、饮食道德束缚的放开

晚明是中国历史上思想大变革的重要时期,无论是时人形容的"天崩地解""纲纪凌夷",还是现代学者所称的"中国的文艺复兴""资产阶级早期启蒙思潮""经世致用的实学思潮""个性解放和人文主义思潮",不可否认的是晚明涌现出了一批"异端"思想家,极大地影响了晚明的社会思潮。这是由于明中叶以来的经济、政治、文化、社会氛围和心理状态的变迁,与当时商品经济非常发达、市民生活奢侈繁荣有着密切关系①。但反过来,这股"异端"的思潮也在影响着晚明社会各个阶层的人们去改变生活方式,追求自我的解放。这种个性解放在人们的日常生活中体现得最为明显,而饮食生活更是首当其冲。

现在我们都说中国人是"好吃"的民族,但事实上在中国古代,至少是在十六世纪中叶以前,饮食从来不是一件可以公开谈论的事情,在"封建的专制政治和封建的政治文化的囹圄与氛围之中,几乎一切士与准士的知识群都埋头于学习研究传统和正统的政治文化,皓首穷经,学以干禄。除这种直接或间接服务于封建治术的政治文化之外的一切文化科学门类,大多都被视为'虚应'和'末技'。至于烹调技艺,在统治者的眼中,更是属于微不足道的下下之品了。厨作,那是贱民所从事的下作之业。所以,事厨者一向被称为'厨役'、'厨子'等等"②。而如果一个人公开追求饮食享受,那么他就成为一个"饮食之人","饮食之人,则人贱之矣。为其养小以失大也",所谓饮食之人,"专养口腹者也",作为"大人"也就是"君子"怎么可以专养口腹而失大体? 真正的君子应该像颜回那样"一箪食,一瓢饮,在陋巷。人不堪其忧,回也不改其乐",君子要"食无求饱,居无求安。敏于事而慎于言,就有道而正焉"。在这种传统思想之下,历代的中国人无论是上层的高官贵族还是底下的庶民百姓都不敢公然追求饮食享受,即便许多贵族和富豪事实上在这样做,但也千方百计地掩饰,否则将会被当作批判的对象,整个传统社会对于人们的饮食生活是抑制的。饮

---

① 李泽厚.中国古代思想史论[M].北京:生活·读书·新知三联书店,2008:262.
② 赵荣光.中国饮食文化概论[M].北京:高等教育出版社,2003:3.

食不只是个人的生理需要,更是关乎道德品性的重要考量因素。

　　直到阳明心学崛起,这种情况才有所改变。作为阳明心学最重要、成就最大的继承人,泰州学派"强调人的自心自性的醒悟,宣扬离经叛道,要求人性解放;反对封建礼教,要求行为自由;鼓吹人欲、私欲,要求物质利益;肯定心性无别,要求贵贱平等"①。泰州学派创始人王艮的"百姓日用之学"认为百姓日用即是道,只有合乎平民百姓日常生活需要的思想学说,才是真正的圣人之道,事实上就是肯定人们追求饮食生活的权利。何心隐则进一步提出了物质欲望是合理的,味、色、声、安逸等欲望是人的天性所在,合乎人性,"性而味,性而色,性而声,性而安佚,性也。乘乎其欲者也"②。因此,他提倡"寡欲",适当满足人的合理欲望。而到了"异端"李贽这里,则是更明确地提出"穿衣吃饭即是人伦物理;除却穿衣吃饭,无伦物矣"③。从而肯定了吃饭穿衣这些最基本的生活需求包容了世间一切伦理道德,道就是人们的日常生活。从这个意义上讲,李贽认为封建社会的礼是"非礼",而真正的礼应该是人人认同,顺其自然的。

　　正是在以王艮、何心隐、李贽为代表的泰州学派的影响下,晚明涌现出一批重视现实生活,追求世俗享乐的士大夫和文人,并进而影响了更多的普通百姓。袁宏道在给舅父的信中就称人间有"五快活":

　　　　目极世间之色,耳极世间之声,身极世间之鲜,口极世间之谭,一快活也。堂前列鼎,堂后度曲,宾客满席,男女交舄,烛气薰天,珠翠委地,金钱不足,继以田土,二快活也。箧中藏万卷书,书皆珍异,宅畔置一馆,馆中约真正同心友十余人,人中立一识见极高如司马迁、罗贯中、关汉卿者为主,分曹部署,各成一书,远文唐宋酸儒之陋,近完一代未竟之篇,三快活也。千金买一舟,舟中置鼓吹一部,妓妾数人,游闲数人,泛家浮宅,不知老之将至,四快活也。然人生受用至此,不及十年,家资田地荡尽矣。然后一身狼狈,朝不谋夕,托钵歌妓之院,分餐孤老之盘,往来乡亲,恬不知耻,五快活也。④

---

①　张显清.晚明社会的时代特点[J].河南师范大学学报(哲学社会科学版).2005(6):6.
②　何心隐.何心隐集[M].北京:中华书局,1960:40.
③　李贽.焚书[M].北京:中华书局,1975:4.
④　袁宏道.袁宏道集笺校[M].上海:上海古籍出版社,1981:205-206.

　　张岱也称自己:"少为纨绔子弟,极爱繁华,好精舍,好美婢,好娈童,好鲜衣,好美食,好骏马,好华灯,好烟火,好梨园,好鼓吹,好古董,好花鸟,兼以茶淫橘虐,书蠹诗魔。"①这反映的是当时在江南的贵公子中极为流行、平常的日常生活,更突显出"社会上原来传统的精神生活已经被对物质的热烈追求——豪华的住宅、昂贵的衣着、丰盛的食品、放纵的娱乐——取而代之"②。

　　在这种对欲望的肯定,人性的解放之中,饮食的欲望无一例外都是这些文人的主要追求之一,何心隐的"性味论"、李贽的"穿衣吃饭论"都把吃作为人最基本的欲望;袁宏道的"五快活"中第一种快活就是要"口极世间之谭",张岱所好之一也是"好美食"。当然,晚明国家前途黯淡的现实也促使这些文人士大夫们转而寄情山水。总之,在这些文人士大夫阶层的倡导和带动下,晚明社会的饮食道德束缚彻底被打开,公开谈论饮食的人越来越多,饮食文化的研究开始深化和系统化,涌现出许多富有实践性的饮食著作。

四、"食社"团体的出现

　　中国文人的结社之风,古已有之,但是属明代为最。据今人研究,明代文人结社总数至少达到三百家之多③,其中有诗文唱和的,议论时政的,读书论经的,更有各种因为不同爱好集合起来的。这些宗旨不一、形态各异的社团,都有成文或不成文的社约,在文人士大夫中具有一定的影响力。文人学士也以此作为相互联络或标榜的象征。"在这些档次不一的社团中虽然以宴饮为目的的并不多,但所有的社团包括书院、学校都要以会餐作为重要的活动和礼仪。"④饭店是这些社团活动的最重要场所。再加上明代尤其是晚明思想的开放,文人们的生活方式日益放纵,在以文会友、舞文弄墨的同时,往往寄情于诗酒,或以宴饮为乐,一醉方休。也有些社团干脆明令不谈国事,万历十三年(1585)退休官僚张瀚组织的怡老会就有社约规定:"坐间谈山川景物之胜,农

　　①　张岱.陶庵梦忆[M].北京:中华书局,2008;167.
　　②　(美)张春树,骆雪伦.明清时代之社会经济巨变与新文化:李渔时代的社会与文化及其"现代性"[M].王湘云,译.上海:上海古籍出版社,2008;116.
　　③　何宗美.明代文人结社综论[J].中国文学研究.2002(2);50.
　　④　刘志琴.明代饮食思想与文化思潮[J].史学集刊.1999(4);30-38.

圃树艺之宜,食饮起居之节,中理快心之事,若官府政治市井鄙琐自不溷及。"①明代文人社团组织集会少则几十人,多则成百上千,活动经费则主要依靠公卿大夫、本地富豪,或者社员轮流坐庄。因此,承办者无不竭尽全力,务求创造高雅的宴饮氛围和精致的菜肴饮品,宴饮不仅成了文人之间交往的黏合剂,更是这些承办人展现实力的舞台。

在这种结社之风的鼓舞下,以饮食为目的的"食社"社团在中国历史上第一次出现,张岱在《老饕集序》中就记载其祖父张汝霖曾成立饮食社以"讲求正味",还曾写过四卷与饮食有关的著作:"余大父与武林涵所包先生、贞父黄先生为饮食社,讲求正味,著《饕史》四卷……虽无《食史》、《食典》之博洽精腆,精骑三千,亦足以胜彼赢师十万矣。鼎味一窝,则在尝知者之舌下讨取消息也。"②张岱本人也曾与兄弟好友组织成立蟹会,每到十月一起"煮蟹食之",每人六只,"从以肥腊鸭、牛乳酪。醉蚶如琥珀,以鸭汁煮白菜如玉版。果瓜以谢橘、以风栗、以风菱。饮以玉壶冰,蔬以兵坑笋,饭以新余杭白,漱以兰雪茶"。这等美味令人感觉如"天厨仙供"③。

由此可见,无论是社团活动的大肆宴饮还是食社团体的公开亮相,都可见饮食享乐已成为当时很多人的公开爱好,这又反过来进一步促进了饮食道德束缚的松动,更促进了饮膳书籍的创作和饮食思想的发展。

五、饮膳书籍的大量涌现

明代的饮食著作则以食谱、农书为主,在姚伟钧教授所著《中国饮食礼俗与文化史论》中所列明代 34 种饮食典籍中,成书于十六世纪中叶之后的就有26 种,占整个明代饮食典籍 76%,兹列于下:《煮泉小品》《本草纲目》《茹草编》《茶疏》《饮馔服食笺》《海味索引》《群芳谱》《臞仙神隐书》《种芋法》《天工开物》《便民图纂》《野菜谱》《食物本草》《食品集》《农政全书》《留青日札》《养余月令》《山堂肆考》《广志绎》《万历野获编》《菽园杂记》《酌中志》《西湖游览志余》《长

---

① 转引自郭英德.明代文人结社说略[J].北京师范大学学报(社会科学版).1992(4);29.

② 张岱.琅嬛文集[M].长沙;岳麓书社,1985;24-25.

③ 张岱.陶庵梦忆[M].北京;中华书局,2008;156.

安客话》《五杂组》《陶庵梦忆》①。这还不算成书于明亡后的《闲情偶寄》。此外,当时的笔记小品几乎无一例外都有关于百姓日用的记述,而其中又往往以宴饮和美食最为出彩。凡此种种,足以说明晚明文人对于饮食已经十分重视,研究饮食已然是社会风气所向和文人的时尚,而不再是像以前那样囿于传统道德的束缚,对饮食避而不谈。

六、结语

总而言之,晚明时期的中国尤其是江南地区,经济上高度繁荣,商业化程度高,农业极为发达,为整个晚明社会提供了丰富的物产和经济条件,使当时的社会各阶层百姓具备了前所未有的饮食消费能力,饮食成了人们日常生活中的一个重要享受。另一方面,晚明时期的个性解放,对欲望的重视和满足放开了长期以来一直束缚着中国人的饮食道德,尤其是文人们不光具备了经济条件,有能力去追求饮食享受,而且有魄力和胆量公开谈论饮食,研究饮食。正如张春树和骆雪伦所认为的"晚明的社会经济变化给明代社会制度结构带来了转变,同时转变的还有生活在其中的不同人群的行为和态度。而且随着这些变化,属于明代社会的儒家基本构造的某些文化和道德操守也逐渐遭到破坏"②。

---

① 详见姚伟钧.中国饮食礼俗与文化史论[M].武汉:华中师范大学出版社,2008:337-349.
② (美)张春树,骆雪伦.明清时代之社会经济巨变与新文化:李渔时代的社会与文化及其"现代性"[M].王湘云,译.上海:上海古籍出版社,2008:116.

《梦粱录》所见南宋临安酒俗文化研究

李　赛[*]

摘要：酒俗文化是酒文化的重要方面，主要体现在人们的日常生活中。《梦粱录》作为研究南宋临安文化生活的重要文献资料，记载了南宋临安人们生活中酒的信息及酒俗，对于南宋时期临安酒文化的研究具有重要意义。通过对《梦粱录》中的酒食、节庆娱乐、诗酒文化和酒肆等四个方面的分析，探讨《梦粱录》中的南宋临安酒俗文化。

关键词：《梦粱录》；酒食；酒俗；诗酒；酒肆

中国是酒的发源地之一，传说中有古猿造酒、杜康酿酒之说。在中国历史上，酒不仅仅能麻醉人的神经，而且自夏商以来，酒已经成为政治、经济、文化、民风民俗、社会心理等各个方面的重要角色。酒文化理所当然地成为中华传统文化中璀璨的一支。分析文献《梦粱录》，^①有助于还原南宋临安地区酒俗文化与老百姓的社会生活。

经过汉唐时期的积淀，宋代经济空前繁荣。而经济重心南移的完成，使南宋在中原惨遭兵燹之祸后依旧可以保持经济的繁盛。林升的"山外青山楼外楼，西湖歌舞几时休。暖风熏得游人醉，直把杭州作汴州"，便是当时临安城市生活的真实写照。临安的繁荣，在当时的文学作品中多有记载。记载了大量临安市民生活场景的笔记小说《梦粱录》便是其中一例。

＊　作者简介：李赛，男，南京师范大学硕士，主要从事中国古代史研究。
①　吴自牧.梦粱录新校注[M].阚海娟，校注.成都：巴蜀书社，2015.

《梦粱录》所载内容丰富多彩,特别是在描写临安市民的社会生活、各种节庆民俗方面,尤为精彩。该文献中大量记载临安人日常或节庆的饮酒习俗文化,值得后人深入研究。

迄今为止,以《梦粱录》所见酒文化的研究成果不多。多数学者关注的主要是该文献所载临安城市地理、当地文人文学作品、民俗风情等内容的考释或探讨。① 个别文章如《从〈梦粱录〉看南宋临安市民阶层的都市生活》②和《南宋临安的文化礼俗生活——以〈梦粱录〉为考察对象》③,略有涉及南宋临安酒事生活场景,但由于其选题范围较广,并未对南宋临安的酒俗文化做出单独而深入的探讨和研究。而《从〈梦粱录〉看南宋酒店经营特点》④一文是专门研究酒的文章,但其重在辨析酒店经营方式方法,并未涉及临安酒俗文化。

一、以酒入食的生活习惯

中国人用酒做调料的传统由来已久。现在我们做菜的时候依然习惯使用酒,以使菜肴的口感和气味更胜一筹。宋时,人们对于酒在烹调中的作用的认识更加深入,以酒作为烹饪调料的风俗已经非常盛行。

《梦粱录》中出现的以酒为调料的食物主要有:盐酒腰子、脂蒸腰子、酒蒸鸡、羊四软、酒蒸羊、千里羊酒烧香螺、香螺脍、江瑶清羹、酒烧江瑶、酒炙青、酒法青、青辣羹、酒撺蛎、生烧酒蛎、姜酒决明、酒蒸石首、白鱼、时鱼、酒吹鱼、酒法白虾、五味酒酱蟹、酒泼蟹、酒烧蚶子、蚶子辣羹、酒鲜蛤、酒香螺、酒江瑶、酒香螺、酒蛎、酒龟脚、瓦螺头、酒垅子、酒鲞等。⑤ 可以看出当时以酒为主要调料

---

① 与本文主题相关的《梦粱录》研究主要成果有《〈梦粱录〉中的南宋临安城市认知》《宋代酒文化和文学创作关系研究》《临安城市地理研究:以〈梦粱录〉为研究个案》《从〈梦粱录〉看南宋临安市民阶层的都市生活》《南宋临安的文化礼俗生活:以〈梦粱录〉为考察对象》《〈梦粱录〉俗语词研究》《〈梦粱录〉价值探析:兼论对梦华体文学的继承和创新》《〈梦粱录〉食品词语考释》《〈梦粱录〉再考》《关于〈梦粱录〉及其作者吴自牧》《〈梦粱录〉中的杭州茶事》《从"两梦"看北、南宋都城饮食风俗的异同》《〈梦粱录〉所指宋代"小唱"辨析》。

② 葛昕.从《梦粱录》看南宋临安市民阶层的都市生活[D].华东师范大学,2013:18-34.

③ 张景惠.南宋临安的文化礼俗生活:以《梦粱录》为考察对象[D].台湾中山大学,2010:13-98.

④ 毛姝菁.从《梦粱录》看南宋酒店经营特点[J].郧阳师范高等专科学校学报,2009(2):39-40.

⑤ 吴自牧.梦粱录新校注[M].阚海娟,校注.成都:巴蜀书社,2015:267-269.

的食物十分丰富,家禽、家畜、河湖水产、海鲜均有涉及。制作工艺方面,炒、蒸、腌、煮、烧面面俱到。宋人烹制菜肴时用酒,主要是为了去除海鲜、肉类的腥膻味,便于咸、甜等各味充分渗入菜肴中,使菜肴口感更好。而羊肉在烹饪中的大量使用,说明中原地区的居民南渡之后部分延续了北方饮食习惯。临安城内,北方饮食习惯与南方饮食习惯正不断融合。《西湖老人繁胜录》中"食店"条也反映了这种南北饮食混杂的现象。另以"千里羊"为例,"千里羊"以其能携带千里而不变质得名。① 《遵生八笺·饮馔服食笺》中的"千里脯"条载:"千里脯:牛、羊、猪肉皆可。精者一斤,浓酒二盏,淡醋一盏,白盐四钱,葱三钱、茴香、花椒末一钱,拌一宿,文武火煮,令汁干,晒之妙绝,可安一月。"② 酒味不仅可以压制膻味,还会随着长时间的煮和晾晒渗入羊肉,使羊肉不易腐败变质。

除了以酒作为烹饪调料,宋人在饮酒时习惯以其他吃食佐酒。四司六局中,茶酒司"专掌客过茶汤、斟酒、上食、喝揖而已"。果子局亦会"掌装簇钉盘看果、时新水果、南北京果、海腊肥脯、裔切、像生花果、劝酒品件"。③ 可见,四司六局之中有一司一局有进献佐酒之食的职能。而《梦粱录》中也记载"且如筵会,不拘大小,或众官筵上喝犒,亦有次第,先茶酒,次厨司,三伎乐,四局分",④ 可见一道茶酒之后便要上菜佐酒。普通人也是如此,人们在酒肆"初坐定,酒家人先下看菜,问酒多寡,然后别换好菜蔬。有一等外郡士夫,未曾谙识者,便下箸吃,被酒家人哂笑",⑤ 可见饮酒与吃菜已经紧密结合起来了,并且成了习俗,甚至客人在酒肆发生酒菜不相匹配的行为,都会被嘲笑。

《梦粱录》还大量记载有各种下酒菜:"更有酒店兼卖血脏、豆腐羹、熬螺蛳、煎豆腐、蛤蜊肉之属,乃小辈去处。"⑥ 拍户所卖的下酒菜可谓杂多。节庆时节,下酒菜品更是丰富。重阳时节"蜜煎局以五色米粉塑成狮蛮,以小彩旗簇之,下以熟栗子肉杵为细末,入麝香、糖、蜜和之,捏为饼糕小段,或如五色弹

---

① 沈丽莉.《梦粱录》食品词语考释[J].文教资料,2009(4):24.

② 高濂.遵生八笺[M].北京:人民卫生出版社,2007:672.

③ 吴自牧.梦粱录新校注[M].阚海娟,校注.成都:巴蜀书社,2015:344.

④ 吴自牧.梦粱录新校注[M].阚海娟,校注.成都:巴蜀书社,2015:345.

⑤ 吴自牧.梦粱录新校注[M].阚海娟,校注.成都:巴蜀书社,2015:265.

⑥ 吴自牧.梦粱录新校注[M].阚海娟,校注.成都:巴蜀书社,2015:265.

儿，皆入韵果糖霜，名之'狮蛮栗糕'，供衬进酒，以应节序"，^①蜜煎局专门制狮蛮栗糕供皇帝进酒。这些记载表明南宋临安人们的生活中，下酒食物不可或缺。精致的食品更是显示出宋人对佐酒之食的讲究。以食佐酒是临安酒俗文化的一部分。

二、节庆娱乐活动中的酒文化

（一）宴会酒俗

《梦粱录》对宴会饮酒多有记载，其中以宫廷宴会最为典型。宋代宴会燕乐传承隋唐"分部奉乐"制，但演变为"分盏奉乐"。饮酒便部分性地成为宫廷宴会固定的程序。据《梦粱录》卷三《宰执亲王南班百官入内上寿赐宴》，宴会开始时首先上公进酒，皇帝举酒，群臣分班拜饮三杯。接下来的燕乐表演和食物也以酒为序，"第一盏进御酒，歌板色"；第二盏再进御酒，内容与第一盏相同；"第三盏进御酒……进御膳……百戏呈拽"；第四盏进御酒，内容如第三盏；第五盏进御酒，演奏琵琶；第六盏进御酒，演奏慢曲子；第七盏进御酒，弹奏筝乐；"第八盏进御酒，歌板色长唱踏歌"；第九盏进御酒，演奏慢曲。每一盏又分为皇帝举酒、饮，宰臣举酒、饮，百官举酒、饮等三个部分。第五盏酒后宴会有暂停，"前筵毕，驾兴，少歇，宰臣以下退出殿门幕次伺候，须臾传旨追班，再坐后筵"。^② 因为这种燕乐共分九盏进行，所以又叫九盏制，为宋代大型宫廷宴会的固定制式。^③

（二）节事酒俗

《梦粱录》前六卷对临安风俗中的节事酒俗多有实录。

元宵节同样奢靡，对于夜里表演的舞队"官府支散钱酒犒之"，酒库趁机大肆张灯结彩拉拢顾客，人们也饮酒助乐，"甚至饮酒醺醺，倩人扶着，堕翠遗簪，

① 吴自牧.梦粱录新校注[M].阚海娟,校注.成都:巴蜀书社,2015:62.
② 吴自牧.梦粱录新校注[M].阚海娟,校注.成都:巴蜀书社,2015:36.
③ 赵宏声.论宋代九盏制宫廷燕乐表演[J].开封教育学院学报,2009(1):68-69.

难以枚举"。① 孟元老《东京梦华录》中亦记载正月初一的汴梁:"贵家妇女纵赏关赌,入场观看,入市店饮宴,惯习成风……小民虽贫者,亦须新洁衣服,把酒相酬尔。"②元旦饮酒的习俗由来已久,南宋临安正月的风俗是继承和发展了北宋汴梁的旧俗。

南宋时三月三也是佑圣真君诞辰,佑圣观以酒祭祀,"贵家士庶,亦设醮祈恩。贫者酌水献花"。③ 想必当时祭祀用酒已成定例,以致穷人也要以水代酒以便进行流程。清明节人们普遍饮酒,"酒贪欢,不觉日晚"。④《西湖老人繁胜录》中也记载:"路边搭盖浮棚,卖酒食也无坐处,又于赏茶处借坐饮酒。"⑤可知清明饮酒风气之盛。中秋节夜里登高赏月已为成俗,富贵人家"莫不登危楼,临轩玩月,或开广榭,玳筵罗列,琴瑟铿锵,酌酒高歌,以卜竟夕之欢"。普通人家"亦登小小月台,安排家宴,团圞子女,以酬佳节"。就算生活拮据的人,也"解衣市酒,勉强迎欢,不肯虚度"。⑥ 酒成为迎欢的重要道具,是此夜人们都必不可少的事物。

九月初九为重九节,人们会在这一天喝重阳酒,"今世人以菊花、茱萸,浮于酒饮之,盖茱萸名'辟邪翁',菊花为'延寿客',故假此两物服之,以消阳九之厄"。⑦ 三年一次的明堂大祀也在九月举行,于明堂斋殿行祀礼,祀礼分为三献,每一献都需用酒。

综上所述,临安地区人们于节日饮酒已成俗,这一传统深刻地影响着今日杭州地区的民俗生活。

(三)嫁娶酒俗

嫁娶是人生中的大事,而嫁娶期间选择合适的酒礼,执行合适的酒俗,则

---

① 吴自牧.梦粱录新校注[M].阚海娟,校注.成都:巴蜀书社,2015:7.
② 孟元老.东京梦华录笺注[M].伊永文,笺注.北京:中华书局,2007:514.
③ 吴自牧.梦粱录新校注[M].阚海娟,校注.成都:巴蜀书社,2015:18.
④ 吴自牧.梦粱录新校注[M].阚海娟,校注.成都:巴蜀书社,2015:13.
⑤ 孟元老,等.东京梦华录 都城纪胜 西湖老人繁胜录 梦粱录 武林旧事[M].北京:中国商业出版社,1982:8.
⑥ 吴自牧.梦粱录新校注[M].阚海娟,校注.成都:巴蜀书社,2015:56.
⑦ 吴自牧.梦粱录新校注[M].阚海娟,校注.成都:巴蜀书社,2015:62.

象征着世俗身份和家族实力。"男家择日备酒礼诣女家，或借园圃，或湖舫内，两亲相见，谓之'相亲'。"相亲时，"男以酒四杯，女则添备双杯，此礼取男强女弱之意"。双方满意的话则行"插钗礼"。插钗礼后男方送女方以定亲彩礼，若是财力允许则"以珠翠、首饰、金器、销金裙褶，及缎匹茶饼，加以双羊牵送，以金瓶酒四樽或八樽，装以大花银方胜，红绿销金酒衣簇盖酒上，或以罗帛贴套花为酒衣，酒担以红彩缴之"。之后，男方"择日则送聘，预令媒氏以鹅酒，重则羊酒，道日方行送聘之礼"，当然聘礼也是由男方家庭情况而定。聘礼之后的财礼相对简单。富庶人家则"又送官会银铤，谓之'下财礼'，亦用双缄聘启礼状"。贫穷人家则"所送一二匹，官会一二封，加以鹅酒茶饼而已"。①

　　需要说明的是，"鹅酒"为白鹅和酒的合称，春秋战国时期的婚俗便有"奠雁"一项。《仪礼·士昏礼》记载"下达，纳采，用雁"，取雁忠贞从夫之意。后来由于此俗普遍后对雁的需求数量剧增，雁渐渐不易得到，人们便以白鹅代雁。曾昭聪《中国传统婚礼中的"奠雁"习俗》论证了至晚到唐时人们以鹅行奠雁礼的现象已不少见。可见"鹅酒"一项也是南宋时人们对传统婚俗的继承。②

　　定聘之礼之后便是迎娶，这一过程中茶酒司扮演了重要的角色。新郎前往女家，"其女家以酒礼款待行郎"，在新娘出来之前还要"茶酒司互念诗词，催请新人出阁登车"。婚宴上，男方"委亲戚接待女氏亲家，及亲送客会汤次拂备酒四盏款待"。交卺礼是在新人洞房前，"命妓女执双杯，以红绿同心结绾盏底，行交卺礼毕，以盏一仰一覆，安于床下，取大吉利意"。婚后九日内，女方家要"移厨往婿家致酒，谓之'暖女会'"。以上记叙表明酒在婚俗中扮演了重要角色，而且已经成为临安婚俗中的固定流程。《梦粱录》中还记录有以酒宴迎接新邻居的传统，可知酒在社会生活领域影响之大。其次，《东京梦华录》在第五卷《娶妇》一节记载北宋汴梁的娶亲风俗与之类似，③可知南宋临安地区嫁娶中的很多习俗很大程度上继承了前代的成制。正如林正秋教授在《南宋都城临安的节日风尚》一文中说道："南宋以前，杭州的民间风俗是反映了江南地方

　　①　吴自牧.梦粱录新校注[M].阙海娟,校注.成都:巴蜀书社,2015:348.
　　②　曾昭聪.中国传统婚礼中的"奠雁"习俗[J].文史杂志,1998(5):31.
　　③　孟元老,等.东京梦华录 都城纪胜 西湖老人繁胜录 梦粱录 武林旧事[M].北京:中国商业出版社,1982:32-34.

经济、文化发展与人民生活的特点,纯属江南型。宋室南迁后,北方大批人士定居临安,南北风俗相互交融,经过了一百多年,逐渐形成了新的风尚。"①

三、诗酒交谊

诗作为一种重要而独特的文学体裁,深为中国人所喜爱。诗人借酒既可表达哀愁也可表达欢喜,酒以其独特的应景性受到历代文人墨客的喜爱。酒与文人墨客的交集体现了酒文化悠久的发展历史。

《梦粱录》中记载了许多饮酒诗,特别是在祭祀、筵会、饯别等重要场合。如"三月平湖草欲齐,绿杨分映入长堤。田家起处乌龙吠,酒客醒时谢豹啼"。"露下风高月当户,梦回酒醒客闻砧。诗情恼得浑无那,不为龙涎与水沈。""人从紫麝囊中过,马在黄金屑上行。眠醉不须铺锦褥,妍香还解作珠缨。""一天秋色破寒烟,别簺连堤压巨川。欣见岁功成万宝,因行射礼命群贤。腾腾喜气随飞羽,袅袅凄风入控弦。文武从来资并用,酒余端有侍臣篇。""水明一色抱神州,雨压轻尘不敢浮。山北山南人唤酒,春前春后客凭楼。射熊馆暗花扶辇,下鹄池深柳拂舟。白首都人能道旧,君王曾奉上皇游。"②上述几首是《梦粱录》记载的文人墨客在游玩时的诗作,诗诗有酒。

四、酒肆与市井生活百态

酒楼,是唐宋之际城市中新兴的店铺,是宋代饮食繁荣的重要标志。③ 南宋临安饮酒风气极盛,因而催生了诸多酒肆。临安的酒肆有两种,一种是官库酒楼,是南宋政府创办的酒库所附设的,另一种是私人经营的酒肆,多为街里巷坊的小酒铺。④ 南宋临安风气豪奢,酒肆十分注重店铺的表面装饰,"杭城风俗,凡百货卖饮食之人,多是装饰车盖担儿,盘盒器皿新洁精巧,以炫耀人耳

① 林正秋.南宋都城临安的节日风尚//杨渭生.徐规教授从事教学科研工作五十周年纪念文集[M].杭州:杭州大学出版社,1995:340.
② 吴自牧.梦粱录新校注[M].阚海娟,校注.成都:巴蜀书社,2015:331.
③ 林正秋,林琳.南宋杭州的饮食店铺初探//杭州研究[M].北京:中央文献出版社,2005:389.
④ 陶思炎,等.中国都市民俗学[M].南京:东南大学出版社,2004:38-39.

目,盖效学汴京气象,及因高宗南渡后,常宣唤买市,所以不敢苟简,食味亦不敢草率也"。① 《梦粱录》载有:"如酒肆门首,排设权子及栀子灯等,盖因五代时郭高祖游幸汴京,茶楼酒肆俱如此装饰,故至今店家仿效成俗也。"②《都城纪胜》亦载:"酒家事物,门设红权子绯缘帘贴金红纱栀子灯之类。旧传因五代郭高祖游幸汴京潘楼,至今成俗。"③

可知酒肆门前摆权子、挂栀子灯是五代晚期汴京酒肆、茶肆的旧俗,而在《清明上河图》中一家孙姓羊店门口,二者都有出现。④ 可见南宋临安的酒肆传统延续了前代,其重视门楼装潢宏丽与店内摆设精致的风气大都仿效汴京⑤。

临安酒肆的兴盛也带动了相关行业的发展。专业的社会餐饮服务机构如"四司六局"在《梦粱录》中有详细记载:"且谓四司六局所掌何职役,开列于后,如帐设司……画帐等;如茶酒司,官府所用名'宾客司',专掌客过茶汤、斟酒、上食、喝揖而已,民庶家俱用茶酒司掌管筵席,合用金银器具及暖荡、请坐、谘席、开话、斟酒、上食、喝揖、喝坐席……效事听候换香,酒后索唤异品醒酒汤药饼儿……且如筵会,不拘大小,或众官筵上喝稿,亦有次第,先茶酒,次厨司,三伎乐,四局分,五本主人从。此虽末事,因笔述之耳。"⑥

与酒肆相关的人群活动,亦成为临安酒肆文化生活的重要内容。酒楼为了吸引顾客,会培训一批妓女专职陪酒。据《梦粱录》记载:"向晚灯烛荧煌,上下相照,浓妆妓女数十,聚于主廊横面上,以待酒客呼唤,望之宛如神仙。"一个酒楼每晚都有几十个妓女待"酒客呼唤",而且各个酒楼"俱有妓女,以待风流才子买笑追欢耳"。此外,具有不同分工的"量酒博士"成为临安酒肆文化的独特之处。"凡分茶酒肆,卖下酒食品厨子,谓之'量酒博士'。师公店中小儿,谓之'大伯'。更有百姓入酒肆,见富家子弟等人饮酒,近前唱喏,小心供过,使人买物命妓,谓之'闲汉'。又有向前换汤斟酒,歌唱献果,烧香香药,谓之'厮

① 吴自牧.梦粱录新校注[M].阚海娟,校注.成都:巴蜀书社,2015:303.
② 吴自牧.梦粱录新校注[M].阚海娟,校注.成都:巴蜀书社,2015:265.
③ 孟元老,等.东京梦华录 都城纪胜 西湖老人繁胜录 梦粱录 武林旧事[M].北京:中国商业出版社,1982:5.
④ 马德学.北宋时期的酒店盛况[J].兰台世界,2009(5):77.
⑤ 林正秋,林琳.南宋杭州的饮食店铺初探//杭州研究[M].北京:中央文献出版社,2005:389.
⑥ 吴自牧.梦粱录新校注[M].阚海娟,校注.成都:巴蜀书社,2015:331.

波'。有一等下贱妓女,不呼自来,筵前只应,临时以些少钱会赠之,名'打酒座',亦名'礼客'。有卖食药香药果子等物,不问要与不要,散与坐客,名之'撒暂'。如此等类,处处有之。"①孟元老在《东京梦华录》中也有类似记载:"凡店内卖下酒厨子,谓之'茶饭量酒博士'。至店中小儿子,皆通谓之'大伯'。更有街坊妇人,腰系青花布手巾,绾危髻,为酒客换汤斟酒,俗谓之'焌糟'。"②

青楼的名妓、酒肆店内的"茶饭量酒博士""大伯""焌糟"等服务人员,各司其职,支撑着酒肆服务业的稳定运行。③除此之外,"闲汉"向酒客推销商品或妓女;"厮波"给酒客提供斟酒、唱歌、烧香等服务;"打酒座"是专门陪酒的妓女;"撒暂"向酒客推销各种食物;百戏之人在酒肆卖艺,他们都以酒客为生。这些人已经具备服务业人员的基本特征,是临安酒俗文化的一大特点。

五、结语

本文以《梦粱录》为基础,着重探讨南宋临安地区的酒俗文化。首先,本文论述了以酒为调料的食物和佐酒食物。其次,探讨了《梦粱录》所录酒事在旧俗中的体现。具体表现在宴会、节庆、婚娶等重大节事活动中。再次,探讨了南宋诗人笔下的酒,其中以士人游玩饮酒事为主。最后,探讨了临安酒肆文化和市井生活百态。文化蕴含在人们的生活之中,而在南宋临安人们的生活中,酒扮演了重要的角色。

通过对《梦粱录》及相关的南宋笔记文献研究,我们发现南宋临安的酒俗在很大程度上继承了隋唐时期的酒俗文化。由于十三世纪北方精英人群的大举南迁,南宋临安的酒文化具有典型的南北风格融合特征,具体表现在烹调方式、酒名、酒肆名字和装饰细节上。《梦粱录》一书是中国重要的文献遗产代表作,针对其中有关酒俗的内容进行专门研究,对于复原和传承中华南方地区酒文化具有重要意义。

① 吴自牧.梦粱录新校注[M].阚海娟,校注.成都:巴蜀书社,2015:266-267.

② 孟元老,等.东京梦华录 都城纪胜 西湖老人繁胜录 梦粱录 武林旧事[M].北京:中国商业出版社,1982:17.

③ 华国梁.从"两梦"看北、南宋都城饮食风俗的异同[J].扬州大学烹饪学报,2002(4):3-7.

杭州饮食类非物质文化遗产
的旅游价值开发研究

叶方舟[*]

摘要:杭州拥有丰厚的饮食文化积淀,凝结成为许多饮食类非物质文化遗产,且由于饮食行为的关联性,这些遗产往往拥有很大的旅游开发价值。现今杭州也对饮食类非物质文化遗产进行了开发,比如"百县千碗"工程等,但开发过程中也暴露出一些问题,本文针对性地从政府、行业协会、企业、高职院校等多方面提出了解决建议,助力杭州饮食非遗的旅游开发。

关键词:杭州饮食;非物质文化遗产;旅游价值;旅游开发

一、背景

中华饮食文化源远流长,饮食类非物质文化遗产是人们在长时期的饮食生活中的总结,也反映了人类饮食生活与自然生态和社会之间的关系。浙江省是开展非物质文化遗产研究以及保护工作较早的省之一,属于国家级的饮食类非物质文化遗产的有嘉兴五芳斋粽子制作技艺、长兴紫笋绿茶制作技艺、金华火腿腌制技艺、象山的海盐晒制技艺、绍兴黄酒酿制技艺、杭州的径山茶

* 作者简介:叶方舟,男,杭帮菜研究院传承培训中心主任,主要从事杭州饮食文化、非物质文化遗产研究。

宴和西湖龙井茶制作技艺等。杭州市还拥有许多优秀的省级的饮食类非物质文化遗产,比如知味观点心制作技艺、楼外楼传统菜肴制作技艺、杭帮菜烹饪技艺等,都是杭州极具代表性的文化名片。积极发掘饮食类非物质文化遗产的价值,充分发挥"吃货"经济,对杭州的旅游业发展有重要意义。

部分发达国家已走在饮食类非物质文化遗产的旅游开发的前列,比如德国慕尼黑的啤酒节,已经成了慕尼黑乃至德国的金名片之一,每年吸引超过600万的游客来参加啤酒节,同时为慕尼黑带来超过 8 亿欧元的收入。进入21 世纪以来,慕尼黑啤酒节还在世界各地授权举办分会场(在中国北京、成都均有举办),成为德国文化输出和旅游招徕的重要途径之一。

文化是旅游资源的重要内涵,是旅游业的依托。在自媒体平台渗透到国民生活的每一个角落的今天,"吃货"经济、美食旅游也已经随着公众的追捧而发展到了新高度。饮食类非物质文化遗产的生存出现危机,需要旅游业等为其注入活力,帮助其活态化存续和发展。同理,饮食类非物质文化遗产保存状态越好,其旅游开发利用价值就越大,越能够产生经济效益,保障文化遗产开发、保护的良性循环。

二、杭州饮食类非物质文化遗产的旅游价值

(一)审美价值

德国美学家莫里茨·盖格尔指出,审美的价值其实完全就是艺术的价值。人与人之间的不同使得其所知所感都是不同的,这也直接造就了各不相同的审美标准。饮食类非物质文化遗产有着多元化的审美价值,不仅给人的味蕾带来极高的享受,还会在视觉上给人以美感。如杭州的径山茶宴,在悠久的历史发展过程中,保留了从张茶榜、击茶鼓、恭请入堂、上香礼佛、煎汤点茶、行盏分茶、说偈吃茶到谢茶退堂的完整程序,体现了禅院清规和礼仪、茶道的完美结合,向世人展现出杭州的历史文化特色及典雅之美。

(二)文化价值

民以食为天,杭州饮食类非物质文化遗产不仅包含菜肴文化、点心小吃文

化、茶文化、酒文化、民俗文化，还包括流传至今的饮食哲学思想、名人故事、名菜故事、名店故事等内容。

这些无形的文化遗产不仅存在于发展着的文化中，还在与外界不断交流碰撞的存续中，自发形成了一套依附于其他环境却同时有着自我调节功能的文化系统。这其中我们可以看到鲜明的地区文化特色与该地区的文化精粹。

杭州地处平原，又是江南鱼米之乡，历来是富庶之地。因此杭州人形成了文雅、温和、含蓄、谦虚、内敛的性格，这一文化性格也在杭州饮食中得以展现——中正平和，清雅，追求本味，兼收并蓄正是杭州饮食的特点。

（三）科学教育价值

杭州饮食类非物质文化遗产作为一种地区性文化遗产，涵盖了吴越地域的历史背景、地理知识以及节日民俗这些内容，和民族学、历史学、文化学等学科紧密联系。这些因素在进行文化研究、传承教育、研学旅行时都是不可或缺的。一方面，杭州饮食类非物质文化遗产体现出独特的文化研究价值。另一方面，在学校进行文化传承教育时，引入饮食类非物质文化遗产教育会极大地丰富这部分内容，拉近学生与传统文化之间的距离。

大运河的开凿和南宋定都杭州对于杭州饮食的影响深远，南北交流碰撞带来了丰富的饮食文化。如从历史学角度描述南宋定都杭州与运河的开凿带来南北交流，容易产生距离感，内容也不容易接受。但若是换一个角度，从杭州的小笼汤包切入，从杭州现存的宋韵生活遗风中讲述历史变迁，则会亲切许多。

（四）经济价值

饮食类非物质文化遗产和其他口头文学、舞蹈曲艺类非物质文化遗产不同，其始终保有着一定的市场属性。不能只是僵化地对其整理保存，而是要发掘它的市场经济价值，将这类无形的文化资源转变为文化资本。

杭州市有许多特色鲜明的饮食类非物质文化遗产，比如三家村藕粉，长久以来"西湖藕粉"为全国人民所熟知，但背后的三家村藕粉仍处于"养在深闺人未识"的阶段。若能将三家村藕粉与旅游开发相结合，赋予鲜明的地域特色的文化内涵,树立"三家村西湖藕粉"品牌,通过旅游伴手礼开发、文创产品开发的形式,为其提供赖以生存的土壤,拓展传播的深度和广度,则可以提高三家村藕粉的附加值,给传承人及当地民众带来更多的收入,饮食类非物质文化遗产的知名度也会进一步提高以实现文化价值和经济价值共赢。

三、杭州饮食类非物质文化遗产旅游价值开发的现状和问题

(一)开发现状

1.商业开发。当前,全市范围内已形成了种类相对齐全的民间传统工艺精品体系,传统餐饮、名优特产等产业链较完整的非物质文化遗产产业集群,而且出现了杭州万隆食品有限公司等一批代表性企业。从地区看,仅余杭区(原余杭区)目前就有与饮食类非物质文化遗产项目相关的民营生产性企业100余家,民间非物质文化遗产传承作坊30余个,省级饮食类民营老字号企业3家。

2.旅游开发。同时,各地把非物质文化遗产生产性保护与开发区域旅游有机地结合到一起,帮助当地传承人增加收入,并将其纳入当地特色旅游体系中,这种形式已经取得了初步的成功,形成了许多富有地域文化特色的旅游线路,逐渐成为各地区的重要旅游吸引物。

与各类美食相关的饮食类非物质文化遗产作为旅游吸引物,以及旅游六要素"吃住行游购娱"中的第一项也是最重要的一项,影响着游客的旅游行为,也是形成旅游体验的直接感官要素。以各类非遗饮食为亮点的美食旅游,为游客创造与在地美食相关的独特体验的文化感知,对于传达目的地的品牌形象非常重要,也在引起各方面的重视。比如杭州在2021年6月推出10条"乐享非遗 悠游杭州"非遗主题旅游线路,其中就有漫享龙坞茶园之旅、良渚文化与径山茶文化之旅的饮食非遗旅游线路。

(二)杭州饮食类非物质文化遗产旅游价值开发中出现的问题

1.旅游价值挖掘不够充分,产品档次不够。饮食类非物质文化遗产是杭

州繁茂的文化内涵中的关键内容,沉淀着杭州地区的历史和文化,也是江南地区民族发展的脉络,与该地区人民的生活紧密联系在一起。现今围绕着饮食类非物质文化遗产开发出了许多旅游产品,但大多档次较低,文化内涵挖掘不够,文化品位不高。

许多饮食类非物质文化遗产的传承人在产品定价时主要是按照其成本来进行的,根本没有考虑到非物质文化遗产的文化价值。影响定价的因素主要包含店面租金、原料成本等。诚然,商户们的最终目的就是获取利润,但是如果在经营具有文化价值的饮食类非物质文化遗产类目时,定价只考虑到经营成本,必然会令其价值随着市场的波动而剧烈起伏,生产经营面临较大风险性,无法保证其真实性和完整性。

同时由于杭嘉湖平原的地理条件,该地区内城市的饮食存在许多相似之处,使得开发美食旅游产品时存在诸多竞品,难以突出重围。以知味观传统点心中的糕团为例,以糯米粉配红豆沙内馅制作,多年来一直坚持传统工艺,为老杭州所喜爱。但整个杭嘉湖平原甚至整个长江三角洲都是水稻产区,因此南至宁波,北至苏州、南京,都有相同的糕团产品,名称也雷同,这就导致糕团难以产生附加价值,难以摆脱低端点心产品的定位。

2.第一产业与第三产业脱节。旅游经济产业的日益兴盛和市场经济的日益发展,使部分饮食类非物质文化遗产开始以市场为导向,面向社会需求来调整经营策略,极大地增强了经济发展活力。比如百年老店万隆火腿庄就组建杭州万隆肉类制品有限公司,采用现代化生产技术和传统手工技艺相结合的生产加工模式,维持酱鸭、香肠等传统产品的同时,研究开发出了风鸡、板鸭、鸭脯等各种新的腌腊制品。至今万隆火腿庄依然是河坊街上重要的旅游伴手礼商店。

但饮食类非物质文化遗产由于其饮食属性,其生存需要依托第一产业,而第三产业的迅速发展,暴露出了第一产业的滞后、脱节等问题。比如原江干区的蔬菜腌制技艺,本是和韩国的泡菜腌制文化一样,是参与度极高、覆盖面广泛的一项非遗传统,但由于城市边界外扩,原有的蔬菜种植区成了经济开发区,掌握蔬菜种植腌制技艺的农民也变成了城市居民,主要生产劳作也转向工业或第三产业。而且随着生活水平的提高,对健康饮食的追求也使得腌菜不再是必需品。最终以这项技艺为生的人日渐减少,该项非遗技艺逐渐失传。

3.后继无人,难以承接旅游开发。饮食类的非物质文化遗产和第一、第三产业息息相关,劳动强度高,劳动时间长,又面临产品档次不高、附加值不够等问题,若无法取得合适的收入维持活态化存续,极易使技艺进入后继无人的困境。

国家级非物质文化遗产西湖龙井茶采摘制作技艺,通过创立茶叶公司和采用新技术、新品种,维持足够产能的情况下,龙井茶已经成为全国知名的绿茶产品。龙井茶产地梅家坞等地也成了知名旅游地,每年吸引大批游客到访,同时也为茶农增添了可观的经济收入。但西湖龙井茶采摘制作技艺也面临着后继无人的问题,如今本地茶农已基本全部退出采摘工序,改用雇佣外地采茶工,炒茶也由于本地炒茶工的老龄化而不得不逐渐改用外来炒茶工。

饮食类非物质文化遗产中许多种类仍保持着"传男不传女""不传外人""师徒相授"等传统传承方式,开放式的社会学习仍有待提高。并且由于工作性质的原因,开放式社会学习也难以彻底解决问题。杭州万向职业技术学院曾开设茶叶专业,其中就有培训炒茶技术的课程,但由于没有生源只得停办。西湖龙井制作技艺非遗传承人樊生华曾公开招募学徒,一度吸引上百人报名,但三年过后仅存二位。

若饮食类非物质文化遗产无法解决后继无人的问题,那面对来势汹汹的旅游开发大潮,也难以实现产能转化,只能望洋兴叹。

4.缺乏合理的指导。在积极拥抱市场经济的前提下,作为一种特殊商品,饮食类非物质文化遗产没有合规的市场定价,极易造成标价和价值失衡,甚至是商品价格不明,这一外在因素大大地增加了对其进行旅游开发的难度。

我国虽然于2011年颁发了《中华人民共和国非物质文化遗产法》,但关于非物质文化遗产的开发利用条例还是相当缺乏。因此旅游开发工作无法可依、无理可循,缺乏科学的指导。

除此之外,饮食类非物质文化遗产因为其变动性较强,制作人的手艺、喜好、审美理念、文化水平等各因素都将直接影响到其价值,所以对其经济价值、文化效益进行评价、估测也具有较高难度。

同时,由于旅游开发带来的商品经济交流旺盛,传承人作为逐利的经济个体,会主动追求更高的经济效益,而忽视了保存非物质文化遗产的完整性和真实性,往往导致同质化产品的出现和盛行。

"九曲红梅"是浙江地区少有的红茶品种,色泽乌润,有淡淡的松烟香和蜜香,是重萎凋、轻发酵红茶类中的佼佼者。但杭州的西湖龙井茶盛名在外,每年来杭的大量游客又产生了旺盛的西湖龙井需求,因此产区与西湖龙井茶紧挨甚至重合的九曲红梅茶茶农一度转向生产制作周期短,经济效益高的西湖龙井茶,致使九曲红梅茶的产量锐减。在政府、研究机构、企业、媒体、茶人的共同努力下,现今九曲红梅茶的生产已回到正轨,但茶农依然会用最好的早春茶青制作西湖龙井茶,以追求更高的经济效益。

四、杭州饮食类非物质文化遗产旅游价值开发的建议

（一）政府参与

1.政策法规层面。在杭州市饮食类非物质文化遗产的旅游开发工作中,地方政府和人大应联手制定相关的法律条例,借助法律的约束力来规范饮食类非物质文化遗产的开发,同时构建完善的审批体系,用制度保障经营活动的顺利开展。

2.专业支持层面。当地政府要根据相关法律法规,邀请相关专家、专业技术人员以及传承人等共同组成建立起相应的专业机构,该机构的主要职责为推进饮食类非物质文化遗产的申遗工作,评估饮食类非物质文化遗产的开发价值,为饮食类非物质文化遗产的合理开发保驾护航。

3.宣传层面。旅游、宣传主管部门应结合多元化平台对杭州饮食类非物质文化遗产进行宣传。利用真人秀节目、美食纪录片、电影作品的影响力,以及微博、微信公众号等新媒体,甚至在动漫、出版物等文创空间,推出一批与杭州非遗美食旅游相结合的产品,丰富与诠释杭州美食文化底蕴。比如美食纪录片《寻味顺德》播出后,顺德的百度搜索指数暴涨,顺德从广州的厨房一跃成为全国最热门的美食旅游目的地之一。借着亚运会的契机,杭州也应开展杭州非遗美食的国际化传播,扩大杭州非遗美食品牌的国际知名度和影响力,推

进杭州美食旅游的发展。

4.非遗美食旅游活动层面。打造一系列"非遗美食赛事""非遗美食节"。节事活动已经成为地区旅游开发的重要形式,吸引本地居民和外来游客观看参与,加强受众对饮食类非物质文化遗产的直观体验,发挥饮食类非物质文化遗产的经济价值及社会价值,还能借助此种形式促进游客直接或间接消费,最终成为杭州重要的旅游文化品牌。

还可邀请有关专家、学者举办与非遗美食相关的会议或论坛。借助这种会议或论坛的形式,学习国内外在非遗传承保护、开发利用方面的先进经验,将其打造为杭州地方旅游的重要卖点。

(二)行业协会参与

除了政策法规和专业支持外,通过行业协会对非遗美食进行适当的资金扶持和管理引导也很重要。与非遗美食相关的行业协会应成为杭州非遗美食展示的平台,整合市场、信息、资金、人才等资源,减少同业内竞争,促进合作,引导传承人有序传承,带动杭州非遗美食的旅游开发,保证杭州非遗美食的地域化特色,积极推动杭州非遗美食"走出去"。

(三)企业参与

在市场经济的现实情况中,企业是饮食类非物质文化遗产旅游开发的中流砥柱,企业的资金注入、规范的管理体系以及其拥有的市场资源都会成为饮食类非物质文化遗产旅游开发的重要支持。因此要鼓励更多的企业积极参与到这一工作中来,餐厅、旅行社、景区、厨艺学校、研学营地等,借助它们实现非遗美食旅游开发工作的发展,令饮食类非物质文化遗产得到真正的传承和弘扬。

优秀的企业具有商业敏锐度,往往能把握住市场的需求和走向。非遗美食企业知味观积极地开展电商业务,2014年至今,已成长为线上点心销售头部品牌之一,2021年青团季更是拿下了全网销售第一的好成绩。针对现在国潮风和文创风的兴起,知味观又推出了各色国潮文创包装的点心产品,并在湖滨等游客密集区域开设伴手礼门店,有效应对了以往点心档次不高,难以提升附加值的问题。

（四）公众参与

饮食类非物质文化遗产是广大劳动人民创造的，源于民间，也应弘扬和发展于民间，这样才能使饮食类非物质文化遗产在其产生之源、其最适宜的环境中生长。杭州是美食之城，更是旅游之都，各色非遗美食和旅游内容一同融入当地人民生活的方方面面中。在各自媒体平台上，用户自发上传的诸多非遗美食内容，就是广大人民自发地无意识地参与杭州非遗美食旅游开发的最好见证。相关政府部门可以顺水推舟地推出相关激励政策，调动广大人民群众传承、发扬非遗美食的热情，对取得好成绩的要给予荣誉和奖励，对于造假、歪曲、侵权的要严厉打击，令广大群众真正意识到他们拥有丰富的非遗美食，并以主人翁的姿态向外推出。

（五）高校和职业院校参与

由于非遗美食旅游开发的行业特殊性，其具备一定的专业知识门槛，而老一辈传承人往往受制于文化水平，被拦在旅游开发的门槛之外。这时可以利用各类高校和职业院校的教学属性，建设连接非遗传承人和专业市场的桥梁。一方面，对经营饮食类非物质文化遗产类目的传承人进行职业技能培训，考核合格后颁发合格证书以及特许经营证，借助此方法来规范其经营；另一方面，高校和职业院校可以成为传承人学习的平台，借助高校和职业院校的力量社会化公开传授，培养更多的传承人和潜在用户。

从素食到素心：
佛教素食文化的形成与演变

释常满

一般而言,佛教的饮食规矩大都被认为是"不吃荤","必须素食"。其实,在佛教的四大传播区域中,包括东南亚、西藏、日本,并未规定要"素食",唯一要求素食甚至定为戒律的(特别是出家众),只有汉传系统的中国。这种现象,无疑是汉传佛教独树一帜的特色。

然而,汉传佛教严格要求出家众必须吃素食,不得吃荤,在家居士亦以素食为尚的饮食习惯,究竟是始于何时? 如何形成的? 近代以来的佛教研究学者,虽有颇多论述与专著,但难免各持己见。尤其有关此种饮食传统的形成,究竟是出自佛教本身的要求,抑或是有其他渊源,似还未有明确的答案。

一般认为,两汉之际佛教从印度传入中国。而此时的中国也是一个有着高度发达文化的国家,于是世界上两种灿烂的文化在东亚相遇。佛教作为一种异质文化,当它进入中国以后,经过与儒、道四五百年的彼此冲突、相互融合,约在东晋时期,终于融入了中国传统文化之中,形成了儒、佛、道鼎足而立的局面,成为中国传统文化的主流。

任何一种文化都包含物质和精神两个方面,佛教也不例外。精神方面的佛教文化,是由博大精深的般若智慧、度化众生的慈悲情怀、历代大德的菩萨风范等内容组成的;物质方面的佛教文化,则包括巍峨壮观的寺院殿堂、美轮

---

　* 作者简介:释常满,男,杭州金莲寺住持。该文为常满法师在联合国粮食系统峰会子活动"厉行节约、反对浪费"时代价值暨良食理念与良食倡议的中国实践研讨会上的主旨报告。

美奂的雕塑绘画、庄严肃穆的仪式修持以及饮食习惯的表现形式。

长期以来，人们对佛教有不少误解，特别是在 20 世纪 60 年代中叶至 70 年代中叶，佛教几乎被视为封建迷信的同义语，成为打倒、砸烂的对象。1978 年中国共产党十一届三中全会后，经过拨乱反正和落实党的宗教信仰自由政策，佛教才又重新恢复了正常活动，并积极地走上了与社会主义社会相适应的正确道路，从而步入了中国佛教发展史上的黄金时期。并坚持与中国文化相适应。印度佛教传入中国，能得到发展的原因是能依据当地的风土习惯、社会民情、国家法律、地理环境等而做出适当的改变。大乘佛教之所以能在汉地的文化土壤中扎根并流传也是因为在多方面做出了调整，其中之一就是在佛教饮食戒律方面。

一、原始佛教戒律传到汉地后的改变

从乞食到自给自足的农耕生活。按照古印度的传统，修行人沿门托钵乞食是一种习俗，释迦牟尼佛创立佛教以后，也沿用了这种习俗。乞食能降服慢心，破除对美食的贪求，有助于专心办道。比丘以托钵乞食为正命，此外，佛也规定比丘不许耕田、掘池、伐木，恐伤害生命。《四分僧戒本》："若比丘自手掘地、教人掘地，波逸提。"

印度的文化向来敬信修行人，僧众出外托钵乞食得到俗人的认可，因此僧众只托钵乞食就能维持生活。但当这种乞食的方式传到了中国，却有不同的反应。佛教传入中国之初，僧人仍然坚持守着佛陀的遗教"乞食，树下一宿"，过着托钵乞食的生活。可是原来的教制与中土的风土习惯、社会民俗、地理气候却不相适应。其一，中国素来重视农耕，人民勤劳耕种以维生，只有那些贫而好吃懒做、无用的人才会乞食，乞食被视为是一种卑劣的乞丐行为。其二，当时很多贵族、士大夫都信仰佛教，看到僧人到处托钵乞食，认为此举对自己而言是一种耻辱。其三，北方严寒的气候，也不适宜四处游化、路边一宿的生活方式。

东来的印度高僧与汉地的出家人日渐增多。这些僧人初期依乞食或依国王大臣供给食住。但是日子越久，食住渐渐成了问题，形式也有了改变。东晋道恒的《释驳论》指出当时沙门"或垦殖田圃，与农夫齐流"，说明了僧人开始耕种。

南北朝至隋唐之间，这种不事生产，以乞食为生的生活方式受到了攻击。唐代道士李仲卿上《十异九迷论》，批判："若一女不织，天下为之苦寒；一男不耕，天下为之少食。今释迦垂法，不织不耕，经无绝粒之法，田空耕稼之夫，教阙转练之方，业废机纴之妇，是知持盂振锡糊口谁凭？左衽偏衣于何取托？故当一岁之中，饥寒总至，未闻利益，已见困穷。"李仲卿所攻击的正是僧尼不耕不织不生产的行为。又，唐代宗大历十三年（778），彭偃在其《删汰僧道议》曰："今天下僧道，不耕而食，不织而衣……一僧衣食，岁计约三万有余，五丁所出，不能致此。"中国素以农业立国，政府与社会都重视农业，而专乞化、不事生产的僧众自然引起知识分子及朝野的不满与反感，难以获得社会大众的认同与尊重。

托钵乞食受到严重的抨击，因此若僧人要在汉地继续生存，另寻一种自给自足的生活方式是一种必然的趋势。

魏武法难和北周武帝灭佛对佛教造成了极大的破坏，很多禅师被迫逃到深山里。在深山旷野里，僧人要托钵乞食着实困难，于是只好自己开垦种植以维持生活。

二、清规的创立

中国佛教中的禅宗，教导直截了当，直指人心，较适合大众。因此，禅宗日益壮大，僧众日增。在道信和弘忍时代，僧众已从散居独处变成群聚在禅师座下。僧人越来越多，形成集团，人多了就得面临如何管理、吃饭等问题，因此，僧众们只好共同耕耘、种植、破薪柴等。唐初社会还不是很安定，法律上允许人们开荒耕种。道信所提倡的自耕自给适合当时的经济状况，也适合当时社会的经济发展。

当时虽很多僧人跟随禅师修学，但他们一般依律寺而居。这样，在说法行道方面有诸多的矛盾和冲突，况且当时禅僧日益增多，又无独立的禅院，因此给寺院管理带来诸多的不便和困难。广大的僧团导致了管理上的混乱与约制失灵，僧众持戒不严，戒律败坏严重。

到了中唐时期，马祖道一始创丛林，倡导一种农禅结合的习禅生活。但他们所制定的制度由于种种原因都没能成为全国一定之规，并随时代的发展渐渐失去了其适用性。

后百丈怀海禅师创制《百丈清规》，制定了僧团、寺院的诸多管理制度，才完成了中国化佛教僧团管理制度。百丈怀海禅师以印度佛教的戒律为依据，配合中国的地理环境、风土习俗等，折中大小乘戒律，创立了丛林制度。僧众过上了集体生产、集体农耕的农禅生活。上至大和尚，下至每一位住众，除生病或请事假外，都要劳动生产。"务于节俭也，并全体须参加劳动，自力更生，行'上下均力'之普请法"，怀海本身也严格地实践"一日不作一日不食"的信条。

中国佛教及时自我调整，逐渐形成定居式的僧团制度。百丈禅师立下的清规，开启了中国僧人生活的新方式。

三、从不对食物的性质作要求到一律素食

古时印度，僧众托钵乞食，世人施舍，施主给什么就吃什么。佛教初传入中国，僧人还保留着这种方式，对食物没特别的要求。后来经过社会的变迁，僧人放弃托钵乞食，由俗家弟子供养，僧人对食物依然没有要求。

佛陀虽然从来未禁止僧人食肉，但要求僧人只能吃"三净肉"（也就是只要不见杀、不闻杀和不为我杀的皆可接受）。当僧人的人数逐渐增多，开始过着集体生活时，俗家弟子的供养负担加重，又佛教提倡"戒杀放生"，故俗家弟子避免杀害动物来供僧。往后当僧人自耕自给时，僧人便吃自己所种植的庄稼，以蔬菜为主。吃素是悲悯众生、长养大乘慈悲的表现。如《梵网经菩萨戒本》说："不得食一切众生肉，食肉得无量罪。"《涅槃经》中也提道："食肉者，断大慈悲种。"

中国佛教素食文化的形成，源于梁武帝之《断酒肉文》。梁武帝的制断酒肉，受到中国与印度两方面的素食传统影响。印度方面，在佛教之前就有基于慈心而不杀、不食肉的传统。佛教兴起后也承袭了这种思想，初期佛教的三净

肉及滤水囊等,就是这种思想的具体表现。大乘佛教中的如来藏学派,则更进一步地反对三净肉,强调要严禁肉食。梁武帝就是受到如来藏断肉食思想的影响,所以在《断酒肉文》中都是引用如来藏系经典倡导制断酒肉。在中国方面,素食原本是居丧之礼,同时也是受到孔子赞扬的一种代表安贫乐道精神的表现。此外,素食也符合儒家的仁恕精神。而道教方面,也有修学特定之法术必须素食的规定。在梁武帝的《孝思赋》中提到,武帝奉行素食的理由,是为了表达对父母的孝思。此外,《断杀绝宗庙牺牲诏》中也提到,梁武帝是基于儒家的仁恕精神而下诏的。由此可见,梁武帝推动制断酒肉,也受到中国固有素食思想的影响。

在中印两国素食传统的共同影响下,中国佛教的素食文化透过援引中国传统素食思想,诠释并补充印度佛教素食思想的内容。如《广弘明集·慈济篇》中沈约等人的文章,多引用前述儒家仁恕精神劝导素食。除此之外,佛教原本并没有为尽孝而素食的思想,但受到梁武帝制断酒肉的影响,《梵网经》除了载有断酒肉的戒条,还特别强调"孝名为戒"。由此可见,中国佛教的素食文化实已结合了两国的素食传统。

肉食普遍被认为是富裕生活的食物,生活贫困的地区往往逢年过节才能吃到肉。到今日,社会发展迅速,越来越多人在饮食上不再以饱足为目的,更多时候是以自然、健康、营养为取向,所以也造就了素食成为二十一世纪的饮食新潮流。

一般人经常会将佛教与素食画上等号。对于学佛是否一定要吃素,答案是否定的,但是吃素确实比较接近道德,也可增加慈悲心、柔软心、耐力。素食是一种生活习惯,吃素的重点并不在于吃菜或吃肉,拥有"素心",即心能清净、慈悲才是最重要的,倡导吃素应是为了实践慈悲精神。

素食之所以能流传是受到中国儒家思想的影响。儒家主张仁爱、提倡孝道,孟子说:"见其生,不忍见其死;闻其声,不忍食其肉。是以君子远庖厨也。"此外,父母过世,子女服丧期间,布衣蔬食,禁断酒肉,甚至遇上重大祭典时,人们也要斋戒沐浴,以示敬畏。佛教传入中国之后,"戒杀放生"的观念与儒家"仁爱"思想结合,也使得素食风气更加兴盛。

吃荤、吃素是个人的生活习惯,有的人以荤食为主,有的人以素食为主,有的人荤、素不计，但是基于"不断大悲种"的理念，佛教劝人不要杀生，即是为实践佛陀的慈悲精神。

有很多人疑惑皈依之后是不是就要吃素，其实，皈依三宝是信仰的问题，而素食是生活的习惯、生活的观念，佛教提倡素食，用意是让发心信佛、学佛的人都能够拥有"素心"，心地清净、善良、简朴才是最重要。

陆游饮食思想研究

郑思阳[*]

摘要：陆游是我国现有存诗最多的诗人，传世的9000余首诗歌中有大量与饮食相关的内容，对于研究宋代饮食文化和饮食思想具有重要意义。本文通过对陆游饮食诗的梳理、分析，总结出陆游饮食思想的主要内容，包括在饮食习惯上要注意节制，不贪婪好吃；饮食结构上以蔬食为主，少食肉类；口味上偏好清淡；以及善于运用食物来保养身体等四个方面，进一步丰富了人们对陆游的认识，同时也反映出了以陆游为代表的宋代文人士大夫阶层的饮食思想。

关键词：陆游；诗歌；饮食思想

宋代南北民族融合，市民阶层兴起，商业文化发达，极大地促进了中国饮食文化的发展。文人士大夫阶层对于饮食的兴趣也空前浓厚。宋代诗人几乎没有不谈论饮食的，他们不仅描写食物，记录烹饪技法，而且更注重个人感受，在诗中寄寓深刻的情感和审美情趣，将饮食提高到哲学的高度。陆游就是其中的典型代表。陆游生逢北宋灭亡之际，除了书写爱国诗来发泄一腔热血之外，更多将目光投向了现实生活。他对美食有独到的研究，因此饮食成为他写作的主要题材之一。据统计，陆游流传下来的9000余首诗中，以饮食为主题的有近400首，而与饮食相关的更是多达3000余首，约占三分之一。这些作品不仅极大地丰富了我们对于宋代饮食生活的认识，也反映出了以陆游为代

＊ 作者简介：郑思阳，女，浙江旅游职业学院厨艺学院讲师，主要从事饮食文化研究。

表的宋代文人士大夫阶层的饮食思想。

一、饮食注重简单、节俭，不贪婪好吃

陆游一生喜好美食，曾在福建、四川、杭州等地为官多年，有条件品尝到各地美食，但是他始终提醒自己不能耽于享受，而要以节俭为上。在《居室记》中，陆游就强调"朝晡食饮，丰约惟其力，少饱则止，不必尽器"①。体现了他对孔子"君子食无求饱"理念的高度认可。在《纵笔》一诗中，陆游又写道："胸中略无一点事，眼底常展数行书。半饥半饱便可尔，衣食何须求有余。"进一步阐明自己不以衣食享受为人生追求的理念。他不仅是这么说的，更是这么做的。从陆游的饮食诗中，我们可以看到他不但在食材上更偏好价格低廉的蔬菜，而且还经常提醒自己要忍饥、戒贪。《书警》一诗中，他就将饮食比作劲敌："情欲虽害人，要是自惑溺。吾观日用事，饮食真劲敌。乃知匕箸间，其祸甚衽席。堂堂六尺躯，勿为口腹役。"告诫自己不能被口腹之欲所驱使。在《戏咏乡里食物示邻曲》中，陆游细数了家乡山阴的各种美味："山阴古称小蓬莱，青山万叠环楼台。不惟人物富名胜，所至地产皆奇环。茗芽落硙压北苑，药苗入馔逾天台，明珠百斛载芡实，火齐千担装杨梅，湘湖莼长涎正滑，秦望蕨生拳未开，箭萌蛰藏待时雨，桑葚菌蕈惊春雷，棕花蒸煮蘸醯酱，姜芽披剥腌糟醅，细研罂粟具汤液，湿裹山蓣供炮煨。"但是到了结尾处，仍不忘提醒自己"老馋自觉笔力短，得一忘十真堪咍。从今置之勿复道，一瓢陋巷师颜回"。

"孤村月白闻衣杵，破灶烟青煮芋糜。不是用心希陋巷，为儒自合耐寒饥。"（《冬夜》），在陆游看来，节俭戒贪不仅是身为一名儒生的自觉，能帮助自己磨炼意志，保持较高的道德情操，同时也有助于避祸、养生。他在《暑中北窗昼卧有作》中称自己"我少本多疾，屡亦频危殆，皇天实相之，警告意有在。中年弃嗜欲，晚岁节饮食。……死生虽天命，人事常相参，茫茫九衢中，百祸起一贪"。他相信正是因为自己中年以后清心寡欲，节制饮食，因此才能得享长寿。在《病中有述二首各五韵（二）》中，他也提到："吾侪学养生，事事当自克。老无

---

① 陆游.陆游集[M].北京：中华书局，1976：2159.

声色娱,戒惧在饮食。要须铭盘盂,下箸如对敌。"年老之后,陆游对此感慨愈多:"吾闻之古方,有病当鲜食。如其不能尔,金丹亦无益。我老更事多,此语知造极。子房从赤松,千载推达识。"(《杂感》)陆游更是把节俭戒贪作为家风,希望后代传承下去。《对食戏作二首》其一中说:"香粳炊熟泰州红,苣甲莼丝放箸空。不为休官须惜费,从来简俭作家风。"在《放翁家训》中,他更是明确告诫子孙:"凡饮食但当取饱,若稍令精洁,以奉宾燕,犹之可也。彼多珍异夸眩世俗者,此童心儿态,切不可为其所移,戒之戒之!"①

二、饮食结构以蔬菜为主,少食肉类

在陆游的饮食诗中,除了酒、茶以外,描写最多的食物当属蔬菜。《剑南诗稿》中直接提到的蔬菜品种就有四十余种,宋人常用蔬菜品种基本都有涉及,远超肉类和主食等其他食物。诗人也承认自己更崇尚蔬食,在诗中多有比较和赞美,如"一箸山蔬胜八珍"(《春近》)②、"栯褐奇温等狐腋,寒蔬脆美敌熊蹯"(《幽居》)、"木盘饱黎苋,美与玉食同"(《对食》)、"玉盘行脍簇青红,输与山家淡煮菘"(《斫脍》)、"粳香等炊玉,韭美胜炰羔"(《新凉二首》其二)、"不嫌村馔薄,但爱野蔬香"(《记梦》)等。而更多的直接以蔬食为题的诗歌,如《食荠十韵》《薏苡》《采荠》《蔬食》《素饭》《蔬食戏书》《山中作》《幽居》《秋晴每至园中辄抵暮戏示儿子》《龟堂东窗戏弄笔墨偶得绝句》《戏作贫诗》《食荠糁甚美盖蜀人所谓东坡羹也》等,直接记录了藜藿、芋羹、蕨菜、菰菜、荂羹、秋葵、豆类、笋、薏米、莼菜等陆游喜爱的蔬菜品种,也让我们更直观地感受到了他对蔬食是发自内心的喜爱。但是他并不是一味地反对吃肉。《杂感》一诗比较全面地反映了陆游的肉食观:"肉食养老人,古虽有是说,修身以待终,何至陷饕餮。晨烹山蔬美,午漱石泉洁,岂役七尺躯,事此肤寸舌。"他承认肉食也具有养生的功效,尤其是对于老人而言,但是必须要注意节制,在日常饮食结构中,还是要以蔬食为主。

---

① 陆游.放翁家训[M].北京:中华书局,1985:5.
② 本文所引陆游诗作皆出自:陆游.剑南诗稿校注[M].上海:上海古籍出版社,2005.

陆游崇尚蔬食的饮食观念的形成，既是他自身的主动选择，也是受到时代风气的影响。他清贫的家世，忧国忧民的济世情怀以及安贫乐道的旷达心境，天然地与自然清新的蔬食相契合。因此在陆游的笔下，蔬菜水果也别具一番风味。比如《雪夜》中写道："园蔬甘且柔，味不减豚羔。醉此风雪夕，聊慰抱瓮劳。"《陶山遇雪觉林迁庵主见招不果往》一诗中也有"不须沽酒引陶潜，箭笋蕨芽如蜜甜"。甚至，这些蔬果的外形在他的笔下也格外好看。比如在《春游至樊江戏示坐客》中有"苍羹箭笋美如玉"诗句，用玉来比喻春天新生长的苍和笋，更显其圆润洁净。

同时，这也与宋代士大夫阶层的饮食文化取向有关。在佛教素食文化和理学思想的影响下，宋代饮食一改唐以来的食肉之风，转而推崇蔬食。不仅在市场上出现了专门提供素食的餐馆，相应的素食书籍也不断出版。尤其是士大夫阶层中，虽然很少有人能做到严格的素食，但是几乎人人都在赞美蔬食，以象征自身安贫乐道、超凡脱俗的高尚情怀和人格操守。当时的文坛领袖如司马光、黄庭坚、苏轼等人都有大量吟咏蔬食的佳作。陆游到晚年更是把蔬食作为养生之道，几乎不食荤腥。这种对蔬食的高度推崇，已经超越了生理上的追求，上升到了哲学的高度。宋人"不仅因其获得生理上的康健，还借此达到精神、心理上的超越。蔬食淡味的吟咏中，包涵着士人对政治出处、显隐得失的深刻思考以及对人生意义的透彻体悟，折射了宋代文人态度旨趣、人生理想与审美情趣的变迁"。[①]

三、口味偏好清淡，同时也善于调味

"人莫不饮食也，鲜能知味也。"自古以来，"知味"是对美食家最高的评价之一。曹丕《与群臣论被服书》中又有"三世长者知被服，五世长者知饮食"的论断，可见知味何其难也。它不仅需要雄厚的经济实力、一定的政治地位，还要有较高的文化素养。陆游虽然崇尚节俭，不以饮食为人生追求，但是他的文化素养和高尚的道德情操使得他在饮食活动中形成了自己独具一格的知味风

---

① 刘丽.宋诗中的蔬食意象及其文化意蕴[J].云南社会科学,2016(6):176.

格,最突出的一个特点就是淡。陆游在很多诗歌中都提到对"淡味"的偏爱,如"霜余蔬甲淯中甜,春近灵苗嫩不菱。采掇归来便堪煮,半铢盐酪不须添"(《对食戏作》);"亦莫城中买盐酪,菜羹有味淡方知"(《老甚自咏二首》其一);"粱肉固所美,食淡心始安"(《秋夜感遇十首以孤村一犬吠残月几人行为韵》);"歠醨有余欢,食淡百味足"(《对食有感》)。即使添加调味品也是"小著盐醯助滋味,微加姜桂发精神"(《食荠三首》其三),"蹲鸱足火微点盐"(《病告中遇风雪作长歌排闷》)。《管子》有言"淡也者,五味之中也",意思是味淡,所以能使五味调和。这种对淡味的追求,实质上是对食物本味的回归,就像陆游的诗歌,语言朴实无华,不用华丽辞藻,但是却能传递充沛的情感。

当然,作为一个知味的美食家,陆游并非一味地推崇淡味,从诗歌中我们可以发现,陆游对淡味的喜好主要集中在蔬食中,而对于需要复杂调味的肉食,他另有一套调味的法门。比如对于猪骨的处理,在《饭罢戏作》一诗中,他提到"东门买彘骨,醯酱点橙薤",意思是用醋、甜酱、橙皮和薤来调味。猪排骨作为常见的肉食原料,在古代主要有烤、炖、烧等烹调方法,但是用橙薤调制的酸酱来烹制仅在陆游的诗歌中见到,可见他对饮食的独特审美。《戏咏乡里食物示邻曲》则有"棕花蒸煮蘸醯酱,姜苗披剥腌糟醅",棕花是棕榈树的花苞,可以食用,味微苦。蒸煮过后的棕花,配上酱油和醋调制而成的蘸料,味道极佳,有活血化瘀之功效。在《素饭》一诗中也有:"松桂软炊玉粒饭,醯酱自调银色茄。"他选用洁净如玉,颗粒饱满的上好大米,以山上松枝桂木慢慢烹饪,香气四溢。将鲜嫩的茄子蒸熟后,调入精醋酱油,茄子晶莹剔透,呈银白色,十分诱人。这个做法和今天绍兴菜中的"饭捂茄子"一样,茄子蒸熟之后软嫩多汁,混合着米香,配上酱油醋调味,味道绝佳。

陆游尤其擅长制作各类酱来调味,如《村舍杂书》一诗,他提到自己用莲子来酿醋,用蚕豆来制酱:"折莲酿作醯,采豆治作酱。"另外还有腌制酱瓜,"黍酒浓浮瓮,瓜菹绿映盘",菹意为酸菜、腌菜,瓜菹即腌制的酱瓜。具体做法是将黄瓜切成条,用盐和酱油腌渍而成。时至今日,在陆游的家乡绍兴,人们仍然习惯在早餐时食用酱瓜,配粥或者泡饭。

四、擅用食物来治疗、保养身体

食疗养生是我国古代最常见的养生方法,主要是利用食物来影响机体各方面的功能,使其获得健康或愈疾防病,通俗来说就是通过吃来对我们的身体进行保养。中国传统中医理论向来有"药食同源"一说,本草家将中药的"四性""五味"理论运用到食物之中,认为每种食物也具有药用的价值,属于中药的一种。在实践中,可根据各人不同的体质或不同的病情,选取具有一定保健作用或治疗作用的食物,通过合理的烹调加工而制成"食疗"佳品。早在先秦时期,人们就已经注意到饮食对于长寿的作用,汉晋以来养生家辈出,发展出了丰富多样的食疗养生主张。宋代食疗之风大盛,各种食治之方、摄养之道层出不穷,涌现出了一批食疗专著。

陆游少年时即饱受疾病困扰,并自述有早衰先兆,因此格外重视养生。陆游成功总结并实践出了自己的一套饮食养生理论,包括在饮食习惯上要注意节制,不能多吃;饮食结构上以蔬食为主,少食肉类等,都是有养生方面的考虑。除此以外,他在饮食中还非常注重食物的药用价值,善于通过食疗来进行养生。

陆游自述,他从小熟读《本草》,对大部分常见药物都有相当的了解,而且经常亲自去采摘药材,自己地里也有种植。他在诗中多次提到自己在日常生活中经常按照中医本草学的理论来指导饮食:"食必按本草,下箸未尝辄。"(《冬夜作短歌》)"每食视本草,此意未可嗤。"(《铭座》)因此,陆游的诗歌中也出现了很多养生食品,最典型的是粥。陆游把粥看作是一种很好的保健品,在许多诗歌中,都经常提到粥有助于养生,如《食粥》:"世人个个学长年,不悟长年在目前。我得宛丘平易法,只将食粥致神仙。"在《薄粥》一诗中,他还告诫老年人,稀粥利于消化,易被人体吸收,于长寿有益:"薄粥枝梧未死身,饥肠且免转车轮。从来不解周家意,养老常须祝啜人。"此外还有"老便藜粥美,病喜粟浆酸"(《村居》)、"一碗藜羹似蜜甜"(《午饭》)等诗句。在这一思想的指引下,陆游将山药、枸杞等诸多养生药材加入粥中,开发出了很多养生粥,有山药粥、枸杞粥、豆粥、菜粥等,既便于消化,又营养丰富。早上一杯枸杞粥,"雪霁茅堂钟磬清,晨斋枸杞一杯羹"(《玉笈斋书事》),枸杞有润肺明目、养肝滋肾之效。晚上则饮山药粥,"秋夜渐长饥作祟,一杯山药进琼糜"(《秋夜读书每以二鼓尽为节》),山药能补脾养胃,生津润肺,有很好的食疗效果。

五、结语

饮食诗是中国诗歌史上的一个特殊题材,为我们呈现了诗歌除了诗意生活之外,世俗生活的一面。陆游的饮食诗贯穿了他一生诗歌创作的始终,不仅数量巨多、题材广阔,堪称古代饮食文化研究的资料宝库,而且其中蕴含了丰富的哲学思考,既有对传统饮食思想的传承发展,也有个人人生经历的总结和感悟,更在一定程度上引领了南宋社会的饮食审美取向和思想发展,在中国饮食思想发展史上留下了浓墨重彩的一笔。

餐饮产业篇

疫情后浙江餐饮经营模式的分析

朱桂凤　韩西雅[*]

摘要:新冠肺炎疫情的爆发使餐饮业遭受前所未有的打击。在严峻的挑战面前,浙江餐饮业能够直面困难,奋力抗击,积极谋划未来长远发展,迎来新的发展机遇。本文以浙江餐饮企业在疫情间如何通过智能化、互联网化转型顺利度过危机为案例,阐述浙江餐饮业经营策略的探索,分析其经营模式变化,进而探究传统餐饮企业转型的策略,以期为新冠肺炎疫情背景下其他传统餐饮企业的转型实践提供借鉴与启示。

关键词:后疫情时代;浙江餐饮;企业转型

自 1978 年起,中国餐饮收入破万亿元(2006 年)用了 28 年的时间,破 2 万亿元(2011 年)用了 5 年的时间,破 3 万亿元(2015 年)用了 4 年的时间,破 4 万亿(2018 年)用了 3 年的时间。中国饭店协会曾乐观预估,2020 年中国餐饮业的全行业收入有望突破 5 万亿。除了产出的贡献,还有吸纳就业的贡献。餐饮是一个劳动密集型的行业,2018 年全国从业人数高达 234 万人,而同年第三产业从业人数为 21067.7 万人,餐饮从业人数占比 1.1%。

本次疫情,考验的不仅仅是每个人的免疫力,也是一个企业免疫力。这是一个加速淘汰和加速升级的过程,免疫力强的企业,会加速升级,反之就会被

---

　* 作者简介:朱桂凤,女,黑龙江大学历史文化旅游学院教授,硕士研究生导师,黑龙江大学中华饮食文化研究中心主任,主要从事饮食文化、文化遗产相关研究;韩西雅,女,黑龙江大学历史学硕士在读,主要从事中国史相关研究。

加速淘汰。强者愈强，弱者恒弱，是历史不变的规律。

大众的消费观念与消费模式的变化带来的是全新的市场需求并催生新的业态。以 O2O（Online to Offline）为代表的模式，将推进餐饮产业智能化、产业互联网化与商业模式的创新。另外，遵循客观规律的饮食文化将成为一些餐饮企业渡过难关的定心石。

一、战略型的领导模式

疫情期间，餐饮企业所表现出的策略是不同的，这取决于领导的能力。未来餐饮走向，战略型的领导将成为一种热追模式。企业家与高层线上研讨公司战略，洞察新机遇，重新审视自己的核心能力，推动企业与产业的转型升级，将要干的事业说清，将产品与服务做好，将一支干部队伍带好。同时，老板要以合伙人思维，在公司平台上集合众智，调动大家的积极性、主动性、创造性，选择在困难时期能保持乐观、积极创造价值，重用在危急关头有担当、有突破能力的人作为公司事业的中坚力量。

顺旺基作为浙江知名中式快餐的连锁企业，现已在浙江、上海、江苏等省市开设了近 160 多家连锁店，成为中国发展较快的现代快餐连锁企业。

顺旺基贯彻"顺旺基不仅是一个企业，而且更是一种事业"的企业价值观，赋予顺旺基高度人格化的特征和员工强烈的事业心、责任感。"领先时代、领跑同行"的顺旺基精神，给顺旺基注入不断进取的激情。

以人为本的理念推动了顺旺基事业持续发展。顺旺基是创新者的舞台，是人才成长的阶梯，也是一个价值分享的企业，时刻站在时代和行业的前沿，使每一位员工随时面临着新的挑战、新的机会，每一个人在顺旺基都能获得价值的实现和人生的享受。

二、与行外新型企业对接模式

如针对宅家隔离，美团推出"无接触配送"，今日头条、盒马鲜生线上线下深度一体化的运作模式，在春节期间得到验证的同时实现了低成本运营、大量稳定客源的引流。借此机会,用互联网思维改造线下,推动线上线下高度融合,突破餐饮业单一经营模式,走出一条创新之路。

浙江是全国首个推出"无接触配送"的。新冠疫情防控期间,外卖平台推出"无接触配送"服务,将商品放到公司前台、家门口等指定位置,减少面对面接触。美团外卖率先在全国推出"无接触配送"服务,通过减少面对面接触,保障用户和骑手在送餐环节的安全。目前,已经有5万多个美团合作商家上线"手机点餐"功能,3000多个商家申请升级店面"无接触点餐"方案。

浙江跨湖楼餐饮集团是浙江当地知名餐饮企业,旗下8家门店,各店面积都在五六千平方米,员工上千人。疫情期间,跨湖楼积极与行外新型企业对接,探索"无接触"服务过程。

得到复工批复后,跨湖楼准备以外卖为突破口,启动云点单,青梅醋小排、越王东坡鸡、笋干老鸭煲等特色菜以及油焖笋、霉干菜焐肉、红烧大肠等家常菜都可以在线点。更是推出了跨湖楼经典大肉包,通过互联网与老客再次见面。通过美团外卖协助合作,跨湖楼肉包单日的下单量更是一度突破6000只。

三、智能化引入模式

研讨疫情期间市场趋势,抓住新机遇。每次大事件背后都孕育全新的发展机会,如电商、短视频、线上教育、知识付费、线上办公与协同软件、家用娱乐设备等业务,将遇到新的发展机遇,无人零售、无人餐厅、无人机配送等高科技行业将强势崛起。医药健康、养生保健等类目将呈持续高增长势头。人们的饮食消费习惯的改变将推动农牧业、餐饮业、食品业的高质量、可持续性地发展。

随着各行业陆续复工,对餐饮的需求开始回暖,"无接触"成了餐饮业的突围之法。通过餐饮智能化的应用,"无接触"进一步升级。许多餐饮店引进智能机器人、增配终端取货设施、拓展线上平台,既减少用餐聚集和接触,又提高自动化水平。

疫情防控期间,无人智慧餐厅的概念店出现在大众面前。在餐桌上点点就能完成下单，吃完直接走人，没有服务员会上前拦你。作为中华老字号和浙江知名餐饮品牌，为了赢得更多年轻消费者，顺应疫情下餐饮的发展趋势，五芳斋联合口碑尝试无人餐厅，成为第一家正式落地的智慧餐厅。该餐厅提供包括智能点餐、智能推荐、服务通知、自助取餐、自动代扣、用餐评价在内的全流程解决方案。

四、线上线下融合发展模式

线上餐饮加速发展，并与线下餐饮融合发展。线上消费市场进一步成熟，已经成为线下实体消费不可或缺的一部分，线上支付与线下消费已经融为一体。配送到家服务需求的迅速增长，未来餐饮企业有必要考虑通过自建体系，或选择与组织方式和物流体系健全的相应平台合作，继续拓宽新零售产品线，创新经营模式，提供更高质量的产品和服务，使其成为未来业务新增长点。

浙江杭州的知名品牌外婆家，在疫情防控期间关闭了全国200余家门店堂食，针对线上餐饮着重推出了"老鸭集"这个新品牌，并且广泛得到大家的认可和好评。疫情之前，外婆家及其旗下门店主要是以堂食为主的，外卖业务仅占10%，疫情期间的老鸭集外卖占比近50%。用"堂食＋外卖＋外带＋新零售"的方式让销售渠道拓宽。2020年2月份，在没有堂食只靠外卖的情况下，老鸭集获得了5万元的盈利。借助大众点评和美团外卖，老鸭集首店的外卖销售额约占该店总销售额的30%。

线上线下联动除了外卖之外，餐饮食品化也是一个新的创新和突破点。从传统的渠道产品打造为渠道品牌，让顾客无论在任何渠道内，都能突破时间边界认同品牌和使用品牌。2020年2月，京东生鲜发起"餐饮零售发展联盟"，推动餐饮品牌开拓半成品速食生产，并通过京东全渠道拓展销售，实现"供应链转型"。这不仅帮助餐饮企业实现业务多元化，还为自身提供了更多食材的供应源头。

五、"体验式场景"与"传统实体店"融合发展模式

既然购物都是在线上完成的,那么实体店的存在价值在哪里?未来的实体店将很难以"销售产品"为中心,而是以"提供体验"为中心。用户去实体店买单的比重将会被进一步压缩,更多是为了购买各种"体验"。消费者的需求,已经从对产品的满意度升级成了精神层面的满足感。商家需要营造出一种独特的消费场景,能够把消费者带入到消费场景中。

作为浙江城市名片、百年老字号的五芳斋,在传统实体店的基础上进一步升级,积极打造特色主题体验店。作为"国潮文化"的延续,五芳斋在承载老字号的文化、发扬传统节令健康饮食的基础上,打造了一个全新的餐饮空间——五芳斋节令食坊。

作为挖掘、突破自身品牌力的展现,以极具文化底蕴的就餐环境、顺应节令的特色餐食和全方位的贴心服务来满足消费者的需求。相比五芳斋传统门店,五芳斋美食体验店进行了升级和创新,升级以往普通门店餐饮中的固定菜单,将根据节令精挑细选应季美食好味,从食材到菜品精雕细琢,不同节令呈现不同菜单。美食体验店同时将传统与革新进行碰撞,打造了一个创新混融新中式的实体餐饮空间。通过体验,实现顾客精神层面的满足感,进而推动餐饮企业和品牌的发展。

六、"线上获客"补充模式

"线上获客"方式将成为"传统获客"方式的有效补充。作为以线下消费为主的餐饮企业,必须加强从线上获客的能力,传统的获客方式无非是电话、广告、分销等。但是这些模式的获客比重越来越小,而且成本将越来越高。线上获客的本质,是靠内容获客,深度一点来讲是靠价值获客,当前各种线上平台的内容越来越丰富,图文、短视频、音频等各种形式都有,餐饮企业必须创造出有价值的内容去吸引自己的特定顾客,进而加速品牌化的形成。

2021年称为国潮"当打之年"。随着我国科技、文化等领域的加速发展,国

人民族自信心全面提升,国潮搜索热度迅速上涨。消费者,尤其是年轻一代消费者对中国品牌和"中国制造"的产品产生了浓厚的兴趣。

浙江老字号五芳斋线上线下共发展。线下作为百年老字号,成为人民日报新媒体"中国正当潮"活动的合作伙伴,并通过入驻广受关注的国潮创意体验快闪店"有间国潮馆"等一系列活动,带动国货以新的姿态提升消费活力、展露文化自信,使得越来越多的年轻人认同国潮文化,并在认同感的驱动之下,为老牌的国货产品带来更多的市场接受者。

浙江还有不少餐饮企业结合外卖业务,将后厨变成直播间。真功夫、呷哺呷哺等多家餐饮企业的厨师摇身一变,成了对着手机做菜的新型主播,不仅给餐饮企业发展品牌的机会,也在一定程度上缓解了就业压力。

七、强调内部流程更加系统化、规范化模式

内部流程的系统化,将会被进一步规范化。以中小微企业为主的餐饮行业,往往以传统家庭作坊的方式运作,不注重内部流程的规范化。新冠肺炎疫情期间,将进一步加强企业内部流程系统化和规范化的重要性。各种线上办公软件会加速盛行,尤其是能够实现个体协同的办公软件,将被加速普及,除此之外个体使用的办公家具也会流行,工作不再受地理空间限制。社会越发达,人的独立性就越强,有能力的人都会变成独立的经济体,而且人与人的协作性也会加强。线上协同工作,是未来工作的主流。

数据时代已经到来,所有餐饮公司都将成为数字化开发的参与者和受益者。随着餐饮业市场整体规模的不断扩大,餐饮市场竞争日趋激烈,加强餐饮内部流程系统化、规范化逐渐成为大众餐饮竞争的有效手段。这个手段的实现逐渐依靠于企业对数字化的掌控。探索和发现数字化背后的价值,已成为当前企业管理转型升级的关键。

浙江杭州西湖边的楼外楼在接到了200份团体外卖盒饭预定时,这家老字号餐饮企业在杭州市市场监督管理局、杭州市餐饮旅店行业协会、阿里本地生活服务公司的共同倡导下,通过饿了么"传统餐企快速服务保障小组"极速上线,将堂食运营转为线上运营。不仅开辟了线上餐饮的"新战场",还弥补歇

业期间营业时间管控等带来的成本损耗。

餐饮企业通过采用智能终端与云平台相结合的服务模式,可以实现业务数据的统一管理,有助于店员的服务质量与标准化服务需求进行比较。同时,经营者可以通过手机实时获取业务管理信息,并可以随时对业务数据进行统计报告分析,大大提高了业务决策的效率。将企业和上游食品供应商的交易数据整合到云平台进行统一管理后,可以提高采购的透明度,及时、全面地掌握市场供应方的价格信息,以帮助经营者减少供应链环节上的浪费。智能技术和云平台的应用使得餐饮企业内部流程更加系统化、规范化。

八、"企业管理十饮食文化"双翼并驱模式

透视一个餐饮企业至少有两个层面,即制度和文化。中国的餐饮市场上,活跃的餐饮企业中不乏这两翼并驱的优秀品牌。现代化、科学化的企业管理,确保了餐饮企业的良好运营,很好地留住了人才;而来自饮食文化深厚的文化底蕴,又为企业注入了灵魂。它们多是"中华老字号"、地方"老字号"以及餐饮"非遗"项目。这些餐饮企业所经历的磨难和时代变迁,使它们成为经典中的"经典",凭借着顽强的生命力和来自中华优秀文化赋予的深厚根基,它们生生不息,在餐饮市场中占有重要地位。疫情期间,它们的优势将充分展示出来,并给后续的餐饮企业起到表率作用,因而在今后的餐饮行业中,加强对餐饮企业进行饮食文化的注入,显得十分迫切,并将是一种新的趋势。

浙江省商务厅在 2019 年便发布了《做实做好"诗画浙江·百县千碗"工程三年行动计划(2019—2021 年)》,明确提出要"挖掘'诗画浙江·百县千碗'美食背后的文化内涵,讲好浙江美食文化故事"。在浙江省政府的战略指导下,浙江饮食文化的研究迎来前所未有的发展机遇。

五芳斋作为始创于 1921 年的全国首批"中华老字号",不仅有着悠远的品牌历史背景,更是体现着江南地区的历史感和深厚文化底蕴。在经历了近一个世纪的商海沉浮后,五芳斋从区域传统美食品牌成长为如今引领行业发展、制定行业准则的标杆企业。

面对日新月异的变化,品牌饮食文化始终是打造核心竞争力的生命源泉。

五芳斋传承创新,用责任、匠心和情怀诠释了"老字号的企业精神"。同样也尊崇"和商"理念,秉承传统美食文化之精髓,创新老字号发展之路径,坚持守护和创新中华美食的品牌使命,围绕"以糯米食品为核心的中华节令食品领导品牌"的战略愿景,持续实施"糯+"业务发展战略。

新冠肺炎疫情对杭州餐饮业的影响

郑　南　冷思雨*

摘要:新冠肺炎疫情暴发以来,对社会生产及人民生活均产生了直接而深刻的影响,国民经济甚至一度停摆,其中餐饮业是受到冲击最明显的行业之一。本文以2020年疫情期间的杭州餐饮业为考察目标,着重分析了杭州餐饮业的经济损失、面临的困难、政府举措、企业自救措施等,并提出了发展建议。

关键词:疫情;杭州;餐饮业

"民以食为天",餐饮业在国民经济中占有重要地位。"从2015年开始,我国餐饮业开始进入高速发展阶段,收入从32310亿元增长到2019年的46721亿元,占社会消费品零售总额的比重从10.74%上升至11.35%,拉动社会消费品零售总额增长1个百分点、对其增长贡献率达到13.1%。"[①]就杭州市来说,据杭州市统计局统计报告显示:2019年,杭州市全年实现"餐饮收入710亿元"。2020年春节新冠疫情席卷全国,杭州餐饮业首先受到了重击,全面陷入停滞状态,在复工复产逐渐恢复正常后,2020年杭州全年实现"餐饮收入982亿元"。杭州餐饮人不惧困境、不畏艰难,走过了寒冬,迎来了新的发展契机。

---

* 作者简介:郑南,女,浙江工商大学人文与传播学院副教授、博士,浙江工商大学饮食文化研究创新团队成员,专业为饮食文化与历史研究;冷思雨,女,浙江工商大学人文与传播学院硕士研究生,专业为古典文献学。

① 2019中国餐饮行业大数据监测与商业新模式研究报告[EB/OL].2019.7.12.https://www.iimedia.cn/c400/65246.html.

一、新冠肺炎疫情前期杭州餐饮业经济损失严重

2020年春节前夕"新型冠状病毒"席卷全国,全国各地区、各行业都采取了延长假期、停工停产、居家隔离等措施来防控疫情,杭州也是如此。除医疗卫生等机构、企业之外,中国经济完全处于停摆状态,其中受冲击最直接和明显的是作为第三产业支柱的餐饮等行业。

"国家统计局5月15日发布数据显示,2020年1—4月,全国餐饮收入8333亿元,同比大幅下跌41.2%;限额以上单位餐饮收入1786亿元,同比大幅下跌38.6%。其中,4月份,全国餐饮收入2307亿元,同比下跌31.1%;限额以上单位餐饮收入505亿元,同比下跌27.9%。"[①]同期调研显示:"相比去年春节,疫情期间,78%的餐饮企业营业收入损失达100%以上;9%的企业营收损失达到九成以上;7%的企业营收损失在七成到九成之间;营收损失在七成以下的仅为5%。"[②]其中连锁餐饮企业和相对灵活的中小餐饮企业相比,受损更为严重。据中国连锁经营协会调查指出,"连锁餐饮业作为疫情下受损最严重的行业之一,2020年1—2月企业的营业额大幅下滑"[③]。

自疫情暴发,杭州大小店铺几乎都暂停营业。直到2月25日,根据杭州市新型冠状病毒肺炎疫情防控工作领导小组办公室印发的《杭州市先期开放餐饮服务单位疫情防控指引》,才先期开放了一些餐饮单位的堂食服务,主要包括向社会开放的商业综合体、写字楼堂食,沿街中西式快餐店、餐饮店、饮品店、糕点店。即使已经复工,到店消费的顾客也非常稀少,并且在开放初期大部分餐饮企业是不开放堂食的,如杭州餐饮店密集的湖滨商圈,楼外楼、知味观这些"老字号"企业依然只提供自提和外卖服务。据杭州市统计局统计,杭

---

① 中国烹饪协会.4月餐饮市场仍未止跌但降幅收窄[N/OL].2020.5.15. http://www.ccas.com.cn/site/content/205004.html.

② 中国烹饪协会.中国烹饪协会发布2020年新冠肺炎疫情对中国餐饮业影响报告[R/OL].2020.2.12. http://www.ccas.com.cn/site/content/204393.html? siteid=1.

③ 中国连锁经营协会.新冠肺炎疫情对中国连锁餐饮行业的影响调研报告[R/OL].2020.3.18. http://www.ccfa.org.cn/portal/cn/xiangxi.jsp? id=441845&type=33.

州 1—4 月餐饮收入 235 亿元,下降了 27.1%[①]。

二、新冠肺炎疫情期间杭州餐饮企业面临的困难

1. 在疫情期间餐饮企业大部分面临着损失重却负担大的问题

因疫情暴发在餐饮业的旺季春节,一方面,大家退订了年夜饭,退订了新年的亲朋聚餐和婚宴酒席。据"中国烹饪协会判断,2020 年春节期间年夜饭的退订率达到 94% 左右"[②],这就导致了餐饮企业营业额锐减。另一方面,企业原来为新年囤积的海鲜肉类、瓜果蔬菜等不可久存的食材现在积压在仓库,企业不仅损失了采购这笔食材的资金,而且如何处理这些食材也成了一个问题。如杭州萧山跨湖楼集团在采访中说到"年夜饭取消 50%,海鲜食材亏损 600 万元",春节期间跨湖楼的订单占比可以达到全年的 10%~20%,但是 2019 年除夕开始,跨湖楼的所有酒楼的年夜饭都被退订。次日,初一到初六的预定也取消了 98%。到 1 月 28 日,跨湖楼 8 家门店全部关停。[③] 此外,餐饮业和旅游业一直息息相关,旅游业带活了景点内部的小吃街和景点周围的饭店、酒楼等餐饮企业。如杭州著名的清河坊历史文化街,内部几乎都是各种小吃店、零食店和奶茶店。原本准备新年在外旅游的人们现在却在居家隔离,原本应该人山人海的河坊街空无一人,这又是杭州餐饮的一笔重大损失。

在损失惨重的同时企业要承担高额的固定支出和原料成本。据杭州市统计局《一季度杭州市经济运行情况》显示,在一季度,和餐饮企业息息相关的鲜菜价格上涨 2.9%;猪肉价格上涨 103.1%,其中 3 月份同比涨幅由上月的 113.2% 回落至 99.6%。在春节旺季,企业关停,没有收入,在 3 月份可以开门营业时,收入少,原材料成本高,支出大于收入。此外,还有房租、水电费用、职员薪资等固定开支,这些使得企业的资金更加短缺。跨湖楼集团表示:"以 2

---

① 杭州统计局. 1—4 月全市经济运行情况 [R/OL]. 2020.5.19. http://tjj.hangzhou.gov.cn/art/2020/5/19/art_1229279240_2573923.html.

② 美团研究院. 从 3.2 万份调查问卷看新冠肺炎疫情对中国餐饮行业的影响 [R/OL]. 2020.2.14. https://mri.meituan.com/institute.

③ 跨湖楼集团章金顺:开奔驰送大肉包,企业是时候要转型了! [N]. 杭州日报,2020.4.30 (A17).

月份为例,员工工资750万元,社保公积金60余万元,房租加能耗300万元。"杭州的知名餐饮品牌外婆家,其创始人吴国平曾在采访中也说到了这方面的困难:"8000多名员工,日常运营每个月的人工费在5600万到6000万间,房租2500万到3000万,还有为了迎接春节大量囤积的物资……你没有收入,但是支出还在继续,心理当然是担忧的。"①另外购买口罩、消毒液、体温计等防疫物资的支出,以及外卖业务的人员配送费、餐具费等支出,使得原本"颗粒无收"的企业雪上加霜。

2.外卖业务难以为继

尽管疫情期间餐饮企业的大部分收入靠外卖来支撑,但是外卖也存在着订单量急剧减少的问题。就行业整体而言,有数据显示:"从2020年2月中国餐饮企业外卖订单数同比变化情况来看,大部分餐饮企业外卖订单数与同期相比均有所下降,其中55%的餐企外卖订单数同比下降80%以上。"②

对于连锁的大型餐饮企业而言,如花中城、楼外楼等,它们以堂食为主,注重新鲜口感、就餐环境,往年正常时期外卖订单不是很多,也不依靠外卖提高营业额,疫情期间外卖订单就更少了,外卖带来的收益杯水车薪。

对于中小型的商家而言,选择暂停营业要比复工明智得多。一是一些中小型商家难以满足杭州政府的防疫要求。二是要面临外卖平台的高额佣金。2020年4月,广东省33家餐饮协会曾联合发布了《广东餐饮行业致美团外卖联名交涉函》指出美团外卖涉嫌持续大幅提升扣点比例(佣金费率),已超过餐饮企业承受的极限,并且要求餐饮商家做"独家经营"等问题。除广东之外,四川、重庆、云南、山东等多地的餐饮行业协会也在媒体上公开呼吁,要求外卖平台停止"独家交易"行为。可想而知,外卖平台佣金高昂并不是一时一地之事,这是一个需要时间去处理的复杂问题。三是外卖配送也存在困难。配送人员不足;因交通管制,小区限制出入;配送时长增加,导致客户感到不便后就可能会放弃外卖。由上述等原因导致杭州餐饮企业外卖订单数量骤减,即使开放

---

① 外婆家吴国平:黎明尚未降临,但我们还有逆势上扬的"老鸭集"[N/OL].2020.2.27.http://www.canyin88.com/zixun/2020/02/27/77368.html.

② 外卖行业数据分析:2020年2月55%中国餐饮企业外卖订单数同比下降80%以上[R/OL].2020.3.20.https://www.iimedia.cn/c1061/70099.html.

外卖业务对于大部分餐饮企业而言也是杯水车薪。

3.餐饮企业资金紧缺、贷款困难等问题

餐饮企业在疫情期间出现资金紧缺、贷款困难等问题,是由餐饮行业本身的特点决定的。首先餐饮行业往往使用现金交易,是资金周转率比较快的行业。餐饮企业的现金流与它的营业额密切相关,收到的现金一部分用来购买食物原材料、支付员工工资、扩展开发新店、支付房屋租金、支付水电等,这样折算下来剩余可备用的资金并不多。在遇到像疫情这样的突发情况时,可备用资金仅仅能维持店铺一两个月的运营。加之疫情对企业造成的门店营业额断崖式下跌、货物囤积、固定支出增加、产业链断裂等多方面的资金压力,最终导致餐饮企业资金紧缺的问题。2020 年 2 月 14 日,美团研究院发布的问卷调查以真实的数据直接将这一问题呈现出来。数据表明:"26.8%的餐饮商户表示资金已经周转不开;37.0%的餐饮商户表示资金极度紧缺,只能维持 1—2个月;22.9%的餐饮商户表示资金比较紧缺,能维持 3—4 个月;13.3%的餐饮商户属于其他情况。"[①]在此种情况下企业要突出重围,向银行贷款是一种有效的办法。但是目前餐饮行业以中小型企业居多,它们有相同的特点,即小规模、高流动性、高替代率,要如愿获得银行贷款并不容易。

不仅中小型企业如此,大型的连锁餐饮企业也存在着此困难。2020 年 2月 29 日至 3 月 3 日,中国连锁经营协会(简称 CCFA)面向 CCFA 连锁餐饮委员会成员企业开展在线调查,其中样本包括 71 家连锁餐饮集团,201 个餐饮品牌和 61593 家门店。结果显示若 3 月 1 日之后,疫情还将继续,有 5%的样本企业表示自身将不会再有现金流以支撑后续运营;有 79%的样本企业表示,依靠自有资金即便可以经营也不能支撑超过 3 个月;仅有 16%的样本企业表示目前自有资金储备较为充足,可以支撑 6 个月甚至超过 6 个月。[②]虽然一切都在向着好的方向发展,但是毕竟现实世界没有先知,未来究竟如何没有人知道,未雨绸缪才是最好的做法。

① 美团研究院.从 3.2 万份调查问卷看新冠肺炎疫情对中国餐饮行业的影响[R/OL].2020.2.14. https://mri.meituan.com/institute.

② 中国连锁经营协会.新冠肺炎疫情对中国连锁餐饮行业的影响调研报告[R/OL].2020.3.18.http://www.ccfa.org.cn/portal/cn/xiangxi.jsp? id=441845&type=33.

三、新冠肺炎疫情期间杭州餐饮业的应对措施

2020年2月14日前后,中共浙江省委、浙江省人民政府相继出台《关于坚决打赢新冠肺炎疫情防控阻击战全力稳企业稳经济稳发展的若干意见》《浙江省新型冠状病毒感染的肺炎疫情防控领导小组关于支持小微企业渡过难关的意见》等文件,提出12项有效帮扶政策,包括减税降费、社保支持、租金减免、财政补助、金融支持、优化服务等,助力餐饮企业共渡难关。杭州市市规划和自然资源局于2020年2月11日制定下发了《关于做好疫情防控保障服务企业稳定发展的通知》等通知,各个区政府也下发了相关意见,将政策落到实处。针对企业复工的问题,市委市政府也发布了《关于严格做好疫情防控帮助企业复工复产若干政策的通知》,对餐饮企业的防疫措施方面严格要求,并不断进行检查,对餐饮企业进行指导,确保企业能安全复工,保证市民的饮食安全。

例如杭州西湖龙井茶一直是杭州的"金名片",2020年春天受疫情影响,采茶受到严重影响。西湖景区研究出台了《西湖风景名胜区关于做好2020年疫情防控形势下西湖龙井茶生产管理的指导意见》《关于做好2020年西湖龙井茶证明标识发放管理的通知》,要求外地采茶工凭"健康码"通行和采茶。开发龙井茶线上销售模式,严格把控鲜叶采摘、加工、销售等各环节的食品安全。

在国家和政府的扶持与帮助下,杭州餐饮企业也在不断探寻自己的生存之路。为了减少损失,部分企业纷纷摆起了"菜摊",去社区外摆放销售点平价处理企业囤积的食材。外卖也采用"无接触配送""智能取餐柜"等方式进行配送。根据美团点评消费促进中心发布的《"餐饮老字号"数字化发展报告(2020)》显示,杭州有129家"餐饮老字号"门店,仅次于北京和上海,这些"餐饮老字号"企业也开启了"无接触餐厅""安心餐厅""大厨直播带货"等服务,直接推动行业消费的复苏。

餐饮企业都积极配合政府的政策,管理好企业内部事务,保证员工安全。如跨湖楼集团率先制定了"'六个不'应对政策:1.不开业,不聚餐,勇为防疫做贡献。2.不裁员,不欠薪,不给政府添麻烦。3.不懈怠,不侥幸,严格防控保平安。同时,针对疫情,2月3日在全省餐饮行业中率先制定了《疫情防控倡议

书》和《疫情防控员工手册》"。"外婆家"也在疫情暴发后迅速成立了疫情应急小组,快速地推出了相关行动:主动给每位客户办理年夜饭的退订、关停除"老鸭集"之外的所有门店等;所有库存物资和食物优先给员工使用;对滞留武汉的 200 多名员工,外婆家将一日三餐送去宿舍以保证他们的安全。及时安全的防疫措施让外婆家 8000 多名员工无一感染新冠肺炎。

即使是巷子里的小店也在积极探索,升级品牌。富阳龙门古镇景区的美食网红"牛八碗"("牛八碗"是牛肉、牛筋、牛尾、牛骨头等做成的八道美食),是一家开在深巷的店铺。自 2019 年开始,慕名而来的游客达到了十万多人次。疫情以来,"牛八碗"的三家单位经过积极调研,为突破疫情困局想出了一个办法,即确定了"走出去"的品牌转型目标,拟定了转型途径,分别是转模式、上平台、拓渠道三步。利用富阳龙门景区提炼出来的旅游美食文化品牌的三大元素江南山乡的山水景致元素,孙权故里的东吴古文化元素,明清古建筑的人文风光元素,不断升级自身品牌,实现"走出巷子"的目。

疫情之下,有企业因为暂时无法全面复工复产,存在员工冗余,还有一些企业又急需大量临时工,杭州一些企业创造出了一种新的用工形式——"共享员工",来缓解用工压力。如 2020 年 2 月 3 日,盒马鲜生邀请云海肴、青年餐厅的员工"临时"到盒马上班,让"灵活用工"成为新冠疫情期间的热词。

杭州餐饮企业复工较早的一批是小吃店,2020 年 1 月 17 日左右开始复工。吴山烤禽、新丰小吃、知味观、咬不得、甘其食等店铺率先复工,对于购买食物的顾客,商家都要求"戴口罩、测体温、排队间隔 1 米",新丰小吃甚至只提供打包和外卖服务。复工不久,人流量就逐渐增多,大家都自觉遵守防疫要求。每一家企业在大方向和小细节上都一丝不苟,在抗疫方面做出了贡献。

从政府部门到餐饮企业,都在为打赢这场抗疫战努力。经过所有人全方面的努力,疫情逐渐得到控制,杭州餐饮也在逐步回暖,与此同时,我们也能看到杭州餐饮的一些新变化。

四、新冠肺炎疫情后杭州餐饮业的新变化

餐饮业是疫情影响的重灾区,但是随着疫情的退潮,餐饮业也在逐渐回

暖。从 2020 年 4 月份开始,已经有回暖的趋势,根据杭州市统计局统计,杭州 2020 年 1—3 月餐饮收入同比下降 33.0%,1—4 月餐饮收入为 235 亿元,同比下降了 27.1%。由表 1 可知,从 4 月份开始,杭州餐饮收入虽未恢复巅峰状态,但一直在稳步增长,降幅和上一阶段相比每次都有所收窄。与此同时,疫情给杭州餐饮带来的变化也是多方面的。

表 1 2020 年杭州餐饮收入统计表

时间	餐饮收入(亿元)	同比下降(%)
1—3 月		33.0%
1—4 月	235	27.1%
1—5 月	319	23.0%
1—6 月	402	20.5%
1—7 月	483	18.3%
1—8 月		
1—9 月	659	14.3%
1—10 月	766	11.9%
1—11 月		10.0%
1—12 月	982	8.5%

数据来源:杭州市统计局。

首先,对餐饮企业来说,新冠疫情的爆发与疫情的常态化既是挑战亦是一个新的发展机遇。在疫情集中爆发前期的将近两个月时间内,人们几乎都在家中隔离,没有外出交际和娱乐活动,快递也受限制,网购有所减少。这压抑了部分人的购买欲和消费欲,导致在恢复正常上班、上学后,出现了"补偿性"消费。需求增加,供给端也会迎合市场,不断发展变化。大浪淘沙,有些企业倒闭淘汰,有些岌岌可危,有些被推向更远的地方,能坚持到最后的一定是有实力、能抓住机遇的企业。想来那些百年老字号就是在一次次浪潮中不断前进的,成为现在人们熟知和认可的品牌。如杭州的知名品牌"外婆家",在疫情期间着重推出了"老鸭集"这个新品牌,并且广泛得到大家的认可和好评。"老鸭集"的特点在于主菜只有一个,那就是"炖煮 3 小时的老鸭煲"。根据外婆家创始人吴国平的说法,在疫情冲击、2 月份没有堂食只靠外卖的情况下,老鸭集获得了 5 万元的盈利。借助大众点评和美团外卖，老鸭集首店的外卖销售占比约为 30％。

其次，疫情促使餐饮业更加注重线上外卖业务和零售的发展。目前，商家主要依托的外卖平台还是"美团"和"饿了么"，即使佣金费用居高不下，但是对于大部分商家来说开通外卖还是有利于自身发展的。根据美团研究院和中国饭店协会联合发布的《2019 年及 2020 年上半年中国外卖产业发展报告》数据显示："86.8％的外卖商户（包含餐饮和零售商户）表示开通外卖后营业收入实现了增长，其中 10.3％的外卖商户认为营业收入的增幅在 50％以上，21.2％的外卖商户认为营业收入增长了 21％～50％，55.3％的外卖商户认为营业收入的增幅在 20％以下，只有 13.2％的外卖商户表示开通外卖后营业收入没有增加。"

外婆家在疫情期间关闭了全国 200 余家门店堂食的同时，创造了外卖"老鸭集现象"。疫情之前，外婆家及其旗下门店主要是以堂食为主的，外卖业务仅占 10％，疫情之下的老鸭集外卖占比近 50％。疫情之初，曾两小时内即售罄 90 份老鸭煲，后增加到每天 210 份，同样供不应求。同在杭州的味捷集团创始人陈建荣就表示："看了老鸭集模式，就仿佛看到了中国餐饮单品聚焦的明天，用'堂食＋外卖＋外带＋新零售'的方式让销售渠道扩宽，未来值得期待。"杭州萧山的传统酒楼跨湖楼，在疫情期间也找到了自己的路，首次试水线上外卖，跨湖楼推出了一款网红产品，6 元一个的大肉包，一天能卖近 6000 个，仅湘湖小隐一家店最多的时候一天卖了 2000 多个。疫情期间，楼外楼集团是首批 21 家提供餐饮项目配送的餐饮企业，他们在第一时间紧密部署，商讨外卖配送方案。同时，楼外楼菜馆、天外天菜馆与"饿了么"平台合作，实现网上订餐服务，推出更加亲民和实惠的菜肴及商务套餐，实现无接触配送。所有配餐过程都严格按照《餐饮服务食品安全操作规范》的要求进行。由此可见这些企业能在此次战"疫"中屹立不倒，线上外卖的优势是重要的方面。

疫情还促使外卖新零售时代的到来，生鲜水果、牛奶面包、生活用品等万物都可到家。美团外卖数据显示："疫情期间外卖订单结构从餐饮向零售拓展，生活超市、生鲜果蔬销售额增长迅速，生活超市在外卖零售中的占比从 2019 年的 18.6％上升至 2020 年 2 月份的 39.2％，4 月份和 5 月份稳定在

20％～25％左右；生鲜果蔬的占比从 2019 年的 15.0％上升至 2020 年 2 月份的 23.1％，4 月份和 5 月份稳定在 15％左右；医药健康占比从 2019 年的 3.5％上升至 2020 年 1 月份的 6.3％，4 月份和 5 月份稳定在 4％～5％左右。"①

疫情促使"堂食＋外卖＋新零售"等新的服务模式加速发展，杭州餐饮企业也由线下更多的转到线上。这些新模式既有利于保证消费者的饮食安全，又能保证餐饮企业的发展，促进了杭州餐饮行业的快速恢复。相信在今后的发展中，餐饮业会愈发重视线上业务。

五、疫情常态化及后疫情时代，对杭州餐饮业的发展建议

对于疫情常态化和后疫情时代，对于疫情杭州餐饮会如何发展，笔者有几点建议。

1. 餐饮业应更加注重绿色健康和养生。我国古代关于饮食的一些观念是上层社会极奢生活的畸形发展，如晚辈为了向长辈展示孝心，会进献各种"珍稀动植物"，甚至会添加到饮食中以求达到"治病救人""延年益寿"的目的。更甚者，因为历来能猎杀和品尝珍稀野味代表了身份和地位，上行下效，这种风气也就愈加严重。现代社会部分特殊消费者也存在着猎奇的心理或为了吸引大众眼球，猎杀野生动物或尝试各种奇怪的吃法。

经过此次疫情，消费者会对食材的来源、食材的安全性、菜品的养生功效有更高的要求。中国饭店协会与新华网联合发布的《2020 中国餐饮业年度报告》表明近年来绿色餐厅宣贯力度持续增强，部分企业在绿色餐厅创建上持续发力，调研企业拥有绿色餐厅数量同比增长 20.6％。② 健康绿色的饮食会成为时尚，企业也会沿着这个方向努力。同时，美团研究院在外卖消费者中的调查显示："71.6％的消费者表示比较注重或非常注重健康，25.8％的消费者表

---

① 美团研究院和中国饭店协会. 2019 年及 2020 年上半年中国外卖产业发展报告［R/OL］. 2020.6.30. http://www. chinahotel. org. cn/forward/enterSecondDary. do？ id ＝ 4a41851c14184c9495f3aad 314fc4290&-childMId1 ＝ 4e28ce0583794d08a63c4036d336f5cc&-childMId2 ＝ &-childMId3 ＝ &-contentId ＝ 3fffb023de00470186460e6835368305.

② 中国饭店协会与新华网. 2020 中国餐饮业年度报告［R/OL］. 2020.9.2. http://www. chinahotel. org. cn/forward/enterenterSecondDaryOther. do？ contentId＝3c3add0fb2d8446cbebc5733eed61259.

示一般,只有 2.6%的消费者表示比较不注重或特别不注重健康。"①企业可以从此点迎合市场,打出"营养""养生""滋补""食物本来的味道"等卖点,研究出合理的营养套餐和团餐。

2. 在公宴场合提倡分餐制和使用公筷公勺,在家庭中提倡个人餐具专用。分餐制在中国也是有很长的历史可以追溯的,在唐中期之前都是分餐的,并且在中国的最高饮食文化层——宫廷层,一直保持分餐制至帝制时代的终结。我们今天宴请国外领导人的国宴,也同样是采用分餐制的。分餐制相对合食制来说,能有效地防止细菌传播,是有效的防止疫情传播的方法之一。2020 年 5 月,国家副食品质量监督检验中心与杭州市疾控中心做了一个"公筷实验",结果均显示"非公筷"组剩余菜品的菌落总数全部高于"公筷"组,不使用公筷食用凉拌黄瓜的菌落总数,是使用公筷的近 3 倍;干锅茶树菇组的菌落总数相差 17 倍;炒芦笋组相差近 18 倍;咸菜八爪鱼组更是高达 250 倍。② 由此专家呼吁在外就餐时,带上自己的筷子和勺子,把餐馆的餐具作为公筷公勺。③

其实提倡"分餐制"也并不是最近才开始的,从新中国成立以来曾多次提倡分餐制,20 世纪 50—70 年代中期的"爱国卫生运动",阶段性实施了分餐制和公筷制,饮食环境与饮食观念有所改善;20 世纪 80 年代的肝炎流行也提倡了分餐制,此时国宴开始实行分餐制,公众仍以合餐为主;2003 年"非典"疫情暴发,专家学者、业界及消费者均意识到分餐的重要性,并由中国饭店协会制定了《餐饮业分餐制设施条件与服务规范》,但是推行效果并不理想;2016 年发布了《中国居民膳食指南(2016)》,提倡分餐,同样效果甚微。每一次呼吁分餐制都是与传统习惯的一次搏斗,遗憾的是效果并不显著。面对新冠肺炎疫情,实施分餐制已经势在必行了。

2020 年 5 月,杭州市餐饮旅店行业协会发布了《推进公筷公勺 共建文明

---

① 美团研究院和中国饭店协会. 2019 年及 2020 年上半年中国外卖产业发展报告[R/OL]. 2020.6.30. http://www. chinahotel. org. cn/forward/enterSecondDary. do? id = 4a41851c14184c9495f3aad314fc4290&childMId1 = 4e28ce0583794d08a63c4036d336f5cc&childMId2 = &childMId3 = &contentId = 3fffb023de00470186460e6835368305.

② 一道干锅茶树菇用不用公筷,细菌数差 17 倍[N]. 钱江晚报,2020.4.27(2).

③ 杭州疾控专家们盯了 6 道菜整整 40 分钟……就为了解答张文宏的最新"灵魂拷问"[N/OL]. 2020.5.3. https://hznews. hangzhou. com. cn/kejiao/content/2020-05/03/content_7726696_2. htm.

餐桌倡议书》，提倡企业在店内张贴"公筷公勺"的标语，并引导消费者使用公筷公勺；提倡企业按照省级公共场所《公筷公勺使用和管理规范》，对员工进行熟悉并规范使用公筷公勺的培训。在 2021 年的杭州市"两会"上，有政协委员提议"将 11 月 11 日设立为全民公筷日"，分餐制引发会场内外代表和民众的关注和热议。在全国"两会"上，上海代表团也建议在全国推广分餐制和使用公勺公筷。目前杭州也做了许多努力，大力宣传公筷公勺，在中小学举办宣传活动，杭州的一些餐厅和酒店已经开始使用公筷公勺了。相信通过政府、企业和个人的共同努力之后，分餐制和公筷公勺的使用会更加普及，每个人都可以为文明进餐、科学防疫做出自己的贡献。

3. 企业应该进一步扩大线上优势，维护自己的私域流量，拓展优势线上产品。新消费时代的到来，促使餐饮行业也在不断地推陈出新。从疫情期间外卖起到的巨大作用中，可以看出扩大线上优势刻不容缓。美团和饿了么佣金较高，会极度压缩企业的利润空间。企业可以利用微信公众号、小程序、抖音以及其他社交平台逐渐地进行客户沉淀，到店的堂食客户可以用线上优惠券引导到线上进行客户沉淀。对已有的客户要维护好，他们就是企业的私域流量，是一个企业、一个品牌的宝贵财富。如果能有自己的忠实客户，在疫情期间就可以自给自足，平安度过艰难时期。

参考文献

[1] 林海聪. 分餐与共食：关于中国近代以来的汉族饮食风俗变革考论[J]. 民俗研究, 2015(1): 112-120.

[2] 赵荣光. 20 世纪上半叶中国的"卫生餐法"讨论与施行：伍连德对中华餐桌文明历史进步的贡献[J]. 楚雄师范学院学报, 2020(2): 1-12.

跨湖楼师徒制度的建立与优化：
基于传统师徒文化关系的守正创新

章金顺[*]

摘要：本文回顾了中国传统师徒文化的由来与演变，以及新时代杭州跨湖楼酒店餐饮人员师徒关系管理制度。针对师徒关系在繁重的工作中容易淡化的现象，跨湖楼设立了监督机制，量化带徒成果的产出。在带徒合同期限内，师傅也需要有计划完成教学目标，徒弟需要按进度完成对新技能的掌握。

关键词：跨湖楼；师徒关系；管理办法

在竞争日益激烈的市场环境下，企业对专业人才的需求已上升到了前所未有的高度。尤其是在餐饮酒店这样的行业，过高的人员流动和招聘困难，对于企业的发展造成了不小的制约。跨湖楼集团从创立之初就重视传统师徒制度在人员管理中的应用，进一步加强人才的内部培养。三十多年来，培养了一大批具有很高综合素质、团队凝聚力、技能技艺水平的在岗人员。

---

　　* 作者简介：章金顺，男，杭州跨湖楼酒店集团董事长，杭州工匠，杭州市"五一劳动奖章"获得者。曾荣获国家一级高级技师、中国烹饪大师、中国烹饪名师、国际烹饪艺术大师等荣誉称号。主要从事餐饮经营与管理。

一、传统师徒文化的分析

（一）师徒制度的定义

通常中国传统的师徒制分为两种概念：第一种是"师傅与徒弟"，徒弟在师傅门下学习手艺，师傅将手艺传授给徒弟，徒弟免费为师傅工作，双方多为商业与利益的合作关系，所以有"教会徒弟，饿死师傅"这一说；第二种是"师父与徒弟关系"，师父不仅承担起教授技艺的责任，还要承担起父亲的责任，除了学习以外，还要照顾徒弟的生活，而徒弟对待师父则要像对待父亲一样尊敬。这种没有血缘却胜似血缘的关系，让师父与徒弟往往有非常深厚的感情。

（二）传统师徒关系的由来

在中国古代，行业内的师徒关系既有不成文的规矩惯例，也有明确记载的行规手册，甚至还有些作为附录被记入了官方的法典。许多行业技能的传授是通过家族式的经营与训练，故古语称："家其专业，以求利者。"为了防止技术外传，通常传男不传女，以防女儿出嫁后导致技术外流。

将专门技艺作为家产传给子孙的习俗，甚至得到了当时官府的认同和保护。《考工记》上说："巧者述之守之，世谓之工。"并注："父子世以相教也。"《国语·齐语》还解释了世传技艺的好处："其父兄之教，不肃而成；其子弟之学，不劳而能。夫是，则工之子恒为工。"耳濡目染，教者省力，学者亦快，结果便形成了《荀子·儒效》上说的"工匠之子，莫不继事"的传统做法。

官方也曾以家庭为单位来管理工匠。《魏书·刑罚志》记载"其百工伎巧，驺卒子息，当习其父兄所业"。唐宋之后，匠户、灶户等"百工"开始纳入"匠籍"管理。元明两代，手工业者一律编入匠籍，隶属于官府，以轮班方式为国家服役。当时的户籍制度分为民、军、匠三等。据《明会典·工匠二》描述，从法律地位上说，一世为匠，则其手艺和义务都要世代承袭，不许私自分户，不得脱籍改业。

因此，无论是官方还是民间，主要是采取亲子传承的方式来发展手工艺技术。但是有的师傅没有子嗣，或者生意扩大，需要雇佣学徒帮工，这才出现了师徒之制。在这个意义上，师徒制是一种对于父子传承制的拟制，在习惯法上难免延伸使用家族之治的理念。对于作为外姓的徒弟而言，师傅如果愿意倾囊相授，是十分可贵的；师傅如果不愿传授核心机密，为防"教会徒弟，饿死师傅"，也并非不可理解。

（三）厨师行业中的师徒关系

在我国国家级非遗代表性项目中，餐饮类项目主要集中在传统技艺类，尤以传统烹饪、食品加工制作、酿酒、酿醋、制茶等技艺为代表，其技艺持有者不乏百姓耳熟能详的传统老字号。经初步统计，餐饮类国家级非遗代表性项目共 116 个。而这些古老的技艺，急需更多的学徒去传承。

中式烹饪作为传统技艺，一直是以厨师手工制作为特点，职业学校只能提供基本的理论知识教学和简单的实训，更多的进阶，需要多年的实操经验积累和前辈的指点传授，才能慢慢形成自己的手法与特色。一个技术娴熟的厨师必定能较好地继承前辈的优秀技艺，又能独具创新，烹制新的菜点。他们总是能坚持自己的风格，在任何地方都能展现出自己独到的烹调手段和风味。以鲁菜、川菜、粤菜、淮扬菜四大菜系的厨师们为例，鲁菜厨师擅长爆、扒、烤、烧等烹调方法，其制作的菜点大方高贵，豁达潇洒；川菜厨师擅长干煸、干烧、小炒、蒸等烹调方法，菜品的家常大众味道特点突出，一菜一格，味型繁多，富于变化；粤菜厨师善于炸、燔、煲、煨等烹调方法，菜点风格生猛豪迈，独具一格，中西交融，工艺精湛；淮扬菜厨师偏好用烧、煨、炖、焖等烹调方法，菜点工艺精致，风格淡雅，秀美清新。厨师们独到的烹调风格增加了地方味道的风味特点和内涵。

为了传承这种技艺，厨师之间的师徒情怀，更具有一种特殊的感情羁绊，古老的行规、严格的流派和高贵的门第，使师徒关系不同于父子的血缘关系，又不同于正规教育中的师生关系，它是以传授技艺和吸收技艺为纽带，通过目前自身的职业前景以及相互的人生愿望以达到各自的基本目的。

二、新时代背景下的师徒文化

进入现代社会,随着教育体制的完善,各项技能培训的开展,渐渐淡化了师徒这种传统的教学文化,师生关系渐渐成了主流,只有一些古老的传统技能和手工行业依然沿袭着这种传授方式。

2016 年,李克强总理在政府工作报告中指出:"鼓励企业开展个性化定制、柔性化生产,培育精益求精的工匠精神,增品种、提品质、创品牌。"这是"工匠精神"首次出现在政府工作报告中。2017 年,总理在政府工作报告中再次指出:"要大力弘扬工匠精神,厚植工匠文化,恪尽职业操守,崇尚精益求精,培育众多'中国工匠',打造更多享誉世界的'中国品牌',推动中国经济发展进入质量时代。"

正是这样的中国经济高速发展、产品质量飞速提升的时代需求,使得我们要更加重视工匠精神的弘扬与践行。而工匠精神的核心,即匠心和传承。浙江省对省级技能大师工作室的考核评估标准中,明确要求当年带徒传艺不少于 20 人,而市级技能大师工作室也有不少于 10 人的要求。

由此可见,新形势下企业师徒关系的良性发展,是一项关乎实现中国梦伟大目标和建设现代化企业后继有人的重要战略任务。"师傅"和"徒弟"形成的特殊关系,遍及各行业、各领域。企业师徒关系发展,也是新时期确保企业持续发展和系统运行的关键环节,更是企业为完成工作任务而制定的机制和体制建设的根本保障。

当前,越来越多的企业开展"导师带徒"活动,目的就是为了培养人才,重视人才。而这系列活动的体制是否完善,机制是否有效,直接关系到企业工作的目标能否实现,成效能否保证。从发展企业文化的视角着力抓好"导师带徒",是大多数企业采用的切实而有效的方式。

三、师徒文化在跨湖楼酒店人员管理的应用

(一)现代企业中师徒制度的现状与问题

在人力管理中,无论是大企业,还是中小企业,都存在这种"师傅带徒弟"的培养模式。过去国企老厂的"师徒制"甚至有着"一日为师,终身为父"的传统,精彩演绎了一代人的工作关系。现在是信息过剩的年代,过去"教会徒弟,饿死师傅"的年代已经一去不返。"师徒制"对企业和员工都具有一定的社会意义,特别是对于那些刚完成学业,初次接触社会的新员工,通过师傅的带领,尽快掌握自己立身的本领,学习更多的工作和社会经验,缓解初入社会面临的各种压力和困惑,对其更好地融入社会是有着巨大帮助的。

而现代许多中小企业的"师徒制"管理当中,多是指老员工带新员工,并且只处于对岗位技能的教授,还普遍存在两个典型问题:一是"不愿带"或"不愿跟",要么师傅不愿带徒弟,要么徒弟不愿跟师傅,这里面既有性格不合等主观因素,也有公司制度设计不合理等客观因素,但所体现出来的都是态度问题。

另外一点,是师徒关系的维系不够,企业未建立追踪、反馈及评估机制。通常这种入门的教学关系,往往在学徒熟悉掌握技能上岗或者师傅岗位调整后,慢慢淡却。这种现象,更多考验的是师徒两人社会交往方面的能力,也是情商的体现。

(二)师徒文化在酒店人员管理中的优势

在杭州,以知名餐饮企业跨湖楼酒店集团为例。公司始创于 1988 年,已历经三十余年的发展,从创立之初就提倡师徒制度。从创始人自身带徒,通过十多年的培育和集团规模的发展,其许多徒弟已走上了旗下各酒店的总厨岗位。在初见成效后,为加大力度推行这种制度,集团投入巨资,成立烹饪技师工作室,提升教学设备,由集团中的中国烹饪大师领衔,共享烹饪资源,开展交流学习,每月菜肴研发,让进入工作室拜师学习成为爱好厨艺的年轻人的向往。这几年,集团门店已扩至 11 家,而第三代徒孙也逐渐崭露头角,开始走上

新的管理岗位,这些人才在岗时间长,掌握了精湛的烹饪技巧,对企业制度和文化了解深刻,可迅速发挥效益,为企业扩张奠定了良好的基础。

相比外部招聘和集中式培训,通过师徒关系的建立,内部培养,可以减少一定的人员培训成本。作为重要的知识管理手段,曾经蕴含在传统技艺教授过程中的学徒制,在跨湖楼酒店的管理中得到了广泛的应用,并成为推动绩效提升、知识传递、文化传承、员工成长的重要途径和方式。

师徒关系的建立能更好地加强人员的稳定。师徒制不是对新型培训方式的否定,而是一种更加积极完善培育新人的手段,能更好地帮助新人融入企业。"师徒制"对人力资源管理的重要意义在于能够让新来的员工更快、更好地融入公司,让后进的员工及时跟上团队的步伐,形成团队的"梯队建设",能让"师傅"体验到更多的职业成就感,也有效锻炼了师傅的领导力。

(三)跨湖楼师徒制度的建立与优化

跨湖楼酒店集团一直秉持着做好美食、传承匠心的理念,做好餐饮,做强企业。从创立之初带徒管理酒店,通过多年的实践经验,对师徒制的应用有如下的总结和创新。

师徒制是厨师提升技艺的主要学习途径,是餐饮企业要将师徒文化提升至企业文化的重要组成部分。师徒制度在得到提倡的同时,必须增加必要的仪式以博取在文化层面的关注与重视。在跨湖楼集团,大师工作室及下属各家酒店会定期举行拜师收徒仪式,执行相应的"献茶""叩首"等拜师礼节,师傅必须得到尊重,因为只有严格的师徒关系,才更有利于特殊文化和特殊技艺的传承。这样的设计,不仅很好地满足文化宣传的需要,而且对师徒双方的责任产生了心理上的约束。

师徒制教学模式是指徒弟跟随师傅按照一定的合同"一对一"结对的方式,在师傅的指导和影响下学得专业技能和情景智慧的培训模式。"传统师徒制"培养出来的徒弟,其行为、脾性以及技能特点更像师傅。所以师傅必须经过严格挑选,在技能水平、人格魅力、技术推广等方面都必须具有一定的影响和地位,可以是行政总厨、主要技术骨干、重大比赛获奖者。一个师傅要带好新人,重在做好三点:提供工作技能上的帮助和指导,传递企业的价值观和理念,解答企业的管理制度和流程。优秀的师傅招徒也必须经过严格的挑选。第一,同一时期徒弟数量不宜过多,保证精力能所顾及。第二,在双方自愿的前提下,师傅有权利挑选徒弟,徒弟也有机会选择师傅。第三,挑选的徒弟必须具有一定的耐心,因烹饪技能在于积累,并非可以一朝一夕完全掌握。学徒要学好本领,也是重在做好三点:多问、多学、多做。

在完成师徒仪式的同时,跨湖楼集团建立了统一的师徒合同,确定师徒关系,明晰师傅、徒弟的责任和义务。师傅的责任:1.主动、耐心地把技术传授给徒弟;2.认真解答徒弟在学习过程中的疑难问题;3.为新进徒弟提供生活上的关心和指导;4.加强新进徒弟的管理,促使徒弟尽快融入企业文化之中,认真遵守公司的规章制度,若徒弟违反相关制度,师傅要承担相应的连带责任;5.履行相应的义务并接受公司的考核。徒弟的义务:1.应虚心接受师傅安排的教学和训练;2.坚决服从师傅安排的工作任务;3.认真遵守公司的规章制度,维护公司的利益和荣誉;4.努力学习技术,争取在规定时间完成教学目标,早日掌握技能。除此之外,跨湖楼在优化师徒制度中还做到了以下几点。

首先,完善师徒制度的考核与奖励。在跨湖楼,出色的岗位模范或管理层,带徒要求被设立在其考核绩效之中,每年要求带一定数量的徒弟,完成企业人员的梯队培养。增加合理的补贴,让带徒的师傅在工作之余的教学也能得到经济上的保障。师徒协议期限完成后,验收其教学的成果,对完成较好的师徒,予以一定的奖励。对于在期间获得重大的奖项荣誉的师徒都应获得公司的表彰与奖励。

其次,共享行业资源,跨湖楼多年来尽最大可能地支持师徒之间的教学培养,在内鼓励师傅继续深造提升技能,参加各类烹饪大赛、考级考证,甚至带徒参加。对外积极举办交流活动,与同行互相学习以提升自己。

最后,针对师徒关系在繁重的工作中容易淡化的现象,跨湖楼设立了监督机制,量化带徒成果的产出,在带徒合同期限内,师傅需要有计划完成教学目标,徒弟需要按进度完成对新技能的掌握。同时,也鼓励师徒的"师父"情怀,加强师傅在多方面对徒弟成长的关心,甚至可以是在师徒合同结束或者学徒离职转行之后。另外,也要防范和严禁在企业内部拉帮结派的不良风气,培养以师徒关系为基础的良好向上的学习氛围。

在推崇工匠精神的现代社会,在餐饮行业人员管理中,加以传统师徒的补充应用,能更好地维护人员的稳定,提高整体技术水平,发展人才阶梯储备。师徒关系的建立,必须以个人主观意愿为前提,企业文化宣导为推崇,组织团体以维系,才能发挥出更好的效果。

参考文献

[1]林海.古代师徒关系漫谈.法制日报[N].2016-11-4.

[2]新时期企业师徒关系文化发展浅议[J]刘寅生.现代国企研究.2017(3).

后疫情时代餐饮经营的几点思考

董顺翔[*]

摘要：后疫情时代，餐饮经营应一手抓疫情防控，一手抓经营复苏和经营转型。餐饮企业最核心的重塑，需要从关键环节去着手，尤其是一些更强调场景化消费、用户线下体验的企业。经过此次疫情的考验，我们对公共卫生安全意识的认知、应急响应、防控能力、应急用品储备等方面须有更深入的理性思考。形成一套更为行之有效的体系并使之贯穿于企业日常经营始终。

关键词：后疫情时代；味庄；餐饮管理

2020年初，突如其来的新冠疫情，给各行各业带来了巨大冲击，尤其是餐饮行业。在疫情常态化的形势下，一手抓疫情防控，一手抓经营复苏和经营转型，成了企业的主题。

一、疫情对餐饮管理引发的思考

（一）餐饮业经营成本会有一定程度的提升。如日常防控费用、安全用具费用、高新科技无接触设备运用、多网络线上平台（大众、口碑、饿了么）投入费用等，会进一步增加餐饮企业的经营成本。

———————————

   * 作者简介：董顺翔，男，杭州饮食服务集团副总经理，杭州知味观味庄总经理。主要从事餐饮管理工作。

（二）消费者和餐饮企业经历这次疫情后，对公共卫生安全的知识和了解更为全面和深刻，故企业对防控医用专业知识和防控用品需求会增量。另一方面，消费者在消费过程中对消费安全的要求会有极大提升，如企业品牌，就餐环境，服务方式、内容、流程等。

（三）此次疫情加速了餐饮行业线上线下的互通和发展进程，这几乎是当下所有餐饮企业的发展趋势，不再区分线上和线下，线上企业向下走，实体行业向上走，并在企业自我重塑中渐渐融为一体。行业的转变是被动中求主动，正如这次疫情对餐饮行业的冲击，倒逼着企业去改变和转型。

（四）实际生活中消费者对菜品、食品的选择要求会更趋于理性、健康、无公害等，绿色理念会进一步成为消费主导。

二、餐饮企业管理方式的重塑

后疫情时代，餐饮企业重塑的核心是从关键环节着手，尤其是一些更强调场景化消费、用户线下体验的餐饮企业。

（一）后疫情时代的餐饮企业管理方式应在高质量体系、高品质产品、高效率服务方面创新。如产品更健康，就餐空间更舒适，各项安全指标更高，服务更周到，价格更合理，等。

（二）经营方式应注重多元化、记忆化、去过度化（轻餐饮）、线上化、安全化、营养化、生态化等。

三、具体对策

（一）对公共卫生安全意识的认知及知识普及、应急响应、防控能力、应急用品储备等方面必须有更深入的理性思考及工作提升，形成一套更为行之有效的体系并使之贯穿于企业日常经营始终。

（二）面对传统餐饮经营模式，如何加快整合现代科学技术步伐，进一步强化数据信息、先进设备等的科技赋能。一是传统餐饮企业对更多的大数据运用、统计和分析意识应进一步提升并用于经营过程；二是传统餐饮企业利用更多的智能化设备,从而加快实现从传统餐饮向现代餐饮高品质服务的转型。

(三)传统餐饮经营调转的思考及面对未来的挑战。个人认为,应加大产品生产、经营方式、经营结构、业态布局等方面的合理转型与调转,面对未来的消费需求,既要拓展经营新模式,又要强其筋骨,牢其体肤。如疫情期间企业新推或临时过渡的经营模式会进入常态化状态。

(四)餐饮企业、食品生产加工企业在产品研发、生产、销售等过程中,应进一步强化科学管控,进一步强化产品的健康性、特色性、稀缺性、地域性、绿色性、融合性、文化性等方面。

四、味庄近期准备推出的系列产品及其他项目设想

(一)产品实现常态化供应。进一步推出一人用堂食套餐,外卖盒饭,外卖卤味、点心、半成品净菜等;在原有基础上进一步开发知味观味庄真空包装系列产品。

(二)"线上+线下"营销方式的深度融合。"线上+线下"营销手段要进一步加强融合,多方整合、多方联动。如线上销售平台积极开展深度合作及优化平台搭建,企业 APP 会员制平台启动及微商城建设,线上无接触点菜系统的深化完善,等等。

(三)规模拓展带来规模效益。借势寻租布局,实现企业规模进一步发展。如知味观味庄目前已有开设新店的业务在洽谈中。

倡导健康生活新概念，
团膳引领健康饮食风向标

——以杭州速派餐饮杭州市民中心食堂为例

余雄飞*

摘要：杭州速派餐饮以食堂团膳方式引领健康饮食风向标。提出建立食品安全追溯体系，从源头到餐桌，确保舌尖上的安全；全面推行厨房 4D 管理，切实做到整理到位；通过 GMP、SSOP、HACCP 等进阶式食品安全管理体系的植入和运行，以预防为主，进一步做好食安控制。速派团餐以营养健康为核心，专注菜品开发、科学搭配及个性化服务；科学定制化组合服务，为用餐人群持续健康赋能。

关键词：速派餐饮；团餐；健康饮食

2021 年，奋进的中国迈上新的征程，奋斗的中国共产党迎来百年华诞。也是实施"十四五"规划的开局之年。中共中央、国务院印发《"健康中国 2030"规划纲要》，党的十九大报告将"实施健康中国战略"作为国家发展基本方略中的重要内容，这些政策的出台将健康中国建设提升至国家战略地位。作为深耕团膳领域的速派，打造健康食堂是必然选择。为响应国家《"健康中国 2030"规划纲要》的号召，辅助解决我国 70% 人口亚健康问题，速派团餐以饮食为抓手，特聘资深营养师团队及技术团队，应用"体质养生法"及"四季养生法"两大重

* 作者简介：余雄飞，男，杭州速派餐饮管理有限公司创始人，资深媒体人、餐饮投资人，主要从事餐饮行业的产业化运营和创新经营管理工作。

要理论,耗时三年成功研发出"健康团餐系统",开创健康团餐新篇章,以食堂团膳方式引领健康饮食风向标。

一、健康是可持续发展的基础

健康是人全面发展的基础,关系到千家万户的幸福。可以说,健康是社会的第一资源,是人生的第一财富,是社会文明最重要的标志之一。当前,随着社会的发展,工业化、城市化、老龄化、生活方式和社会转型、环境恶化、自然灾害、全球化等因素对我国居民的健康带来了巨大的影响。随着生活节奏加快,人们的饮食习惯也开始发生变化。对速度和效率的过度推崇以及如影随形的工作、生活压力,人们往往繁忙到没有时间去认真吃一顿饭,又或是经常通过选择高热高脂高糖等重口味的餐食来缓解压力、中和情绪,现代专属的"富贵病"也随之而来。

二、以食堂健康团膳为抓手,致力于打造健康饮食标杆

(一)定制化服务打造市民中心健康食堂金名片

杭州市民中心是杭州市的一张金名片,不仅是杭州的地标性建筑,也是目前国内已建成的最大行政中心之一。市民中心是杭州行政文化中心和集中展示窗口,中心内有近70家行政单位入驻办公,是杭州人民生活、办事、学习的重要场所。据不完全统计,市民中心每天有用餐需求的人数就将近30000人,其中,常驻办公人员占一半以上。市民中心后勤管理中心曾做过一个调查,用餐人员的年龄层基本在23~60岁,其中以35~45岁年龄段最多,约占总用餐人数的45%。2017年度常驻办公人员的健康体检报告显示,大多数人都有不同程度的健康问题,其中高血脂、高血压和高血糖的"三高"人群几乎占据了半壁江山,对健康饮食的需求已经刻不容缓,于是市民中心健康食堂应运而生。

2018年起,杭州市民中心后勤管理中心着手致力于打造符合现代人健康饮食的需求的食堂,一方面从饮食结构、口味和习惯等方面进行调整和改善,

另一方面通过专业和系统的分析及知识普及,引领健康新概念,纠正大众饮食理念偏差,共筑健康长城。

(二)精准定位、科学谋划构筑食品健康安全防线

为了全面涵盖饮食健康的关键环节和重要节点,后勤管理中心通过从源头到餐桌的全程管控,对每个流程、每个步骤进行仔细研究、精心设计,为大家提供更安全、更营养、更健康的美食。

1.建立食品安全追溯体系,从源头到餐桌,批批检测,层层追溯,如实、准确、完整记录并保存食品进货、查验等信息,保证食品安全可追溯,确保舌尖上的安全。

通过严格的准入机制,确保所有食材供应商都具备符合国家法律法规和食品安全要求的资质。对于入围的供应商进行每周一次的实地考察,锁住源头安全;通过严格的管理和考核机制,确保采购人员切实把好采购、验收关,把不利于健康的食材或假冒伪劣产品统统拒之门外,保障所采购的食材符合安全、健康的标准。

在采购环节,对于采购食品、食品添加剂、食品相关产品的,留存每笔购物或送货凭证,并提供相匹配的检测报告或第三方出具的1年有效期内的检测报告;对于采购肉类的,查验肉类产品的检疫合格证明;对于蔬果类进行农残检测并留样储存。

在仓储环节,做到分区、分架、分类、离墙、离地,按贮存要求存放食品,按先进先出原则使用食品,及时清理过期和不符合要求的食品。

在操作环节,从食材分类清洗、分类切配、分类存放、工具分类使用、统一消毒等方面入手,切实保障入口安全。

从原材料采购端到操作端,每个环节落实责任到人,过程中一旦发现产品质量不符合安全、卫生标准,存在不合理的危险性,即刻按要求进行处理。此外,通过建立完整的食品进销台账,时时对照自查,发现问题食品立即下架、撤回并及时联系供货商退货或销毁,进一步消除安全隐患。

2.全面推行厨房4D管理,切实做到整理到位、责任到位、培训到位、执行到位。为切实推进4D工作,后勤管理中心负责人亲自挂帅,成立专项工作领

导小组,把"整理到位、责任到位、培训到位、执行到位"的 4D 理念和要求进行全面推广,上下联动。通过把复杂的管理工作细分化、规范化、明晰化,使每个人都能做到岗位责任明确、工作重点突出。通过 4D 系统的导入,进行厨房卫生改革。以颜色区分现场物品功能和种类,实现工具用具"色标化"、食品贮存"超市化"、加工制作"规范化",避免二次交叉污染。所有食材、用具及其他物品一目了然,整间厨房归置得细致规范、严谨整洁。

3. 通过 GMP、SSOP、HACCP 等进阶式食品安全管理体系的植入和运行,以预防为主,进一步做好食安控制。

从生物性、化学性和物理性危害检测入手,对食材采购、加工各环节可能出现的危害进行分析评估,根据评估结果确定整个过程的关键控制点,并进行实时监督管理,查漏补缺。

后勤管理中心配有设备先进的食材检测室和生化检测实验室,并配备有专职检测员,对于高风险的生化指标实现实时监控并建立完善的食品召回和预警机制。同时,定期进行第三方检测,由聘请的第三方专业机构对生产场地、生产工具以及产品进行全面检测,确保产品的安全。

三、以营养健康为核心,专注菜品开发、科学搭配及提供个性化服务

(一)专注研发创新,口感与营养两驾马车并行

后勤管理中心的营养师团队在菜品搭配和膳食营养分析上下足功夫,将食物的营养和口味做有机结合进行菜单开发,同时根据菜品试吃和满意度调查,不断改进和合理调整健康营养膳食。

一方面通过不同食材的科学搭配,使食材在烹饪时可以达到营养成分的互相补充和有机结合,更有利于身体吸收;另一方面,从色、形、味上入手,使得菜品在入口前就能充分调动起食客的视觉、嗅觉等感观,激活味蕾。

市民中心食堂在传统菜品的基础上,自行研发了上百款深受食客推崇和喜爱的高点击率新品,如什锦肉丸、番茄烩鱼圆、佛手肉末、银芽鸡丝、京葱牛

柳、南瓜肉饼等。

此外，食堂还利用校联科技智能化系统对菜肴进行营养分析，包括热量、脂肪和卡路里等健康相关数据。通过对用餐人员的营养追踪和摄入情况进行大数据分析，为用餐人员提供健康饮食建议。

（二）引进设备改善传统烹饪模式，健康与美味兼得

市民中心食堂目前已经大量减少煎、炸等烹饪方式，多用蒸、煮、炖等可以最大程度保有食材营养成分及食材原味的烹饪方法。为确保食材的口感，后勤管理中心在烹饪设备上加大投入成本，特别从德国引进万能蒸烤箱，利用热空气及动态空气涡流模式原理实现多种烹饪模式，健康与美味兼得。

（三）精选道地鲜生，专注原产地甄选食材

建立有机绿色食材采购渠道，努力提高绿色食材和有机食材的使用率，同时坚持不使用非时令食材和转基因食材，让大家吃得放心，吃得健康。

（四）科学精准定位，推出定制化餐线

结合市民中心工作人员的体检结果，后勤服务中心有针对性地推出低盐低油餐线，甚至还贴心地开设了"病号窗口"，为身体抱恙或有特殊用餐需求的人群提供专属餐食服务。餐线有近60道菜品可供选择，除了直接到窗口点餐外，就餐人员还可以提前通过订餐系统，按自己的口味偏好进行选餐订餐。

市民中心食堂的儿童餐线也是一大特色。食堂专门为孩子设计了50多款菜品，在食材颜色搭配、营养配比、口感到菜名等多方面花工夫，菜品不但好吃好看，还有着非常有趣的菜名，不但吸引了孩子们，甚至吸引了很多大人争相点儿童套餐。

此外，针对不同民族、不同年龄段、不同性别等就餐人员的需求，食堂更是开发了轻食餐、低嘌呤餐、低蛋白餐、清真餐、素食餐、高蛋白餐等一系列特色餐线。

根据不同季节，食堂还免费供应当季的养生特色餐，如冬季推出虫草花本鸡养身汤、排骨党参汤，夏季推出枸杞红枣银耳汤、冰镇酸梅汤、绿豆百合汤、

龟苓膏、红豆薏仁汤、冰镇百香果汁等。

特色餐线的开设,极大程度满足了各类人群对健康饮食的诉求,通过饮食的合理搭配和营养干预均衡了用餐人员的营养摄入,获得了大家的广泛赞誉,收到了良好的实施效果。

四、科学定制化组合服务,为用餐人群持续健康赋能

通过速派健康团餐一系列组合拳措施,市民中心食堂优质的产品和服务不仅赢得了大家的信赖和肯定,用餐人群对健康饮食知识也有了更系统、更专业的了解。同时,自身的健康指标也有了不同程度的改善。据统计,推行健康食堂以来,用餐人群的食盐摄入量平均减少 8.5％左右,油脂摄入量平均减少 7％左右,健康食堂为市民中心用餐人群的健康做到了赋能。

健康之路无止境,随着经济的快速发展,越来越多的人开始关注健康、绿色饮食生活,速派餐饮作为食堂托管团餐行业里的佼佼者,正在不断创新探索绿色、健康、营养的定制化食堂团膳服务,推进健康饮食工作,引领健康生活方式,同时,实现人与自然的和谐发展!

基于嵌入式理论的餐饮文化的
传承与精品化发展

——以外婆家老鸭集产品为例

杨 欣 张 欢[*]

摘要: 在餐饮行业竞争日益激烈的时代,外婆家旗下的老鸭集凭借一道老鸭煲的主菜在疫情期间逆势增长,脱颖而出,赢得客户高度认可。本文聚焦老鸭集的竞争优势,从产品品质、文化环境打造、文化美学价值传递、线上拓展和保障、创新式营销五个方面深入探究老鸭集的文化传承和创新发展模式,研究传统文化嵌入式赋能餐饮企业品质、环境、价值和创新的路径。

关键词: 嵌入式;文化赋能餐饮;创新精品化

一、煮熟的鸭子飞到家

(一)研究背景

1.餐饮文化传承是国家软实力的体现

国务院提出要以习近平新时代中国特色社会主义思想为指导,顺应文化

* 作者简介:杨欣,男,浙江工商大学旅游与城乡规划学院酒店管理系主任、副教授,主要从事饭店管理实践和理论相关研究;张欢,女,浙江工商大学旅游与城乡规划学院酒店管理1901班学生,主要从事旅游企业管理相关研究。

消费提质转型升级新趋势,深化文化领域供给侧结构性改革,从供需两端发力,不断激发文化消费潜力。中华饮食文化博大精深、源远流长,在世界上享有很高的声誉,如今,在中西方饮食文化不断交流和碰撞的过程中,中国的饮食文化逐渐出现了新的时代特征和更为深刻的社会意义。党的十七届六中全会指出,文化越来越成为民族凝聚力和创造力的重要源泉,越来越成为综合国力竞争的重要因素,越来越成为经济发展的重要支撑。

2.生活水平提高促进餐饮业趋向品质发展

我国居民物质生活水平的提升,意味着居民对传统生活方式观念的转变,尤其是现代快节奏的生活方式,使得很多家庭已经改变传统在家做饭、吃饭的饮食习惯,纷纷选择外出就餐,增进家人、朋友之间的联系。消费升级和新型消费引领产业升级将促进餐饮品质化回归。人们的消费理念、文化品位在提升,对于消费服务、产品品质的追求也在逐步提升。餐饮业需要适应发展趋势,不断提高自身产品质量。

3.疫情促使餐饮业发生结构化改革

根据国家统计局统计,2019年全国餐饮收入4.67万亿中有15.5%来自春节期间的消费,而由于新冠肺炎疫情的影响,79.3%的餐饮企业选择停业,80%的企业反映"基本无营收"。餐饮行业供应链也受到冲击,一方面,食品原料供应商收到大量退货单;另一方面,餐饮店年前的存货大量浪费,店铺的固定支出(房租、人力等)使企业面临资金链断裂的风险。与此同时,餐饮店的线上运营快速发展,疫情促使店铺更快适应线上运营的模式,并保障菜品的质量,促使传统餐饮业结构化改革。

4.科技为餐饮业创新发展提供技术支撑

随着餐饮业的蓬勃发展,市场竞争愈加激烈,餐饮质量和品牌竞争促使餐饮业迈入崭新阶段。越来越多的餐饮企业开始注重应用科学管理和技术创新,如越来越广泛应用的物流配送、逐渐深入的餐饮从业培训,餐饮业普遍推行的品牌营销措施,逐渐引入并推行的先进管理理念。现代餐饮业逐渐改变传统餐饮业的低效高能,采用科学化、工厂化、标准化和规模化的经营方式,逐渐实现现代餐饮发展。与此同时,线上餐饮平台逐渐完善,为餐饮业线上渠道的开拓提供了技术支撑。

（二）起飞的老鸭集

1. 进击的老鸭集

2019 年 12 月 6 日，"老鸭集"在杭州西溪龙湖天街正式开业，在创始之初，便采用"煮熟的鸭子飞到家"的理念，彰显其发展外卖业务的理念。

2020 年 1 月底，由于新冠疫情蔓延，政府开始管控人流，餐饮企业纷纷暂停营业，外婆家也不例外。然而在多数餐饮企业因疫情暂停营业时，老鸭集不仅做到正常经营外卖业务，还保障了老鸭煲的品质，且在外卖中体现了对顾客的人文关怀，至此名气正式打响，由于每日产出有限，顾客甚至需要预约才能吃得到老鸭集。

2020 年 8 月 16 日，杭州滨江区老鸭集正式营业，其装修风格与第一家老鸭集门店类似，老鸭集用熟悉的风格打开杭州滨江区市场。并表示，未来老鸭集在保持门店风格的同时，会缩小占地面积，以此来减少堂食加大外卖占比，用最小的空间创造利益最大化，提高坪效。在其他餐饮企业仍处于努力复苏的阶段，老鸭集已经开始扩张店面、广招人才，其发展目标明确，步步有序。

老鸭集是外婆家为了不断创新、不断追求更高更好的品质和服务的产物，外婆家创始人吴国平在接受采访的时候说："主打杭帮菜的'外婆家'是生命力最持久的餐馆类型，但是模式比较重。所以我们想创造一个新的、更专业化、更轻的模式来。"

2. 消费者成为老鸭集"代言人"

老鸭集最初的目标仅仅是年轻一代，然而其高性价比的品质让消费者自发成为其"代言人"，这一批"代言人"们将老鸭集的好通过社交软件和大众点评传播了出去，老鸭集开始拥有知名度，主菜"老鸭煲"更是适用于各种场合，被视为家庭聚餐的"大菜"之一，口味老少皆宜，吸引了全年龄段的人。

3. 在疫情中转危为机

疫情暴发前，老鸭集门店每天的堂食客人众多，由于门店产量所限，往往每天的外卖业务都只上线短短的时间就因为老鸭煲售罄而关闭。疫情暴发后，外婆家关闭了旗下所有其他门店，只保留了老鸭集的外送业务，同时开通了"全城送"服务。在堂食完全关闭的情况下，老鸭集在疫情期间的生意甚至超过了平时,仅一家店一天就能卖出 200 多份老鸭煲。

根据外卖平台的评论和媒体报道发现,很多人知道老鸭集就是因为疫情,一是当时只有老鸭集开着,二是买了老鸭集的顾客自发推销老鸭集。在老鸭集的"营销"中,先知道的反而是中年人,年轻人却是从自己的父辈那里得知老鸭集的。在互联网时代,通常是年轻人消息更灵通,老鸭集却做到了"反向营销",起到极佳的效果。

4.新媒体高度赞扬老鸭集

2020 年 2 月份,老鸭集异军突起,得到了广泛关注,2 月 21 日湖畔访谈、4 月 24 日钱江晚报和 6 月 28 日界面新闻都分别详细报道了老鸭集在疫情中的出色表现,称"外卖成为发展重点",赞扬外婆家走的"轻"模式。

二、老鸭集餐饮文化的传承和发展

老鸭集的脱颖而出,依赖于其文化的高品质传承、文化环境的打造、独特的文化美学价值传递以及顺应"互联网＋"发展趋势打通的线上渠道、标准化流程供应和采取的创新式营销。

(一)高品质传承

1.品牌基础,经典传承老鸭集

品牌是开启消费者心灵的金钥匙,老鸭集作为外婆家集团旗下的新品牌,在创立之初,顾客对其品牌印象主要来源于外婆家的企业形象和自身定位。"外婆家"响亮的招牌和优秀的企业文化,为老鸭集奠定了良好的形象基础,也给老鸭集带来一定的市场保证。

2.聚焦单品,一心做好老鸭煲

《中国餐饮报告 2018》提出"餐饮分化加速、单品爆款辈出",单品餐饮爆发式增长,一道菜开火一家餐厅。《报告》指出,63.3%的消费者会倾向于选择"小而精"的餐厅,94.7%的消费者会为了某一个特定的产品或口味去一家餐厅消费,老鸭集的一大智慧就在于聚焦单品,主打老鸭煲,确保占领细分市场的市场份额。

大单品是企业的战略性产品，对于大的企业来说，各种凌乱小产品增加了工作中的很多困难，增加了市场推广中的困难，而大单品容易集中宣传、推广上量、创造价值。大单品本身必须是精品，跟同类产品相比，与用户需求更相吻合，能解决根本性的东西，能经受住市场的考验，有长期生命力。

大单品是企业相互竞争、创造壁垒条件的重要武器。产品同质和被模仿问题最容易出现在餐饮界。很多菜品本身没有很高的门槛，商家的营业点只是在于提供了现成品，所以遇到危机时会受到沉重的打击。而打造大单品能有效延长产品的生命周期，使产品价值最大化。老鸭集就是聚焦老鸭煲这一大单品，将其做精做细、用经典和配方打造了一道壁垒、使得客户想要品尝到这大有学问又家喻户晓的家乡菜，只有一个选择——老鸭集。

正是因为单品聚焦，企业才会投入更多，有更充足的空间去选择最优的材料；正是因为单品聚焦，才能靠品质和销量说服供应商，拿到最合理的价格优势；也正是因为单品聚焦，遇到公共危机事件能够集中目标快速恢复。

3. 品质保障，超高标准原材料

菜肴是餐饮业的灵魂，没有好的菜肴就不会使企业有好的发展，菜肴的卫生、营养、色香味俱全是其形象风格的基本要求。好的菜肴不仅取决于后期的加工，更取决于前期的选材。老鸭集的成功之一就在于其对自身高品质的要求：食材的高品质和高标准。

吴国平为了"老鸭集"的老鸭煲专卖店已经整整筹备了三年。老鸭煲的食材都来自浙江省本土，就近寻找优质食材不仅能节约成本，在一定程度上也保证了食材的新鲜，老鸭集的主食材主要有三种：绍兴麻鸭、天目山笋干、金华火腿。

绍兴麻鸭只选取400天以上的老鸭，虽然选取嫩鸭的成本低、取材容易，但是在锅中炖上三个小时容易散了架，而400天以上的老鸭，在三小时的炖煮后依然肉骨坚实，且鲜味融入汤汁的同时，鸭肉的味道也得到了升华。

老鸭煲的辅料之一"笋干"的选材也十分讲究，吴国平跑遍了整个临安，终于发现临安於潜这一处的笋，肉质最为鲜美肥厚。且考虑到笋的生长的季节性，选定4月20日之后的那十来天里长出来的笋来做笋干。因为这时笋纷纷破土而出，但天还阴冷着，虫还未苏醒，不会产生虫蛀。

金华火腿早已家喻户晓，其品质不言而喻。但是每个部位、每个年份、每只大小不同的火腿，它产生的咸味和鲜味都是不一样的，为了使顾客每次喝到的老鸭汤的味道相同，老鸭煲选取了三年陈的高品质火腿来熬汤，且只取其中最适合熬汤的脚蹄部分入锅熬汤。等汤熬煮完成后，其精髓早已融入汤汁，火腿本身的食用价值已经不高，因此会另选用一年陈的火腿切片放进汤里给顾客享用。

取 400 天以上的绍兴麻鸭，跑遍天目山选取的笋干，历经曲折选定的金华火腿，整整折腾了一年多的配方和火候，最后选取两只大锅，每锅 35 只鸭，用农夫山泉连煮 3 小时以上。老鸭集的匠心可见一斑，优质的食材是老鸭煲成功的重要保障。

(二)文化环境打造

1.传承杭城特色

杭帮菜是杭州的特色菜，是浙江饮食文化的重要组成部分，属于浙江菜的重要流派，它与宁波菜、温州菜、绍兴菜共同构成传统的浙江菜系。杭帮菜的口味以咸为主，略有甜头。

作为外婆家集团旗下的品牌之一，老鸭集充分继承了外婆家杭帮菜的特性，深入发掘中华美食文化，汲取地域饮食文化的精华，融诸多浙江最优秀的特产——绍兴麻鸭、金华火腿、天目笋干为一煲，以一道主菜品完美诠释了杭帮菜的韵味。

老鸭煲传递出的不仅是菜的味道，更是体现了杭州的属地精神与属地文化，使得消费者在体验美食的同时也体验到了独属于杭州的味道。

一份看似简简单单的老鸭煲，却能体现"活"的文化精神气质，让中华美食的内在魅力得到了充分的发挥，也能更有效地传播。这是对中华饮食的一种传承方式，是一种将"高大上"的历史遗产，融入"接地气"的日常生活中的传承。

2.营造温馨氛围

老鸭集的门店装修，也体现了对中国传统文化的传承。鸭是中国传统的食材，但老鸭集门店的装修并非是庄重严肃的，而是采取了亲民的设计理念，用中国传统水墨画和书法的元素营造出了轻松、温馨的氛围,在保有文化韵味的同时更加亲近民众,在切合餐厅主题的同时打造了家一般温馨的感觉。

老鸭煲作为主菜之一常出现在家人团圆之际的餐桌上,所以餐厅采用圆桌设计,拉近人与人距离。圆桌设计不仅看上去古典大气,寓意也很美好,圆桌代表"团团圆圆",对讲究圆和满的中国人来说要更易接受。圆桌没有棱角,可以避免小孩磕碰,店内的设计,无一不体现老鸭集的用心。

餐厅整体采取极简的黑白色调,加以温暖的黄色光晕,在简约的设计中加入家庭的设计元素,既符合现代审美,又不脱离中国传统文化,能够吸引各个年龄段的顾客前来品尝。干净、清爽、舒适、大气的餐饮环境给老鸭集的爆满提供强有力的助推力,也成了老鸭集的特色之处。

(三)文化美学价值传递

近年来文化产业的不断发展促生了餐饮业的变革。"饮食美学"概念正逐渐深入人心,随着社会的发展和人们生活水平的提高,饮食作为人们生活方式中的重要组成部分,也在渐渐地丰富其形式和内涵,现代人对饮食的追求已经不仅仅停留在"味"上了,对健康、"颜值"等也多了讲究。而老鸭集做到了中国传统饮食文化内涵中的"健康""精美""个性",除了最开始就有的品牌故事以及相应的宣传语等"外包装"外,再加上健康的食材、赏心悦目的餐具、个性化的菜肴等都传递出饮食的美学,从各种方面吸引顾客。

1.健康

老鸭集除了在原材料的选取、运输、保存、制作等方面力求做到最佳、最优、最精之外,还注重自己的经营理念,健康、美味、老少皆宜同样是老鸭集的重要特色。

主菜老鸭煲的鸭肉具有较高营养价值,含有丰富的蛋白质、脂肪、碳水化合物和许多对人体健康必不可少的微量元素。鸭肉可食部分中的蛋白质含量约为 $16\%\sim25\%$,比畜肉含量高得多。鸭肉中的脂肪含量适中,约为 7.5%,比日常食用的猪肉低,并且它的脂肪酸中还包含不饱和脂肪酸,消化吸收率比较高。鸭子是凉性的,有滋阴、清内热的功效,并且还能开胃助消化、祛痰止咳,同时配以火腿烹制,滋补力量更强。老鸭集的产品不仅对人体有许多益处,且一年四季皆宜,十分符合消费者日常对于食品安全健康的需求。日均30桶12升的农夫山泉,400天的麻鸭,天目山的笋干,从原材料的选择中就足以体现出对绿色健康餐饮的倡导和坚守。同时也是对年轻人口味和用餐习惯的引导。

"清淡"是杭帮菜的一个象征性特点,作为杭帮菜之一的老鸭煲也继承了这一特点。与浓油赤酱勾兑出的汤底不同,老鸭煲不加盐、不加味精等调味品,只借以优质和食材和精准的火候,激发出食物最原始的美味,使得老鸭煲清淡却不平淡,美味并且健康。

与此同时,老鸭集还保证菜品的安全,让顾客吃得安心。如今食品安全问题频出、食品安全关注度上升、家人朋友对于食品安全的关注使得消费者对食品安全极为重视。老鸭集为打响"保胃"战,推行厨房透明化、公开化,满足消费者对食品安全的知情权。厨房透明化设计,使得菜品制作过程得到全方位的监督。老鸭煲炖制的器具也是经过许多尝试,在各式各样的锅具中选出的。

老鸭集的产品品质保证、食材安全健康使得消费者愿意相信老鸭集的食品安全品质,从而做出愿意购买安全健康的老鸭集产品的行为。

2.精美

食物除了满足人们的味觉需求之外,还要满足人们的视觉需求。好的食物不仅仅是一份用来果腹的有机物,它更应该是一件艺术品。

在就餐环境上,老鸭集也下足了功夫。老鸭集温馨的装修风格,复古的桌椅、吊灯,简洁的餐具和盛器,创意独特、质量和出品讲究的菜肴,使传统经典与时尚潮流融合,在彰显出优雅与大气的同时,促进了食客的食欲。

人靠衣装,美食也需要有美器来衬托,精致的器具可以让食物看起来更加诱人。老鸭煲炖制的器具也是吴国平经过许许多多的尝试与无数次的修改才设计完成的。金灿灿的铜锅,配上圆乎乎的盖子,上面还坐着一只小鸭子,将大气与可爱融合在一起,符合各个年龄段的审美情趣。

"色、香、味俱全"是人们对美食的极高评价,其中,色在第一位,它是一道菜给人的第一印象,不可不重视。一揭开老鸭煲的盖子,原本被圆盖子包裹的水汽争相弥漫而出,待水汽散尽,可见红、黄、绿三色食材相互呼应,相得益彰,在给人以视觉享受的同时,也展现了菜品的个性,让人感觉这是一道"生机勃勃"的菜。

3.个性

由于忙碌的工作,人们的生活方式发生了很大的变化,快节奏生活方式刺激着消费者产生对于悠闲生活的向往和深度消费体验的渴望。现在的人们十分注重在有效的时间内得到极大满足的体验感,消费者对千篇一律的饮食不再抱有期待,这也倒逼着餐饮经营者们推出更多个性化的产品来开拓和占领市场。

老鸭集结合消费者对体验感的需求变化制定了老鸭集产品。在主菜鸭子的基础上,配有金华火腿、天目笋干等辅料。消费者能够在这基础之上加入油豆腐、千张包、鸭血、米线等个性化的配菜,形成属于自己的私人定制产品。如果选择外卖配送服务,汤底、老鸭与配菜是分开打包的,便于回锅,消费者在家可以自行添加食材,调整自己的口味。在这样的基础之上,消费者消费的就不仅仅是商品,而是展现了自己的个性与态度,也就做到了消费的独创性。

此外老鸭煲还适应各种场景。比如家庭聚餐,父母亲戚到来,需要添一个主菜,老鸭集的外送服务就十分方便。或者有些小家庭,自己在家吃饭,没有时间下厨,点一个老鸭煲,方便又实惠。

这些都是老鸭集移情消费者,顺应消费趋势,提高消费者体验感的表现。老鸭集满足了消费者对于体验和个性化的需求,从而使得消费者做出重复、高频率消费购买的行为。

（四）线上渠道拓宽和品质保障

1.顺应"互联网＋"趋势拓宽线上渠道

如今,随着科技的发展和网络的普及,餐饮业也实现了更好的发展。近年来各种线上平台将餐饮门店线下经营与消费扩展至线上,开拓了外卖市场,大大促进了外卖行业的发展,取得了极大的成功。同时,消费者的消费习惯也受到了潜移默化的影响,由线下堂食开始转变为外卖到家。

老鸭集早在品牌打造之时就将外卖业务考虑进去,在门店开业的同时上线外卖业务。在创立之初,老鸭集的定位就是希望能够实现到店、到家,堂食、外卖一体化,外卖占比能够达到50％。老鸭集前期重心在堂食部分,初步设想堂食70%,外卖30%。在一段时间的稳定经营后,基本实现工作日堂食70%,外卖30%,周末外卖和堂食各50%。外卖的开始时间在上午10:30左右,堂食的开始时间在中午11:30,外卖的形式在很大程度上填补了上午的时间空当。

老鸭集创始人吴国平在餐饮业摸爬滚打了20多年,深知外卖的关键点在于产品是否合适,所以在产品选择和设定之时就充分考虑了这点,老鸭集的老鸭煲无疑是适合外卖的产品。老鸭集外卖保温效果好,且菜品不存在添加剂,再加热不影响口感,甚至越炖越香。这就意味着老鸭集能够兼顾许多的场景,在商场中,可作为商场消费者的歇脚之处;而通过外卖能够给顾客添一道大菜,实现到店、到家一体化的目标。

因此,在疫情之下,餐饮业的寒冬腊月之中,老鸭集却像一株嫩芽正在茁壮成长。

2. 流程标准化

老鸭集品牌以连锁餐饮为目标,其产品制作的标准化流程则为连锁分店的产品品质稳定提供了重要保障。

首先,在选材上,老鸭煲明确食材分别是绍兴麻鸭、天目山笋干和金华火腿,各个材料的选材还各有严格的标准,比如绍兴麻鸭需要选择400天以上的鸭子,食材选择的标准化保证了老鸭煲的品质。让顾客自由添加配料和外卖附赠的老鸭煲加工方法给予了消费者创造的可能性,从一定层面上来说,也是老鸭集品质保障的一个手段。

其次,在制作上,老鸭煲的制作有严格的流程,比如一锅35只鸭,熬煮时间在3小时以上等。老鸭煲的制作并不复杂,对员工的技术要求不高,可复制性强。制作流程简单但对品质的要求严格,使得老鸭集在扩张店面之后也能轻易地保证品质。

老鸭煲的可复制性在其选材和制作流程,这种可复制性是相对品牌内部来说的可复制性。对于其他餐饮企业而言,老鸭集老鸭煲是一种创新产品,照搬或者仿照都会对自身企业形象产生影响,反而会在另一个层面上扩大了老鸭集的知名度,所以对于其他企业而言,老鸭集是不可复制的,也进一步保障了老鸭集的独特品质。

（五）创新式文化营销

1.概念普及

"终于有个杭州人，来做杭州自己的煲了。"吴国平说这句话的时候很是深情。老鸭煲是浙江特色传统名菜之一，是浙江独有的一道菜，是大多数浙江人特别是杭州人从小记忆里就有的一道菜。老鸭集定位为老鸭煲专门店，象征着浙江人民的精神归属。

在老鸭集前期宣传中，采用了"北京有烤鸭，杭州有鸭煲"的鲜明、响亮、易记的宣传口号，一下子使食客耳目一新，眼前一亮。北京烤鸭众所周知，并套用"上有天堂，下有苏杭"的句式，强调了杭州鸭煲的地位，用别样的文化营销方式输出"杭州有鸭煲，鸭煲就来老鸭集"的观念，亮眼、新颖的营销手段极大程度上增加了潜在顾客的数量。在老鸭集的宣传中所传达的观点是，杭州的煲是特立独行，卓尔不群的。强调杭州煲，从汤底到食材，每一口皆是精华所在，都是红毯上的巨星。

老鸭集争做老鸭煲单品龙头，不光是为了抢占潮头，为企业谋求利益。老鸭集的初心是文化传承，是基因传递，将属地基因融入餐饮，努力发展成为优秀的杭州名片。老鸭集未来的规划是围绕着杭州一带，将老鸭集门店开到千家万户门口。老鸭煲作为团圆饭桌上的主菜之一的精准定位贴合了群众需求，顾客在享受的老鸭煲的同时，不仅能够满足最基础的生理需求，还能够进一步满足情感和归属的需求。

2.形象升华

老鸭集还着力体现其人文关怀。苦心研究配方，不仅让顾客享受到舌尖上的美味，还把顾客从厨房中解放出来，更是把厨师从灶台上解放出来，让厨师成为研究菜肴配方的工程师，而不只是掌勺的伙夫。并且，由于单品聚焦和产品专业化，老鸭集对员工专业程度的要求降低且可复制程度高，人才招聘容易。老鸭集门店内摆设了火腿等原材料产品可供销售，这也是在带动产业链，带动农产品的销售。可见，外婆家集团勇担企业责任，注重对人民就业问题、顾客用餐问题、供应商原材料销售问题的解决。

在疫情期间，外婆家并没有以利益为首要目标进行经营，而是关闭了除老鸭集之外的所有门店,并主动安排退订年夜饭,对于库存的物资和食物,第一反应是"优先给员工使用",对滞留武汉的 200 多名员工,公司派代表做好一日三餐送至宿舍。对于复工,吴国平的态度是"抗疫第一,经营第二",确保 8000 多名员工在无一确诊感染的情况下,根据情况分批开工。

开业的老鸭集更是针对疫情这一特殊情况进行了外卖业务的战略调整:

第一,扩大了老鸭集的配送范围。原本只配送周边 3 千米范围内,在疫情期间开通了"全城送"服务。

第二,原本堂食时就被大加赞扬的员工热情转移体现到了外卖中。外卖中附有不同方法食用老鸭煲的详细步骤,增加了老鸭煲食用的多样性,将老鸭煲的保存方法也一并提供,便于顾客在当天不食用或食用不完后进行保存。

第三,重视消费者在疫情期间的心理,注重安全。将员工当天的身体情况公布,让顾客放心食用。

第四,老鸭集的外卖包装用心。外包装多次调整,一开始用普通包装,后来用铝箔包装,后者的优点在于可以一次性密封。多数顾客在外卖平台反映说老鸭煲送到家里还是热的,老鸭集在品质上做到了保证"到家"的老鸭煲和"到店"的老鸭煲的一致性。

这四点调整,有效地体现了老鸭集的人文关怀色彩,展现了企业强烈的社会责任感。在多数餐饮企业因疫情暂停营业时,老鸭集不仅做到正常经营外卖业务还保障了老鸭煲的品质,且在外卖中体现了对顾客的关怀。即使在疫情期间都能够有条不紊地进行经营管理,保持有营收的同时展现了企业强大的危机应对能力,老鸭集的名气正式打响。

3. 互动传播

老鸭集运用先进的服务理念和方法,采用透明厨房,不仅有效提高餐馆卫生状况,还让顾客在吃得安心的同时,进行"口碑传播",有助于增加客源。

"落座后,老鸭煲已经提前摆在桌上加热","服务员态度很棒,主动介绍产品与给大家分汤分肉","锅底可以说是用料满满,诚意十足。汤底浓厚绵柔、肉质酥软、火腿细腻酥香、笋干鲜美肥厚,整体口味虽不惊艳,但原汁原味,暖暖的很落胃",这些顾客的食后评价,都体现着老鸭集的优秀。

通过高质量的服务和美味、个性化的菜品,老鸭集逐步达到顾客满意,提升产品和品牌的整体形象,使消费者自觉或不自觉地进行二次传播,帮助老鸭集在公众当中树立稳固的企业形象,从而便于企业进行推广、市场扩张和培养顾客忠诚度,为企业市场目标的实现和长远发展营造宽松的社会环境。

三、"嵌入式"传统文化赋能餐饮

结合"互联网+"发展背景,餐饮文化的表现形式愈发多样化,企业的餐饮不仅作为食物本身,更承载着企业精神的内涵、价值主张,在餐饮品牌的打造上占有举足轻重的地位。

"嵌入性"一词,最早由 Polanyi 在《大变革》(1944)一书中提出。格兰诺维特指出,不单单是经济行为,甚至其他所有行为也都是嵌入于关系网络之中的。他的这一观点,被后来的研究者们不断地深入下去,"嵌入"的内涵和外延也越来越丰富,其相关研究也越来越多。

孙鹏总结出,主体的经济行为嵌入其形成和成长的民族文化制度环境之中:民族文化,制度,历史,伦理以至京教等的人文因素对节点的影响如同输入节点体内的"基因代码",无论节点在世界任何一个地方,节点经济行为都打上其成长所经历的文化和制度的烙印。使来源于同一民族的文化背景的节点容易产生凝聚力和信任。

本文通过研究文化嵌入在餐饮业方面的体现,深入挖掘老鸭集的嵌入式文化传承发展,分析文化赋能对老鸭集发展的重大影响和意义,得出品质嵌入、环境嵌入、价值嵌入、创新嵌入的传统文化赋能餐饮的"嵌入式"发展路径。

(一)品质嵌入

老鸭集聚焦老鸭煲这一单品进行精细化打造,选取地区特有的传统经典食材,细心挑选每一份用料。并且充分为顾客解析食材及烹饪方式,使得消费者无论是在用餐前、用餐中还是在用餐后,都可以了解到老鸭集食材选取和烹饪方式的用心。

好的品质是顾客体验餐饮的基础,也是餐饮成功的重要保障。"根基不稳,大厦将倾",唯有核心质量品质的保障,才有未来一切发展的可能性,才能

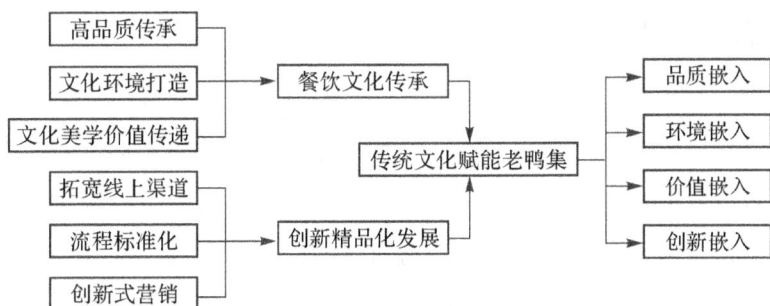

图 1　传统文化"嵌入式"赋能餐饮

在竞争激烈的餐饮界拥有一席之地。

(二)环境嵌入

老鸭集抓住了杭城人的老"牵挂",唤起了大多数浙江人特别是杭州人,从小就有的关于一道菜的记忆。老鸭集成功运用属地文化,开拓了对杭州这个地方有眷恋、向往的消费者的餐饮市场。

现代人对餐饮的要求已经不仅停留在品质,当地故事的融入、店面装修风格都成为吸引顾客的方式。且现在的消费者被划分为许多的圈子,每个圈子都有着自己独特的文化,就像杭州的属地文化。成功打造自己的品牌故事,融入属地文化,进入当地消费者的圈子,唤起消费者的属地记忆,是餐饮企业成功的重要推力。

(三)价值嵌入

"消费者感知的不是餐饮品牌,而是他们心中的认同感。"消费升级的时代,消费者选择餐饮品牌的趋向由物质转向更高层次的心理需求及认同感。认同感是消费者选择餐饮时偏重的选择点,一个具有吸引力的餐饮品牌必然是在其产品内涵方面博得了消费者心理上的认同与归属感。

老鸭集正是结合了自身产品蕴含的传统文化,进行"健康""精美""个性"的价值传递,在品质的基础上呈现更多元化和丰富性的文化内涵。让消费者从方方面面体验到餐饮产品的用心,形成心中的价值认同感。

（四）创新嵌入

在注重传统文化的品牌内涵的同时，老鸭集不断借力现代化及智能化元素。通过线上渠道，让"煮熟的鸭子飞到家"，打破了外婆家在外卖业务上的局限。并以标准化的流程为保障，完美解决了线上模式中餐饮质量难以保障的问题。利用主产品老鸭煲"加热不影响口感"且"越炖越香"的独特优势，将传统菜肴经由门店烹饪后送至消费者家庭。在传统文化内核的基础上采用了现代智能化、电商模式进行新时代餐饮的传统文化赋能，打破传统化与现代化的壁垒，将传统优势与现代化完美结合使之互促互成，更有利于达到品牌文化与产品消费的双赢。

此外，明确美食的特有文化优势后，老鸭集没有硬性地向大众灌输，而是以易于接受的方式逐渐唤醒大众心中的文化认同感。老鸭集未选择大批量的新媒体推广，而是转向由消费者口口相传等渗透式的宣传方式。从整体门店的修饰风格到餐品所用食材的独特传统，老鸭集从各处细节挖掘并唤起消费者心中埋着的传统文化，并逐步通过自身的产品加深消费者对品牌传统文化的认知与认同。通过细节挖掘与浸入式的用餐体验，使得餐饮文化逐步深入人心并获得广泛好评。

老鸭集从点点面面不断提醒消费者其品牌的传统文化内涵。从多方面嵌合传统文化，既是从多方面向消费者表明品牌文化，也是从多方面彰显自身餐饮品牌文化的独特性与专一性。

"总有一些美好的店，带我们穿越时光，诠释每个人舌尖上的家乡密码，执着地讲诉我们这座城市的故事。"老鸭集就是这样的店。

参考文献

[1] Hess Martin. "Spatial" relationships: Towards reconceptualization of embeddedness [J]. Progress in Human Geography, 2004(2): 165-186.

[2] 程思羽. 疫情期间，每天外卖到家200多个老鸭煲！吴国平：线上外卖将成餐饮业未来一段时间的重点方向[J]. 钱江晚报，2020-02-20.

[3] 程小敏, 于干千. 饮食类非物质文化遗产的"嵌入式"传承与精品化发展：以

云南过桥米线为例[J].思想战线,2017(5):162-172.

[4]董成雄.中国优秀传统文化的系统解读和传承建构[D].华侨大学,2016.

[5]梁鹏,邢丽霞.新冠肺炎疫情对餐饮业的影响及对策研究[J].时代经贸,2020(7):8-12.

[6]钱爱松.禽中明珠:绍兴麻鸭[J].新农村,1996(12):19.

[7]石章强,余水龙.人间烟火的效率与时尚[J].商界评论,2015(12):108-111.

[8]孙鹏,王坚莺.文化创意产业的地方嵌入性形成机制探析:以西安纺织城艺术区为例[J].现代城市研究,2018(10):115-122.

[9]文娟,杨友仁,侯俊军.嵌入性与FDI驱动型产业集群研究:以上海浦东IC产业集群为例[J].经济地理,2007(5):741-746.

[10]杨元龙.临安县天目笋干的历史,现状与前景[J].竹类研究,1992(2):63-65.

[11]中国烹饪协会.2020年新冠肺炎疫情期间中国餐饮业经营状况和发展趋势调查分析报告[R].2020-02-12.

[12]周笑盈,魏大威.多元、融合、跨界和创新:优秀传统文化的传承与推广模式研究[J].图书馆,2020(6):54-60.

浙江饮食类老字号现状分析以及未来发展

沈　珉　姚丽颖*

摘要：自2008年开始，浙江开始老字号认定，这些老字号历史悠久、文化底蕴深厚。本文主要以饮食类老字号为研究对象，对浙江饮食类老字号的类型展开分析，探究老字号中体现出的文化特征，并挖掘其现代精神，最后提出对饮食老字号未来发展的思考。

关键词：老字号；现状分析；发展思考

浙江，依长江、临东海，自古繁华，字号云集。这些走过半个世纪或传承百年的老字号，拥有世代传承的产品、技艺或服务，具有鲜明的中华传统文化背景和深厚的文化底蕴，赢得社会广泛认同，形成良好的品牌信誉，具有不可估量的品牌价值、经济价值和文化价值。

浙江自2008年开始进行老字号认定。2008年认定了168家，2010年认定了64家，2011年认定了66家，2013年认定了115家，四批共认定了413家。

其中，与饮食相关的多集中在"餐饮""食品加工""食品"类。第一批168个省级老字号中，食品加工有62个，占总数的36.9%，餐饮13个，占总数的7.7%，食品7个，占总数的4.2%；第二批64个，食品加工有27个，占总数的42.2%，餐饮3个，占总数的4.7%，食品无；第三批66个，食品加工有33个，

---

* 作者简介：沈珉，女，浙江工商大学人文与传播学院教授，浙江工商大学饮食文化创新团队负责人，浙江文化产业创新研究院专家，主要从事传统文化研究；姚丽颖，女，浙江工商大学人文与传播学院硕士研究生，浙江工商大学饮食文化创新团队成员。

占总数的 50％,餐饮 1 个,占总数的 1.5％,食品无;第四批 115 个,食品加工有 82 个,占总数的 71.3％,餐饮 8 个,占总数的 7.0％,食品无。四批老字号共 413 个,食品加工有 204 个,占总数的 49.4％,餐饮 25 个,占总数的 6.0％,食品 7 个,占总数的 1.7％。(图 1、图 2)

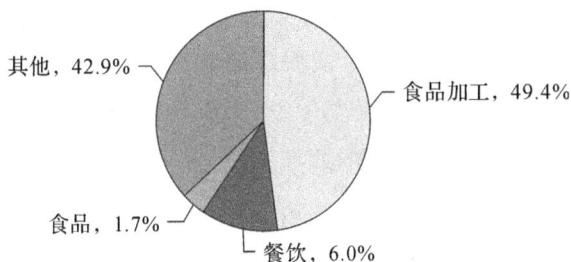

图 1 饮食类老字号的占比

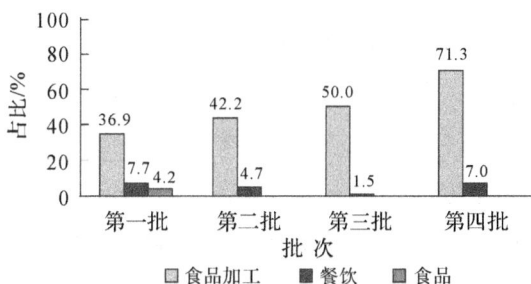

图 2 饮食类老字号中各项的占比

一、老字号中饮食类类型分析

通过四轮的评定,浙江饮食类老字号的涉及面已相对较广。三类老字号中,生产内容略有交叉,比如王元兴既是酒店,也以松丝汤包小吃闻名;知味观是正宗的杭帮菜企业,却从馄饨起家,现仍有西施舌等著名小吃。从三类老字号的内容来看,主要分成三种:第一类是酿造业与茶叶加工业;第二类是食材加工类,包括各种腌制食品以及加工类食料,如年糕、豆腐、豆腐皮等;第三类是各类小吃点心,如汤圆、粽子,尤其以茶食糕点类居多。

1. 浙江饮食类老字号体现出浙江酿造技艺与制茶技艺

酿造业中，酒与酱不分家。

拿酒类来说，浙江以黄酒生产为胜。唐宋时期，太湖一带的酒尤为有名，比如阿姥酒、余杭酒等即见于文献之中。唐宋时期酒的生产以绍兴、杭州为核心，名酒遍及浙江所有区域。明清以后金华酒、绍兴酒等风行天下。目前酒类老字号分布以绍兴与杭州为大头，钱塘江南线有会稽山、沈永和、鉴湖、徐同泰、公盛、百岁堂、东阳、佛顶山、陈德顺发记、项春和、郭滋生、合丰、同康、天台宋红，北线有箬下春、练市、致中和、西塘、同福永、群欢、乾昌、烟雨楼、富春江、致中和、越杭、乌毡帽、览春等。

酿造业中还包括了醋、酱油等。杭州老大昌酿造酱油、食醋，绍兴仁昌酱园有限公司的仁昌记品牌酱油、米醋，绍兴至味的鲜酱油，海盐沈荡酿造有限公司沈荡品牌黄酒与酱油，上虞市同仁酿造有限公司协和品牌、浙江同春酿造有限责任公司同春品牌、兰溪市章恒升酱园章恒升品牌、湖州老恒和酿造有限公司老恒和品牌，等等。

浙江茶叶名扬天下。但相比较，茶叶老字号更少。在老字号中，杭州市翁隆顺茶行，雍正三年（1725）建立，专营龙井茶，上榜的还有杭州福茂和记茶庄。茶叶品牌有龙井御牌字号等。龙游方山茶属半烘炒型绿茶，在宋明时期十分有名，北宋《茶谱遗事》记："龙游方山阳坡出早茶，味绝胜。"葛玄云雾茶是天台山云雾茶，依托天台华顶归云洞前的"葛玄茗圃"孕育出的历史名茶。另外像莫干山茶、紫笋茶、惠明茶等都是有史可记的名茶。

相较浙江丰富的茶酒历史，这些老字号还不足反映浙江酒茶生产的整体面目。茶叶的老字号还不足以反映浙江茶文化发展的历史，径山、鸠坑等品种的缺失，未免是一件遗憾的事。同为茶，紫笋茶在唐代即为名品，而福茂和记则只有百年历史。同为老字号，比如酒的品牌，有的历史上即有名，如"箬下春"，南朝顾野王《兴地志》记："村人取下箬水酿酒，醇美酒。胜云阳（今属陕西），俗称箬下酒。"而"同福永"在近代的杭嘉湖一带有着较高的声誉。而且在老字号认定中，有的是以品牌显，有的以作坊名显。有的字号不能与历史文献相参照，比如宁波陆宝食品有限公司郭滋生酒坊，宁波历史上著名的是"双鱼酒"和"它泉酒"，但是品牌名却以"郭滋生"出现，这样的匹配度显然不能与历史文献进行参照。

2. 浙江饮食类老字号体现出的食品加工技术

食品加工技术，反映出先民对于食材存储技术的思考。

比如把糯米进行加工，制成粉，再加工为年糕。公元六世纪的食谱《食次》就载有"白茧糖"的制作方法："熟炊秫稻米饭，乘热于杵臼净者，舂之为米咨糍，须令极熟，勿令有米粒。"年糕的出现就是江南稻米品种多秫稻的反映。

又如火腿腌制，火腿的制作传说可追溯到宋代。金华一带有"两头乌"优良猪种，"两头乌"皮薄骨细、精多肥少、肉质细嫩。清代谢墉的《食味杂咏》中提到："金华人家多种田、酿酒、育豕。每饭熟，必先漉汁和糟饲猪，猪食糟肥美。造火腿者需猪多，可得善价。故养猪人家更多。"可见制作火腿当时在民间十分普及。"雪舫蒋"品牌始创于清咸丰十年（1860），其火腿采取祖传独特配方和千年传袭的精湛工艺精制而成。具有形如琵琶、皮薄骨细、腿心丰满、精肉细嫩、红似玫瑰、肥肉透明、亮若水晶、不咸不淡、香味清醇等特色，是金华火腿中的珍品，曾被皇家列为贡品。在我国民间流传着这样一段话："中华火腿出金华，金华火腿出东阳，东阳火腿出上蒋，上蒋珍品雪舫蒋。"除了"雪舫蒋"，还有金华金标火腿等著名品牌，这一现象说明了加工技术的地域性。

又像宁波多咸货食材，这与宁波近海、海产品需要进行加工储存有关，宁波现在还有老同源咸货店。咸齑是宁波的传统菜肴，它的特色是味美价廉。任何家庭都离不开咸齑，它不仅可以与其他食物一起做成美味菜肴，也可以单吃，生吃、熟吃都能吃出味道来。宁波流传着"家有咸齑不吃淡饭""三天不吃咸齑汤，脚骨有点酸汪汪"等谚语。宁波咸齑以邱隘为最，最先由外地引进雪里蕻腌制而成，有200多年历史。但宁波种雪里蕻菜的历史有记可查，明末屠本俊著的《野菜集》对雪里蕻描写得性形皆实。邱隘的咸齑之所以特别好吃，一是那儿土质特别，雪菜含有特殊元素；二是加工技艺中含有特殊技巧及配方，口感微酸，鲜味足。"纵然金菜琅蔬好，不及吾乡雪里蕻。"如清人汪灏在《广群芳谱》中写道："四明有菜，名雪里蕻。雪深，诸菜冻损，此菜独青，雪里蕻之得名盖以此。味稍带辛辣，腌食绝佳。"

用各种食材调制成酱，早在《周礼》中就有记载。用酱处理食材，能够增加口感与保质期。宋代有一种酢菜，是将新鲜的蔬果裹以米粉与盐再入瓶封存，发酵大概半个月后食用。这种半成品的食材在现在正好符合快节奏的生活。在老字号中,浙江秋梅食品有限公司就有严州干菜鸭产品。严州干菜鸭是建德传统名菜,选用建德当地麻鸭和农家干菜,麻鸭用调味料、干菜、香辛料调制的卤汤卤制。食用时将干菜与五花肉丁和火腿丁炒透,然后入笼蒸两小时。在盘中铺上部分干菜,将切好的鸭肉摆在干菜上,其上再铺一层干菜,复蒸三十分钟而成。干菜鸭不仅美味而且耐储藏,存放的期限可有十日之久。

食品加工产业延伸出销售业,过去称为南北货销售。浙江的南货内容很广,将出产于南方的新鲜产品通过干制、腌制或加工复制而成。干货保留了鲜货的风味特点,而且耐于储藏。杭州万隆腌腊店,创建于清同治三年(1864),创办人为陈、张两氏,原籍宁波,以经营"金华火腿""家乡南肉""高庄风肉"与自制咸肉而出名,兼营咸鲞、火腿等。

3.浙江饮食类老字号体现的食品制作技术

浙江饮食类老字号中,有不少的茶食食品。茶食一名,与茶关系甚密。茶食与茗宴的形成和发展,可以说是古代吃茶法的延伸和拓展,其历史颇为久远,大致经历了以下几个阶段:先秦原始时期的原始阶段,以茶茗原汁原味的煮羹作食为特征;汉魏晋与南北朝时期的发育阶段,以茶茗掺和作料调味共煮着饮用为特征;隋唐以后,以茶为调味品制作各种茶之风味食品为特征。据《土风录》云:"干点心曰茶食。见宇文懋昭《金志》:'婿先期拜门,以酒馔往,酒三行,进大软脂、小软脂,如中国寒具,又进蜜糕,人各一盘,曰茶食。'周辉《北辕录》云:'金国宴南使,未行酒,先设茶筵,进茶一盏,谓之茶食。'"在《金瓶梅》中可见里面奉茶是以各种食料放入茶汤之中的。茶食是与礼仪相伴的餐前食品,包括各种糕点。《说文解字》释:"糕,饵属。"一般来说,软胎的点心称之为"糕",带有馅料的点心称之为"点",外挂糖、蜜的点心称之为"裹";内无馅料、外无挂料的点心称之为"食",如面食、米食等。浙江的食品加工,糕、点的区别已经不甚分明,大多添加馅料,通过煮、焙、蒸等工艺,制成糕点。现将浙江省著名的点心罗列如下。

(1)"嘉湖细点"

所谓"嘉湖细点",清同治《湖州府志》卷三十三《物产》云:"茶食:或粉或面和糖制成糕饼,形色名目不一,用以佐茶,故统名茶食,亦曰茶点,他处贩鬻,称

'嘉湖细点'。"

"嘉湖细点"可以分为米制品、麦制品与糖制品。

米制品中最常见的是年糕、松糕、定胜糕,桔红糕也非常流行。松糕加上肉糜馅,就成了肉松糕。糯米制品中,有馅的点心最有代表性的非粽子莫属,目前两个老字号是嘉兴五芳斋与湖州诸老大。1921 年,浙江兰溪籍商人张锦泉挑着担在嘉兴老城区叫卖"五芳斋粽子",从此翻开了老字号的历史篇章。五芳斋粽子的特点是"糯而不糊,肥而不腻、香糯可口、咸甜适中"。湖州诸老大粽子创立于清光绪十六年(1890),粽子呈四角枕形,肉粽酱香十足,甜粽甜而不腻,糯而不烂。1928 年,在杭州西湖博览会上获得优质土产奖,名声大振。另外还有汤团,它也是团子类的食品,嘉湖一带把"汤圆"叫"汤团"就是一个很好的例证。汤团的馅有鲜肉、芝麻、豆沙等,"嘉湖细点"以鲜肉见长。

"嘉湖细点"中麦的制品有烧卖与馄饨等。其他地区的烧卖大都个头较大,以糯米充馅,唯独嘉湖地区的烧卖个头较小,以纯鲜猪肉糜为馅。如在鲜猪肉糜中添加虾仁、冬笋,就成了"虾仁烧卖""冬笋烧卖",而添入蟹黄的"蟹黄烧卖"更是"嘉湖细点"中的精品。五芳斋烧卖是五芳斋致力于"嘉湖细点"传承的又一成功范例。周生记馄饨是湖州"四大名点"(诸老大粽子、丁莲芳千张包子、震远同玫瑰酥糖)之一,20 世纪初由周济相创办。据说,1930 年间,周济相看到丁莲芳千张包子店生意兴隆,便也开了家千张包子店与之竞争。不久后,周济相就败下阵来,于是改为经营馄饨,取名"周生记馄饨店"。周生记馄饨在馅料上汲取"丁莲芳千张包子"的经验,并加以改进,七分精、三分肥的猪夹心肉切成小丁,拌料时重用黄酒和芝麻屑,使肉馅更香鲜。包馄饨时,要让肉馅裹成椭圆形,这样一只馄饨咬两口,都能咬到肉馅。同时他在馄饨的品质上也下足了功夫,最让人称道的是十张皮子只有一两四钱重,只有一般馄饨六张皮子的重量,突出皮薄馅多的特点。此外,馄饨的汤料也十分考究,吃时加上熟猪油,撒上香葱,令人回味无穷。

"嘉湖细点"中糖制品有麻酥糖等。麻酥糖源自南宋的墨酥糖,用炒熟的芝麻研成粉和糖加料制成,用一张小红纸包成长方形,小红纸上印有店家的招牌,其味香甜、质感松软。

"嘉湖细点"品种有干点与水点。干点心便于携带与储存,主要有杏仁饼、绿豆糕、月饼、椒桃片、云片糕、玉带糕等。片糕类点心含水少，吃口松脆，另有一绝。片糕类点心的制作工序复杂，它的前道工序与绿豆糕一样，将蒸熟的麦面粉拌上糖、油，要加核仁的也在此时加入，压入印模成形，上笼屉蒸熟，切片后就是"云片糕""玉带糕"等。海盐云片糕较有名。民国初年海盐天禄号的糕点茶食单所列云片糕种类包括"人物云片""松子云片""胡桃云片""桂花云片""双桃云片""五色云片"等，其中"人物云片"刻有《三国演义》中的人物形象。西塘八珍糕被称为"参糕""千糕"，由清光绪年间西塘名医钟稻荪所创。西塘八珍糕以米粉、白糖为主料，以山楂、茯苓、芡实、米仁、白扁豆、山药、麦芽、五谷虫等八味中药为配料。椒桃片是"茶食四珍"之一，湖州震远同的最为有名。另外像乌镇姑嫂饼等也是名品。

（2）宁式糕点

宁式糕点以米、面为主料（更多以米为主），经常配以白糖、芝麻、豆沙、瓜子、果仁、蜜饯等，酥、软、脆分明，但又以酥为主。种类、花色繁多，有玫瑰碗儿糕、白糖方糕、光饼、汤果、圆子、扁子、水塌糕、年糕、松花蛋、薄荷糕、黄楠糕、桂花糖年糕、枣仁糕、雪团、三北千层饼、三北藕丝糖、豆酥糖、溪口千层饼等。有的再配以苔菜，甜中带咸，口味独特，如苔菜生片、苔菜千层酥、苔菜月饼、苔菜油赞子等。[①]

宁式糕点中最为有名的"十大糕点"：猪油汤团、龙凤金团、水晶油包、豆沙八宝饭、猪油洋酥脍、三鲜宴面、鲜肉小笼包、鲜肉蒸馄饨、酒酿圆子、虾肉烧卖。其中，猪油汤团、龙凤金团和鲜肉小笼包久负盛名。[②]

"颐香斋"以货真价实的配料、传统精细的工艺、纯正独特的风味创出名牌，代表着颐香斋品质和荣誉的麻酥糖、椒桃片、浇切片、香糕、西湖藕粉为杭州著名特产。

清以后浙江的茶食店遍及全省。民国时期杭州的茶食店就有天禄茶食店、九芝斋茶食店、汪裕泰茶食店等，遍及城中与城郊。老字号中，生产茶食的有朱一堂食品厂、法根食品厂、百年汇昌食品有限公司、绍兴孟大茂食品有限

①　周时奋.宁波老俗[M].宁波：宁波出版社，2008：224.
②　王万盈，何维娜，魏亭.宁波风物志[M].宁波：宁波出版社，2012：106.

公司、绍兴市马仁和食品有限公司、桐乡市一品斋茶食有限公司、湖州震远同食品有限公司、瑞安市李大同(老五房)茶食品店等。

震远同有"茶食四珍",即玫瑰酥糖、牛皮糖、南枣合桃糕与椒盐桃片。震远同雪饺是传统茶食珍品,"白如雪,形如饺",内胚如同饺子的千层饼,外面敷了一层米粉与糖霜制成的白如雪的粉末,口感松酥香脆,味甜微咸,是一款风味绝佳的茶食点心。

省级的老字号茶食不能代表全部的优秀茶食品。比如吴山"酥油饼"现在是区级的老字号,但其拥有丰富的历史文化。从历史上说,吴山"酥油饼"产生于约一千多年前(五代十国末期)。赵匡胤与南唐刘仁赡在安徽寿县交战时,当地百姓用栗子面做成酥油饼支援赵军。后来赵匡胤当了皇帝,经常命御厨制作此饼食用。高宗在迁都临安(今杭州)后,也常吃此饼,之后由御厨传到民间,人们在吴山仿照此饼,改用面粉起酥制成吴山酥油饼,被誉为吴山第一点,流传至今。清代诗人丁立诚《城隍山说饼》一诗,描绘了他一边品茶,一边吃吴山酥油饼的情景,他有滋有味地说道:"吴山楼头江湖景,品茶更食酥油饼。酥油转音为蓑衣,如人雅号纷争品题。"

二、饮食类老字号中体现的文化特征

1. 老字号体现出历史上文化交流的事实
(1)南北文化的交流

浙江一地历史上有三次文化交融的事件,第一次是在魏晋时期,江左豪族将浙东视为其"后花园",在浙东大兴土木;第二次是在唐宋时期,特别是宋代,大量北方移民随宋政权迁至江南;第三次是在明清以后,南北文化交融现象更为突出。

不少食品中都有文化交流的印记。胡麻饼又称胡饼,是陕西地区汉族小吃之一。古时称芝麻为"胡麻",核桃仁为"胡仁",用"胡仁""胡麻"为馅制作的饼称为"胡麻饼"。胡麻饼以面粉为主料制成,上撒有芝麻,故而得名。"胡食"自汉魏以来即在中国风行,到唐代发展成为大众化的方便食品。传说安史之乱时,玄宗西幸,走到咸阳集贤宫,没有东西吃,只好用"胡饼"充饥。《资治通鉴·玄宗纪》有记载："日向中,上犹未食,杨国忠自市胡饼以献。"高似孙说："胡饼言以胡麻着之也。"一句话道出其特点。胡三省注:"胡饼今之蒸饼。"但是胡麻饼是烘烤而成的,不是蒸成的。"胡麻饼"特点为酥脆油香、色泽黄亮、皮酥内软,咸淡适中、营养丰富。著名诗人白居易亦喜食胡麻饼,他在《寄胡麻饼与杨万州》一诗中,对胡麻饼大为赞誉:"胡麻饼样学京都,面脆油香新出炉。寄于饥馋杨大使,尝看得似辅兴无。"胡饼几近浙江的烧饼。衢州市邵永丰成正食品厂,创建于清朝年间,以生产衢州传统特产"麻饼"蜚声内外。衢州人至今还保持着独特的传统白灰炉烘烤工艺。

塘栖朱一堂现在仍保存着京八件的模具。"京八件"就是八种形状、口味不同的京味糕点,"京八件"为清宫廷御膳房始创,后流传至民间。以枣泥、青梅、葡萄干、玫瑰、豆沙、白糖、香蕉、椒盐等八种原料为馅,用油、水和面做皮,以皮包馅,烘烤而成。江南多用米粉,苏式糕点划分为炉货、油面、油余、水镬、片糕、糖货、印版七类,较有名的有云片糕、椒桃片、麻酥糖、枇杷梗。朱一堂传承了传统苏式糕点的特点,并融合了塘栖多家百年老作坊的传统手工艺,根据季节的不同生产出各式的应时糕点,如春季的绿豆糕,夏季的椒桃片,秋季的中秋月饼,冬季的"三碰头"重麻酥糖,还有像桂花糖年糕、桔红糕、干菜饼、袜底酥等近百种不同风格的传统糕点。

杭州羊汤饭店与德清张一品以出售羊肉著称。有宋一朝嗜吃羊肉,宋太祖"取肥羊肉为醢",一夕腌制而成,叫作"旋鲊",成为宫廷御膳。北宋时期,宫廷羊的消耗量每年达 10 万头以上。迁都临安后,民间受皇族南下的影响而喜欢食羊肉。《老学庵笔记》上记载了当时的一则歌谣:"苏文熟,吃羊肉;苏文生,吃菜羹。"羊肉的食用与政治地位有了勾连,反映了当时的民俗。

（2）吴越地域内的文化交流

宁波"赵大有水磨年糕店"最早可追溯到清末民初,传说"赵大有水磨年糕"由梁湖人创办,制作技术与粳米原料也由上虞梁湖传入。当时,宁波城内有 20 多家梁湖人开的"赵大有年糕店",一度成为佳话。近年,赵氏家族的梁湖认祖,充分表现了民间的文化交流与食品的流动史实。赵大有为符合当地人口味,也做了一些改良。赵大有金团外皮脆、黏,内馅欠甜、欠滑,为了弥补这种缺陷,将原来用生水拌和的外皮粉,改用熟水,又把原来单纯的豆沙馅,加白糖馅,并在其中掺入蜜饯、瓜仁等,从而使外皮既韧又糯,内馅香甜滑润。自此形成了赵大有宁式糕团的独有特色。《鄞县通志》载,宁波一带用米、麦、豆粉、糖、芝麻等为原料,采取蒸、煎、炸、烘、煮等技法,制作多种糕点。用米粉制作的宁式糕点,历史悠久。早年有"小王糕",据说始于春秋战国时代,原是越王勾践给儿子常食的一种点心,用米粉、食糖等原料制成,后流传至民间,故又有"太子糕"之说。[①]

宁波叶大昌食品店宁式糕点经销店,由慈溪人叶启宇创始于 1925 年,以自产自销宁式糕点兼有"三北"地方制作流派而著称。著名产品有:千层酥、玉荷酥、绿豆糕、苔生片、蛋饼、椒桃片、三北豆酥糖、三北藕丝糖等。

绍兴孟大茂创建于清嘉庆年间,以生产香糕闻名。香糕制作的传说始于吕洞宾,因为年糕出售有剩余而变质,所以吕祖传下秘方,在糕中加入砂仁,待糕蒸熟后在火上烤出水分,然后切片。这样制作的香糕利于保存,且有益身体。传说卖年糕的是绍兴人,所以称为绍兴香糕,这实际上也是嘉湖细点的变种。现在的香糕做法是用精白粳米磨成米粉,配上适量的中药丁香、砂仁、白芷、豆蔻、大茴和研成粉末的食用香料,再拌以纯白砂糖,和粉成型后,放到白炭火上烘焙。香糕黄而不焦,硬而不坚,上口松脆香甜,也是一种保健食品。

杭州楼外楼的创始人为绍兴人洪瑞堂,杭州知味观的创始人为绍兴人孙翼斋,这些传说或史实充分说明了浙江一地的人员流动与食物的传播方式。

(3)与周边地区的文化交流

在具体食品中,比如桔红糕,起源于福建省泉州市安海镇,曾流行于闽南和江浙地区。该糕点由江南的糯米制成,其造型玲珑,剔透如玉,糯滑可口,甜韧适中,具有糯而不粘、甜而不腻等特点,老少皆宜,深受公众喜爱。

又如定胜糕,又称定榫糕,源于苏州一带。传说南宋名将韩世忠与夫人梁红玉驻守松江时,苏州百姓犒劳军士,送来形状类似榫的糕点,糕点中有一纸条:"敌营像定榫,头大细腰身。当早一斩断,两头勿成形。"韩世忠受启发,出兵将金兵拦腰斩断。为报百姓之助,遂将"定榫糕"改名为"定胜糕"。目前浙江、江苏一带都有生产定胜糕。

---

① 赵志远,刘华明.中华辞海(第 4 册)[M].北京:印刷工业出版社,2001:4285.

年糕的生产也表现出浙地与江苏、安徽、江西等地的文化交流。如奎元馆宁式鳝糊的做法始于徽式做法,传说富阳的永昌臭豆腐创始人黄峄喜为江西人。这些充分说明了食物交流的多样性。

2.老字号体现出浙江地域文化特征

(1)节俗文化特征

不少食品与节俗密不可分。

年糕起于吴地,其产生据说与伍子胥有关。伍子胥悲叹战乱百姓难以维生,于是制作年糕埋于城墙之下,并与人曰:如遇生活艰难,掘地三尺可活命。后伍子胥被吴王所杀。吴越争霸,吴国战败,吴国百姓的生活也是水深火热。百姓记起伍子胥所言,掘地三尺,果然在城墙之下挖到年糕,得以渡过难关。年糕是年年高的谐音,不只是浙江人喜欢吃糯米食的表现,也有讨得喜庆的内含。绍兴丁大兴食品厂生产的绍兴优质水磨年糕,宁波缸鸭狗的汤圆、赵大有的年糕糕点都是地方特产。

龙游"善蒸坊"是生产龙游发糕的示范地。"发糕"为"福高"的谐音,寓"年年发、步步高"吉祥之意,是当地老百姓逢年过节餐桌上的必备名。据《龙游县志》记载,龙游发糕的制作始于明代,具有悠久的历史,逢年过节家家户户蒸制发糕,或用作点心,或馈赠亲友,成为龙游特有的节日风情。

宁波人过春节,有吃猪油汤团的习俗。宁波汤团皮薄而柔滑,色白光亮,糯而不黏,入口流馅,油烫香甜,自成特色,在 20 世纪 90 年代已被列为中华名小吃。在宁波,以赵大有制作的龙凤金团最为有名,称"赵大有金团"。金团寓有团圆吉庆的意思,按照用途不同,又生出许多有趣的名称,如种田时节有种田金团,割稻时节有割稻金团,结婚时有龙凤金团,新生儿满月时有子孙金团等[①]。

浙江奉化民间操办喜庆筵席,都离不开八味大"嘎饭",即浆烤猪头、红焖羊肉、皱皮油肉、乌狼鲞烤肉、鸭子芋艿、冰糖甲鱼、清蒸河鳗、奉化摇蚶,再加上当地名糕点"溪口千层饼"和"奉化水沓糕"两种,共计有十大种。千层饼就是奉化的特产,现在奉化市溪口毛龙千层饼厂、王永顺千层饼厂都是老字号。

---

① 蔡敏华.浙江旅游文化[M].杭州:浙江大学出版社,2005:188.

杭州、嘉兴、湖州一带，松糕、定胜糕往往是婚嫁乔迁、造桥筑房时表达庆贺的食物。

（2）浙江的信仰文化

A. 素食文化

魏晋之后，佛教在浙江一带广为传播，丛林制度产生。梁武帝行素食政策之后，佛教食素成为规则。[①] 素食的发展有三个阶段，第一阶段以豆制品生产为主，豆腐传说为汉代淮南王刘安所创，之后一直是中国食谱中的重要食材。早期宋代的文献中，杭州素食店出现频率较高。第二阶段以菇类、魔芋（蒟蒻）的生产与食用为主，第三阶段以大豆蛋白的生产为主。

杭州鸿光浪花豆腐、富阳东坞山豆腐皮、岱山鼎和园香干以及素春斋素菜馆等构成的素食食品链条，体现浙江素食文化的特征。

清朝咸丰年间年，"余福兴"豆腐店在杭州开业。豆腐店选用上好原料，坚持"琼浆玉液"品质经营，受到百姓喜爱。1956年，"余福兴"豆腐店与其他豆腐店合并，翻开了杭州国营豆制品生产企业的新篇。1985年3月，杭州豆制品厂注册了"浪花"商标；1991年10月，杭州红光豆制品厂注册了"鸿光"商标，至今都是杭城乃至省内百姓耳熟能详的品牌，每天生产并供应市场豆腐类、豆腐干类、千张类、素鸡类、油炸类、卤制类、饮料类等9大类100多个产品，并相继在杭州推出南豆腐、晶玉豆腐、中华豆腐、蛋玉等花色豆制品，鸿光维他豆奶、鸿光豆浆等大豆饮品等。相较之下，臭豆腐是豆腐中的异类，富阳市、绍兴市等都有生产臭豆腐。

东坞山有句话叫"三口风吹出千年金衣"，"千年"指的是东坞山豆腐皮有着一千多年的历史，"金衣"指的是做出来的豆腐皮薄如蝉翼。早年，东坞山有九庵十三寺，佛教兴盛。传说有个小和尚在磨豆浆、做豆腐的时候，太专注于念经而错过了豆腐出锅的时间，当他去捞的时候，看到豆腐表面有一层薄薄的皮，他把这层皮捞起来尝了一下，味道比豆腐还要好吃，遂把这件事告诉了方丈。后几经改良，捞出来的豆腐皮薄如蝉翼，就起名为"豆腐衣"，又叫"豆腐皮"。东坞山豆腐皮皮薄油润，落水不糊，薄如蝉翼，油润白净，重量极轻，味道

---

① 陈俏巧. 北魏佛教素食考［J］. 兰台世界，2015(33)：29-33.

鲜美,因产于浙江省富阳县受降乡东坞村而得名,在浙江、上海、江苏一带,久负盛名。

杭城寺庙很多,佛事兴盛,素菜馆也多。民国时期,著名的素食店有功德林、香积林、素春斋、素香斋、素馨斋等。新中国成立后,除了灵隐的斋堂外,仅存素春斋。

B. 军事文化

定胜糕(定榫糕)反映了南宋抗金的军事史实。除此之外,吴山酥油饼传说是犒劳军士的糕点,起源于宋初的名点"大救驾"。传说赵匡胤与南唐刘仁赡在安徽寿县交战时,当地百姓用栗子面做成酥油饼支援赵军。后来赵匡胤当了皇帝,经常命御厨制作此饼食用。迁都临安后,也常吃此饼,后由御厨传到民间,人们在吴山风景点仿照此饼改用面粉起酥制成吴山酥油饼,被誉为吴山第一点,流传至今。苏东坡任杭州知州时,一天身披蓑衣,脚着芒履,冒雨游吴山,见众人争购油饼,也去买了几只,解下酒葫芦坐在野花丛中品尝起来。苏东坡觉得此饼香脆松口,味道特佳,问店家此饼为何名,店家回答:"山野小吃,没什么美名。"苏东坡细观此饼,一层层、一丝丝,像身上蓑衣一样,便随口说道:"好,既无雅名,就叫它蓑衣饼吧!"因此吴山酥油饼又叫蓑衣饼。

另外还有反映抗倭军事文化的。岱山长涂倭井潭硬糕始于清光绪年间,当时是畅销江、浙、闽、沪沿海一带的传统名糕。相传几百年前,倭寇占领长涂岛,当时的明朝将领戚继光带领将士们英勇奋战,夺回了长涂岛,而战士们在战争中就是用这种硬糕代替了普通的干粮,因为硬糕比普通的糕点便于携带,而且保存的时间更加长。

(3)状元文化

浙江历史上状元文化最为发达的是杭州与宁波。杭州是省会试之地,又是北上的交通起点,宁波则是浙东运河的大码头。这两个地方的老字号具有状元文化特色。

宁波状元楼酒店有则传说,相传宁波籍状元章鋆与朋友于考前在酒楼喝酒,酒酣耳热之际,跑堂送上一盘"冰糖甲鱼"。盘中青黄相映,油汁紧裹鱼块,入口绵糯,香、甜、酸、咸各味俱全,章鋆禁不住绝口称妙。问跑堂:此系何菜?跑堂看他俩一身读书人打扮,一副赶考行头,就随机应变道:"此乃'独占鳌头'

也。"章鋆听之好不开心。后章鋆果然金榜题名,中了状元。在衣锦还乡途中特地重登此楼,提笔挥毫,写了"状元楼"三字,让店家作招牌。从此,楼以菜扬名,菜为楼增色,生意更加兴隆。[①]

此传说与杭州奎元馆、状元馆的传说非常接近。

状元馆创建于清同治十年(1871),为宁波人王尚荣所开,原址在盐桥附近。王尚荣早年在宁波学习烹调宁式面菜,后到杭州营生。因其能烧一手宁波面菜,逐渐成为杭城的名厨。经营几年后,有了点积蓄,便在盐桥边盘下一家小面店,专做宁式汤面生意。盐桥靠近省城贡院(科举考场),又是商业较为繁荣的地段。清同治十一年(1872),适逢省城会考,各县秀才纷纷来到杭州应试。王尚荣为迎合秀才们期望高中的心态,特地在店内设立馆座取名"状元馆"。据说,宁波有一考生来杭赶考,曾在此用餐,后中状元。此后状元馆声名远播。[②]

奎元馆开创于清同治六年(1867),是安徽人开的徽州面馆,旧址在官巷口四拐角的西南角。当时店小生意清淡,没甚名气。有一年,逢省城秋闱,各地秀才汇聚杭城,面店老板为吸引这些读书人,在每碗面中烧进囫囵鸡蛋三个,暗含"连中三元"之意。秀才们闻讯都登门吃面,小店的生意顿时兴隆起来。有一个在这里吃过三个囫囵鸡蛋的外地秀才,乡试、会试、殿试都得第一名,他认为自己连中三元是因为吃了这家面店的面,于是在衣锦还乡时专程拜访这家小面店,并亲手题赠"魁元馆"三个字的招牌。自此,此店声名大振,日见兴旺。后因年代久远,"魁"被写成"奎",遂称之为"奎元馆",一直至今。[③]

(4)名人传说

食品中名人的传说极多。其中南宋建国故事以及乾隆南巡故事相传甚广。

比如龙凤金团,它的历史至少可以追溯到南宋时期。民间有这样一个传说:赵构为躲金兵逃至明州,当时赵构饥饿难忍,便向一位村姑求食。村姑给

① 翟山鹰,沈健.中国文化淘金书[M].北京:中国商业出版社,2017:104.

② 张庶平,张之君.宁式酒菜面店杭州状元馆//中华老字号(第6册)[M].北京:中国商业出版社,2007:190.

③ 宋宪章.杭州奎元馆面店//浙江省政协文史资料委员会.浙江文史集粹(第4辑)[M].杭州:浙江人民出版社,1996:230.

了他一个有馅的糯米团子，赵构吃了团子后告别而去。金兵退去以后，赵构返回临安，为了报答村姑救命之恩，令浙东女子出嫁时可使用半副銮驾，乘坐龙凤花轿，他吃过的糯米团子也被封为"龙凤金团"。

乾隆下江南为民间美食的宣传带来了极大的助力。比如皇饭儿（王润兴）老字号的"鱼头豆腐"，杭州的猫耳朵、陈麻婆豆腐、西湖桂花粟子糕、西湖醋鱼、龙井虾仁、西湖莼菜汤、乾隆鱼头、鱼头豆腐、叫花鸡等，宁波的素八鲜、水晶虾仁、江南稻草肉、家乡咸肉豆腐、乾隆招牌温蟹，绍兴的绍兴老酒、醉蟹、糟鸡、新昌芋饺、霉干菜烧肉。[①]

三、饮食类老字号现代精神挖掘

1. 老字号体现出强烈的草根文化特征

（1）老字号的产生表现出食材的草根化以及加工的普及性

在干菜系列中，宁波的咸齑使用的原料是雪里蕻，绍兴霉干菜是芥菜与油菜、白菜，海宁榨菜是芥菜，这些材料是相当普遍的。

在腌制方法中，老字号产品更显示出大众性与草根性。比如斜桥榨菜，菜头经盐腌后压榨，除去一部分水分，然后加盐和十多种香料及调料（干辣椒粉、花椒、茴香、砂仁、胡椒、山奈、甘草、肉桂、白酒等），装坛，封口，在阴凉处存放。在密封的条件下，坛里的菜头先经酒精发酵，后经乳酸发酵，产生特殊酸味与香味，就成为榨菜了。中国榨菜、欧洲酸菜和日本酱菜，被誉为国际三大名腌菜，以海宁"斜桥"牌为代表的浙式榨菜与川式榨菜齐名，列为中国名榨菜之最。

绍兴霉干菜多系居家自制，将菜叶晾干、堆黄，然后加盐腌制，最后晒干装坛。据《越中便览》记载："乌干菜有芥菜干、油菜干、白菜干之别。芥菜味鲜，油菜性平，白菜质嫩，用以烹鸭、烧肉别有风味，绍兴居民十九自制。"

清代范祖述在其《杭俗遗风》中介绍了"王饭儿"。清代时杭州流行"件儿饭店"，加"儿"化音是杭人吐字的特点，"件儿饭店"的意思就是按件收费，一听

---

① 方法林.社会嬗变下的旅游经典问题研究[M].北京:中国旅游出版社,2018:10.

就是平价饭店。旧时用两条高脚凳放在店前,上面架块门板,门板上放样菜。大致是一类菜一个价,家常荤菜如炖肉、煎鱼等每盘六文,小炒每盘四文,菜汤每盘二文,大菜如山珍海味每盘五十六文。"件儿饭店"菜品丰富,随点随做,而且价格不贵,所以在杭州城内遍地开花。据说有一王姓宁波人,其饭店建于乾隆年间,除了各种件儿菜外,还有鱼头豆腐,风味独步。当时这家店就称"王饭儿",此"王"与彼"皇"可是一点也不挨着,平民消费的特点是明显的。

(2)老字号中体现草根的智慧

如平湖糟蛋。传说清雍正年间,平湖西门外有一个酒坊老板徐源源,他家里养的鸭子把蛋误下在一堆糯米里。这一年黄梅发大水,把徐老板家中的糯米与鸭蛋全淹没了。情急中,徐老板随手将糯米与鸭蛋捧入酒瓮中。过了一段时间,徐老板想起这件事去处理时,发现糯米已发酵,蛋壳微微发软,尝尝淡而无味,徐老板索性将错就错,干脆再加些酒和盐,并用牛皮纸蘸猪血加以密封,经过充分发酵,几个月后徐老板惊喜地看到浸没在糯米酒糟中的蛋壳脱落,透明的蛋白与桔红色蛋黄凝为一体,酒香扑鼻,回味悠长。

双鱼酒的酿造也充满了传奇色彩。相传在宁波城西广德湖畔有一姓郭的员外,祖辈以捕鱼为生,因贪酒,故会在闲暇之余自酿老酒。一日,其子在玩耍之时无意将鱼放进了他用来酿酒的酒坛,事后他未曾察觉,并用装有鱼的坛子酿酒。数年过去,当酒坛开封之时,装有鱼的那坛酒异香扑鼻,尝一口清甜甘冽,有别于其他酒坛里的酒,此事令他惊奇万分,仔细查看后他发现了沉在坛底的两根鱼骨,心想难道原因在此吗?受此启发他反复试验,最终发明了这种非常独特并独树一帜的酿造方法。此后,他在酒坊内修建了双鱼池,双鱼池池水清澈,池底似有二龙盘踞,但就近一观正是两条鱼儿在戏水。这一池子碧水,郭家平时用来炖茶,到了冬天酿酒季节,就把鱼儿投入池中蓄养数天,使其吐尽腹内污秽之物,祛除泥腥。后来郭员外将采用此法酿造的酒取名"滋生双鱼酒",该酒可以祛湿,增强抵抗力,有滋补养生的功效。郭员外也就是滋生双鱼酒的创始人。

还有王元兴松丝汤包店在汤包之下垫松丝,使得汤包的味道更为清香;赵大有油包是在传统的基础上创新而成的。

2.老字号体现出文本情怀

(1)老字号体现出地域语言文化特色

上文已经提及,老字号中的民俗文化气息非常浓厚,不仅表现出中国文化的丰富层面、也表现出浙江一地的语言文化特征。

像状元糕、桂花糕、云片糕,以糕取"高"的谐音,有步步高升,吉祥之意,而且充满着生活的情趣。宁波的"缸鸭狗"甜食店也因其擅作猪油汤团而享誉海内外。"缸鸭狗"实际的名字是江阿狗,据说从前有个叫江阿狗的人,他做的汤团特别好吃。江阿狗在宁波开明街开了一家汤团店,因江阿狗在宁波方言里念成"缸鸭狗",于是他别出心裁,用自己的名字作店名,在招牌上绘了一只缸、一只鸭子、一只狗作标记。

民间生动的顺口溜,表现出饮食老字号与当地民众的生活关系。宁波有这样的顺口溜:"三更四更半夜头,要吃汤团'缸鸭狗'。一碗下肚勿肯走,两碗乏碗发瘾头。一摸口袋钱勿够,脱下布衫当押头。""缸鸭狗卖汤团,五老峰卖高包(即包头),董生阳卖橘饼,宝兴斋卖肉包,孟大茂卖香糕,老同源卖咸货,崔兴泰卖鲜货,灵泽庙前卖咸齑,城隍庙卖茴香豆,河利市桥卖大米,张斌桥卖黏头树,天宝成银楼卖金银,冯存仁堂卖药材,大有丰卖百货,源康布店卖洋布,老三进卖鞋帽,老德馨卖香烛。"表现出丰富的语言文化。又像绍兴顺口溜:"勿吃周宿渡脆瓜,跌落三颗大门牙,勿吃楼茂记香干,生活做煞呒相干;勿吃老同元咸货,乖人要变老呆大。"语言诙谐幽默。

(2)老字号体现出民间想象力

老字号还体现出人本主义的精神。老字号附会的传说故事,不只是民间想象力丰富的体现,也是商业文化与广告意识的体现。比如温州的白蛇烧饼是在胡饼的基础上加工的,传说清光绪末年,瑞安市区府头门钟楼右侧,有姐妹二人开烧饼店,在胡饼的基础上,推出葱油重酥烧饼,饼呈金黄色,入口即化,酥脆可口,远近闻名。姐妹二人常穿白色衣衫,市民以《白蛇传》中的白娘娘喻之,久而久之,将其烧饼延称为白蛇烧饼,流传至今①。

---

① 李正权.中国米面食品大典[M].青岛:青岛出版社,1997:6

3.老字号体现出诚信与勤奋的商业精神

几乎每个老字号都是辛苦创业的代表。

湖州震远同,创建于清朝年间。当时湖州菱湖镇人沈震远在当地开了一家茶食店,后其徒弟方幼时继承店业,并把店址迁到了湖州闹市区骆驼桥下。为谢恩师,他把店名改为"震远同","同"者,师徒一脉相承也,意为继承师业,奋发图强。震远同所制酥糖,品种多,有玫瑰酥糖、芝麻酥糖、椒盐酥糖、豆沙酥糖、荤油酥糖等。以香气浓郁、食不粘牙等特色,名列湖州"四大名点"之冠而驰名海内外。

杭州的几个老字号如知味观、楼外楼、奎元馆,都是外来者的打拼史。

四、饮食老字号当代发展的思考

1.地方名小吃与老字号关系思考

由于征选原则的关系,许多地方名点名品都没有相应的老字号入选,使得老字号不能体现地域食品的总体面貌。比如萧山萝卜干,萧山萝卜干的加工技术是当地的一项传统食品加工技术。有一萧山沙地人在络麻收剥后种植萝卜,结果大量鲜萝卜吃不完,就放在芦帘上日晒风吹,等萝卜干了再塞进小口坛子里压紧用泥密封。一年后打开坛子,发现萝卜干色泽黄亮,香味浓郁,咸中带甜,味道比鲜萝卜更好。风干萝卜在萧山东片沙地区一传十,十传百,成了远近闻名的"萧山萝卜干"。另外像宁波的盐齑,除了邱隘之外,宁波章水镇贝母齑菜也非常有名,但缺乏老字号。如何制定老字号征选标准,使得字号、品牌与地方特色食品形成点与面的良好互动还是需要思考的。

2.食品老字号与当下人生活的关系

在老字号的推广中,有受时人推崇的,如餐店与路食,而南货中的一些地方特色点心,则不尽如人意。这其中,有三个方面值得思考。

一是食品的口味。中国传统中以糖为贵,所以甜食较多,而当下为健康着想,适当去糖。比如,传统中硬糕类较多,因为硬糕适于远途食用与拿取,但是当代人的饮食方式在改变,软糕越来越受人欢迎。食品的口味要适应当代人的口味要求加以改造。

二是食品包装。有一些老字号的包装仍然采用旧时的纸质包装，包装没有紧跟潮流，审美得不到当下人的认同。因此必须重改进包装。

三是现代人的生活节奏加快，老字号中有些食品的食用方式不太适用于当下：比如糯米类食品，冷时干硬不可食，必须采用蒸的方式，这样这些食物就被排除在快食之外。在健康、素食主义观念流行的当下，应该重视如何对传统食品进行改造，否则，老字号只是为企业进行背书而无法发挥其最大价值。

3.老字号的文献梳理与宣扬思考

首先，现在的老字号并不能反映历史上的食物生产与食用的状况。从文献中，我们可以不断发掘历史上曾经有名的食品。比如百果糕，文献记"杭州北关外卖者最佳。以粉糯，多松仁、胡桃，而不放橙丁者为妙"[①]，"杭州金团，凿木为桃、杏、元宝之状，和粉搦成，入木印中便成。其馅不拘荤素"等。所以，发扬传统饮食文化，需要从文献出发，系统地挖掘地方饮食的特色，进行综合开发。

其次是传说与食品事实上的差异，比如一些关于乾隆南下的食品传说，许多只是附会之说，经不起推敲。那么如何来处理两者之间的关系，分层次、有理性地看待食物的文化历史，讲好老字号的故事呢？第一，要秉持科学的精神，传递食品食用与自然交融的精神，而不是以资源掠夺的角度。第二，还要以卫生、健康的准则为主，不能一味强调纯手工，而是要强调食材的营养、天然。第三，要在大餐饮品牌推广中传递积极向上的精神，讲好杭州餐饮食品故事。比如用料平民而制作讲究，物量不多而容器美观，饮食节制而仪礼上佳等。

① 袁枚.随园食单[M].南京:江苏古籍出版社,2000:73.

绍兴中国酱文化博物馆创建历程、展示内容与文化意义

李　鑫　周鸿承[*]

摘要：近年来，随着中国大陆地区经济的稳步发展，中国 GDP 贡献排名前列的江浙地区，依靠浓厚的人文历史气息，在社会文化事业上取得了更加突出的成就。绍兴首座中国酱文化博物馆（以下简称酱博）在这种文化生态环境下应运而生。本文简述酱博建立的背景、概况、酱博六大主展区设计，以及首座酱博建立的重要意义。

关键词：酱文化博物馆；绍兴；酱园

一、创建背景

近年来，中国国内经济发展稳定快速。良好的经济局面为文化事业的投入提供了良好的经济条件和基础；各项产业的发展拉动了产业间文化的竞争。就制酱行业来说，一向有酒缸（酿酒缸）、酱缸（造酱缸）、染缸（印染缸）"三缸"文化之称的浙江绍兴，在酱文化发展方面具有诸多优势。如何变这些文化优势为现实生产力的竞争优势，成了新的一代酱业人需要认真思考的问题。另外，国家级学术团体、NPO 等社会团体和行业协会的积极活动是推进文化事

---

　* 作者简介：李鑫，男，浙江商业职业技术学院旅游烹饪学院副院长，主要从事中国烹饪文化及工艺相关研究；周鸿承，男，浙江省饮食文化研究院副院长、副教授、博士，浙江工商大学饮食文化创新团队成员，主要从事饮食文化相关研究。

业发展的有效补充。以中国食文化研究会为代表的一批学术社团和行业协会，在挖掘中国酱文化历史、系统爬网酱相关史料、收集整理相关器皿、照片等实物方面，做出了重要贡献。酱博的建立是中国企业家投入巨大资金和心力，学术团体积极提供方案和策略，社会各界对文化事业积极支持等综合力量有机配置的结果。

图1　2007年12月15日，绍兴中国酱文化博物馆开馆

二、创建历程

酱博由目前浙江省最大的酱醋生产企业绍兴至味食品有限公司斥资1000余万元于2004年开始筹建。博物馆占地面积5000平方米，建筑面积2000平方米。博物馆馆体的外延花园式空地陈放着2000余口酱缸，以及现代化设备的酿造车间、酱品陈列与展销商店、精品餐饮服务设施等。酱博展区采取图书馆传播学原理、形象设计和视觉传达等理念，应用实物、图片、影像、雕塑、动画等现代科技手段，形象地再现了中国酱文化的起源和流变，系统地展示了与酱文化息息相关的中国盐文化、中国醋文化以及酱文化的重要载体——酱园的历史发展。酱博从筹建到最后的成功开馆，凝结着各方的努力和付出。

酱博筹建前期进行了大量的学术考察和调研，参与设计的主创人员走访了云南等少数民族地区,实地考察和收集了一些具有代表性的少数民族制酱工艺和实物,并在全球范围内征集世界酱文化资料。日本、美国、韩国地区的酱企业和博物馆提供了许多有益的帮助,比如韩国酱文化博物馆就赠送了部分藏品,并分享了他们成功建立和规划本国酱文化博物馆的经验。在前人的付出与努力下,2007 年 12 月 15 日上午,酱博开馆典礼在中国绍兴县平水镇举行,并隆重祭祀酱园鼻祖蔡邕和另外九名中国饮食文明的历史巨人,他们分别是:中华文明播火者——燧人氏、中华原始农业开拓者——神农氏、中华熟食发轫人——灶君、中华酿酒第一人——仪狄、以味道治国的总理大臣——伊尹、中华食学理论奠基人——孔子、豆腐发明主持人——刘安、中华茶道始祖——陆羽、中华食文化之圣——袁枚(注:九大巨人之题赞均系赵荣光先生考证)。酱博开馆暨祭祀典礼接受了中国中央电视台、《光明日报》、《中国食品报》、《中国食品》、《中国妇女》、《中国烹饪》、《中国烹饪信息》、《扬州大学烹饪学报》、日本《当代中国》、美国《东方美食》等中外数十家中外媒体的现场采访报道。

酱博,作为公共空间承载酱文化的同时,也便利了中国饮食文化内容的传播,加强了中国传统文化同世界各国文化的交流。酱博开馆后,与会专家学者参加了在绍兴县柯桥举行的"2007 中国首届酱文化(绍兴)国际高峰论坛"。此次论坛旨在弘扬历史悠久的中国酱文化,并对其进行挖掘梳理、总结提炼和学术交流,摸清酱文化的历史脉络和发展态势,推动酱产业的创新发展。论坛由中国食文化研究会、浙江省食品学会、县人民政府主办,中国调味品协会、全国总工会财贸工会全国委员会协办,绍兴中国酱文化博物馆、绍兴至味食品有限公司承办。国际著名学者日本前国立民族学博物馆馆长石毛直道博士,韩国释奠学会副会长金天浩博士,美国《东方美食》杂志主编杰奎琳·纽曼博士,酱文化博物馆荣誉馆长、浙江工商大学赵荣光教授,扬州大学季鸿崑教授,中国酿造文化专家包启安先生,中国调味品协会卫祥云会长等多学科学者共 200余人提供了 80 余篇论文,其中 30 余人作了大会演讲。有学者认为"中国酱文化博物馆的胜利开馆和 2007 中国首届酱文化国际高峰论坛的成功仅仅是中国酱文化事业进军的第一通鼓"。基于酱文化研究的阶段性提升,酱博的建立在 21 世纪中国饮食文化研究中的历史性意义,基本上确定了酱博建立对于推进中国酱文化事业的里程碑式意义。

图2　中国酱文化博物馆馆长赵荣光（左三），日本前国立民族学博
物馆馆长石毛直道（右二）

图3　中国酱文化博物馆馆长赵荣光（左一），美国《东方美食》
（Flavor ℰ Fortune）杂志主编纽曼教授（右一）

三、酱博六大主展厅设计及主要内容

酱博坐落于绍兴市平水镇,展馆整体上以"酱褐色"为主色调,强化了"酱文化"的主题。外形设计为两层四方体,馆门采商代礼食器"司母戊鼎"为蓝本,凸显酱博的历史厚重感,其引人注目可见展馆设计者用心之深。踏入馆内(序厅)一条直道,以有机玻璃龛入数只酱缸横切面,内置黄豆、小麦、稻谷等制酱原料,颇具自然和谐质感。序厅连接主题展厅的入口处悬挂酱博的"前言",精练准确地介绍了中国酱文化。

展馆共分为六大主题展厅,除"序厅"外,还设有"酱与酱油文化厅""醋文化厅""汉族地区的酱园文化厅""中国少数民族酱文化厅""中国酱文化与世界厅"。笔者将按照参观顺序分别作介绍如下。

(一)酱与酱油文化厅

该展厅系统介绍了中国酱文化七千年的文化流变,结合图片,按不同历史阶段标记为:原始贮藏与发酵食品(距今 10000 年前左右);三代时期的醢(前 2070—前 771);汉代的酱(前 206—220);唐代的酱(618—907);酱园;百姓家的酱;现代的酱;世界各地的酱。陈设了相关的历史文献样本,如《周礼》样本一册,配有《周礼·天官冢宰》:"掌四豆之实,……共醢五十瓮。凡事,共醢。"全篇文字古本放大照片。《史记》样本一册,配有《史记·货殖列传》一百二十九卷"通邑大都,酤一岁千酿,醯酱千瓨,浆千儋……蘖麹盐豉千荅,……"一页的古本放大照片。

该展厅向参观者展示了酱的作坊式制作流程,配合还原历史真实的 1∶1 人物雕塑,各历史时期典型的酱瓶、酱罐、酱坛等容器,以及制酱原料的实物,如黄豆、小麦、食盐等。采用影像技术模拟了大规模的传统酱园生产动态场景,具有强烈的立体感和试听效果,时代色彩之浓烈令参观者身临其境。此外,还有一组微型泥塑,以生动精细的人物神态和动作刻画了北方家庭做酱的场景。

图 4　北方家庭制酱场景

作为酱文化的重要历史拓展,酱油的制作也在此得以展现。不仅介绍了汉代以降民间百姓取"酱清"为酱油用的传统方式,更以图解的形式展示了现代酱油酿造的工艺流程。对中国历史上酱油的品种及分布也作了简要说明,还展出大量当代中国酱油产品的商标,搜集量之多可谓酱博的一大特色。

(二)醋文化厅

该展厅以醋文化为主题,侧重介绍醋的调味功能及其医疗保健功效。水粉画"史前人类采食梅果图",以人类的嗜酸性引出发明食醋的必然,从而追溯醋的渊薮,陈列有《尚书》一册,配以《尚书·说命》:"王曰:来汝说……尔惟训于朕志,若作酒醴,尔惟麹糵;若作和羹,尔惟盐梅。"古本拍照展示。《齐民要术》样本一册,配有《齐民要术》卷第八"作酢法"一页放大照片。陶谷《清异录》一册,配以"食总管"一段文字展示。明代李时珍《本草纲目》一册,配"华池左味"一段文字展示。

厅内用一组微型雕塑完整地再现了食醋的作坊式生产,并配以彩照展示了各种醋品的制作原料。对中国当代食醋名品,如山西老陈醋、镇江香醋、四川麸醋、浙江玫瑰醋等,也均通过配图、展板进行了简要介绍。

历史上人们认识和利用醋的医疗保健功效,在此也得以较为系统全面的配图解说,如孙思邈《千金要方》:"舌肿不消,以酢和釜底墨,厚傅舌之上下,脱则更傅,须臾即消"。北宋代陈元靓《事林广记》:"食鸡子毒,饮醋少许即消"。宋代钱惟演《箧中方》:"诸虫入耳,凡百节、蚰蜒、蚁入耳,以苦酒注入,起行即出。"值得一提的是,出展厅数步辟有一处迷你醋吧,设座位数十,简约典雅。出售保健醋、饮料醋、美容醋、消化醋等各式醋饮,对传统醋产业生产理念的外拓、技术工艺的革新有启发性的意义。

(三)汉族地区的酱园文化厅

"酱园"作为中国酱文化的重要历史载体,承担了中国城邑居民对酱,以及酱油、醋、腐乳和酱菜等各种酱制品的需求。该展厅以绍兴某官酱园为蓝本的一座复原建筑再现了"前店后场"的传统作坊整体原貌,使酱园文化在此得到了生动和充分的反映。用展板标识了全国各地上百家城镇酱园的分布,包括企业历史图照、招匾、业主或厂区门景等企业代表性标志,全面反映了见于文字记载的全国各地酱园的历史情况。并集中展示了中国历史上四大名酱园:北京"六必居"、扬州"三和"、长沙"九如斋"、广州"致美斋"。配以酱的生产工具、商埠的办公用具等相关实物与资料,给参观者带来亲切、真实感,两千多年的"酱园"情结更深入人心。此外,厅内还陈列了现代企业的各种发酵调味品产品的样品。

图 5　传统酱园制酱场景模拟

（四）中国少数民族酱文化厅

嗜酸作为人类的原始偏好，至今仍反映在中国少数民族的日常生活中。该展厅用大量的彩画、动漫、照片、文字以及实物，展现了中国少数民族别具特色的制酱工艺，如蒙古族制作酸酱、朝鲜族造黄酱、白族制作螺蛳酱等。值得一提的还有傣族的蚁卵酱，该厅展示了云南西双版纳地区傣族妇女与小孩儿掘取蚁卵，漂洗蚁卵，与鸡蛋搅拌入油锅中炒后而食的画面。配以唐代刘恂《岭表录异》卷上："交广溪洞间，酋长多收蚁卵，淘泽令净，卤以为酱。或云其味酷似肉酱，非官客亲友不可得也。"文字解说这一奇特的食酱习俗。

（五）中国酱文化与世界厅

该展厅绘制了"历史上的酱文化圈""不断扩展中的世界酱文化圈""酱油在当代世界的分布与利用""世界上的食醋民族与地区"等展板。从历史文化交流的角度，集中展示了中国周边国家及地区极具典型的酱文化，如"一衣带水：日本列岛的酱文化""血脉相连：朝鲜半岛的酱文化""息息相通：东南亚地区的酱文化"，以及世界上其他地区的酱文化之品种陈列，为各国参观者提供了交流、沟通的平台。

四、创建绍兴酱文化博物馆的文化意义

酱博的建立，有利于增进大众的饮食文化知识和启示。酱是人们日常生活至关重要的食物之一。某种意义上，酱博就是一部浓缩的中国酱文化发展史。它有助于大众更为全面地了解中国酱文化在中华民族饮食史上的地位，有助于深刻认识酱在大众饮食营养的生理需求层面上体现出的地域性，在品味调和理论层面所反映出的民族性特点。

作为一个专题性的历史博物馆，酱博以客观、翔实的一手史料，严谨而科学地还原历史，勇于担当起"中华民族是人类历史上最早开始掌握了发酵技术

的族群"①这一称号,不仅起到了正本清源的作用,更在时下各国各地区争抢"申遗"的热潮中保持了一份冷静的思考:传承中华民族优秀传统文化的历史使命,不仅是积极融入国际潮流,展示本国优秀文化,更加要把认识、保护优秀传统文化的工作作为我们本身应该积极去承当的事情。所以,我们应该以文化主人翁的积极主动心态,向世人客观公正地展示中华先民创造的深厚的酱文化历史。

酱博的建立,既有利于保护分散的文化式样,又使国人的民族自豪感和崇敬之情得到宣泄。酱博系统有序地展示了原本分散的文化事象,在一个公共空间里集中展示酱文化内涵。酱博创造的具象化文化体验空间和近距离的情感交流方式,有利于国人宣泄对中华民族优秀传统文化的自豪和崇敬之情,维系了大众盐酱情结,是为酱文化的张力所在。

酱博的设计和布展,十分注重通性和个性的辩证关系——求本国文化之异,存世界各种文化流传之同。在牢固把握中华民族自身酱文化同时,放眼世界各国酱文化内容,强调酱博在世界各国饮食文化间交流、沟通、学习的平台作用,推动各国饮食文化研究创新。酱博的成功建立和良好的社会反响,也为中国当代其他类型传统文化向"开放、认识和保护"的目标前进提供了有益的思考。

---

① 赵荣光.关于中国酒文化研究值得注意的几个问题//第五回国际酒文化学术研讨会论文集[M].东京:日本酿造学会,2004.

杭帮菜博物馆建立原则与
城市美食旅游业发展策略

杭帮菜研究院

摘要：杭帮菜博物馆的创建原则以"中华民族饮食历史"作为主线贯穿、"民族食事事象"作为平面延展以及"餐饮文化"作为构建基础。"城市文化—休闲精神"最直接的感官接触与视觉传达方式是美食体验。美食观光业结构调整必须重视中华饮食文化的内在价值。美食博物馆作为饮食文化遗产传承保护的重要平台，是提升城市美食观光业发展的重要手段。

关键词：美食观光业；杭帮菜博物馆；提升策略

近三十年，中国内地美食观光业经历了"三个十年"的阶段性变迁[①]。"名厨""名菜""名店"是第一个十年间中国美食观光业的时代文化特征，第二个十年的时代文化特征是"工薪族消费"模式，第三个十年的时代文化特征则是"营养""健康""持续"等综合指标的理念[②]。第三个十年的时代文化特征完全可以理解为中国美食观光产业注重永续发展的观念。后博物馆时代以建立专门性主题博物馆为主要特征。中国内地美食观光产业发展历经"三个十年"阶段性发展后，饮食文化类主题博物馆逐年增多。2007 年至 2009 年，笔者参与中国

---

① 保旭. "名菜、工薪、绿色"印证中国饮食三个"十年"[OL]. (2009-10-20)[2009-12-05]. http://www.chinanews.com.cn/sh/news/2009/10-21/1921484.shtml.

② 赵荣光. 基于开放与发展视角的云南餐饮文化走向思考//杨艾军，高宝云. 回味悠长：滇菜论文与红河美食文萃[M]. 昆明：云南人民出版社，2009：3-11.

酱文化博物馆馆陈设计项目并向国内外做了重要报告①。2007年12月,中国酱文化博物馆开馆典礼暨第一届酱文化国际高峰论坛的召开,在中国酱文化发展史上具有里程碑式意义。同样该馆的建立为提升绍兴"酱缸、染缸、酒缸"的三缸文化做出了突出贡献②。中国酱文化博物馆是浙江省大力发展饮食文化主题博物馆的序曲,而中国杭帮菜博物馆的创建则是中国大陆地区饮食文化主题博物馆建设的里程碑式代表作。

当你置身中国杭帮菜博物馆的时候,你将见到如下展览:大禹与始皇南巡所食,古运河餐饮广场,雷峰塔起造工程民食,宋高宗买食宋嫂鱼羹,南宋都城食肆,食圣袁枚食学建树与美食经历,清杭州将军府满汉全席,白居易、苏东坡疏浚西湖食事,西湖博览会美食等一系列重大与典型历史食事,清明、端午等中华传统节令食俗。以上都将在"五千年文明,十三亿人口"的理念下以博物馆的形式重现。可以由100、200、500、5000、10000这一组数字概念来理解中国杭帮菜博物馆的未来面目:100位饮食文化历史名人,200家古今名店,500位古今名师,5000年菜肴文化历史,10000品古今名馔。

随着杭州经济的稳定、快速发展。餐饮业成为杭州十大潜力产业之一,杭帮菜已经成为杭州的一张新名片,这是建立中国杭帮菜博物馆的优势之一。饮食文化领域的主题博物馆建立也是一个历史过程,没有既往三十年来美食观光产业的大发展,是不可能有以文化和物质条件为构建基石的美食文化博物馆的出现的。杭帮菜博物馆的建立背后,与中国当前的国情、政情和行情分不开。本文拟以杭帮菜博物馆创建与展陈设计为例,探讨后博物馆时代的饮食文化博物馆建立原则与城市美食观光业发展提升策略问题。

一、杭帮菜博物馆建立原则

中国杭帮菜博物馆修建在玉皇山南侧江洋畈生态公园中心。英文名称为

---

① 周鸿承.博物馆视野下的中国酱盐文化及其保护策略:以首座中国酱文化博物馆的建立为例[J].中国调味品,2009(12):20-26;Zhou Hongcheng. Salt and Sauce in the Chinese Culinary[J]. *Flavor& Fortune*,2009(1):9-10.

② 周鸿承.中国酱文化博物馆的建立与社会认知[J].中华饮食文化基金会会讯,2009(1):43.

Chinese Hangzhou Cuisine Museum，是 2010 年西湖申报世界文化景观遗产治理工作的重要文化建设项目。于 2012 年 3 月 20 日开馆。中国杭帮菜博物馆共分为 A、B、C 三大区域，总面积 14000 平方米。据《中国杭帮菜博物馆展陈方案》文本内容介绍："中国杭帮菜博物馆（A 区）馆内结构主要由历史空间元素、历史名人元素、名店元素、乡土民俗元素四大主体内容构成，该馆有十大基本展区，馆内布展面积大约是 3000 平方米。"

对于中国杭帮菜博物馆的命名，有以下几点需要说明。首先，我们认为"杭州菜博物馆""杭菜博物馆""杭帮菜博物馆"等各种命名都有缺陷。以"杭帮菜博物馆"的命名方式来说，行业色彩过于浓厚。"帮"的概念是清末至 20 世纪中叶流行的中国菜地方性表述方法，"帮"的表述法有明显的行业局限性、思维陈旧性，20 世纪中叶至今虽然也在使用，但也只主要在餐饮和烹饪业界[①]。不仅如此，"帮"的概念的出现是与清末和民国时期，英、法、美、德、俄、意等海外"番菜""大菜""西菜""西餐"等相对应的提法，是历史发展过程中的产物[②]。总之，"帮"的表述与标识有明显的行业陈旧性、地方封闭性和观念过时性。在馆陈设计始终与概念性方案论证会议上，我们依然建议使用"中国杭州菜博物馆"，这既是地方饮食主题博物馆创建应该坚持的重要原则，也是赋予该博物馆更具有生命力的重要举措。

中国杭帮菜博物馆展示的是"五千年文明，十三亿人口"理念主导下的中华民族饮食文化结晶——杭帮菜。博物馆内展示的杭帮菜不再是简单的杭州地方菜品和零散的美食文化集聚。按照中国杭帮菜博物馆馆陈设计者赵荣光教授的话来说，该馆建立原则强调的是："以'中华民族饮食历史'作为主线贯穿、'民族食事事象'作为平面延展以及'餐饮文化'作为构建基础。"以上三重构建基础正是我们设计该博物馆的三大原则。离开民族性、区域性以及对现实餐饮文化的关照，历史上的杭帮菜是无法出现在博物馆中的。不仅如此，杭帮菜、浙江菜、下江菜以及中国菜，他们之间的层级关系是正确认识与评价杭帮菜的历史地位的关键所在。如果以地域城市观念来划分中国菜系的话，那

---

① 赵荣光.关于中国地方菜的表述问题："系"表述方法的否定//中国饮食史论[M].哈尔滨：黑龙江科学技术出版社，1990：77-83.

② 徐海荣.中国饮食史：卷六[M].北京：华夏出版社，1999：313-318.

么把杭帮菜作为中国菜的重要代表之一是合情合理的。对杭帮菜历史地位与文化高度的正确认知,通过由中国杭帮菜博物馆馆陈设计者提出的杭帮菜文化"承传·互动·延展"平面关系示意图(见图 1)来说明,十分清晰。

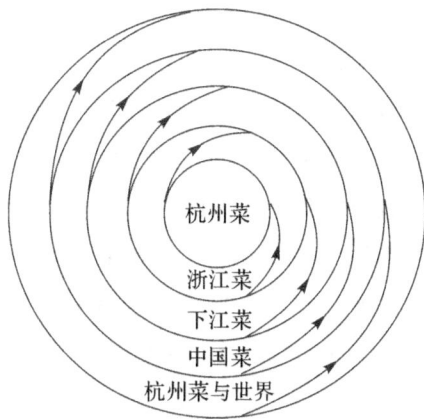

图 1　杭州菜文化"传承·互动·延展"平面关系示意图

关于图 1 需要对以下几点进行必要的说明:

(1)图中明确示意出中国杭帮菜博物馆以杭帮菜为重心。

(2)"下江菜"所指的"下江"(扬子江流域)是中国历史上的习惯说法,"下江菜"是行业的传统说法,"扬子江流域"或"长江下游地区"是国际视野的习惯说法。

(3)图中强调全球化视野下的杭帮菜,杭帮菜文化中的科学、健康部分既是中国菜的文化价值所在,也是属于全人类的文明知识。任何封闭观念、任何割裂区域与整体的观念都与我们建设中国杭帮菜博物馆的原则相悖。

(4)两组相反方向箭头表示的是承传与互动关系。

(5)杭帮菜、浙江菜、下江菜、中国菜和杭帮菜与世界之间并没有现实世界中的同心圆结构和严格的内外层次,这只是一种示意手段。

在设计上,我们主要基于以下几大原则:一是历史场景主题再现的原则。比如:《武林旧事》等记录杭州城酒店街市场景比例群塑或图画,林洪素馔文献与肴馔模型,秦桧与葱包桧儿图画,乾隆与龙井茶,杭州菜文图,西博会美食场景文图与食品模型,等等。民族饮食文化的系统整理与模拟再现,是丰富与发展杭州美食观光产业核心竞争力的重要方式。二是通过杭帮菜历史文献长廊的方式凸显杭帮菜文化的文献载体。三是构建杭州名菜长廊。博物馆通过文献与考古发现研究、田野考察、模拟实验等方法，再现了各个历史阶段不同生活场景下具体菜品的原真形态，是杭帮菜食料、工具、工艺、菜品及食用者文化行为的一次考古学意义的历史再现。

从现实产业角度来分析，中国杭帮菜博物馆具有商业、社会和文化的多重意义。中国杭帮菜博物馆的出现是由于杭州地区有悠久的民族饮食文化沉淀，也是近30年来中国旅游业和杭州美食产业的繁荣发展所致。中国杭帮菜博物馆的建立既可以成为杭州美食观光产业新景点与新地标，更是拓展了杭州美食产业的文化与经济互动空间。通过中国杭帮菜博物馆来立体地、集中地、全面地、客观地展示杭州饮食文化，杭州美食观光产业的国际化步伐将会极大地加快，而得到国际社会乃至异文化族群的文化认同概率亦会增高。我们甚至可以理解为，创建中国杭帮菜博物馆是杭州饮食领域文化遗产系统整理与保护工作的积极信号。杭州美食观光产业的文化旅游属性将会成为杭州餐饮业、旅游业的重要标志。

二、馆陈设计原则与主要内容

中国杭帮菜博物馆主要由历史空间元素、历史名人元素、名店元素、乡土民俗元素四大主体内容构成。而其馆陈内容与结构要点则充分反映杭帮菜文化的十大主体内容，分别是：历史空间脉络，饮食历史名人脉络，原料、肴品、餐具脉络，烹饪、服务、管理脉络，名店脉络，民俗乡土脉络，中国菜文化信息中心，多媒体功能厅，精品展示厅，商业服务区。根据已有并能够发掘整理出来的历史依据，按照科学把握、准确再现的展陈原则，兹将中国杭帮菜博物馆十个相对独立而又有紧密内在联系的基本展区概述介绍如下。

第一展区是"钱塘古郡，饭稻羹鱼"：秦——南朝时期的杭州饮食风貌。展示主体内容之一是西湖生态演变历史脉络下的食物原料景观。表现元素与手段主要有：沙盘图形制作、地质标本陈列。展示西湖形成的自然与人工过程。用河姆渡、跨湖桥等遗址出土的动植物图画来展现史前西湖地区的生态景观；

用动植物食料模型、历代西湖文献古本展现西湖生态演变历史脉络下的动植物食料原生态模型。主体内容之二是鱼米果蔬丰足的天福之国。展示元素主要有秦始皇巡狩,地方长官美食供奉图;秦汉时期的饮食器皿陈列;苏小小镜楼情会;佛国素食;葛洪道家养生图。

第二展区是"运河终点,人间天堂":隋唐时代杭州的饮食。展示主体内容之一是隋唐时代杭州的饮食。表现元素有京杭大运河终点的食事风情(酒楼、茶肆、食摊等);白居易与杭州饮食;西湖船食。主体内容之二是吴越时期杭州的食事。表现元素有钱王宴会宋使图景、民间食品制作图景(包粽子等)、捕捞与鱼市等。主体内容之三是宋代杭州的菜品文化。表现元素有沈括考察两浙水利,苏轼诗会,林洪素馔,南宋都城临安食物原料市场、餐饮业网络、周边食物原料供给线路图,酒楼食品制作流程场景模型,"四司六局"图示,民间风味食品制作场景,宋高宗夜游西湖买食宋嫂鱼羹,南宋朝廷宴待金国使臣,岳飞府饮食,秦桧与葱包桧儿,等等。

第三展区是"帝国都城,歌舞西湖":宋代杭州的菜品文化。展示的主要内容有:林洪素馔、南宋都城临安食物原料市场、"丰乐楼"宴会娱乐场景模型、"四司六局"图示、宋高宗游西湖买食宋嫂鱼羹、岳飞府中秋饮食等。

第四展区是餐桌上的东西方对话:元明时代的杭州菜品文化。展示主体内容之一是"东方威尼斯":世界视野下的杭州饮食风情。表现元素有马可·波罗所看到的杭州饮食风情,色目人在杭州的食事活动,利玛窦等传教士眼中的杭州菜,日本、朝鲜来访者(主要是僧人)与杭州菜。主体内容之二是士大夫的杭州饮食。表现元素有《西湖游览志》等文献中的杭州餐饮文化、于谦端午闻教组塑、张岱品茶的茶食、高濂与杭州饮食文化等。主体内容之三是杭州节令饮食与传统名食。表现元素有杭州节令菜肴文化与品种、杭州民间传统菜品与制作。

第五展区是"独标下江,誉满九州":清代的杭州美食世界。表现的主体内容之一是杭州名人与杭州美食。表现元素有李渔与杭州美食、俞樾师生会饮、胡雪岩养生膳食等。主体内容之二是清朝宫廷贵族与杭州美食。表现元素有康熙南巡与杭州饮食、乾隆南巡与杭州美食、杭州将军府"满汉全席"与"满洲城"中的旗人饮食等。不仅如此,该展区还将系列展出杭州历史上的菜谱与食书。历史文献作为物质载体更加真实客观地说明了杭州地区悠久的美食文化内涵。

第六展区是"平生品味似评诗，中华鼎鼐千古奇"：中国食圣袁枚专区。展示的主体内容是回顾与系统总结袁枚——作为我国古代"食圣"，在我国饮食文化研究上的"十大成就"①。展示的脉络主要是按照袁枚人生活动的时间主线来叙述：大树巷中宁馨儿，家徒四壁贫人食，宦游天下"品味"人，名人名食，袁枚、尹继善、蒋士铨、赵翼诗酒交谊，袁枚湖楼会宴饮图景比例群塑，中国"食经"——《随园食单》中的杭州菜，"到处羹汤叫品题"（官宦府第座上客的袁枚，袁枚与家厨王小余，袁枚的饮食文化世界）。

第七展区是"湖山游胜，美食来享"：近代民国时期杭州餐饮业。展示主体内容之一是杭州民国时期餐饮业重大事件。表现元素有西博会美食景观、杭州的新式饭店、杭州的西餐店等。主体内容之二是民国名人与杭州美食，表现元素有孙中山与杭州饮食，蒋介石、宋美龄与杭州饮食，胡适与杭州饮食，林语堂与杭州饮食，司徒雷登在杭州饮食事迹与外国人执箸就餐照片，等等。

第八展区是"美食天堂、誉满五洲"：新时代、新发展的杭帮菜。展示主体内容之一是新中国初期的杭州餐饮业。表现元素有改革开放前的杭州餐饮业、改革开放前的杭州名菜、改革开放前的杭州传统菜品等。主体内容之二是名人与杭州菜。表现元素有周恩来对杭州餐饮业的关怀、毛泽东与杭州菜。主体内容之三是杭州美食图、美食节景观、"杭帮菜"热全国、走向世界的杭州菜、杭州菜与城市公共健康之间的互动、杭州餐饮文化研究的历史回顾。主体内容之四是杭州名店·名菜·名厨。以名店来说，杭州可供展示的餐饮名店十分丰富，比如有丰乐楼、西湖画舫船菜、大运河沿岸及船上餐饮、楼外楼、知味观、奎元馆、天香楼、杭州酒家、王润兴酒楼、颐香斋、素春斋、天外天、万隆酒家、山外山、景阳观、采芝斋、状元馆等。名菜与名厨，兹不一一赘述。

---

① 赵荣光.平生品味似评诗，落想腾空眩目奇：中国古代食圣袁枚美食实践暨饮食思想述论//赵荣光食文化论集[M].哈尔滨：黑龙江人民出版社，1995：312-316.

三、建立杭帮菜博物馆的重要意义

中国杭帮菜博物馆展示的是"五千年文明，十三亿人口"理念主导下的中华民族饮食文化结晶——杭帮菜。赵荣光教授曾评价道："博物馆通过文献与考古发现研究、田野考察、模拟实验等方法，再现了各个历史阶段、不同生活场景下具体菜品的原真形态，是杭帮菜食料、工具、工艺、菜品及食用者文化行为的一次考古学意义的历史再现。"中国杭帮菜博物馆的创建原则与馆陈设计体现出饮食文化类主题博物馆"休闲与教育"的功能特质，从"参观"变为"享用"①。当然，这个博物馆并不是枯燥的教育场所，我们的设计亦是期待可以把中国杭帮菜博物馆建设成为一个呈现场面形象与仿真的"奇异空间"②。我们也希望大众进入该博物馆的时候，可以接触一切、品尝一切，认为这个博物馆是一个"超大型的文化市场"，让人们在体验中感觉到亲切。设计方案充分体现文化性、社会性、体验性以及营利性。

挖掘和弘扬"杭帮菜"传统文化，既是对古人在杭州地区饮食文化创造方面的尊重，也是对改革开放以来，地方政府以及社会餐饮企业在杭州美食观光产业领域所做贡献的阶段性总结。我们认为，杭州"城市文化—休闲精神"的最直接感官接触与视觉传达方式是杭州美食体验。把"休闲观念"和"饮食教育"寓于美食体验之中，这是中国杭帮菜博物馆社会功能的重要体现。以饮食文化为主题的专门博物馆可以最大限度发挥杭帮菜对中外游客的吸引力，促进杭州观光业的发展；可以提高市民餐饮生活质量，也可以提高杭州质量之城的文化底蕴；在整体性、经济性、环保性、安全性以及人性化五大指导思想下，中国杭帮菜博物馆的建设和展陈设计工作，重视与强调"三个结合"。一要高度关注、切实解决杭帮菜传统文化传承与发展相结合的问题，引导杭州美食观光旅游产业发展方式与价值取向的转移，强调主题博物馆的教育功能。杭州美食产业的良性与永续发展，离不开承担合理的社会公益职责，而杭帮菜与小

---

① 陈同乐.后博物馆时代：在传承与蜕变中构建多元的泛博物馆[J].东南文化,2009(6):8.
② (英)迈克·费瑟斯通.消费文化与后现代主义[M].南京:译林出版社,2000:149-150.

区教育相结合、杭帮菜与博物馆相结合,正是杭州美食产业实现社会公益与担当的体现。就城市规划方面来说,杭帮菜博物馆还注意与杭州南宋御街、特色饮食街、南宋皇城大遗址公园的配合,将城市美食业与观光业结合成为一个有机整体。游客对杭州美食的体验将从"撒胡椒粉"时代过渡到"串珍珠"时代。城市功能是美食观光产业发展的前提,没有城市功能的有效运作,美食观光业就会失去客源保障、食品供应链保障。餐饮垃圾、加工废料乃至食物的回收与处理系统都需要城市提供支持。我们认为,当代餐饮业的文化属性、经营特点与管理模式,都取决于城市文化建设的阶段。坚持对杭州的餐饮历史、文化、旅游和产业的全局思考,传承民族饮食文化精华,加强现代饮食领域文化遗产的保护,指导美食观光产业树立科学的发展规划。这本身就是美食观光产业永续发展理念的内在要求。二要高度关注、切实解决杭帮菜博物馆与江洋畈生态公园相结合的问题。杭帮菜博物馆位于江洋畈生态公园内,在景观设计、交通、服务、管理对接方面,实现江洋畈生态公园与中国杭州菜博物馆的良性互动。三要高度关注、切实解决博物馆与特色餐厅相结合的问题。大众眼中的杭帮菜博物馆是"可以吃的博物馆",馆内以特色餐厅为基础,利用大堂、走廊、就餐区域等展示空间,把文化展示与现实餐饮旅游相结合,使参观者真切体验到杭帮菜的"十美风格",从而打造有别于其他饮食专题博物馆,成为真正意义上的杭帮菜博物馆。综上所述,我们可以将建立中国杭帮菜博物馆的主要意义归结为"三个一":一是一个新的"美食地景"。中国杭帮菜博物馆成为立足浙江,辐射全国的"美食地景",或者称之为"美食地标"。二是一个信号。饮食文化类主题博物馆的兴起,预示着内地美食观光产业结构朝文化层面进行深度调整。从中国内地餐饮业"三个十年"的跨越式发展来分析,我们认为这是中国内地一场新饮食文化运动即将到来的信号。三是一个理念。通过审视中国杭帮菜博物馆的馆陈内容与设计原则,我们会发现美食观光业结构调整必须坚持"人·自然·城市"三者之间的和谐共处与永续发展理念,美食观光产业永续发展观念的两个核心价值取向是科学与健康。

四、城市美食旅游业发展策略

自改革开放以来,中国城市的美食观光产业(主要是东部的沿海城市)实现了前后"三个十年"的连续性跨越,每一次跨越,都是一次历史性进步。然而,由于国情、政情和时代条件的限制,一个具有国际视野的休闲城市在发展美食观光业方面,还有很多工作需要去做。首先,对自身存在的问题要有充分的认识。在美食观光产业行业内,永续发展理念并未渗透到我们的美食产品之中,餐饮行业以及旅游组织对公共健康乃至能源消耗问题并未承担起必要而充足的社会公益责任。其次,从观念上,必须强调美食观光业结构调整成功与否,取决于对中华饮食文化的核心价值理解到什么程度。最后,从现实操作上,我们认为博物馆职能介入饮食文化遗产保护是提升城市美食观光业发展的重要策略。

(一)公共健康作用最大化:重视餐饮与食品企业营销策略和道德模式中的健康原则

从全球的食品工业发展历史来看,健康食品往往被排除在饮食选择外是大家普遍认同的观点。全球多数食品企业、饮料企业在产品的健康性与利益诉求方面,处于矛盾之中。内地美食观光产业发展时间虽不长,但美食产品之中健康因素的缺乏却非常普遍。对于企业研发来说,新产品的开发显然是尽量依据现有的技术,满足人们的饮食偏好和欲望,进而为企业赚取高额的商业利益。食品公司受价格驱动,这是商业普遍规律,但是,随着健康与科学观念的深化,我们不断提出任何产品的设计和盈利都必须先遵循最优营养原则。顾及社会公共利益的同时,城市美食观光产业还应该把健康原则纳入自己的营销计划与企业道德建设之中。需要指出的是,永续发展观念就是用来规范营销中的片面行为。永续的产业发展必须从内部开始。当短期利益与长期健康诉求之间发生冲突的时候,必须首先坚持公共健康作用最大化这一原则。食品企业的利益诉求与道德之间,不应该对立起来,它们亦不矛盾。在后消费时代,我们更加注重与提倡食品企业树立良好的道德观,通过营养和科学的方式,满足大众的营养需求。对人类公共健康的重视,是美食行业永续发展观念深化程度的重要评价标准。

(二)美食观光业结构调整必须重视中华饮食文化的核心价值

旅游学研究者一直有一种声音,那就是强调文化是旅游的本质[①]。然而无形的文化价值却不易体现在旅游活动的整个过程中。美食观光产业结构调整势必面向其文化层面,从观光产品的制造、分配到消费的整个过程中,休闲城市的价值取向势必朝着体验性、休闲性和文化性方面努力。从中国杭帮菜博物馆馆陈设计就可以清晰地发现,没有深厚的饮食文化沉淀,没有从未间断的民族传统饮食文化空间,没有系统的整理与研究,是不可能为现实美食观光业寻找到价值依托的。以博物馆为公共空间(或者称之为建筑载体)来保护中华饮食文化,还只是操作层面的努力。我们认为,推进饮食领域的文化遗产工作(涉及整理、开发与保护),才是具有全局战略眼光的结构调整。构建地方文化遗产保护体系是国家文化遗产保护工作的基础,亦是未来申请世界文化遗产的准备性工作。可以想象,饮食遗产观光产业存在巨大吸引力。

(三)美食博物馆:城市质量与休闲精神最佳的有形体验形式

杭州美食地景以文化为最终归宿的发展趋势,势必会对中国内地以及亚洲其他地区如何提升城市质量与休闲精神产生重大影响。通过食物的有形表达与文化的无形价值,"城市质量—休闲精神"的最佳结合方式就是通过建立美食博物馆。值得注意的是,消费时代的美食地景以餐饮大排文件、主题餐厅以及快餐连锁经营为主要构成;后消费时代随着科学饮食与绿色饮食观念的强化,饮食主题类博物馆成为较大公共空间范围内的美食地景。倡导健康的饮食观念、留存民族饮食文化记忆、传播优良的传统饮食知识,是饮食类主题博物馆的重要功能。以中国杭帮菜博物馆来说,它将会成为"中国菜"的信息库,将会成为内地"菜品·餐饮·烹饪"的文化交流平台,将会成为饮食文化研究的国际交流平台,将会成为以"杭帮菜"为主的烹饪文化普及、技术交流培训

---

① 张维亚,赵昭.旅游文化[M].大连:东北财经大学出版社,2008:2.

基地,将会成为集教育与休闲于一体的文化实体。

后消费时代的城市核心质量是休闲精神。在后博物馆时代,休闲精神的最佳表现方式就是饮食类主题博物馆的创建。美食观光产业作为城市休闲产业、旅游产业以及餐饮业的重要组成部分,崇尚科学与健康的美食理念无疑蕴含在城市休闲精神之中。中国杭帮菜博物馆的建立是内地美食观光产业结构调整的新风向标,预示着"科学与健康"观念成为美食观光产业永续发展的核心价值之后,将继续指导中国美食观光业在产业价值观念上的进一步解放。

餐饮业网络营销策略研究：
以杭州知味观为例

王玉陶 *

摘要：网络营销已经成为现代市场营销的重要组成部分。本文在分析市场营销和网络营销的基础上，解剖餐饮企业现状，对餐饮行业的网络营销特点进行系统梳理。课题选取具有代表性的连锁餐饮企业知味观为研究对象，通过充分的分析论证，对杭州知味观的网络营销策略进行优化，并提出可行的创造性对策及建议，为餐饮企业开展网络营销工作提供经验借鉴。

关键词：知味观；餐饮行业；网络营销

"知味停车、闻香下马"——杭州著名的百年名店知味观由孙翼斋先生创建于 1913 年，是杭州饮食服务集团下属大型餐饮连锁企业，也是一家正宗杭帮风味菜肴名店。课题组通过对知味观的营销现状进行分析，提出了优化策略，给予了意见和建议，以促进企业的持续发展。

---

* 作者简介：王玉陶，女，浙江旅游职业学院厨艺学院助理实验师，主要从事烹饪文化研究。

一、知味观网络营销平台及体系

(一)知味观网络营销现状

1.知味观线上简餐现状

目前知味观销售的线上套餐饭一共有 9 款,其中热销款有 5 款,配菜近似,主菜口味偏相似,套餐饭毛利偏高。与知味观产品模式最相近的是永和大王和五芳斋,他们进入市场较早,有一批忠实的简餐顾客,知味观的简餐产品与之相似度高,进入市场较晚。知味观的线上外卖产品缺乏标准化①。

2.销量较好的产品数据

知味观所有线上门店各类产品日均销量之和如下。套餐饭一共 9 款,所有门店日均销量合计可达到 1021 份;中餐炒菜一共有 31 款,所有门店日均销量合计可达 1500 份;小吃点心共有 20 款,其中销量较好的分别为小笼类产品637 份(鲜肉小笼包 402 份,三鲜小笼包 69 份,虾茸蒸饺 66 份),牛肉粉丝 342份,小米糕 192 份。所有门店日均销量合计可达到 1171 份。

知味观小吃类单店日均销量在 50 份左右,套餐饭单店日均销量在 50 份左右,炒菜产品单店日均销量在 260 份左右。

(二)知味观网络营销 SWOT 分析

1.优势

知味观始创于 1913 年,是杭州餐饮企业中的知名百年名店,在杭州的餐饮业中有良好的企业形象和顾客认知度。有成熟的中央配送系统和连锁经营经验;线上产品的口味大众容易接受;线上简餐的定价相对适中,消费者容易接受。

2.劣势

第一,门店的经营管理方式过于传统,无法很好地适应线上管理。第

---

① 洪顺.中小企业网络营销策略优化研究[D].武汉:湖北工业大学,2016.

二,缺少新的设施和烹调加工方式,无法做到标准化和规范化操作。第三,缺乏良好的供应链,原材料品种局限性高,价格偏高。第四,缺少高效的经营系统。

3.机会

第一,美团外卖和饿了么平台在杭州的发展势头迅猛。第二,线上外卖有助于加快传统企业升级转型。第三,外卖已经逐渐成为大众的生活习惯[①]。

4.挑战

最大的挑战就是产品同质化竞争日趋严重;产品缺乏创新,缺少营销;原材料成本过高;外卖平台在不断整合,平台收取的管理费用不断提高[②]。

二、知味观网络营销存在的问题

(一)缺乏信任感

在网络营销中,买卖双方的沟通交流有限,双方缺乏基本的信任。

(二)顾客的感官体验受限制

消费者的感官体验是难以通过互联网传递的。如食材的味道、香味等。线上购物模式无法体验食品的口感、气味以及食材品质之间的差异。

(三)互联网技术有待加强

互联网技术有待强化,包括销售管理软件的升级和营销人员对网络技术的运用等。

(四)网络营销人才紧缺

网络营销虽然近年来热度很高,但优秀的网络营销人才,尤其是具备"技

---

① 肖飞.阳光甜甜圈公司网络营销策略研究[D].兰州:兰州理工大学,2018.
② 高腾玲.互联网背景下网络个性化营销创新趋势探究[J].商业经济研究,2017(19):52-54.

术运用、网络沟通、信息处理、营销管理及团队协作"五方面能力的高素质复合型人是各企业短缺的人才。

三、知味观网络营销的对策及建议

(一)紧跟市场需求,顺应发展趋势

1.强化创新力度,提升品牌知名度

充分利用网络营销平台销售自己的产品与服务。加快改革步伐,招揽相关专业人才,设立独立的网络营销部门,争取创立自己独特的网络平台,持续加大创新力度[①]。

2.加强团队建设,提升工作效率

在推出新政策或新产品之前,要先做相关的市场调研,对其风险进行评估,做好预算和备用方案,可以先小范围实施,如果效果好再大范围推广,最大限度地减少与化解风险。

(二)制定合理的价格,保证售后服务

1.合理制定价格

餐饮行业大量的成本投入于原材料,其次是线上外卖活动,平台服务成本占比也相对较大。线上外卖要与一人食的主题相呼应,价格制定需要控制在23元/单的外卖平均消费水平上[②]。

2.保证售后服务

对售后服务进行细分,准确定位市场。不同的菜型,不同的顾客有着不同的售后服务需求;突出差异化服务,建立知味观服务特色体系。

---

① 孙守强,黄斌,廖娟.大数据环境下精准营销的开展与实现[J].现代商业,2017(19):38-39.
② 齐春微.大数据背景下餐饮业O2O商业模式研究[J].赤峰学院学报(自然科学版),2016(23):125-126.

（三）制定新的渠道通路

1.自有渠道

作为一个大型连锁餐饮企业，知味观有自己的配送中心、食品加工厂、销售渠道，要有效整合这些资源，形成一条高效的产业链，建立起完整的自下而上的自有渠道，从而确保企业的良性运营。

2.合作伙伴渠道

开展线上外卖业务还涉及原材料供应商和包装物料供应商，与平台方和供应商保持良好的合作伙伴关系，可以在销售经营和营销过程中取得一定的优势[①]。

3.客户关系与关键业务

线上外卖的关键业务就是线上外卖的运营，主要是迎合大众市场生产外卖产品，通过市场调研制定运营方案（菜单制定、新品研发、界面设计）、售后处理方案。配合外卖平台做相应的活动，在平台上做品牌展示和推广，从而做到线上线下的引流，最终实现企业的发展目标。

4.新的经营方式

结合已有的外卖数据分析得出，外卖消费市场的主力军是 25 岁左右的消费者，外卖平台上的热销产品是套餐饭和炒菜。但是缺少品质比较好、有特色的主导型品牌。线下餐饮除了保证产品的口感，更多的是体验式消费[②]。

打造本地生活服务平台。外卖让传统餐饮企业更好地认识到大众的口味偏好、就餐习惯、消费习性等，从而对产品进行调整和创新，以培养出属于知味观自己的一批消费群体[③]。

知味观新的商业模式架构总体上是将顾客导入到企业的平台上进行维护。在微信平台上推出知味观公众号，推出会员注册等活动增加顾客粉丝。在微信平台内打造知味观商城、知味观外卖站、知味观生活页等等知味观系列

---

① 黄念.传统餐饮业如何做好网络营销[J].外卖运营指南,2018(7):32.

② 方梦雅,杜海玲.网络餐饮营销模式分析及优化建议[J].现代商贸工业,2017(4):64-66.

③ 杨立娟.老字号餐饮品牌真实性与品牌忠诚作用机理的实证研究[D].天津:天津大学,2017.

的专属产品和服务[①]。

四、结语

基于企业现状制定合适的营销计划,将网络营销工作放在公司战略发展目标中,确保网络营销力度,以提升公司的品牌知名度,加深和客户的联系,提升业绩。

---

① 陈香莲,赵婧,刘永忠.大数据时代下的市场营销机遇与挑战[J]中国商论,2016(10):13-14.

基于食品色彩的安全快速检测技术在餐饮业的应用分析

——以"片儿川"食材快速检测为例

邹明明　章　杰　张　超*

摘要:在现阶段疫情防控常态化背景下,强化食品安全意识,推进食品安全快速检测技术在餐饮业的应用,对扎实做好食品安全工作具有重要意义。本文以"人民为中心的发展理念"为思想基础和指导,以一碗"片儿川"的食材快速检测为载体,制定规范化的管理制度和操作规程,以期为餐饮业食品安全自查提供技术支撑,落实安全管理、风险管控等主体责任,排除疫情防控期间的食品安全隐患。

关键词:疫情;食品安全;快速检测;餐饮业

一、背景与意义

(一)民以食为天

民以食为天,食以安为先。食品安全问题一直是民生关注的热点问题。食品安全关系着广大人民群众的身体健康和生命安全,关系着整个中华民族

---

* 作者简介:邹明明,女,杭州市良渚职业高级中学教师,博士,主要从事食品安全检测和教学研究;章杰,男,杭州市良渚职业高级中学教师,硕士,主要从事食品、药品分析教学研究;张超,杭州市良渚职业高级中学教师,硕士,主要从事化工分析教学工作。

的繁荣未来。党的十九大报告中已明确提出实施食品安全战略,让人民吃得放心。

自 2020 年新冠肺炎疫情爆发以来,各行各业都受到巨大冲击。广大人民群众对食品安全问题更加关注,也提出了新的需求和新的期待。食品安全快速检测(简称"快检")技术是一种快速定性(或半定量)检测技术,具有快速、高效、简便、成本低等优点。然而,目前为止,快检技术在餐饮业等基层中的应用鲜有报道①。对于餐饮业来说,如果能够深入落实自查责任,建立食材自检制度,赢得群众信任,终会熬过"疫情寒冬",迎来"春暖花开"。

(二)色彩检测简便

现阶段,民众判断食品是否安全一般是通过看颜色、闻味道、试温度等传统方式。这其中,食品色彩往往会对民众的消费倾向有所影响。

一般来说,食品品质可以通以下属性来描述:颜色、外观、味道、香气、质地、营养价值。作为消费者,这些属性通常会按照上述顺序影响我们的购买倾向。例如,我们首先会通过视觉评估外观和颜色,其次才是味道、香气和质地。由此可见,食品色彩是最关键的质量属性之一②。食品品质与食品色彩密切相关③,例如,一般认为品质好的面粉是白色的,但实际上面粉由于其自身含有的少量色素和多酚氧化酶,随着时间的推移会发黄,影响成品的颜色④。因此,有些企业会违规添加吊白块等增白剂,从而引发食品安全问题。

---

①　叶雅真.我国食品安全快检产品的现状和对策分析[J].食品安全质量检测学报,2019(12):3719-3724.

②　Barrett DM, Beaulieu JC, Shewfelt R. Color, flavor, texture, and nutritional quality of fresh-cut fruits and vegetables: desirable levels, instrumental and sensory measurement, and the effects of processing[J]. *Critical Reviews in Food Science and Nutrition*, 2010(5):369-389.

③　马海乐,段玉清,何荣海,等."食品色彩化学"的建立及其学科框架构建[J].中国食品学报,2019(6):302-308.

④　丛美娟.淀粉类油脂模拟品的制备及复配性质研究[D].湖南农业大学,2013.

二、基于食品色彩的安全快速检测技术

（一）食品色彩形成原理

食品色彩按照颜色可分为白色、红色、橙色、黄色、绿色、蓝色、紫色和黑色等，包括自然形成和外源添加两种形成方式。植物、动物、微生物在生长过程中，通过各种新陈代谢反应形成许多不同的呈色物质，赋予食品丰富的色彩。例如，大米、面粉呈现白色，是由于其内富含蛋白质、碳水化合物等物质，这些物质对光的吸收能力很差；健康畜肉含有肌红蛋白而呈现红色，肌红蛋白由珠蛋白与血红素结合而成，血红素是一种含有亚铁离子的卟啉类色素，经过高温烹饪之后，亚铁离子变为铁离子，畜肉颜色加深；以雪菜为代表的蔬菜多呈现绿色，主要是由于其含有叶绿素，叶绿素是一种含有镁离子的卟啉类色素。由此可见，食品色彩能反映食品的新鲜度、加工程度等，颜色鲜亮的食品往往更能吸引消费者。因此，不同的着色剂应运而生，并且着色剂的添加是有严格规范的，包括其种类、纯度、用量及所允许添加的食品等。然而，有些不法商贩为追求经济利益，非法添加着色剂或其他添加剂来改变食品色彩，例如，某些养殖户为降低成本、提高利润，非法使用"瘦肉精"使猪肉颜色鲜亮，吸引消费者；在馒头、面条、粉丝等加工过程中非法使用工业硫磺，去色增白、防腐保鲜。

（二）食品色彩测定技术

人们对颜色的感知能力存在着明显的个人差异性，并且感知结果只是定性结果，而不能进行量化分析，因此，在食品检测中食品色彩不仅需要定性的感官分析，还需用特定的仪器进行定量分析。以猪肉为例，可以通过光学显微镜和色差计等对其进行色彩的测定评价。

通过显微切片观察，可以初步判断猪肉是否为注水猪肉。许多不法商贩向猪体内注入水分，以求增加体重，获得更大的经济效益。然而，注水会导致猪肉的正常成熟规律被破坏，肉的色泽等品质将发生很大的改变，还会促使微生物的生长，导致猪肉变质。将猪肉样品进行压片，置于光学显微镜下观察，可以发现正常猪肉与注水猪肉在肌纤维结构和颜色上存在显著差异，前者的肌纤维红白分明，色泽鲜红或淡红，看不到血液及渗出物，而后者的肌纤维横纹模糊，毛细血管内残留的红血球崩解破碎[①]。

使用色差计对猪肉色泽进行定量测定，可用于肉色评定及等级划分，检测其新鲜程度。色差计采用的是 L^*、a^*、b^*、ΔE^* 色度系统，其中 L^* 称为明度指数，a^* 表示红度，b^* 表示黄度；ΔE^* 计算公式为 $\Delta E^* = [(\Delta L^*)^2 + (\Delta a^*)^2 + (\Delta b^*)^2]^{1/2}$，得到实际的色空间两点距离，因此，它可以用来表示两种色调之间的差，即色差[②]。

(三)食品色彩反应技术

物质发生某些化学反应会生成有色物质，或发生颜色改变，往往物质的浓度与颜色呈现一定的比例关系，因此，通过定量测定反应后的颜色变化可以得到原反应物的浓度。紫外可见分光光度计正是利用这一原理，广泛应用于医疗、环境等行业中。食品中的蛋白质、脂肪或者非法添加的某些物质也会发生颜色反应，因此，可将紫外可见分光光度计应用于食品检测中。例如以一碗"片儿川"为例，检测各食材是否有非法添加物质或农药残留。

"片儿川"主要由面条、猪肉、新鲜雪菜或倒笃菜制作而成。面条中常见的非法添加物是吊白块，吊白块是以甲醛结合亚硫酸氢钠还原所得，食品中的吊白块经提取后，会分解成甲醛和二氧化硫，其中的甲醛会与变色酸在硫酸溶液中发生特异性反应并生成紫红色的络合物，其颜色深度与吊白块的浓度成正比。新鲜雪菜中可能会有农药残留问题，在一定条件下，有机磷和氨基甲酸酯类农药可以抑制胆碱酯酶的活性，其抑制率与农药的浓度呈正相关。正常条件下，胆碱酯酶催化底物水解，其水解产物与显色剂(二硫代二硝基苯甲酸)发生反应，产生黄色物质，在 412nm 处测定吸光度的变化值计算出抑制率，可以判断出样品中有机磷或氨基甲酸酯类农药残留是否超标[③]。新鲜雪菜经过晾

① 王汝都,杜连发,武继民,等.浅析注水肉[J].畜牧兽医科技信息,2005(1):58-59;刘登勇,艾迎飞,吕超,等.注水肉检测方法研究进展[J].肉类工业,2012(1):54-56.

② 冯媛媛,刘媛,杨霞,任惠,张志胜.宰后不同贮藏温度和时间对猪肉色泽变化的影响[J].食品科技,2012(6):164-167.

③ 梁科,谢俊平.果蔬农药残留快速检测技术现状与突破[J].食品安全导刊,2017(31):32-33.

晒、去黄叶、洗涤、摊晒、堆黄、切段、腌制等工序,倒置瓮坛,一个月之后制作成倒笃菜,因此倒笃菜可能有亚硝酸盐含量超标问题。亚硝酸盐可与对氨基苯磺酸发生重氮反应生成重氮盐,此重氮盐再与偶合试剂(盐酸萘乙二胺)偶合形成紫红色偶氮化合物,其颜色深度与亚硝酸盐含量成正比。

三、安全快速检测技术的应用

（一）食材初见看颜色

首先确定"片儿川"的食材:鲜面条、猪肉、新鲜雪菜或倒笃菜。其次确定食材的处理方式,色差计检测需要检测物表面平整,因此需要选取表面平整的肉样、新鲜雪菜,将面条和倒笃菜装入透明包装袋中压平。

1.色差计测定

在将色差计用白板进行校正后,将镜头垂直放置于样品的表面,按下测量键,读取数值。每个样品至少测定 5 个点,每个点重复测定 3 次。

2.显微镜观察

取至少 30g 猪肉样品剪碎,制成肌肉压片,置于光学显微镜下观察,记录颜色并绘制肌肉纹理。

（二）品质显现靠反应

针对不同的食材,确定可利用紫外可见分光光度计进行的检测项目。面条样品检测是否违法添加吊白块,新鲜雪菜检测是否存在农药残留超标问题,倒笃菜检测是否存在亚硝酸盐含量超标问题。

1.吊白块检测

样品处理:取面条 10～20g,用搅拌机打碎,称取 2g 于 50mL 离心管中,加入 20mL 蒸馏水,浸提 10min。上清液若混浊则需用滤纸过滤,滤液为样品处理液备用。

空白对照:取 2mL 蒸馏水于 10mL 离心管中,加入 1600μL 变色酸溶液,颠倒混匀,反应 10min,然后加入 500μL 硫酸溶液,剧烈震荡,反应 5min,倒入

1cm 比色皿中,放入仪器检测,作为空白对照。

样品检测:取 2.0mL 样品处理液于 10mL 离心管中,加入 1600μL 变色酸溶液,颠倒混匀,反应 10min,然后加入 500μL 硫酸溶液,剧烈震荡,反应 5min,倒入 1cm 比色皿中,放入仪器检测,得到样品检测结果。

2.农药残留检测

样品处理:取 2g 雪菜样品剪成 1cm 见方的碎片,放入离心管中,加入 10mL 缓冲溶液,振荡 1～2min,将提取液转移至新的离心管中,静置 2min,待测。若提取液混浊则需过滤后再测。

空白对照:在离心管中加入 2.5mL 缓冲溶液后,加 100μL 酶试剂和 100μL 显色剂,摇匀,室温下放置 10min,之后在比色皿中添加 100μL 底物液,再将反应瓶中的液体倒入比色皿中,立即放入仪器中检测。

样品检测:在离心管中加入 2.5mL 样品提取液后,添加 100μL 酶试剂和 100μL 显色剂,摇匀,室温静置 10min,之后在比色皿中添加 100μL 底物液,再将离心管中的液体全部倒入比色皿中,并立即放入仪器中检测,根据测定结果显示出的抑制率判定结果。

3.亚硝酸盐检测

样品处理:取倒笃菜样品 10～20g,切碎或用搅拌机打碎,称取 1g 于 20mL 离心管中,加入 15mL 蒸馏水,振荡 1min,浸提 10min。

空白对照:取 2.4mL 蒸馏水于 10mL 离心管中,加入 120μL 对氨基苯磺酸溶液,摇匀,反应 3min;再加入 60μL 盐酸萘乙二胺溶液,摇匀,反应 10min 后倒入 1cm 比色皿中,并放入仪器检测,作为空白对照。

样品检测:取 2.4mL 样品处理液于 10mL 离心管中,加入 120μL 对氨基苯磺酸溶液,摇匀,反应 3min;再加入 60μL 盐酸萘乙二胺溶液,摇匀,反应 10min 后倒入 1cm 比色皿中,并放入仪器检测,得到样品检测结果。

新冠肺炎疫情的爆发给餐饮业带来了巨大的挑战。快检技术操作简单、仪器成本低、实验人员容易掌握运用,通过对食材的农药残留、瘦肉精、亚硝酸盐和吊白块等物质的快速检测,餐饮从业人员可全面评估疫情防控期间自身的食品安全状况,对于落实餐饮企业安全管理、风险管控等主体责任,排除食品安全隐患具有重要意义。

参考文献

[1] Barrett DM，Beaulieu JC，Shewfelt R. Color，flavor，texture，and nutritional quality of fresh-cut fruits and vegetables：desirable levels，instrumental and sensory measurement，and the effects of processing [J]. *Critical Reviews in Food Science and Nutrition*，2010(5)：369-389.

[2]丛美娟.淀粉类油脂模拟品的制备及复配性质研究[D].湖南农业大学,2013.

[3]冯媛媛,刘媛,杨霞,任惠,张志胜.宰后不同贮藏温度和时间对猪肉色泽变化的影响[J].食品科技,2012(6):164-167.

[4]梁科,谢俊平.果蔬农药残留快速检测技术现状与突破[J].食品安全导刊,2017(31):32-33.[5]刘登勇,艾迎飞,吕超,刘凌岱.注水肉检测方法研究进展[J].肉类工业,2012(1):54-56.

[6]马海乐,段玉清,何荣海,曲文娟,王蓓,张迪,郭志明."食品色彩化学"的建立及其学科框架构建[J].中国食品学报,2019(6):302-308.

[7]王汝都,杜连发,武继民,白建.浅析注水肉[J].畜牧兽医科技信息,2005(1):58-59.

[8]叶雅真.我国食品安全快检产品的现状和对策分析[J].食品安全质量检测学报,2019,10(12):3719-3724.

烹饪教育篇

舌尖上的艺术，让美好生活更美好

——浙江商业职业技术学院烹调工艺与营养专业群建设纪实

何添锦[*]

2019年5月中下旬，一场持续8天的亚洲美食节活动极大地满足了人们的味蕾。杭州、北京、广州、成都四城联动，为中外老饕们联袂奉献了一场美食盛宴。其间，中国烹饪协会发布《2019亚洲餐饮发展报告》。报告显示在亚洲餐饮市场中，中餐已成为世界主要菜系中竞争力最强的菜系之一。

浙江商业职业技术学院旅游烹饪学院教师王丰、王敏平对此深有感触。2019年5月19日至24日，他们随浙江省侨联"亲情中华"厨艺团前往荷兰、意大利，与当地中餐馆的厨师及老板交流切磋，并进行了现场授艺教学。王敏平说："据不完全统计，目前国外共有60多万家中餐馆。"进入新时代，不只外国食客对于中餐的认可与追捧与日俱增，国人对餐饮也有了新的、更高的要求，既要绿色健康、适口美味，更追求色香味全、意涵深厚，这是摆在当前餐饮业面前的重要发展机遇，也是该校烹调工艺与营养专业群面临的发展契机之一。

始终与餐饮行业发展同频共振、同向而行，浙商职院自将烹调工艺与营养、西餐工艺、餐饮管理和酒店管理纳入烹调工艺与营养专业群统筹建设以来，便从顶层设计入手，加强内涵建设和人才培养，致力于把烹调工艺与营养专业群建设成为"引领改革、支撑发展、中国特色、世界水平"的专业群，使其成为"行业优势突出、群众满意度高、社会知名度大、专业特色鲜明"和"生活离不开、行业成标杆、国际可交流"的高水平专业群。

---

* 作者简介：何添锦，女，浙江商业职业技术学院教授，主要从事职业教育相关研究。

一、蓄力扛鼎，领衔专业发展

点击"烹饪空中学院"微信小程序，中国名菜点、中式面点师、中式烹调师、家常菜点、二十四节气菜点、八大菜系等内容赫然在列。这是"烹饪工艺与营养传承与创新"国家职业教育专业教学资源库开发的小程序，自今年1月开通以来，已拥有活跃用户12797人，遍布国内各地以及美国、法国、荷兰、巴西等20多个国家和地区。

浙商职院是"烹饪工艺与营养传承与创新"国家职业教育专业教学资源库建设的牵头主持单位。作为国内最早开设烹饪类专业的高职院校之一，浙商职院本就积累了丰厚的烹饪专业教学经验、集聚起一批在专业教学上卓有建树的骨干教师。自2015年正式启动该专业教学资源库建设以来，学校还获得了浙江省交通投资集团450万元专项建设资金的支持，助力浙商职院联合长沙商贸旅游职业技术学院等11所高校、中国烹饪协会等6个行业协会、洲际集团等15家餐饮企业以及50余个全国烹饪大师工作室，各展所长、共建共享，进一步推进了资源建设与平台建设的协同作业，有效促进了全国高职院校烹饪专业的整体发展。

通过组织专项课题立项、开展研讨会、举办阶段性培训会议，浙商职院发挥共建共享精神，有效整合了兄弟院校烹饪专业的教学资源，构建了以八大菜系为主、地方菜系为辅，清真、家常菜等为补充的教学资源架构，着力打造了"资源＋行业组织""资源＋联建院校""资源＋国际合作"三大平台。经过4年来的建设，截至目前，该专业教学资源库已完成素材资源28917个，其中视频、动画、微课类素材资源占比60.60%，原创视频达8600多个。

在注重资源数量的同时更强调质量。浙商职院主动对接中国烹饪协会、世界中餐业联合会、中国饭店协会等全国性行业组织及省级餐饮行业协会，在各协会的支持下，争取到川菜、粤菜、闽菜代表性名师、大师们的支持。包括粤菜大师欧锦和、鲁菜大师李培雨、浙菜大师胡忠英等泰斗级人物在内，各菜系翘楚亲自掌勺，录制了一批代表性菜肴，使该专业教学资源库的原创视频享有极高品质，不仅有利于专业教学，还能广泛惠及社会人士。

作为项目领衔者,烹调工艺与营养专业群的教师们发挥了主力军作用。在传统餐饮文化的传承与发展方面,他们认真梳理了中国烹饪古籍、烹饪流派、名菜、名点、名宴以及餐饮器皿文化的文化脉络并填补了相关素材,使中国传统餐饮文化在新时代焕发崭新生机。不仅如此,他们还依据国家非物质文化遗产名录对传统技艺、非物质文化遗产进行了细致梳理,有针对性地挖掘、整理了中国烹饪协会认定的各流派技艺传承人的素材。王丰说:"二十四节气养生菜品就是依据中华医食同源和传统养生理论研发所得,我们致力于在传承烹饪文化的基础上不断创新,让传统菜肴有新意、让创新菜肴有内涵。"

对传统中餐的创新研究也从未停歇。仅中国传统年夜饭一项,王丰和他的团队就进行了大刀阔斧的改革与创新。王丰说:"过去年夜饭追求丰盛、富余,现在人们更讲究健康、新意。"基于时代发展带来的人们对年夜饭品质要求与标准的改变,他们引入"健康膳食植物领先"的理念,使新的年夜饭制作中植物食材占比达85%。王丰自豪地说:"这也是我们参与2019年世界名校新年盛宴活动的一项命题任务,但幸不辱命,我们推出的健康年夜饭赢得了耶鲁大学2200多名师生的好评。"

始终行进在餐饮行业发展的最前沿,浙商职院烹调工艺与营养专业群的教师们在不断梳理、总结、创新、研发的过程中,教育教学改革的理论水平和实践能力都有了显著提升。他们不仅完成了"中式烹调工艺""中式面点工艺""营养配餐""宴会设计""菜点设计与创新"等11门核心课程的开发与编写,还构建起工艺与营养实训库、国家食品安全案例库、传统饮食文化传承库三大子资源库。资源库项目主持人张宝忠校长说:"我们还制定了烹饪专业的教学标准和课程标准,体现了我校对全国高职院校烹饪专业可持续发展的责任担纲。"除11门专业核心系统化课程外,该资源库还构建了其他模块和拓展系统化课程29门、技能知识点微课4050个、典型工作任务100个,建成中式烹调师和西式烹调师的职业技能模块10个、中国烹饪文化的数字博物馆1个等。张宝忠自豪地说:"这些都成为专业群教学的宝贵资源,教师们在建设过程中也极大地提高了信息化资源建设与应用的能力,促进了专业群教育教学水平的整体提高。"

二、走向世界,讲好中餐故事

"一道简单的红烧肉,一旦拥有了文化的底蕴,马上就拥有了不一样的味道。"陈建斌是浙江省第一期海外中餐烹饪技能培训班班长,他在法国巴黎拥有自己的中餐馆,还曾斩获北京鸟巢奥林匹克国际烹饪大赛个人金奖,但来参加中餐烹饪技能培训班,他比任何人都认真。"通过培训班我能学到很多中餐文化,把学到的知识与当地菜品相结合,不仅能提高利润,还能推广中国文化。"陈建斌的话道出了不少参训中餐馆从业者的心声,只有不断推陈出新,才能传承并发展好中华饮食文化,才能推动中餐更好地走向世界。

有人说"有海水的地方就有浙江华侨"。在省侨联主席连小敏看来,中餐已经不仅仅是一种食物或简单的经济载体,更是世界了解中国传统文化的一扇窗。作为全国新侨资源大省,浙江共有 202 万海外浙籍侨胞,其中 32.6％的人选择以开中餐馆或就职于中餐馆为生。连小敏说:"要用好海外中餐馆这个窗口,通过中餐馆搭建平台,推动中华文化更顺畅地走向世界,推动把中国的朋友圈做得大大的。"尤其是随着"一带一路"倡议不断获得世界各国的认可与加入,"一带一路,美食先行"让越来越多国际友人体验到舌尖上的美味的同时,对中国博大精深的传统文化和日新月异的改革进程有了更为深切的体验。

也正因为如此,想要接受系统中餐烹饪培训、提高中餐菜品创新研发能力的海外中餐从业者越来越多。得知这一情况,2017 年,浙商职院联手省归国华侨联合会和省餐饮行业协会,借势而动,推出海外中餐烹饪技能培训班。浙菜理论、烹饪实操、参观考察……浙商职院给每位海外学员安排了充实而紧凑的培训日程。随着近日第八期培训班学员拿到结业证书,3 年来已有 50 多个国家和地区的 600 余名海外中餐从业者接受了专业培训。依托日益完善的国家教学资源库,除了邀请海外中餐从业者回国接受培训外,浙商职院还积极搭建线上平台,将资源库里集聚的海量数字资源向他们开放。一方面,支持海外中餐从业者注册使用烹饪专业教学资源库;另一方面,针对他们特别设计、制作的"海外烹饪空中学院"微信小程序已成功投入运营。

其实早在 2016 年年初,省侨联就制定了"万家海外中餐馆·同讲中国好故事"行动方案,推动开展"万家海外中餐馆行动计划",致力于精准惠侨,扩大中餐的影响力。作为该项活动的主要承担者,浙商职院烹调工艺与营养专业群屡次派遣骨干教师加入中国烹饪大师代表团,随团分赴欧美16个国家和地区开展"海外中餐馆"活动宣讲和工作指导。仅近两年时间里,专业群就先后派出10位教师在不同国家展示烹饪技艺,并与法国杜卡斯学院、荷兰戴尔逊学院、美国烹饪学院,澳大利亚烹饪学院、法国蓝带厨艺学院等一流国际知名专业院校展开交流合作,合作方中不乏"法国美食教父"九星名厨艾伦·杜卡斯(Alain Ducasse)这样的国际顶级大师。因为在该项活动中表现出色,专业群还获得了政府部门的肯定性批示。

随着"一带一路"倡议影响力的不断扩大,为了把更系统专业的中餐技能教学与培训送到海外中餐从业者身边,烹调工艺与营养专业群沿着"一带一路"的印记,把优质教学资源输往海外,先后成立了"中尼商学院""西班牙中餐学院""加拿大中餐烹饪学院"等海外学院。不仅如此,依托国务院新闻办"丝路书香工程"项目,专业群的教师们还出版了《美食中国》的西班牙语版、罗马尼亚语版、英语版,以及《味道中国》马来西亚语版等系列著作,为海外学院开展中餐培训、专业授课等奠定了基础。近3年来,学校还招收了1000余名来自荷兰、意大利、尼泊尔等50多个国家和地区的留学生来校进行烹饪工艺、酒店管理等专业的长短期进修和培训。

三、沉下心来,当好现代学徒

两人位摆台,调制蓝莓物语,长岛冰茶,入住预定,VIP客人接待……在2018年12月12日举行的洲际—浙江商业职业技术学院2016级现代学徒制英才班优秀师徒汇报及表彰会上,该专业群8位优秀学徒有条不紊地展示了岗位知识与技能。"我很高兴能见证同学们在短短5个月时间里成长为酒店的骨干力量,也祝福你们未来在洲际能有更好的职业发展。"钱江新城假日酒店总经理刘李波对学徒们的专业成长欣喜而满意。学生们拔节成长的背后,不只有他们自身辛勤的努力,也与酒店师傅的无私教导密不可分。

浙商职院作为首批国家现代学徒制试点单位,探索现代学徒制起步很早。

早在多年前就与西湖国宾馆、西子宾馆等企业联手设立"烹饪现代学徒制技能班",共同探索创新的教育教学方式,设置了"烹饪工艺""烹饪营养""烹饪管理"三大知识模块,使小学徒们在工学交替的螺旋渐进式学习中,逐渐成长为"精工艺、懂营养、会管理"的高素质技术技能型人才。自2015年该校被列为首批国家现代学徒制试点单位以来,烹调工艺与营养专业群与行业龙头企业的现代学徒制试点合作步入深水区,规格更高、程度更深、合作更紧密。

"我们成立了雷迪森酒店管理学院、洲际英才学院和麦苗学院。"浙商职院旅游烹饪学院酒店管理专业负责人陈春燕介绍说。其中,雷迪森酒店管理学院和洲际英才学院以"基层职业经理人"为培养目标,以精英进阶计划和管培生项目为载体,通过签约、拜师、轮训、见习、实习等环节,采用"1年学生+1年准学徒+1年学徒"模式,架构了"4+3+N"的课程体系;而麦苗学院项目则被列为我省高等教育"十三五"第一批教学改革研究项目,采用的是校企双方互建专业、互认学分、互补课程、互派师资和互评成绩的合作机制。"得益于资源库与全国八大菜系代表人物、非物质文化传承人等50余位大师签订了合作协议,这些大师也成为学生们的'师父',会定期或不定期地以线上线下各种形式,参与到学徒指导当中。"旅游烹饪学院副院长李鑫说,本校专业教师也会将资源库的优质教学资源转化为课堂教学资源并运用到学生培养当中,以提高学生的专业素养与专业技能。近3年里,学生在全国职业技能大赛中获得一等奖8项、二等奖12项、三等奖3项。

企业师父不仅教学生专业技能,也在爱岗敬业教育、工匠精神教育、社会责任教育、法律法规教育等方面成为学生、员工的"领路人"。通过多年来施行"师徒德育行动计划"和"学生职业素养实践活动",该专业群的教师们将思政育人的理念融入专业实践教学当中,围绕立德树人的根本任务,通过专题调研、专家论证等环节,明确了"培养具有过硬思想政治素质、优良道德品质和精湛烹饪技术的合格职业人"的目标定位。在讲授"中国名菜制作与创新"课程时,教师们融入诚信教育,以鲜活案例解读当前餐饮业中存在的原材料以次充好、偷工减料等问题,通过反面例子唤醒学生的诚信意识。像这样,专业群教师们发挥了思想政治教育和专业知识技能教育相辅相成的效用,推动学生全面发展,也为专业"课程思政"的实践指明方向。

由于专业技能精湛、礼仪素养过硬，专业群的学生不仅深受用人单位欢迎，也获得了各大国际性赛事、会议和高峰论坛主办方的青睐。从派遣 65 名学生服务 2008 年北京奥运会和残奥会，到组织 118 名学生服务 2010 年上海世博会，再到遴选 109 名学生服务 2016 年在家门口举行的 G20 杭州峰会……专业群的学生们频频现身高规格的国际活动，而且从他们参与服务的不少国际活动的统计数据来看，浙商职院都是省内选派服务人员最多的高职院校。"平时学生们就在行业顶尖的酒店、餐馆接受现代学徒制的实训，他们不仅具备扎实的展业基本功，而且多次经受乌镇世界互联网大会、世界浙商大会、杭州国际动漫节等活动的洗礼，早已具备了接待外宾的能力。"李鑫自豪地说。

原文发表在《浙江日报》2019 年 6 月 21 日

数字视野下高职餐饮智能管理专业人才培养模式研究

金晓阳　仇亚菲*

摘要：数字经济浪潮下，餐饮新业态、新经济激活了就业新动能，也给职业教育的专业建设和教学改革提出了新目标、新方向。本文以教育部印发新版《职业教育专业目录》为契机，以数字化为逻辑起点，坚持市场需求导向，对接数字餐饮新职业需求，重新定位人才培养目标，立足于现有课程体系，从专业融合、课程体系、校企合作等方面探索人才培养模式创新，构建跨学科、多技能为核心的职业教育人才培养路径，以期为高职餐饮智能管理专业建设提供借鉴。

关键词：数字时代；新专业目录；餐饮智能管理；人才培养模式

大数据、互联网、区块链、人工智能等数字新技术的广泛运用，使得各行各业的新模式、新业态、新职业不断涌现，引发了社会生产生活的深刻变革。老字号五芳斋联手阿里口碑 APP，在杭州打造了旗下首家"无人智慧餐厅"；周黑鸭和微信共同打造的"智慧门店"亮相深圳，刷脸进门、点赞支付；京东旗下首家"未来餐厅"亮相天津，提供机器人服务及菜品制作，标志着以"线上线下一体化、数据化、智能化"为特征的数字餐饮时代已经到来。

《中共中央关于制定国民经济和社会发展第十四个五年规划和二〇三五

---

* 作者简介：金晓阳，男，浙江旅游职业学院副教授，厨艺学院院长，研究方向为烹饪工艺与餐饮职业教育；仇亚菲，女，浙江旅游职业学院讲师，硕士，研究方向为餐饮职业教育。

年远景目标的建议》中提出,要"增强职业技术教育适应性",而高职餐饮教育人才培养的核心竞争力是餐饮行业适应性。在新版《职业教育专业目录》中,高职"餐饮管理"专业调整为"餐饮智能管理"专业,"酒店管理"专业调整为"酒店管理与数字化运营"专业,等等。"智能化""数字化"等字样的融入,展现了高职餐饮类专业人才培养的新定位、新内涵、新模式。

一、问题的提出

"人"是餐饮企业发展的核心,也是行业升级的关键。当前,餐饮企业对专业性的数字化运营人才需求较大,然而,人才供给严重滞后,缺少既懂餐饮经营管理又懂数字化运营的复合型人才。因此,推进和优化专业升级,调整和改革人才培养模式,以适应数字时代的到来已成为当务之急。高职院校需加快餐饮数字化人才培养进程,以助力"数字+职业"创新,推进"数字+专业"提升,真正实现教育的数字化赋能,推动职业教育内涵建设和高质量发展。

二、新《目录》引导职业教育人才培养新要求

2021年3月22日,教育部印发《职业教育专业目录(2021年)》(以下简称新《目录》),专业目录是职业院校专业设置与专业调整、实施人才培养、组织招生、指导就业的主要依据。新《目录》坚持服务发展、促进就业导向,适应我国进入新发展阶段的新形势,契合"十四五"规划和2035年远景目标的战略部署,全面体现了职业教育专业升级和数字化改造理念。

新《目录》主要体现了三个特点:一是强化类型教育特征,服务技能型社会建设。《国家职业教育改革实施方案》中明确指出,"职业教育与普通教育是两种不同教育类型"。坚持职业教育类型特征,需要守正创新、与时俱进、对接产业、对应职业。二是对接现代产业体系,提升人才供给质量。在"十四五"新形势下,面对新经济、新业态、新技术、新职业,高职院校需系统梳理新职业场景、新职业岗位对技术技能人才的新需求,从而提高职业教育的适应性。三是推进专业升级与数字化改造。在新《目录》专业中,标有"智慧""数字""智能""现

代"等词汇的有 150 多个,为适应数字化转型趋势,面向不同行业在数据驱动、跨界融合、共创分享等领域内的智能形态,需要从专业名称到内涵建设进行全面的数字化改造。

在引领职业教育教学改革与创新方面,新《目录》促进了职业院校教育改革与产业转型升级的精准对接,进一步推动了专业、课程、教学等方面的深层次改革,尤其在"双高"建设、"三教"改革等工作中,能够推动职业院校教育服务区域经济,依托自身优势特色专业,优化设计专业(群)发展路径,对接职业岗位发展需求,调整专业设置及方向,优化课程结构和内容,加强实训条件建设,配备适合的师资队伍,深化校企协同育人模式,从而全面提高人才培养质量,推动新一轮的专业建设和教学改革。

三、餐饮数字化人才成为行业"新基建"

《2021 中国新业态商业发展趋势分析报告》中显示,在新冠疫情冲击下,产业转型的动力明显加快,其中,以互联网经济为代表的数字经济新业态逆势成长。数字技术的大规模应用和渗透已衍生出诸多经济运行新模式,并对就业生态、就业结构和就业方式产生了深远影响。

随着数字经济的蓬勃发展,新消费需求拓展了服务消费边界。中央工厂、中央厨房、智慧餐厅等智慧餐饮新业态的逐渐普及,带来了餐饮行业部分岗位的消失或合并。与此同时,新职业、新工种也创造了新的就业机会,数字化运营师、互联网营销师、外卖运营师等新职业在餐饮、酒店等行业需求显著上升。

根据智联招聘与美团研究院联合发布的《2020 年生活服务业新业态和新职业从业者报告》,仅美团平台上活跃商户的数字化运营人才需求量就在 279~558 万人,岗位需求潜力大。同时,餐饮行业的门槛越来越高,不再是以前只要找到会炒菜的人就可以开个饭店的年代了。数字餐饮时代要求员工有相匹配的综合能力,如对互联网的认知和应用能力、对消费者的洞察能力、基本的审美能力、食材的把握能力、精细化的数据运营能力等,具备专业线上运营能力的数字化运营人员,将会和厨师一样,成为餐饮企业的人力标配。

企业紧跟行业风向,积极响应新政策。饿了么旗下阿里本地生活大学已在 2020 年 3 月正式启动"新职业、薪岗位"项目,通过与全国各地人社部门合作,开展外卖运营师、互联网营销师、连锁经营管理师等新职业的职业技能培训及认证,并将面向平台商家推荐数字化人才就业。

职业教育应与行业发展同向同行。作为一种类型教育,职业教育重视人才培养的精细化、与技术发展性同步和企业岗位性适配。在新《目录》指导下,各高职院校陆续开启人才培养方案修订工作,以提高学生的人才跨界度、技术复合度和业务融合度,培养市场真正需要的复合型跨界人才。

四、数字时代高职餐饮专业人才培养模式创新的必要性

(一)是双高院校建设的内在需要

在"双高计划"背景下,人才培养模式的创新既是高水平高职学校建设的核心,也是高水平专业群建设的核心。人才培养目标关系到高职学校培养什么样的人才及如何培养的重要问题,深刻影响着高职学校人才培养的规格和质量。

高职学校人才培养要实现职业技能和职业精神培养的高度融合,其目标定位应在遵循一般质量要求的基础上更加聚焦于自身价值定位和时代使命,需要从人才培养的类型定位、层次定位、专业定位等多维度确立特色化、多样化的培养目标,对接产业需求,贴合生产实际,融入新技术、新规范、新职业、新场景,从而提升人才培养的针对性和实效性。

(二)是填补数字化人才缺口的需要

目前高职餐饮管理专业毕业生对口就业率普遍不高,存在毕业生找不到对口就业岗位,企业找不到岗位合适的人选,导致"学校输出的人才企业接不住,企业需要的人才学校输送不出"等现象,专业人才"供给侧"和"需求侧"存在不匹配、不协调的矛盾。调研发现,高职餐饮专业大概只有 50%~60%的学生在毕业后进入餐饮行业,同时,目前不少学生、家长、社会群体对餐饮专业仍存在误解和偏见,认为毕业后从事的是服务员性质的工作,而非餐饮门店

长、数字化运营等运营管理岗位。

随着餐饮业的数字化转型日趋加快,错位的需求和供给现象愈发显现,餐饮商户对高素质、专业化人才的需求进一步加大。2020 年 9 月,美团研究院发布的《中国餐饮商户数字化调研报告》中显示,有近九成商户认为餐饮线上经营需要一定的专业技能,然而在实际经营中,仅有 26.8% 的商户设立了全职线上运营团队,仅有 27.2% 的商户会对员工进行数字化指标的考核。有超五成的美团商户表示缺少专门的数字化运营人才,缺乏专业性人才已成为餐饮商户数字化转型的最大痛点。

现阶段,数字化相关的人才培养存在诸多问题:一是人才供给严重滞后,缺少既懂餐饮运营管理又懂数字化运营的复合型人才;二是缺乏数字化餐饮人才的培养标准和认证体系;三是缺少相关的专项培训。由此,突破餐饮业数字化人才短缺的瓶颈,需要政、行、校、企各界联动,推动人才培养模式的深刻变革。

(三)是形成校企双赢新局面的需要

餐饮行业是重实践、重经验的行业。通过校企联动,培养能够快速适应新兴产业领域的复合型餐饮管理人才,形成数字时代校企协同育人新范式。

校企共建梯次有序、功能互补、资源共享的产教融合网络。通过共创产业学院、建设实训基地、开发新形态活页式教材,让更多的餐饮企业走进校园、走进教室、走进课堂;同时,让更多的一线教师走进连锁餐饮企业总部、餐厅门店、外卖平台、餐饮科技公司,扩大"双师型"教师队伍,全面增强餐饮职业教育的时效性和适应性,最终实现高职餐饮专业在产教融合实施中的精准对接、良性互动、协同发展,形成校企互利共赢新局面。

五、数字时代高职餐饮智能管理人才培养新模式的构建

浙江旅游职业学院餐饮智能管理专业以新《目录》为契机,适应数字化经济社会新变化,对接数字餐饮新职业需求,以复合型餐饮人才培养为牵引,以促进人才链与创新链、教育链与产业链有机衔接为目标,推进和优化专业升

级,构建"学科交叉、专业融合、数字赋能、跨界融通、多维立体、产教融合"的餐饮智能管理人才培养新模式。

(一)探索学科交叉、专业融合的人才培养新平台

随着互联网技术进步和消费升级,餐饮边界模糊化,产业链向上下游延伸拓展。从团购、外卖、外送,再到用高科技设备代替人工;线上点餐、到店即食、智慧餐厅、未来餐厅、共享餐厅逐渐普及,科技创新正在引领餐饮行业发展,新体验、智慧化、数字化将成为未来餐饮消费发展的方向,移动化、自助化、智能化消费新体验也将成为餐饮业未来发展的重要领域。

由此,打破传统餐饮职业边界,整合相关专业技术要素,形成学科交叉、专业融合的餐饮人才培养新平台将会是重要举措。融合连锁经营管理、门店开发设计、餐饮服务礼仪、烹调工艺与营养、数字化运营、新媒体技术等多个专业领域,实现专业的打通、课程的融合、学习的贯通,培养复合型人才。同时,打破专业间"壁垒",形成专业教学资源的共商、共建、共享与共融,实现跨专业课程联动,推动多专业融合的师资团队建设。

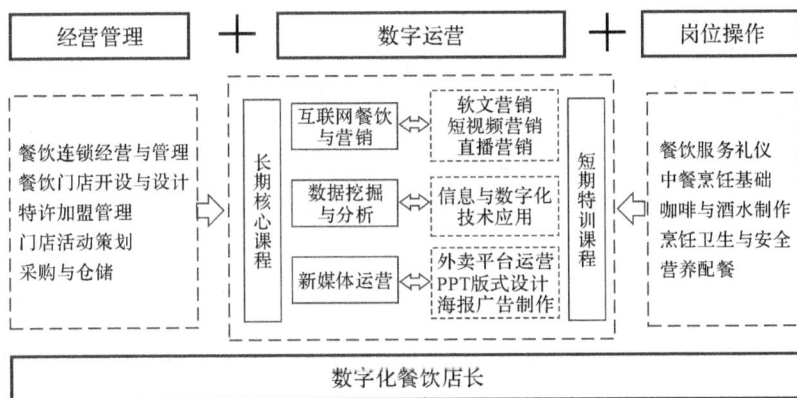

图1　数字化餐饮店长人才培养专业课程体系图

(二)构建数字赋能、跨界融通的专业课程新体系

1.以人才培养为核心,构建"经营管理＋岗位操作＋数字运营"的学科交叉课程结构模式。

基于培养"餐饮连锁门店店长"的人才培养目标,将"连锁经营管理师""外卖运营师""互联网营销师"三大职业认证的主要内容融入专业课程体系,构建"经营管理＋岗位操作＋数字运营"的学科交叉课程结构模式,实现培养目标清晰、市场适销对路、企业用人满意的人才培养目标。

在经营管理能力养成上,开设"餐饮连锁经营与管理""门店运营管理""特许加盟管理""门店活动策划""采购与仓储"等经管类专业课程,培养学生的战略设计与规划、特许经营、活动策划、物料管理等能力,培养餐饮门店店长的一线管理能力。

在岗位操作技能培养上,开设"餐饮服务与礼仪""中餐烹饪基础""咖啡与酒水制作""烹饪卫生与安全""营养配餐"等岗位实训课程,培养学生的应变服务能力、沟通协调能力、烹调制作能力、营养配餐能力,培养餐饮门店店长的基础岗位技能。

在数字运营能力培养上,开设"互联网餐饮与营销""外卖平台运营""数据挖掘与分析""新媒体运营"等数字化运营和新媒体技术课程,培养学生的互联网思维与应用能力、平台运营能力、数据分析能力、新媒体技术能力等,使学生成长为符合市场需求的数字化店长。

2.以餐饮管理课程体系为基础,拓展数字化运营专业课程,完成"数字化、技术化、线上线下一体化"的课程群建设。

在传统的"餐饮连锁经营与管理""餐饮门店开发与设计""中餐烹饪基础""营养配餐""烹饪卫生与安全"主干专业课程基础上,增加符合新业态、新职业的数字化运营课程,以构建"数字化、技术化、线上线下一体化"的课程体系。例如,在餐饮市场营销课程群中,传统课程基本是由"管理学原理""餐饮市场营销""商业文案写作"三大模块组成,以完成对餐饮营销的系统学习。但随着餐饮行业的数字化升级,传播渠道由传统媒体向数字媒体转型。因此,通过加入"餐饮软文营销""短视频拍摄与制作""外卖运营数据分析"等专业课程拓展该课程群,满足数字时代对餐饮营销人员的更高要求,

2.以专项能力训练为抓手,构建多层次的"长期＋短训"课程体系,培养复合型、技能型、可持续发展型人才。

适量增加具有广泛市场需求的数字化技能"短训"课程,与专业核心"长

期"课程交叉互补。如开设"信息与数字化技术应用""直播营销""网页广告设计与制作"等课程,与长期课程学制不同,采用 8—12 课时的短期集训模式培养专项技能,既能强化"餐饮连锁经营"等必修课程的知识和技能,又能满足有意向从事餐饮新媒体运营等方向的学生的基础学习。目前,国内高职院校的餐饮管理专业几乎都没有开设此类课程,导致出现了人才供需矛盾,数字化人才短缺,信息化和数字化课程的开设迫在眉睫。

(三)形成多维立体、产教融合的人才培养新高地

1.打造"数字经济新职业认证基地"

为切实贯彻《浙江省职业技能提升行动实施方案(2019—2021 年)》,充分发挥学校培养人才和服务社会的功能,加强高校教学与企业发展的紧密联系,借助企业资源与经验,实现专业升级与优化,携手阿里巴巴、美团等具有认证资格的知名企业,共建"数字经济新职业认证基地"。基地将在标准制定、内容研发、师资培养、课证融通、题库开发等多方面开展深度校企合作,为专业建设积累素材。

2.成立"数字化餐饮研究所"

为进一步强化校企合作、整合科研资源、拓展研究领域,校企联合成立"数字化餐饮研究所",让教学与餐饮市场同频共振,让科研成果为餐饮行业服务。研究内容将着眼于中国餐饮产业的发展动态,面向餐饮市场的实际变化,围绕餐饮企业的数字化、智能化转型,进行前沿性课题研究,撰写具有业内影响力的研究分析报告,为餐饮企业的发展策划提供依据。

3.开展"数字化店长认证班"

通过"专业课程+培训考证"的结合,鼓励学生参与新职业技能等级证书培训认证;同时,协调行业实战讲师资源,定期开展师资交流,研发数字化实训标准化体系,做好新职业技能等级证书的师资培训工作。

4.搭建"数字化实训空间"

基于课证融通下的课程内容需求,结合餐厅厅面服务、后厨烹调制作、电商直播、新媒体营销等实训课程,搭建模拟餐厅、短视频摄制间、特色直播间、商务洽谈间、多功能直播大厅等"理—虚—实"一体化"数字化实训空间",除了

满足日常教学实训需要,还将成为互联网营销师等众多餐饮新职业培训、考试一体化的基地。

参考文献

[1]刘益宏.数字经济背景下对职业教育的发展与影响[J].经济管理摘,2020(20):183-184.

[2]明兰,廖建军.数字化时代视野下视觉传达设计专业人才培养模式研究[J].艺术与设计(理论),2013(1):150-152.

[3]唐晓凤."多元智能+人工智能"赋能高职人才培养模式变革研究[J].科技资讯,2020(36):7-11.

[4]王欣蕾,仲崇奕.高职院校餐饮服务与管理人才培养模式研究[J].经济师,2019(8):178-179.

[5]王扬南.职业教育专业目录沿革、作用与实施[J].中国职业技术教育,2021(7):9-14.

[6]钟宝,李应华,李凤林,等."互联网+"背景下高校餐饮管理专业人才培养模式及课程改革探索研究[J].农产品加工,2019(24):92-94.

"数智"技术赋能专业理论课堂

——以《厨政管理与实务》为例

赵　刚 *

摘要:课堂是教育的主战场,是教育发展的核心地带。我校通过课程教学教法改革,解决课程在思政教育关注度不够、学生欠缺学习兴趣、实践脱离岗位需求、难以真正与餐饮企业接轨等方面的问题,提升学生专业学习的主动性,大力锻炼专业能力,使学生在后续的餐饮企业实习表现更符合行业要求。

关键词:课堂革命;"数智"技术;教学

一、课堂革命的内涵

坚持内涵发展,加快教育由量的增长向质的提升转变。把质量作为教育的生命线,坚持回归常识、回归本分、回归初心、回归梦想。深化基础教育人才培养模式改革,掀起"课堂革命",努力培养学生的创新精神和实践能力。这是教育部原部长陈宝生 2017 年在《人民日报》上发表的重要观点,吹响了"课堂革命"的号角。

---

　* 作者简介:赵刚,男,浙江商业职业技术学院副教授,烹饪系主任,主要从事餐饮类职业教育研究。

（一）教师教学

摒弃目前教师"为教而教"的教育观，要以学生发展为起点，变"适教课堂"为"适学课堂"，秉承"以学生为中心"的理念，积极创设"为学而教"课堂。积极推进"数智"技术与课堂教学紧密融合，促进校企深度合作，把"教"扎根得更深更实，让"学"领悟得更透更好，创设"为学而教"课堂。

（二）学生学习

学生是学习的主体，课堂是学习的主阵地。各高职院校要根据专业的特点，建立以学生为主体的学习环境，建立良好的师生和谐关系，促进校企双元育人，推动学生自主发展，以合作探究促进师生更好发展。

（三）教学关系

课堂革命就是要改变教学关系，使教学关系由单向变为交互，促进教学相长和共同发展；由"教师中心"变为"学生中心"，促进学生成为主动学习者，变革学习观念和学习方式。突破教师知识权威，创设师生共同课堂，形成现实的学习共同体，体现师生的共同价值。课堂革命是对教学质量与价值的追求，是高职院校高质量发展的重要推动力，其对教学关系有直接影响。

二、目前遇到的问题

（一）思政教育关注融入不够

课堂存在"低效课堂""课程思政"不深入等问题，课堂教学以培养职业素养为目标，对思政教育关注度不够。而融入思政元素，以老师讲学生听为主，形式单一和被动，学生往往听不进去，思政教育目标比较难达到，需要化被动为主动，把思政教育融入专业课堂教育。

（二）专业学习存在动力问题

重视学生专业学习动力弱化问题，不断调整教学教法，善于用活知识教学催发学生源自心灵与精神的学习自能量。学生缺乏学习的能动性，这为教学带来了极大的挑战，也是推进课堂革命必须面对的现实。

（三）突破知识传授教学枷锁

创新教学方法，重构教学设计。充分发挥学生的主体地位，通过问题式、参与式、案例式、讨论式等教学方法，探索推动课堂革命，将价值观教育潜移默化于专业知识传授过程中，使之达到有高度、有深度、有温度的教学效果。在新冠疫情常态化的今天，如何更好地利用"数智"技术，有效解决学生在线上线下交互融合地学习，打造高品质的课堂，成为本课程急需解决的问题。

以烹饪专业群核心课程《厨政管理与实务》为例，掀起"课堂革命"风暴，课堂应该是学生合作、讨论、展示、质疑的重要场所，而教师要负责课堂环节的承启调控、点评、精讲释疑。

三、解决的策略

"数智"技术赋能下的《厨政管理与实务》课程，通过融入思政元素、转变教学理念、创新教学方法、完善课程资源和强化教学手段等进行课堂革命。

（一）融入思政元素，落实德技双修

在课前、课中和课后教学中，融入思政元素，落实德技双修。在课程任务四"原料采购验收"教学中，融入诚实守信、遵纪守法；在课程任务七"菜点创新"教学中，研发"红色菜肴"——忆苦思甜菜，设计"建党100周年"系列菜点，让学生通过学习，浸润爱党爱国的情怀；在课程任务八"厨房卫生安全管理"教学中，把"爱岗敬业、团队合作"有机融入。

围绕家国情怀、法治意识、道德修养、劳动价值等优化课程内容。校内外教学团队成员贯彻"学艺先立德，做菜先做人"理念，把爱岗敬业、工匠精神教

给学生。

（二）转变教学理念，提升教学质效

理论课程要在教学中转变传统教学观念，充分发挥学生的主体地位，提升教学质效。

1.启发式教学，面对问题，明确主题，循循善诱。使用智慧职教（职教云）平台，通过学习轨迹进行教与学全过程信息收集，做好每个学生的学情分析、学习评估、学习诊断和精准指导。平时课程以任务为导向，通过提前发布预习任务，提高课堂学习效率，实现翻转课堂教学。

2.体验式教学，案例分析，互动交流。以"数智"技术构建智慧课堂，个性化学习环境，合理利用视频等吸引学生的教学内容，进行个性化学习情境创设，助力知识构建并完成学习过程管理。贯彻"以学生为中心"的体验式教学，使学生化被动为主动。

3.感悟式教学，对接行业，加强沟通，提升素养。加强学生自主探究学习，提升教学质效。通过情境导入、引导思考、讨论交流和学习归纳等方式帮助学生实现对理论知识的感悟，为以后的餐饮企业管理提供理论基础。

（三）创新教学方法，重构教学设计

"数智"技术赋能下的理论课程，充分发挥学生的主体地位，通过讲授法、演示法、讨论法、练习法、探究性学习等教学方法，探索推动课堂革命。

1.任务导向法。运用餐饮类职业教育教学特色，采用"任务驱动"教学模式（图1）。

在理论教学中，对于每项任务进行任务分解（演示、讨论、练习、探究），任务制作（讨论、探究、练习），任务展示（练习、讨论、探究），考核评价（讨论、演示），然后进行课外延伸（练习、探究），最后学生团队进行专题汇报。

2.探究性学习法。课程以任务为专题，开展探究性自学。比如先集中学习每章节不同厨房管理资源的相关理论知识，再组织学生开展探究性学习，展开讨论，进一步理解厨房管理各任务的特点，并尝试流程再造。

3.采用"数智"技术，考勤、预习任务和课堂测试采用智慧职教（职教云）、

"钉钉群"完成,任务目的明确,提高课堂学习效率。

4.课程导学法。采用课前预习、重点讲解、课外搜集资料的导学法。采取精讲与指导讲解相结合的方法。比如选取有一定代表性的厨房管理社会资源,以精讲为主,引导学生分析该厨房管理的特征,掌握分析方法,以指导学生理解管理核心。

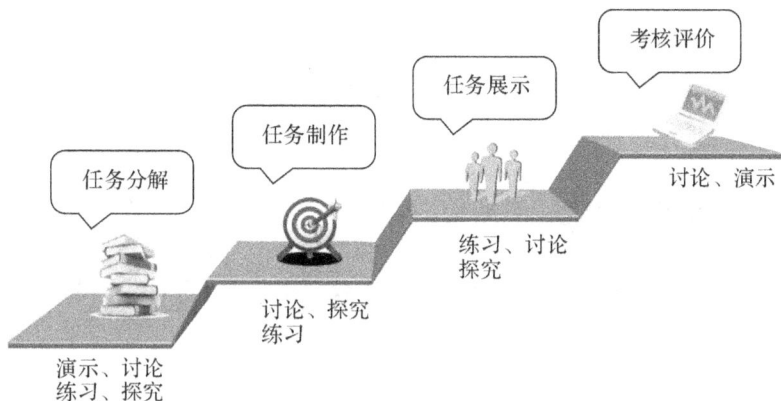

图1 《厨政管理与实务》课程"任务驱动"教学模式

(四)完善课程资源,提升学习宽度

基于专业人才培养目标,结合课程特质,对接行业岗位需求,为实现知识体系与专业岗位技能相融合,从线上平台、媒体类型、应用类型等多方面建设并完善课程资源,形成丰富的教学资源(图2、图3),拓宽学生在课内外学习的宽度。

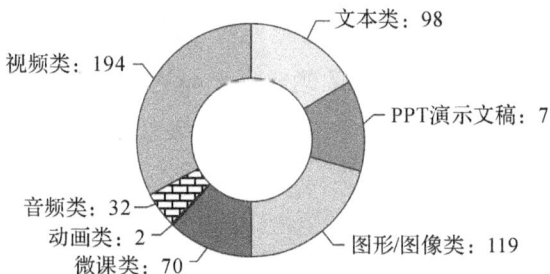

图2 教学资源(按媒体类型)

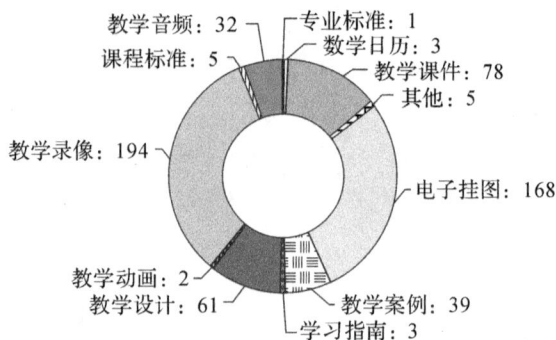

教学音频：32　专业标准：1
课程标准：5　数学日历：3
教学课件：78
其他：5
教学录像：194
电子挂图：168
教学动画：2
教学设计：61　教学案例：39
学习指南：3

图 3　教学资源（按应用类型）

（五）以学生为中心，提高学习兴趣

课程教学以学生为中心，将教学环境、教学手段、教学过程和教学评价进行系统设计，采用课前探研、课中训练、课后拓展模式，利用信息化手段掌控教学过程，提高学生学习兴趣，评价学生学习效果。通过线上课程资源，让学生通过观看、观察、思考、分析、推理、交流、合作、撰写、讲解、反思等过程建构新知识，并初步学会去分析问题和解决问题，提高学习兴趣。

（六）课前课中课后，完善教学过程

"数智"技术赋能下的《厨政管理与实务》课程通过教师活动、教学过程、学生活动来完成教学任务。教师活动，通过课前发布作业、讨论、测试、资源进行预习，课中教师进行学情分析、资源赏析、作业点评，进行"数智"技术下的课程启发式教学，课后发布任务和资源。学生活动包括课前的查看资源、完成测试、参与讨论、提交作业，课中的分享心得、学习要点、集体讨论、案例反思、学生互评，进行感悟式学习，课后的拓展视野和拓展任务。课程是每周 3 课时，在"数智"技术下进行线上线下、教师学生、课内课外多维度完善教学过程。

四、实施效果

(一)学以致用,激发学生学习兴趣

利用智慧职教(职教云)、MOOC 等"数智"技术,通过"任务驱动"教学模式,突破教学重难点,完成教学目标,学生通过完成相关任务而不断获得成功的体验,从而树立起职业的自信,学习积极性和能动性均得到提升。从智慧职教(职教云)数据(图 4)可见,学生线上的作业和随堂检测完成情况良好,较好地提高了学生的学习兴趣。

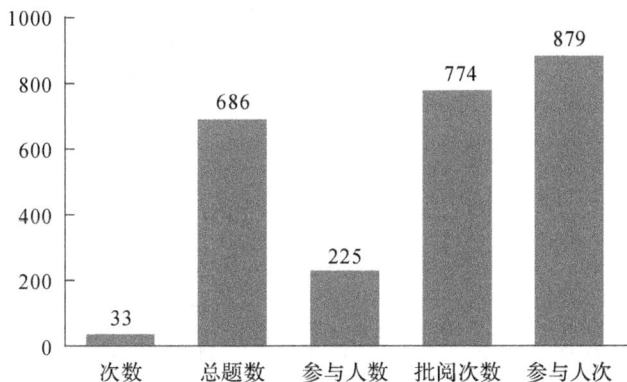

图 4　职教云平台学生作业统计

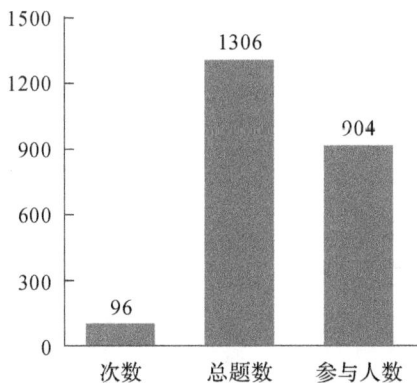

图 5　职教云平台学生随堂检测统计

(二)立德树人,融入课程思政效果佳

在教学中融入课程思政,课程教学内容取自真实工作任务和工作流程,并在教学方法、教学手段、教学策略上加以优化,重视培育学生的学习能力、专业精神、劳动教育,弘扬工匠精神,让学生体会到"技能宝贵,劳动光荣"的时代风尚,思政教学效果佳。本课程将思政元素、法律法规、工匠精神、职业规范融入课程,落实德技双修、育训结合、文化自信等教学方针。

(三)线上线下,共享下进行社会服务

科学地理解课堂,灵活地组织课堂,生动地激活课堂,熟练运用互动课堂,让理论课程"活"起来。"数智"技术赋能下,通过多年的课程建设,向全国中高职院校进行辐射,特别是疫情后,目前全国已有30多所学校引用该课程,力争经过建设,把《厨政管理与实务》打造成"课堂革命"优秀典型案例。课程注重价值塑造、知识传授与能力培养相统一,科学设计,用心育训,以求达到润物无声的育人效果。

参考文献

[1]陈宝生.努力办好人民满意的教育[N].人民日报,2017-9-8.

[2]张丽颖.高职课堂革命:内涵、动因与策略[J].中国职业技术教育,2021(2).

传统文化的传承与创新

——以茶艺礼仪教育为例

张小雷[*]

摘要:中国被誉为礼仪之邦,中华茶文化是中国传统文化不可或缺的一部分,是中国文化的一张名片。茶艺礼仪以其优美的艺术感给予大众高雅的享受,客来敬茶是中国的传统礼仪,茶作为礼仪的使者,可以有效促进人际关系的和谐融洽。茶艺礼仪,既有主人对客人的尊重,也有客人对客人、人对器物的尊重。本文以"茶艺礼仪教育"为例,谈传统礼仪文化的传承与创新发展。

关键词:传统文化;茶艺礼仪;传承创新

一、茶艺礼仪的内涵及社会价值

(一)茶艺礼仪的内涵

《礼记·坊记》:"礼者,因人之情而为之节文。"礼是顺应人情而制定的行为规范。以茶待客,以茶作礼,都是顺应人情而行礼,都是为了传达真挚友好的情意,也有助于人们培养崇高的品德。茶艺礼仪可表述为茶事活动中约定俗成的行为规范和惯例,内容涉及服务礼仪、社交礼仪、商务礼仪等,并且具有

---

* 作者简介:张小雷,女,浙江商业职业技术学院旅游系讲师,主要从事茶艺礼仪教育相关研究。

更多的中国传统文化内涵，由内而外表达对人、对事、对物的尊敬。茶艺礼仪在茶事服务、茶艺演示、茶会活动、茶馆经营、茶艺竞技等各种场景中都有着广阔的综合运用空间。

（二）茶艺礼仪的社会价值

茶艺礼仪有哪些社会作用呢？首先具有传播民族传统礼仪文化，推动中华优秀传统文化创造性转化、创新性发展的作用。社交礼仪、举止礼仪、待客礼仪等都在传统文化的视域下得到规范和完成。"使中华民族最基本的文化基因与当代文化相适应、与现代社会相协调，以人们喜闻乐见、具有广泛参与性的方式推广开来。"[①]茶艺礼仪不止是一种外在的表现，更是内在文化修养的展现，进行茶文化知识的研习，有助于提升国民内在文化修养，从而促进茶艺礼仪习惯的养成。其次还有培养人们科学沏茶与健康品饮的功能，"茶为国饮"，作为21世纪的健康饮品，联合国认定每年的5月21日为国际茶日，茶艺礼仪研习有利于推动世界茶文化共同兴盛，为"健康中国"助力。未来，我们将以一个具有高度文化的民族出现于世界。培育这种"高度文化"，一个重要环节就是对中华优秀传统文化的创造性转化。

二、茶艺礼仪传承创新的实现途径

（一）职业课程培训中蕴含传统礼仪元素

课程是传播的有效载体，在职业培训快速发展的今天，职业课程作为传统礼仪传播的途径，其高效性不言而喻。通过茶艺演示，学习喝茶的礼仪、动作等，学员通过模仿训练的方式来掌握茶艺演示的相关技艺、礼仪。在学习不同的茶艺演示时可以系统地向学员介绍相关的茶知识、茶故事等茶文化内容。茶艺演示是一门高雅的艺术，很难在短时间内学成，尤其是茶艺礼仪习惯的养

---

① 习近平在中共中央政治局第十二次集体学习时强调 建设社会主义文化强国 着力提高文化软实力[N].人民日报，2014-1-1.

成,更是需要一个长期坚持的过程。反复模仿、反复练习是必不可少的,耐心地对学员的动作、礼仪等进行纠正,长期保持下去才能收到良好的效果,使得茶艺礼仪融入学员日常行为动作中,从而养成良好的礼仪习惯。

(二)依托社区学校,拓宽民众茶艺礼仪学习路径

充分发挥社区示范效应,利用在社区开展普惠的茶艺礼仪培训,辐射带动民众对于茶文化的学习与传承。激发学员的潜力与创造力,培养其良好的艺术情操与道德精神,形成健全的人格品质。以茶行道,表达诉求,提高人文素养和审美品位。开展茶文化活动,通过行动践行理论,使学员感受茶之传统文化的魅力,树立文化自信。活动开展的同时,各级网站和公众号进行同步报道,利用媒体优势宣传中华茶文化,以点带面,激发群众学习茶文化的热情,提升群众对传统文化的兴趣,增强民族自豪感。

(三)课程思政,在实操中渗透精神力量

依托课程,将教学与人文素养培养充分结合,进一步完善、规范教学,挖掘课程中中华传统茶文化的人文教育内涵。可以通过茶艺礼仪示范,让学员认识到礼仪在茶艺表演中的重要性,以及良好的礼仪能够传递给观者更好的感受。通过课程教学,引导学员将茶商品知识、茶历史文化、茶制作工艺等与现实生活联系起来,让学员对社会、文化价值观等进行思考,使其感悟生活,提升综合素养。授课时,教师对中国茶之悠久历史的讲授,可以引导学员树立中华文化自信;品茶如品人生,入口苦涩,而后回甘,茶的品味也是对人生的品悟,先苦后甜。教师还可以通过自我探究的方式,让学员搜集茶艺礼仪的相关资料,并且通过对这些资料和视频的学习来认识茶艺礼仪的相关知识,帮助其萌发茶艺礼仪的相关意识。

三、研习茶艺礼仪的成效与价值

（一）学习中华传统礼仪，提升民众人文素养，提升国人气质

茶文化是中国传统文化中的瑰宝。改革开放后，人民生活水平日益提高，国内外掀起茶文化研究学习热潮，有着悠久历史的中华茶文化闪耀着光芒。重视传统文化教育，可以提升学员的人文素养，增强学员的就业竞争力。人文素养是指做人做事应具备的基本品质和基本态度，包括贯彻在人们的思维和言行中的审美情趣、理想信仰、人格模式、价值取向等，是一种为人处世的基本价值观。中华茶文化是将茶叶本身的自然属性同中华传统文化融为一体，倡导自然朴实、勤劳奉献的价值观，在各种茶事中，感悟自然真谛，进而规范言行。

每一片茶叶都经历水与火的考验，才散发出甘醇，人的成长也必先经历一番艰辛磨炼。由茶种植的艰辛、制作技艺，学习茶农与制茶师傅精益求精的工匠精神；由茶之冲泡流程，领悟茶礼，领悟儒、释、道之精神，感悟为人处事之道。

（二）传承创新中华优秀传统文化，做有担当的新时代接班人

自陆羽《茶经》问世以来，"茶"就开始逐渐成为一个集文学、美学、哲学为一体的文化符号。从"柴米油盐酱醋茶"到"琴棋书画诗酒茶"，是茶的精神化过程，于是便有了以演示和鉴赏为核心的茶艺，以洞彻宇宙本源、体悟人生真谛为旨归的茶道。茶艺演示是一种应用型的技能，只有在实际应用过程中才能反映出学员的茶艺礼仪习惯养成情况。研究承接传统茶艺习俗、茶艺礼仪、服装服饰规范，才能大力彰显中华茶艺传统文化魅力。把礼仪作为国民道德教育和建设社会主义核心价值体系的基础工程。泡茶前的备水备具，体现心怀他人，待客接物之礼；泡茶时茶具正面对着客人，寓意将美好的一面展现在客人面前，体现尊重他人之礼；使用公道杯，以及关公巡城、韩信点兵的泡茶手法体现了公平待客之礼；泡茶结束时将所有物品归位，体现了秩序与统合。

在自觉重树文化自信的高度文化背景下,把中华茶艺和传统文化全方位融入思想道德教育、社会实践教育、文化知识教育,把传统礼仪教育作为传承创新传统文化的有效载体,从最基本的礼仪规范入手,引导人们在约束和规范自身行为的同时,培养高尚的道德情操,进而形成正确的道德观、价值观、世界观。

参考文献

[1]陈宗懋.中国茶经[M].上海:上海文化出版社,1992.

[2]丁以寿,蔡荣章.中华茶艺[M].合肥:安徽教育出版社,2008.

[3]见慧.中国茶道是美的哲学[J].协商论坛,2010(1).

[4]骆爱国,王芳,许凡凡.以校园茶文化提升大学生人文素养的研究:以贵州民族大学人文科技学院为例[J].人文学术·创新与实践,2018(8).

基于良渚文化宴的中职烹饪
专业传创育人实践探索

贺建谊　朱　丹[*]

摘要：职业学校烹饪专业应该基于当地传统特色产业的振兴和发展需要，遵循文农旅融合大趋势，在育人实践中积极整合地方文化资源，创新课程和课堂，深化产教融合，培养"知传统""会传承""善传扬"的传创型人才，以此推动传统烹饪专业的转型升级，探索职业教育社会服务功能深化的路径和策略。

关键词：良渚文化宴；烹饪专业；传创育人

一个人不仅是由血肉构成的，还由他所处地域的历史文化环境塑造而成，文化影响着人们人生观、价值观、职业观的形成，职业学校烹饪专业如何利用地方饮食特色文化来积极引导人、陶冶人、塑造人，这是当前立德树人背景下的重要研究课题。

一、传创育人实践探索缘由及意义

作为一所地处 5000 年文化发源地良渚的农村中职学校，担负着传承传播

---

*　作者简介：贺建谊，男，杭州市良渚职业高级中学校长，主要从事职业教育和文化旅游研究；朱丹，女，杭州市良渚职业高级中学教科室主任，主要从事语文教学和职业教育教学研究。

地方文化和培育文化传创人的使命。后申遗时代,世界各地的游客涌入良渚遗址所在地,推动了当地传统特色产业的振兴和发展,"知传统""会传承""善传扬"的复合型人才是当前区域经济发展对当地中职烹饪人才培养提出的迫切要求。同时《国家职业教育改革实施方案》明确提出职业学校要根据自身特点和人才培养需要,主动与企业在人才培养、文化传承等方面展开合作。

在此背景下,我校于 2008 年开始"良渚文化宴"开发行动:成立专门的研究团队,吸纳行业专家、企业骨干、民间大师等,经过长期调研,以"立足传承、融合创新、传播文化"为出发点,研发具有"地方味、文化味、现代味"的文化宴菜肴。从 2013 年开始,历经"自主探索—课程构建—课堂实践—模式形成"四次跨越,经过 5 年实践检验后,提出了"以宴育人"理念,形成了传创实践模式,以文化宴赋能传统专业转型升级,提升了人才培养质量。

我校在形成大批文化宴菜肴产品的同时,对地方传统文化的传承、传播、创新产生积极影响,一大批"知传统、会传承、善传扬"的传创型烹饪人才迅速成长,在职业学校服务地方文化振兴,促进产业发展,培育新型非遗传承人等方面发挥了重要作用。该研究在理论上揭示了地方传统文化引领专业内涵式发展的内在规律,在实践上创新了传创型人才培养的载体,拓展了育人空间,探索了育人路径,形成了特色育人体系。

二、传创育人实践模式

(一)深挖文化资源,形成传创育人载体

学校教育教学基于烹饪专业特质,积极融入良渚文化元素,以"立足传承、融合创新、传播义化"为出发点,开拓学生的实践空间,培育学生的文化创造力,全力打造"良渚文化宴",推动地方特色文化的继承与发展。

烹饪专业师生通过参阅书籍、亲近文物、遍访乡邻、请教专家等方式,不断挖掘良渚传统民风民俗,还原整合良渚民间故事。携手杭州餐饮界行家里手,历经多年的探索和研发,精选良渚本土特有食材,巧妙融入良渚故事精神和现代健康理念,精雕细琢,推出了具有"地方味、健康味、文化味"特征的玉宴、陶

宴、四季宴等三大良渚文化宴席。开发出广济桥边琵琶肉、径山茶香烟熏鸡、三家村藕节、野芦湾茭白、梦栖古镇蝉蛹酥、折桂桥头小方糕等十八道色香味形俱佳的冷热菜与糕点点心，成功吸引浙江卫视、浙江日报等多家媒体关注。同时通过良渚文化宴课题的打造，深化烹饪专业"产学研践"综合功能，阶段性成果显著，课题《宴遇良渚：基于地域特色的中职"3453"文化育人模式探究》获杭州市政府成果一等奖，并入选浙江省中职教育教学精品化成果项目。华东师范大学职业教育与成人教育研究所原所长石伟平教授评价本成果："文化育人润物细无声，利用地域文化特色精准对接育人标准，具有很高的研究价值与很强的操作性。"学校同时编写《余杭味道》《良渚味道》《良渚文化宴面点篇》《西餐烹调实训教程》《良渚故事》等十余本校本教材，及时总结经验，提升继承良渚文化的实践厚度。

2020年为保护和传承良渚文化遗产，大力宣传良渚古城遗址作为实证中华五千年文明史圣地的突出价值，一场在人民日报、新浪微博、今日头条等多个媒体平台同时在线直播的"遇见良渚，味里乾坤"节目在校园内举行。学校烹饪教师团队潜心思考良渚时期的饮食文化特征和食材来源，对良渚当地食材进行合理搭配，巧用古今交融的烹制方法，展现良渚美食的特色，挖掘良渚特色的味道，呈现古法创新菜肴，网络好评不断，"良渚文化宴"的知名度得到进一步提升。

（二）创新课程课堂，优化传创育人方式

我校以烹饪专业师生、行业大师、企业骨干共同形成研发主体，利用良渚特色烹饪食材，继承传统烹饪技法，融合现代饮食健康理念，研发了具有"地方味、文化味、现代味"的地方文化宴。依托文化宴的研创，依循"识—做—创"学习进阶，构建了高一启蒙课程、高二习得课程、高三融合课程，课程之下生成各教学项目，该课程作为独立的地域文化特色校本课程体系，与现有课程互相补充，师生依照实际需求选择开展，课程的开发和实施打通了以往传承育人与专业技能学习之间的壁垒。文化宴课程具有目标一体化、参与一体化、内容一体化、实施一体化的特征。

目标一体化，该课程依循"识—做—创"学习规律，指向传创能力进阶式发

展。高一启蒙课程旨在让学生在对地方文化充分感知的基础上,获得文化理解;高二习得课程通过训练传统技艺,提升学生技能水平,深化文化传承;高三融合课程帮助学生发展职业能力,完成文化宴创意产品设计,实现文化创造。

参与一体化,融合烹饪、语文、营销等学科,统合地方乡贤、文化名人、乡土名厨、行业大师等主体,共同参与课程开发,促进文化资源向课程资源的全面有效转化。

内容一体化,启蒙课程包含饮食故事、风俗故事、博物院故事,习得课程包含良渚名菜名点心制作、文化宴创新菜肴制作、李法根岗位课程、地方宴席设计,融合课程包括市场调研、工艺美术、西餐西点选修、文化宴社团活动、营养配餐。三大课程内容结合,实现了理论学习和实践学习一体化,传创实践对接专业学习,设计"探源地方菜—制作地方菜—创新地方菜"一体化传创项目,实现了传创项目和职业进阶项目的一体化。

实施一体化,整合生活、生产、实训、研创等教学空间,以故事、技能、实战为核心建构课程,实现教学传创的一体化。

依托文化宴课程探索无边界烹饪课堂,以"整合文化资源,融通文化情境,优化学习活动"为核心理念,支持学生全方位传创。通过打通空间、时间、年级限制,优化育人环境、形式、功能,形成以文化感受浸润为核心的乡野原生课堂和以文化转化创造为核心的社会衍生课堂。

(三)服务地方发展,实现传创育人效能

作为一所历史悠久的职业学校,我校自觉融入地方产业发展,按照"需求导向、文化链接、站点为营、成果驱动"的逻辑,将良渚文化渗透到烹饪专业特色建设中。首先,学校积极协助地方特色餐饮标准建设,以此助推学校烹饪专业发展,扩大专业品牌效应,服务地方产业,如参加"诗画浙江·百县千碗"等系列美食推广活动。其次,学校新建职业体验中心和创业中心,集"参观、体验、教学、实训、展示"等五大功能于一体的"良渚文化宴"展示体验中心整体升级迁入,并且正在积极争取浙菜展示中心入驻。"良渚文化宴"展示体验中心既弘扬中国烹饪文化,展示浙菜文化,又推广良渚文化及余杭本地饮食特色文化。同时学校将建成"良渚文化进校园"参观基地、中小学生美食制作体验中

心、学生创业中心。其中学生创业中心结合特色专业及学生实践基地,兼顾市场风向,提供社会配套服务,为学生提供创新创业能力培养平台。

近三年,学校烹饪专业在浙江省中职"优势特色专业"项目建设年度考核中名列全省前茅。同时学校联合塘栖法根传统糕点食品厂开发的"良渚文化二十四节气糕点"在网络上热销,企业年利润增值400余万元。2018年学校将"良渚文化玉宴"部分产品投入市场试运行,将"味道·余杭"酒店作为文化主题餐厅,迅速受到市场的青睐。学校积极与当地知名餐饮企业百年老店王元兴酒楼开展校企合作,合力开发文化餐饮市场,不断擦出创意火花。同年学校对贵州省台江县职教中心推广成果经验,为西部职教发展提供了新的发展思路,助推当地民宿有序、健康、创新发展。另外学校积极对接社会开展培训,2015年至今,与当地多家精品民宿、农业企业建立合作关系,开展培训班,服务人数达6000余人次,获得社会好评。办学至今,莘莘学子受益于学校"精雕细琢,成就良匠人生"的办学理念,用开拓与创新回报社会,涌现出一大批像董鲜生创始人董荣娣一样的优秀传创型人才。

三、传创育人实践反思

(一)构建文化赋能传统烹饪专业转型升级的新范式

通过育人要素的升级优化,推动传统烹饪专业内涵式发展。育人目标从技能为重到文化与技能全方位发展,师资队伍从校内专职教师团队到融合企业、行业、社会各方传创力量的多师型团队,教学场景从校内实训场地到校外全融合无边界大课堂,教学资源从单一的校内资源到多领域复合型资源,全面凸显了烹饪专业建设特色。该成果厘清了文化传承与专业发展、学校育人与文化实践的基本关系,发展了"以文化人"理论,对职业院校融合地方文化实现专业转型升级有较广泛的示范意义。

(二)创新"文化宴"传创育人载体及实施技术路线

文化宴作为传创育人的核心载体实现了地方文化资源的教育性转化,形成文化宴系列课程,打造了具有任务统筹、研发跟进、课程开发、学分转换功能的文化宴服务中心,创立了推进创新创业、产教融合的"良小匠"学子创业中心,探索出"文化挖掘—技艺传承—文化创新—文化分享"的育人实施路线,帮助学生实现了从文化体验者到技艺传承者、研创先行者的角色成长,走出了传创育人的种种困境,也为中职学校传创人培养提供了可推广、可复制的实践路线。

(三)探索职业教育社会服务功能深化的路径和策略

从共建项目、共享平台、共商服务三方面探索了深化职业教育功能的路径和策略。学校、社会、企业共建文化宴项目,通过地方名菜的挖掘、创新、传播协同实现创新型、复合型传创人的培养。三方共享文化宴研创平台,结合时代发展和市场需求,实现传统文化创新性转化和创造性发展。三方联合开展文化宴菜品培训,推动了失地农民、退役军人、服刑人员就业与创业,带动当地文旅产业健康、有序、创新发展。

原文发表在《中国教育报》,2021 年 3 月 29 日

《齐民要术》对于后世食育的影响

——以《备急千金要方》为参照

吴　昊[*]

　　"食育"一词最早于 1896 年由日本著名养生学家石冢左玄在《食物养生法》中提出,但概念的真正形成却在 21 世纪,可说"食育"是日本 21 世纪创造的新事物。[①] 笔者曾有幸聆听日本著名"食育"专家大村省吾先生关于"食育"的演讲,初步认识到"食育"是在幼儿与食物接触的过程中对其进行食物、食品相关知识的饮食教育,同时树立儿童的正确饮食习惯、艺术思维以及人生观念。可见,"食育"的出发点是营造一个"吃什么"和"怎么吃"的良好环境,通过家庭关系构建起安全、健康的饮食体制。然,"食育"文化所体现的理念其实在中国古代早有之,《周礼注疏·食医》卷五:"食医,掌和王之六食、六饮、六膳、百羞、百酱、八珍之齐……以五味、五谷、五药养其病。"[②]医、食、膳、药等皆涵盖,只未形成完整的概念,仅分散于不同的农书和本草书中,而北魏贾思勰所著《齐民要术》中"食育"的理念可说趋于完善,并对于后世的本草书和农书产生了巨大影响。唐代孙思邈所著《备急千金要方》不但沿袭了《齐民要术》中"食育"的理念,并且完善了"食育"的"食治"理念。

---

　　* 作者简介:吴昊,男,南京农业大学人文与社会发展学院讲师,主要从事农业史、饮食史、中国文化史研究。本文原载于《农业考古》2011 年第 1 期。

　　① 施用海.再谈关于日本的食育[J].中国食物与营养,2009(10):4.

　　② 阮元.十三经注疏[M].北京:中华书局,1980:667.

一、《齐民要术》的食育理念

"食育"理念首要培养健康的饮食习惯,即有意识地知悉饮食的来源与制作。《齐民要术》记载了许多农业技术、食物来源以及制作方法。农业的兴旺最终是在餐桌上得以反映,食物是该反映的具体物质载体,"食育"一个重要环节就是"吃什么"。"吃什么"不仅是告知该吃何种食物,更重要的是与食物"亲密接触",了解其来源及制作过程。《齐民要术》所载食物就十分明晰表达这一概念。

(一)食物种植

众所周知,食物中有主食和副食之分。《齐民要术》用专篇对主食进行阐述,其中水稻、小麦、粟至今仍然作为日常的主食。《齐民要术·水稻第十一》卷二:"稻,无所缘,唯岁易为良……三月种者为上时,四月上旬为中时,中旬为下时……若冬春不干,即米青赤脉起。不经霜,不燥曝,则米碎矣。"①这段文字记载了水稻的种植时间、储藏方式以及如何防止稻发霉变质,从而打下保持水稻良好适口性的基础。另,《齐民要术·大小麦第十》卷二:"种瞿麦法:以伏为时……浑蒸,曝干,舂去皮,米全不碎。炊作飧,甚滑。细磨,下绢筛,作饼,亦滑美。"②小麦品种丰富,此处详细地将麦收割之后制成饼的过程以及味道"滑美"记录下来,使人对于"饼"作为食物之前的状态一目了然。又引《杂阴阳书》曰:"大麦生于杏。二百日秀,秀后五十日成。麦生于亥,壮于卯,长于辰,老于巳,死于午,恶于戊,忌于子、丑。小麦生于桃。二百一十日秀,秀后六十日成。忌于大麦同。虫食杏者麦贵。"③将大麦生长周期、种植时辰、种植禁忌等各方面详加记录,不仅为我们了解大麦的生长过程提供了经验,同时也对农业种植提供了帮助。其他篇章中基本上都有引用《杂阴阳书》来阐述这个问题。与之

---

① 贾思勰.齐民要术校释[M].缪启愉,校释.北京:农业出版社,1982:100.
② 贾思勰.齐民要术校释[M].缪启愉,校释.北京:农业出版社,1982:93.
③ 贾思勰.齐民要术校释[M].缪启愉,校释.北京:农业出版社,1982:93.

相辅的是《齐民要术·种谷第三》卷一："（引）孟子曰：'不违农时，谷不可胜食'。"①提出了不违背农时的观点，体现"食育"理念中与自然相协调的观念。

（二）播种技术

"食育"理念中提到儿童了解食物的来源及制作过程，那么食物最原始的状态至少有一个大致的轮廓，而种子的播种能让孩子感知食物最原始的状态。《齐民要术》虽记载的农业技术是应用于农业，但对儿童的农业基本教育还是具有可行性和基础性的，让孩子至少有一个感性认识。比如大豆"必须耧下"、小豆需要"熟耕，耧下为良"、种麻需"待地白背，耧构，漫掷子，空曳劳"、红蓝花需"锄拔而掩种者，子科大而易料理"等，这些技术都是根据不同作物来进行恰当的播种方法，我们只需将这些记载配以实际操作，从而让儿童对于这些播种技术有一个初步印象，能够加深儿童对于食物的了解，培养出对于食物的感情，并在此基础上能够让儿童较早地接触到一些浅显的科学技术方法，拓展视野。

（三）食物属性

《齐民要术》不仅从农业种植的技术、食料的制作过程来体现"食育"，更重要的是会引用古籍来说明食物属性。食物属性包括养生、药理等部分。如《齐民要术·种椒第四十三》卷四："（引）《养生要论》曰：'腊夜令持椒卧房床旁，无与人言。内井中，除温病'。"②此番讲述将花椒在腊日夜里放在卧房床边，清晨丢入井中，便可以除病。按照现代角度理解似乎并没有什么科学依据，但我们却能从中看出食物属性在当时已为人们所注重。《齐民要术·插梨第三十七》卷四："（引）《吴氏本草》曰：'金创，乳妇，不可食梨。梨多食则损人，非补益之物。产妇蓐中，及疾病未愈，食梨多者，无不致病'。"③这里就明确提出了产妇与病人忌食梨。另，《齐民要术·养鱼第六十一》卷六载莼："（引）《本草》云：'治痟渴、热痹。'又云：'冷，补下气。杂鳢鱼作羹，亦逐水而性滑。谓之淳菜，

---

①　贾思勰.齐民要术校释[M].缪启愉,校释.北京:农业出版社,1982:46.

②　贾思勰.齐民要术校释[M].缪启愉,校释.北京:农业出版社,1982:225.

③　贾思勰.齐民要术校释[M].缪启愉,校释.北京:农业出版社,1982:205.

或谓之水芹。服食之家,不可多啖'。"而菱:"(引)《本草》云:'莲、菱、芡中米,上品药。食之,安中补藏,养神强志,除百病,益精气,耳目聪明,轻身耐老。多蒸曝,蜜和饵之,长生神仙。'多种,俭岁资此,足度荒年。"①根据《素问·四时刺逆从论》载:"热痹为热毒流注关节,或内有蕴热,复感风寒湿邪,与热相搏而致的痹症,又称脉痹。"《齐民要术》所载"莼菜"对于"热痹"有治疗效果,而菱为"上品药",同时兼有保健作用,显然贾思勰已经关注到食物对于治疗人体疾病以及延年益寿的作用,表明其十分赞同"药食同源"的理论。

可见,早在公元六世纪时,作者贾思勰在主动或不经意间已产生了古代早期"食育"理念。这种理念在其著作中表现得淋漓尽致,对于后世产生了巨大影响,与其相隔不及百年的《备急千金要方》也受其影响。

二、《备急千金要方》的食育理念

日本著名饮食文化学者石毛直道曾提及:"自古以来,无论是哪一种文化类型的饮食观念,都无一例外地与医学和药学有很深的渊源关系。"②另外,中国饮食史专家赵荣光教授认为"人们日常食用的食物中的一些品种具有某些超越一般食物意义的特殊功能"。③ 国内外学者不约而同地认为古代中国的饮食与医药学有着千丝万缕的联系。在中国古代神话中有"神农尝百草,一日遇七十毒"的记载,神农氏之后又"教民食五谷",显然农业建立之前人类势必经过采集、狩猎等谋生方式,并长时间对某些植物进行观察、食用才逐渐了解其习性,逐渐为人类所接受而进行种植,种植的食材有帮助人们获取必要的营养和增强人类体质的作用。《齐民要术》的作者贾思勰显然已经注意到这点,而与其年代相隔并未太远的孙思邈注意到《齐民要术》中的一些"食育"思想,并从治疗的角度来阐述"食育"的理念,否则就不会有"夫含气之类,未有不资食以存生,而不知食之有成败,百姓日用而不知,水火至近而难识。余慨其如此,

---

① 贾思勰.齐民要术校释[M].缪启愉,校释.北京:农业出版社,1982:344-345.
② (日)石毛直道.饮食文明论[M].赵荣光,译.哈尔滨:黑龙江科学技术出版社,1992:57.
③ 赵荣光.中国饮食文化史[M].上海:上海人民出版社,2006:6.

聊因笔墨之暇,撰五味损益食治篇,以启童稚。庶勤而行之,有如影响耳"①之说"以启童稚",显然"药王"也倾向于"食治"应该从儿童抓起,以启发的形式让儿童明悉日常所食之物,并知晓食物之基本损益,可谓是中国历史上较早具有现代意义"食育"理念了。而《备急千金要方》卷二十六《食治》篇实为综合体现"食育"的思想篇章,此篇也可称为我国最早的"食育"专论。

1."五味"

《食治》篇开宗明义引黄帝所曰之"五味"(酸、咸、辛、苦、甘),介绍了味所对应的人体内脏器官,提出了"五脏不可食忌""五脏所宜食""五味动病""五味所配""五脏病五味对治"五个方法,将食物对于内脏器官的损益、相克、治疗以及正确食用的方式进行了介绍,并在"对治法"中告知如何通过食物属性中的"五味"相克原理来进行一些基本的疾病治疗,如"肝苦急,急食甘以缓之;肝欲散,急食辛以散之;用酸泻之,禁当风"。② 另,这些"五味"之食育则需要具体的食物来作为其物质的支撑,故之后的篇章将食物进行分类来进行阐释。

2.果实

《备急千金要方》记载了30种水果的食物属性,基本依从"五味"作为切入点,并将食物的属性是否平和,是否有毒,其对于五脏的作用甚至将药性也列出。如"栗子:味咸,温,无毒。益气,厚肠胃,补肾气,令人耐饥。生食之,甚治腰脚不遂"。③ 任何事物都有其两面性,大部分果实虽然有益于身体,但毕竟还是存在副作用,而书中也将其明确,如"梅实:味酸,平、涩,无毒。下气除热烦满,安心。止肢体痛,偏枯不仁,死肌。去青黑痣恶疾。止下利,好唾口干。利筋。多食坏人齿"。④ 可见,孙思邈已经注意到食物正反两方面的属性,并提醒人们注意。

3.菜蔬

菜蔬共载60种。从数量上来说,当时所食用的蔬菜种类还是比较丰富的。可细读发现,有相当部分的蔬菜口味是"味辛"(22种)、"味苦"(17种)的,

---

① 孙思邈.备急千金要方[M].魏启亮,郭瑞华,点校.北京:中医古籍出版社,1999:807.
② 孙思邈.备急千金要方[M].魏启亮,郭瑞华,点校.北京:中医古籍出版社,1999:809.
③ 孙思邈.备急千金要方[M].魏启亮,郭瑞华,点校.北京:中医古籍出版社,1999:811.
④ 孙思邈.备急千金要方[M].魏启亮,郭瑞华,点校.北京:中医古籍出版社,1999:811.

甚至有"味苦辛"(4 种),如"苦菜:味苦,大寒,滑,无毒……久食安心益气,聪察,少卧,轻身耐劳,耐饥寒。一名荼草,一名选,一名葵。冬不死。四月上旬采"。① "邪蒿:味辛,温,涩,无毒。主胸膈中臭恶气,利肠胃。"② 这就说明真正具有适口性的菜蔬还是相当有限的。其次,"味苦辛"的菜蔬更多已经具有药食合并的价值,如白蒿:"味苦、辛、平、无毒。养五脏,补中益气,长毛发。久食不死,白兔食之仙。"③ 白蒿的食物属性决定了其将上升到养生的层面,而从"食育"角度来说,白蒿虽苦,然能让儿童通过食用白蒿认识到白蒿的价值,那么多食白蒿对于孩子是有益处的。现今,白蒿的吃法有许多,既可以做包子、团子馅,还可以掺进玉米面中蒸窝头。比如白蒿窝头,可将白蒿嫩茎叶去杂洗净,切碎,掺进玉米面,拌匀和好,蒸成窝头,此做法既可以调节饮食,又能防病。

4.其他

除果实与菜蔬之外,《食治》篇还记载了谷米和鸟兽。谷米篇章共载 27 个品种,特别注意的是该篇章将一些调味料列在其中,比如醋、盐等。如"盐:味咸,温,无毒。杀鬼蛊、邪注、毒气……不可多食,伤肺喜咳,令人肤色黑,损筋力"。④ 然,在这之前《周礼》中曾提到"盐人","盐人,掌盐之政令,以共百事之盐。祭祀,共其苦盐、散盐。宾客,共其形盐、散盐。王之膳羞,共饴盐,后及世子亦如之。凡齐事,煮盐以待戒令"。⑤ 两者对比,可发现"盐"的用途已经从祭祀和烹饪的角度上升到了养生的层面,证明中国很早就有了"食育"的理念。

另,鸟兽篇详列了不宜食鸟兽的时节,如"黄犍、沙牛……十二月勿食牛肉,伤人神气"。⑥ 同时明确了食用动物的各个部位的具体疗效和禁忌,如"青羊胆汁:冷,无毒……治青盲,明目。肾:补肾气虚弱,益精髓……"⑦除此之外,

---

①　孙思邈.备急千金要方[M].魏启亮,郭瑞华,点校.北京:中医古籍出版社,1999:813.
②　孙思邈.备急千金要方[M].魏启亮,郭瑞华,点校.北京:中医古籍出版社,1999:813.
③　孙思邈.备急千金要方[M].魏启亮,郭瑞华,点校.北京:中医古籍出版社,1999:815.
④　孙思邈.备急千金要方[M].魏启亮,郭瑞华,点校.北京:中医古籍出版社,1999:821.
⑤　阮元.十三经注疏[M].北京:中华书局,1980:675.
⑥　孙思邈.备急千金要方[M].魏启亮,郭瑞华,点校.北京:中医古籍出版社,1999:823.
⑦　孙思邈.备急千金要方[M].魏启亮,郭瑞华,点校.北京:中医古籍出版社,1999:822.

还提及什么状态的动物不可食,如"黄帝云:鱼白目不可食之。鱼有角,食之发心惊,害人……""鱼白目"即鱼已经死亡,死亡的鱼不可食用。现在很多食物的辨别方法是从古代流传下来的,且"食育"的理念已较早出现在古籍中。今人只是将其系统化,而古人的着重点在具体每个品种上。

三、《齐民要术》与《备急千金要方》"食育"理念的社会生态

《齐民要术》与《备急千金要方》相隔年代不远,食育的观念基本上是殊途同归,前者在农业的基础上予以关注,后者在医学的基础上来阐述,但两者之间的"食育"思想是贯通的,甚至可说后者在写作过程中或参考了前者,毕竟后者《食治》篇所提到的食料是无法离开农业这一个载体的。比如两者都提到果蔬类之梨为"金创、乳(产)妇勿食"。另,《备急千金要方》所载之蔬菜在《齐民要术》已经有所体现,说明某些菜蔬已经被广泛使用和流传,且已经深入到了餐桌上为人所食用。

"食育"概念虽为今人所创,但是通过这二书的对比,至少说明在公元六、七世纪时,人们已经关注到了食物中的药性以及药物中的食性。两者在不同的条件下可以相互转化,从而提出了食疗的概念,食疗关注点在医学上,但是却在不知不觉中扮演了"食育"的角色,让普通人都能知悉食物的相克法则,让食物不仅满足人们日常生活所需,也上升到健康养生的领域。

贾思勰与孙思邈虽处在不同时代,但他们自身都拥有属于自己内在的哲学体系,这样的体系会在不经意间反映当时的"食"社会生态。《齐民要术·序》:"今采捃经传,爰及歌谣,询之老成,验之行事;起自农耕,终于醯醢,资生之业,靡不毕书,号曰《齐民要术》……鄙意晓示家童,未敢闻之有识,故丁宁周至,言提其耳,每事指斥,不尚浮辞。览者无或嗤焉。"《备急千金要方·食治·序论第一》:"安身之本,必资于食,救疾之速,必凭于药。不知食宜者,不足以存生也……是故食能排邪而安脏腑……若能用食平,释情遣疾者,可谓良工,长年饵老之奇法,极养生之术也。"《齐民要术》的"食育"更注重于吸收民间的知识,并且"询之老成",即询问富有经验之老农,不尚浮华,清晰易懂;《备急千

金要方》已然上升到更高层次,将经验转化成与人息息相关之饮食和养生保健。两相对比,可见从公元六世纪到七世纪,随着政治和社会逐步稳定,人们已经有了从最基础的饱食之"食育"上升到提升生命质量之"食育"的观念,在处理人与食物之间的关系上开始逐步强调对立的统一,这无疑是历史的一个进步。

浙江省之江饮食文化研究院简介

2020年4月,由浙江省商务厅作为业务主管部门的浙江省之江饮食文化研究院成立,是浙江省内首家以弘扬浙江饮食文化为核心工作目标的民办非企业单位。该研究院依托浙江商业职业技术学院,致力于浙江饮食文化研究、推广和培训工作,为高质量发展和繁荣浙江餐饮经济做出贡献。目前,研究院在工匠传承创新、浙菜大师工作室、浙菜标准化产学研究基地、中餐标准化研究中心、浙菜体验与展示基地、非遗传承保护等方面取得显著成果。

研究院成立以来,先后设立了浙江省饮食文化研究院浙菜研发中心、浙江省饮食文化研究院大师工作室中心、浙江省饮食文化研究院非遗美食研发中心以及浙江省商贸服务业劳模工匠公益联盟等组织,还主办了"厉行节约、反对浪费"时代价值暨良食理念与良食倡议中国实践研讨会等相关学术活动。

办公地点:浙江省杭州市滨江区滨文路470号浙江商业职业技术学院18号楼10层。

图 1　浙江商业职业技术学院校长张宝忠在院务会议上的讲话

图 2　浙江省之江饮食文化研究院荣誉院长章凤仙在院务会议上的讲话

图3　浙江省之江饮食文化研究院
非遗美食研发中心揭牌仪式

图4　2021年4月17日,浙江省饮食
文化研究院(舟山分院)成立

图5　浙江省之江饮食文化研究院
大师工作室中心揭牌仪式

图6　浙江省商贸服务业
劳模工匠公益联盟成立

图 7   浙江省之江饮食文化研究院荣誉院长章凤仙走访江南名小吃研发中心

图 8   浙江省之江饮食文化研究院专家在宁波菜博物馆调研

千年文明跨湖桥，百年美食跨湖楼

——杭州跨湖楼酒店简介

杭州跨湖楼酒店集团有限公司创建于1988年。30余年来，公司以"千年文明跨湖桥，百年美食跨湖楼"为口号，以打造"百年老店"为目标，一直专耕于餐饮、酒店、民宿等行业，目前已发展成为一家拥有跨湖楼、西苑海鲜楼、湘湖驿站、越风楼、古越人家、湘湖大院、湘湖小隐、博学酒店、跨湖楼·信息港店、三江渔村、川页日本料理等11家酒店的大型连锁餐饮企业，是浙菜文化研究会会长单位，省、市两级餐饮协会常务副会长单位，并先后取得了国家五钻级酒家示范店、中华餐饮名店、浙江省五星级餐馆等重量级荣誉，成为吴越大地餐饮文化的翘楚。

图1 跨湖楼酒店外景

章金顺：从店小二到跨湖楼掌门人的蜕变

图 2　跨湖楼酒店集团掌门人章金顺

　　集团创始人章金顺先生，自 1988 年在湘湖跨湖桥头办小吃店起，30 余年来，始终执着于菜品的研究和创新。在成长的道路上，他不仅被评为中国烹饪大师，还荣获中国餐饮最具影响力企业家、浙江餐饮行业功勋企业家、杭州工匠、浙江工匠及杭州市五一劳动奖章等荣誉。各级领导给予他"有信心、有风格、讲政治、有情怀、守诚信、讲规矩、做品牌"的高度评价。

坚守初心,传承匠心

章金顺先生始终坚持"坚守初心,传承匠心,把餐饮做极致"这一经营理念,同时他也把这种理念不断辐射。集团不仅定期举办技能比武大赛,还以"章金顺中国烹饪大师工作室"为依托,陆续成立了浙江工匠工作室、杭州市技能大师工作室和萧山区技能大师工作室,名师技艺得以代代相传。通过名厨教徒、阶梯培养,鼓励厨师之间相互切磋交流,打造"创新菜工作研究室",挖掘创新"湘湖名菜",进行菜品研发和改良,研制了多款湘湖名菜。

图 3　章金顺荣获杭州工匠荣誉称号

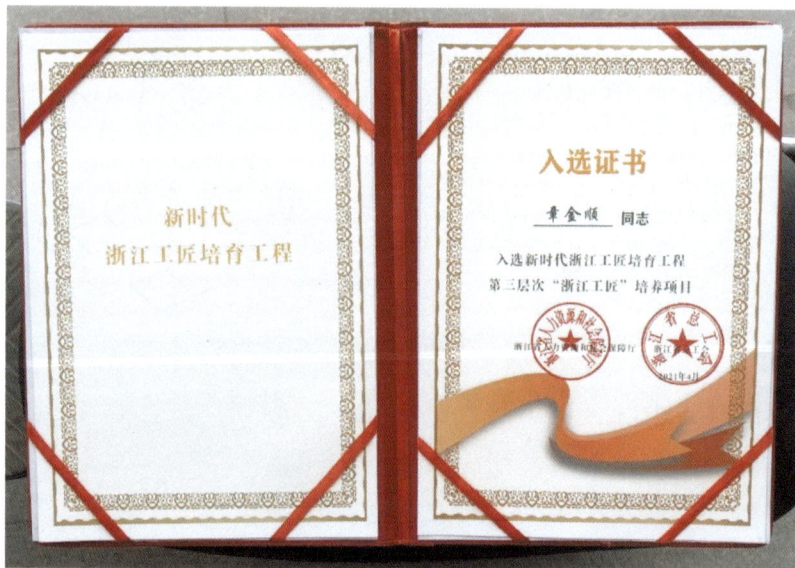

图 4　浙江工匠荣誉证书

图 5　章金顺与研发团队合影

图 6　章金顺与同行交流烹饪技艺

创新机制,培养专技人才

章金顺先生还积极探索管理经营机制的创新,致力于培养企业专业技能人才。在他的倡导和主持下,跨湖楼酒店集团专门成立了名厨专委会、服务专委会和财审专委会。名厨专委会在寻找优秀食材,开发新式菜品的同时,还需挖掘、培养好的厨师人才,使厨师队伍形成梯队。服务专委会力求提升餐厅服务质量,打造出一支优秀的 VIP 接待队伍,多次完成集团重要接待。财审专委会职责在于严谨财务纪律,规范财务制度,健全核算体系,遵守税务法令法规,为集团的经营发展保驾护航。

反哺社会,热心公益

在深耕餐饮、做精主业的同时,章金顺先生还关注和支持公益事业,勇于承担社会责任。近年来,他积极投身到保护母亲湖、捐资助学、助力东西部协作的工作中,累计捐款百余万元,开设扶贫餐厅等,尽显企业家和政协委员的风采。